JN233870

現代熱力学
―熱機関から散逸構造へ―

イリヤ・プリゴジン
ディリプ・コンデプディ ――著

妹尾学／岩元和敏 ――訳

朝倉書店

ILYA PRIGOGINE
DILIP KONDEPUDI

THERMODYNAMIQUE
DES MOTEURS THERMIQUES
AUX STRUCTURES DISSIPATIVES

Traduit de l'anglais par
Serge Pahaut

EDITIONS
ODILE JACOB

© Editions Odile Jacob, 1999

This book is published in Japan
by arrangement with les Editions Odile Jacob, Paris,
through le Bureau des Copyrights Français, Tokyo

日本語版への序

　"現代熱力学：熱機関から散逸構造へ"の日本語版への序を書くことは私の大きな喜びである．生涯を通じて私は日本と密接な関係にあった．最初の日本訪問は1953年で，理論物理学に関する京都-東京会議の組織者の1人としてであった．それ以来，日本をたびたび訪問する機会をもち，多くの共同研究者をもつことができた．

　最初の訪問の折に，私は最大級の日本の科学者の1人である湯川秀樹教授に会うというすばらしい機会に恵まれた．会合は私にとって非常に興味深いものであった．というのは，西洋の伝統において偉大な科学者であった湯川教授のような人であってさえ，自然に対する西洋の見方を完全には受容していないように思えたからである．

　私は確かに，西洋の科学が"自然の法則"という考え方に基礎をおいていると思う．ある意味で，自然はある制約あるいは法則に従うよう運命づけられているようである．自然の法則の最適の例は，現在でもやはり力と加速度を関係づけるニュートンの法則であろう．

　これとは対照的に，日本や中国の伝統における自然に対する考え方は，自然は最高の存在であり，それ自身の意志で自由にひとりでに動いているという思想である．現代の熱力学が到達した革新的なアイデアは，この見方に非常に近い．確かに，閉じた系を考え，十分長い間待てば，それはいつか平衡状態に達し，それ以上なにも起こらない．伝統的に科学は平衡状態の解明に力を注いできた．しかし，もちろん平衡状態は理想化された状況であるにすぎない．実際にはわれわれはほとんどの場合，開いた系に直面している．ある都市を考えても，それは周辺と相互作用をもち，いわば一つの生態系である．われわれは太陽からの放射により非平衡状態に維持されているエコシステムの中に生きている．

　ところで，私は大きな驚きをもってある事実を見出した．伝統的な知識では，われわれが平衡状態からはずれるとき，そこでは無秩序が支配し，平衡状態でつくられた秩序構造は破壊されてしまうはずである．しかし，これとは正反対のことが見出されたのである．すなわち，非平衡状態が平衡状態とは全く異なる新しい秩序構造をつくり出すことがあるということである．これが散逸構造であり，これについては平衡と非平衡を統一的に取り扱う本書において，詳細に論じられている．

物理学の他の分野の伝統的な法則とは対照的に，熱力学では確率的な見方が本質的な役割を演じる．宇宙は前もって定められた運命の道を辿っているわけではない．日本や中国の伝統的な見方により近い，自己組織化の過程をもっているのである．われわれは，徐々にではあるが，自然に対する西洋と東洋の対照的な見方を統一し収束する道に近づいているようである．

イリヤ・プリゴジン

序

　本書は2, 30年間にわたるたゆまぬ努力の成果である．私はテオフィル・ドゥ・ドンデ教授（1870～1957）の教えをうけたが，彼は当時の一般的な考えに反して，熱力学の研究は平衡状態に限られるべきではないという確かな信念をもっていた．しかし，彼の研究はブリュッセルの熱力学学派の外ではほとんど反響を得ることはなかった．

　今日，状況は変わり，化学，流体力学，光学，生物学などの分野の研究者は不可逆過程の重要性を認識するようになり，科学の全般にわたって非平衡熱力学の有用性が十分に認められるようになった．

　私自身の研究の過程で，私は平衡状態や非平衡状態を扱う熱力学に関する著書を多数公にしてきた．したがって，始まりから最近の展開に到るまで，熱力学が歩んできた長い道のり，そして平衡状態，平衡に近い線形領域および非平衡状態の三つの分野での研究の最前線を一貫して統一的に解説する著書を執筆することは，当然のなりゆきであった．

　アメリカ，ノースカロライナ州ウィンストン・サレムのウェイク・フォレスト大学のディリップ・コンデプディ教授は，生体分子のキラリティに関する研究で有名な少壮気鋭の研究者である．彼は，ここで手にすることのできるような革新的な内容をもつ教科書の作成という共同作業を引き受け，彼のすべての知識と情熱を傾けて，ついにその難しい仕事を成し遂げた．われわれの共同作業はきわめて楽しいものであり，その成果をここに提供できることは，われわれにとってもこの上ない喜びである．

イリヤ・プリゴジン

目　　次

はじめに：なぜ熱力学か　　xi
教科書として用いるときの指針　　xviii

I.　歴史的変遷：熱機関から宇宙論へ

1. 基礎概念 ——————————————————————————— 2
   はじめに　2
   1.1　熱力学系　3
   1.2　平衡および非平衡系　4
   1.3　温度，熱および気体の法則　6
   1.4　物質の状態と van der Waals の状態式　12
   付 1.1　偏微分　15
   付 1.2　Mathematica コード　16

2. 熱力学第一法則 ——————————————————————— 22
   新発見のなかでのエネルギー保存の概念　22
   2.1　熱の本質　23
   2.2　熱力学第一法則：エネルギーの保存　26
   2.3　第一法則の簡単な応用　32
   2.4　熱化学：化学反応におけるエネルギーの保存　35
   2.5　反応進度：化学反応系における状態変数　42
   2.6　核反応におけるエネルギーの保存　43

3. 熱力学第二法則と時間の矢 ————————————————— 49
   3.1　第二法則の誕生　49
   3.2　温度の絶対尺度　55
   3.3　第二法則とエントロピーの概念　57
   3.4　エントロピー，可逆過程と不可逆過程　61
   3.5　不可逆過程によるエントロピー変化の例　68

3.6　相変化に伴うエントロピー変化　70
  3.7　理想気体のエントロピー　71
  3.8　第二法則と不可逆過程についての所見　72

4. 化学反応分野におけるエントロピー ──────────────── 76
  4.1　化学ポテンシャルと親和力：化学反応の駆動力　76
  4.2　親和力の一般的性質　82
  4.3　拡散によるエントロピー生成　84
  4.4　エントロピーの一般的性質　85

II. 平衡系の熱力学

5. 極値原理と一般的熱力学関係式 ──────────────── 90
  自然における極値原理　90
  5.1　極値原理と第二法則　90
  5.2　一般的熱力学関係式　98
  5.3　生成ギブズ自由エネルギーと化学ポテンシャル　100
  5.4　Maxwell の関係　103
  5.5　示量性と部分モル量　104
  5.6　表面張力　106

6. 気体，液体および固体の基礎熱力学 ──────────────── 112
  はじめに　112
  6.1　理想気体の熱力学　112
  6.2　実在気体の熱力学　115
  6.3　純粋液体および固体の熱力学量　123

7. 相変化 ──────────────────────────────── 128
  はじめに　128
  7.1　相平衡と相図　128
  7.2　Gibbs の相律と Duhem の定理　132
  7.3　2 成分系と 3 成分系　134
  7.4　Maxwell の作図とてこの規則　138
  7.5　相転移　140

8. 溶液 —— 145

- 8.1 理想溶液と非理想溶液 *145*
- 8.2 束一的性質 *148*
- 8.3 溶解平衡 *153*
- 8.4 混合および剰余関数 *158*
- 8.5 共沸混合物 *161*

9. 化学変換 —— 166

- 9.1 物質変換 *166*
- 9.2 化学反応速度 *167*
- 9.3 化学平衡と質量作用の法則 *172*
- 9.4 詳細釣り合いの原理 *177*
- 9.5 化学反応によるエントロピー生成 *178*
- 付 9.1 Mathematica コード *182*

10. 場と内部自由度 —— 187

化学ポテンシャルの多面性 *187*

- 10.1 場における化学ポテンシャル *187*
- 10.2 膜と電気化学電池 *191*
- 10.3 拡散 *197*
- 10.4 内部自由度に対する化学ポテンシャル *202*

11. 放射の熱力学 —— 207

はじめに *207*

- 11.1 熱放射のエネルギー密度と強度 *207*
- 11.2 状態式 *210*
- 11.3 エントロピーと断熱過程 *211*
- 11.4 Wien の定理 *212*
- 11.5 熱放射に対する化学ポテンシャル *213*
- 11.6 物質,放射,およびゼロ化学ポテンシャル *215*

III. ゆらぎと安定性

12. Gibbs の安定性理論 —— 220

- 12.1 古典的安定性理論 *220*

12.2 熱安定性　*221*
  12.3 力学的安定性　*222*
  12.4 モル数のゆらぎに対する安定性　*223*

13. 臨界現象と配置熱容量 ──────────────────── *226*
  はじめに　*226*
  13.1 安定性と臨界現象　*226*
  13.2 2成分溶液における安定性および臨界現象　*228*
  13.3 配置熱容量　*230*

14. エントロピー生成に基づく安定性とゆらぎ ──────── *233*
  14.1 安定性とエントロピー生成　*233*
  14.2 ゆらぎの熱力学理論　*236*

IV. 線形非平衡熱力学

15. 非平衡熱力学：基礎 ──────────────────── *244*
  15.1 局所平衡　*244*
  15.2 局所エントロピー生成　*246*
  15.3 濃度に対する釣合いの式　*248*
  15.4 開放系におけるエネルギーの保存　*249*
  15.5 エントロピーの釣合いの式　*253*
  付15.1 エントロピー生成　*255*

16. 非平衡熱力学：線形領域 ──────────────── *258*
  16.1 線形現象論法則　*258*
  16.2 Onsagerの相反関係と対称性原理　*260*
  16.3 熱電現象　*263*
  16.4 拡散　*266*
  16.5 化学反応　*270*
  16.6 異方性固体の熱伝導　*276*
  16.7 界面動電現象とSaxenの関係　*277*
  16.8 熱拡散　*279*

17. 非平衡定常状態とその安定性：線形領域 ──────── *284*
  17.1 非平衡条件の下での定常状態　*284*

17.2 エントロピー生成極小の定理 *289*
17.3 エントロピー生成の時間変化と定常状態の安定性 *297*

V. ゆらぎによる秩序形成

18. 非線形熱力学 ———————————————————— *302*
    18.1 平衡から遠く離れた系 *302*
    18.2 エントロピー生成の一般的性質 *303*
    18.3 非平衡定常状態の安定性 *304*
    18.4 線形安定性解析 *308*
    付18.1 *312*
    付18.2 *313*

19. 散逸構造 ———————————————————————— *317*
    19.1 不可逆過程の建設的役割 *317*
    19.2 安定性の喪失，分岐と対称性の破れ *318*
    19.3 キラル対称性の破れと生命 *321*
    19.4 化学振動 *326*
    19.5 Turing 構造と伝播する波 *331*
    19.6 構造不安定性と生化学的進化 *335*
    付19.1 Mathematica コード *337*

20. 展 望 ———————————————————————————— *342*

おわりに *349*

標準熱力学関数表 *351*
物理定数・データ *358*

訳者あとがき *359*
索 引 *363*

はじめに：なぜ熱力学か

　最近 50 年の間に，われわれの自然の見方は大きく変化した．古典的な科学は平衡や安定性を強調したが，現在われわれは化学，生物学から宇宙科学に至るまであらゆるレベルで，ゆらぎ，不安定性，発展過程に注目している．到るところで，時間についての対称性が破れる不可逆過程が観察される．可逆過程と不可逆過程の区別は，"エントロピー"の概念を通して熱力学においてはじめて導入された．Arther Eddington はエントロピーを時間の矢と呼んだ．われわれの新しい自然観は熱力学に大きな期待を寄せている．不幸なことに，大部分の初歩的な教科書ではその範囲を平衡状態の研究に限っており，熱力学を理想化された無限に遅い可逆過程に限定している．化学反応や熱伝導など，自然に起こる不可逆過程とエントロピー生成速度との関係について何も教えられない．本書では，熱力学の新しい体系について述べ，エントロピー生成速度と不可逆過程との関係をほとんどはじめの段階で明らかにする．平衡状態はなお興味深い対象ではあるが，現在の科学の状況では，平衡状態と同じように不可逆過程を扱うことが基本的に重要と思われる．

　本書の目的は，熱機関に関連する歴史的ルーツから始めて現在の熱力学を導入し，さらに平衡から遠く離れた状況での熱力学的記述をも含めて説明することである．現在ではよく知られているように，平衡から遠く離れた状態は新しい空間-時間構造を導く．このような理由で，われわれの意見では，平衡の状況に限ることによって物質とエネルギーの挙動の重要な一側面が隠されてしまう．ゆらぎの役割はその一例である．物質の原子論的構造に起因してゆらぎが起こるが，平衡あるいは平衡に近い状況ではゆらぎが重要な結果を導くことはない．

　実際上，平衡熱力学の基本的な特性は極値原理が成り立つことにある．孤立系では，エントロピーは増大し，平衡で極大値をとる．その外の状況（例えば温度一定の系）では，熱力学ポテンシャルと呼ばれる状態関数が存在し，それが平衡で極値（最大または最小）をとる．このことは重要な結果を導く．ゆらぎによって平衡からのずれを生じると，系は応答し，熱力学ポテンシャルの極値を回復しようとする．よって，平衡状態は安定な世界である．しかし，このことは平衡から遠く離れた状態ではもはや成り立たない．そこでは，ゆらぎが不可逆な散逸過程によって増幅され，新し

い空間-時間構造を導くことが起こりうる．このような構造は，著者の1人（Prigogine）によって，結晶のような平衡構造と区別して"散逸構造"と名づけられた．よって，平衡からの距離はある意味で温度と似たパラメータとなる．温度を下げていくと，気体は液体，さらに固体へ変化する．これに対し，後にみるように平衡からの距離の場合には，変化は多様である．例えば化学反応の場合，平衡からの距離が増大するとともに，順に振動反応，空間的周期パターン，そしてカオスへと発展する．カオス的状況では時間挙動は非常に不規則となり，閉じた軌跡は指数関数的に発散する．

これらすべての非平衡状況に共通な一つの局面がある．それは長距離干渉性の出現であり，巨視的には明確な部分間の運動に相関が起こる．これは相関の範囲が短距離分子間力によって決まる平衡的状況と対照的である．その結果，平衡では実現しえない状況が，平衡から遠く離れた状態では可能となる．広範な分野で重要な応用が開けるであろう．例えば，非平衡の状況では相律により課せられる拘束にとらわれない新しい材料を創製することができる．また，19，20章でいくつかの簡単な例を示すように，非平衡構造は生物学のあらゆるレベルで出現する．生物の進化は，Darwinの自然淘汰と不可逆過程に由来する自己組織化が組み合わされた結果であることが，今や一般的に認められるようになった．

Ludwig Boltzmann が，1872年，エントロピーの統計力学的解釈を提出して以来，エントロピーは無秩序性と関連づけられるようになった．エントロピーの増大は，はじめに存在していた干渉性が破れて，無秩序性が増大する結果と解釈される．このことは不幸なことに，熱力学第二法則の結果は自明で，とくに論じるに値しないという見方を招いた．しかし，この見方は平衡熱力学に対してさえ真ではない．多くの非常に重要な結果を導くからである．それでも，平衡熱力学はわれわれの日常の経験のほんの一部を扱うにすぎない．現在，われわれは非平衡的な状況に踏み込むことなしに，われわれのまわりの自然を理解することはできないことを知るようになった．生物圏は太陽からのエネルギーの流れによって非平衡状態に維持されており，このエネルギーの流れ自身は宇宙でのわれわれの現在の状態の非平衡的状況からくる結果なのである．

平衡および非平衡状態に対する熱力学から得られる知見が，二，三の総括的な法則として一般性をもってまとめられることは真実である．これらは平衡における状態式や非平衡における化学反応速度式など速度論法則によって補われる．熱力学から得られる知見は，その普遍性のために高い価値をもつ．

本書の構成

　本書は5部に分かれている．はじめのⅠ部（1〜4章）では基礎となる原理を扱う．熱力学で論じる系は，大きい系（粒子数は典型的にはAvogadro数〜10^{23}のオーダー）である．このような系は二つの型の状態変数により記述される．一つは圧力や温度などで，系の大きさに依存せず，示強変数と呼ばれる．もう一つは全エネルギーなどで，系を構成する粒子の数に比例し，示量変数と呼ばれる．歴史的には熱力学はこれらの変数（例えば圧力と体積）の間に成り立つ経験的な法則から始まった．これが1章の主要なテーマである．しかし，概念的な革新により，熱力学は二つの法則によって定式化されることになった．2章でエネルギーの保存を述べる第一法則について述べ，3章でエントロピーを導入し，第二法則を論じる．

　Ignis mutat res（火は万物を変える）．火は化学反応や融解・蒸発などを起こす．火によって物は燃え，熱を放出する．すべてこれら当たり前の知識のなかから，19世紀の科学者は，燃焼は熱を生じ，熱は体積を増大させ，その結果熱は仕事を生じるという事実に注目した．すなわち，火は新しい種類の機械—熱機関—をつくることができる．これによる技術的変革によって工業社会の基礎がつくられたのである．

　"火"と"仕事"の間を結びつけるものは何であろうか？　この疑問がエネルギー保存の原理を導く源となった．熱はエネルギーと同じである．熱機関では，熱は仕事に変えられるが，エネルギーとしては保存される．

　それだけではなかった．1811年，Joseph Fourierは，固体の熱伝導の数学的記述の業績に対してフランス科学アカデミーの賞を得た．彼の結果は驚くほど単純で典雅であった．すなわち，熱流は温度勾配に比例するというもので，この単純な法則は，物質の状態が固相，液相，あるいは気相であっても，またその組成が何であっても，あらゆる物質に対して成り立つことが確かめられた．物質の種類によって変化するのは，熱流と温度勾配の間の比例係数だけである．

　Fourierの法則は不可逆過程を記述するはじめての例であった．熱がFourierの法則にしたがって高温部から低温部へ流れるとき，時間を支配する特権的な方向がある．これはNewtonの力学法則の場合と対照的である．Newton力学では，過去と未来は同じ役割を演じる（Newtonの法則では時間tは二次微分の形で入り，よって時間の反転$t \to -t$に関して不変である）．エントロピーを導入して可逆過程と不可逆過程との間の区別を述べたのは熱力学第二法則である．不可逆過程ではエントロピーが生成する．

　熱力学の二つの原理の歴史ほど奇妙にみえるものはない．これらは技術的な問題のまっただなかに生まれ，急速に宇宙論的な地位を獲得するまでに成長した．1865年，

Rudolf Clausius は二つの原理を次のように表現した．

　　宇宙のエネルギーは一定であり，
　　宇宙のエントロピーは最大値に向かう．

これは宇宙論におけるはじめての革新的宣言である．これが革新的であるというのは，不可逆過程（よってまたエントロピー）の存在は，力学における時間的に可逆という見方と衝突するからである．後に古典力学は量子力学と相対性理論に取って代わられたが，ここでも基本的な力学法則は時間に関して可逆的であるので，この衝突は引き続き残っている．

　この問題に対する伝統的な解答は，熱力学で扱われる系は非常に複雑であり（系はきわめて多数の相互作用する粒子を含む），そのためわれわれは近似を導入せざるをえないというものである．熱力学第二法則はこのような近似にその源をもつという！ある著者は，エントロピーはわれわれの無知の表現に過ぎないとさえいう！

　ここでも，平衡から遠く離れた状況への熱力学の最近の拡張によって，いかに重要な本質的な成果が得られたかが参考になる．不可逆過程は新しい空間-時間構造を導き，基本的に建設的な役割を演じる．生命は不可逆過程がなくては存在しえない（19章）．生命がわれわれの近似の結果に過ぎないなどというのは，いかにも馬鹿げたことである．したがって，自然における時間の矢の本質とでもいうべきエントロピーの実在は否定しえない．われわれは進化の子孫であり，祖先ではない．

　エントロピーと力学の間の関係についての疑問は近年大きく興味をひいたが，問題はそれほど簡単ではない．すべての力学的過程がエントロピーの概念を必要とするわけではない．太陽のまわりの地球の運動は，不可逆性（潮汐による摩擦などによる）が無視され，運動が時間に対称的な方程式で記述される例である．しかし，最近の非線形力学の結果によれば，このような系は例外的である．ほとんどの系はカオスや不可逆的な挙動を示す．われわれはようやく，不可逆性がエントロピーの増大を導く本質的な特性となるような力学系を論じることを始めたのである．

　本書に話を戻そう．エントロピー生成は本書で中心的な役割を果たす．15章で述べるように，エントロピー生成は熱力学流れ J_i と熱力学力 X_i で表現される．熱伝導では，J_i は熱流，X_i は温度勾配である．平衡では，流れも力も消滅する．これは伝統的な熱力学の領域であり，II部（5〜11章）で扱われる．読者はほとんどの熱力学の教科書で出合う多くの問題を見出すであろう．

　一方，多くの教科書で無視されているいくつかの問題が本書で取り上げられる．熱力学安定性理論はその例で，平衡においても，平衡から離れた状況でも重要な役割を演じる．安定性およびゆらぎの熱力学理論は Gibbs の研究に始まるが，本書のIII部

（12～14 章）の主題である．熱力学ポテンシャルに基づく古典的な安定性理論から始め，次いで近代的なエントロピー生成理論に基づく安定性理論を論じる．これは古典理論より一般的で，非平衡系の安定性の研究に対しても基礎となる．それからゆらぎの熱力学理論に目を転じる．これはゆらぎの確率をエントロピー減少に関係づける Einstein の有名な式に端を発するもので，この理論はまた 16 章で論じる Onsager の相反定理を導く基礎としても役立つ．

IV部（15～17 章）は，流れと力の間の線形関係（Fourier の熱伝導の法則など）で特徴づけられる平衡に近い状態を問題とする．ここでは Onsager の相反関係が支配し，よく研究された領域である．1931 年，Lars Onsager は，平衡に近い線形領域に対して非平衡熱力学におけるはじめての一般的関係を見出した．これが有名な相反関係である．定性的にいえば，二つの力 X_1, X_2 と対応する二つの流れ J_1, J_2 があり，力 X_1 が流れ J_2 に影響を与えるとき，力 X_2 も流れ J_1 に同じ大きさの影響を与えるというものである．

Onsager の相反関係がもつ普遍的性格をとくに強調しておかなければならない．この関係は，気相，液相，固相を含めどのような状況においても成り立ち，また巨視的条件によらない．相反関係は不可逆過程の熱力学においてはじめて見出された結果であり，非平衡状態がわれわれの手に負えない状態ではなく，平衡熱力学の場合と同じように実り多い結果を与える価値ある課題であることを示した．平衡熱力学は 19 世紀に確立され，非平衡熱力学は 20 世紀に発展したが，Onsager の相反関係は平衡から非平衡への興味のシフトを刻する重大な契機であった．

興味深いことに，エントロピーの流れによって，平衡に比較的近い状況において不可逆性がもはや無秩序性への傾向を示すことにはならない場合がある．本書にその多くの例を示すが，ここで熱拡散に相当する簡単な例を示しておこう．二つの容器を円筒状の通路でつなぎ，2 種の気体（例えば水素と窒素）の混合物を入れる．そして一方の容器を熱し，他方の容器を冷やす．定常状態に達したとき，一方の容器で水素の濃度が高くなり，他方の容器で窒素の濃度が高くなる．不可逆過程，この例では熱流が無秩序（熱運動）とともに秩序（2 成分の分離）をも生み出している．非平衡系が複雑性の高い状態に自発的に展開することがある．この不可逆性の建設的な役割は平衡から遠く離れた状況でいっそう顕著になる．

系がおかれた状況を三つの段階に分けることができる．第一は平衡の状況，第二は平衡に近い段階で，力と流れの間に線形関係が成り立つ状況である．そして第三が平衡から遠く離れた状況で，ここで新たに現れる主要な特性は，極値原理がほとんど成り立たないことで，V部（18, 19 章）で論じる．ここでは，ゆらぎはもはや減衰せ

ず，安定性はもはや一般法則の帰結とはならない．このときゆらぎは成長し，系全体をおおうようになる．そして散逸構造と呼ばれる新しい空間-時間構造が出現する．これは莫大な数の分子を含む超分子干渉の一つの形である．平衡から遠く離れた状況で，平衡状況では隠されていた新しい物質系の性質を初めてみることができる．

平衡から遠く離れた状況で現れる新しい特性として，不可逆性の建設的役割と長距離相関の出現について述べてきたが，さらに予測不可能性をつけ加えることができる．いわゆる分岐点で新しい非平衡状態が現れ，ここで系は種々の状態のなかから任意の状態を選択することができるからである．自然をオートマトンとして記述する古典的な見方とは大きく隔たっている．

展望

"自己組織化"ということがよくいわれるようになった．実際，一般に非常に多数の散逸構造が出現しうるが，そのうちどれが実現するかを決めるのは分子のゆらぎである．自然界にみられる非常に多くの種類の散逸構造を理解することから始めよう．現在，散逸構造および自己組織化の概念は宇宙物理学から人間科学や経済学に至る広い分野で出現することが認められている．C. Biebricher, G. Nicolis, P. Schusterによるヨーロッパ会議への最近の報告のなかから引用しておきたい．

「自然における組織化は中央の管理によって維持されているわけではなく，また維持できるものでもない．秩序はただ自己組織化によってのみ維持される．自己組織化された系はそれを囲む環境によく適合する．すなわち環境の変化に対して熱力学的応答をもって反応するが，その応答によって系は外部条件のゆらぎに対して非常に柔軟かつ丈夫になる．複雑性を注意深く避け，ほとんどあらゆる技術的作為をもって階層的な管理を行っているわれわれの通常の技術体制に比べて，自己組織化系がもつ優位性をとくに指摘しておきたい．例えば，合成化学においても種々の反応段階は通常注意深く相互に分離され，反応体の拡散による影響は反応系を撹拌することにより避けられている．自己組織化系がもつ高度の指導性や制御性などの能力を活かすために，まったく新しい技術がわれわれの科学技術システムにおいて開発されなければならない．自己組織化系の優位性は，複雑な生成物を他に比すべきものもない精確度，高効率そして高速度で生産している生物系をみれば明らかであろう」(C. Biebricher, G. Nicolis, P. Schuster, "Self-organization in the Physico-Chemical and Life Sciences", 1994, Report PSS 0396, Commission of the European Communities, Director General for Science, Research and Development)

本書は読者が熱力学についてすでに知っていることを前提としない．このため，"拡張熱力学"など興味深い高度の問題を除外せざるをえなかった．関心のある読者は参考文献としてあげたより専門的な著書を参考にしていただきたい．非常に強い勾配や非常に長いタイムスケール（記憶効果が含まれる）に関連する問題がこの分野に含まれる．理論はすべて限られた成立範囲をもつ理想化に基づいている．本書で扱われる問題においては，温度や圧力などの状態変数は少なくとも局所的にはよく定義された値をもつことを基本的に仮定している．より正確には，これは"局所平衡の仮定"と呼ばれ，本書で扱われる現象に対して十分合理性のある近似である．

　科学が究極的に真実な公式化をもつことはないであろう．われわれの科学は静的な空間的（幾何学的）な像から，進化そして歴史が本質的な役割を演じる記述へと変遷してきた．この新しい自然の記述にあたって，熱力学は真に基幹的な役割をもっている．これがわれわれの読者に対するメッセージである．

教科書として用いるときの指針

　1～11章は，物理学，化学，工学の学生のための現代熱力学についての半期の大学学部ユースのための教科書を意図したものである．ただしすべての章がこれら三つの学科に必要とはいえないので，二，三の章を除いて教えることもできるはずである．1～11章の章末に演習のための例題をつけた．種々の分野にまたがる研究の重要性が大きくなっているので，学生が早い時期から熱力学の広範な応用を知っておくことも必要であろう．

　12～19章は，学部の上級学生あるいは大学院生の熱力学の教科書を意図したものである．ベクトル計算の知識が必要とされる．12～19章には例題をつけていない．演習問題は，論じられた問題やその応用をより深く理解する助けとなるように設けられた．

　全巻を通して，面倒な計算を行い，複雑な物理化学的挙動を観察するために，Mathematica[*1] あるいは Maple[*2] を活用することを薦めている．付1，付2は熱力学の問題を解くために Mathematica を利用する方法の例を示している．

[*1] Mathematica は Wolfram Research Inc. のソフトウェア．
[*2] Maple は Waterloo Maple Inc. のソフトウェア．

I
歴史的変遷:熱機関から宇宙論へ
DES MACHINES THERMIQUES À LA COSMOLOGIE

1. 基礎概念

はじめに

　Adam Smith (1723～1790) の国富論は 1776 年に刊行された．James Watt (1736～1819) が蒸気機関に関する発明で特許を得た 7 年後である．2 人とも Glasgow 大学に勤めていた．それでも，Adam Smith の偉大な仕事のなかで，石炭のただ一つの用途は勤労者に熱を供与することであった〔文献 1〕．18 世紀の機械はまだ風力か，水力か，動物の力によって動かされていた．Alexandria の Hero が水蒸気の力で球を自転させることを知ってから，ほとんど 2000 年もの年月がたっていたが，運動を引き起こし，機械を動かす火の力はまだおおい隠されたままであった．Adam Smith は石炭にこの隠れた富を見出すことはできなかったのである．

　しかし，やがて蒸気機関は新しい可能性を切り開くことになった．熱を機械の動力へ変換するという発明は，産業革命を先導したばかりでなく，熱力学という科学の誕生をも促したのである．天体の運動の理論に端を発するニュートン力学とは異なり，熱力学は熱が運動をつくり出す可能性という，より実用的な関心から生まれたのである．

　時間がたつとともに，熱力学は物質の状態変化を一般的に取り扱う理論——熱により引き起こされる運動はある状態変化の結果である——にまで発展した．それは本質的にエネルギーおよびエントロピーに関する二つの基本法則に基づいている．測定可能な物理量としてのエネルギーおよびエントロピーの正確な定義はそれぞれ 2 章および 3 章で与えられる．本章の以下の二つの節では，熱力学の概要を示し，後で用いる用語や概念について読者を案内しておこう．

　どのような系もエネルギーとエントロピーで特徴づけられている．外界から孤立している物体がある状態から他の状態へ変化するとき，全エネルギーは不変であるが，エントロピーはただ増大し，理想的な場合に限り不変にとどまる．これら二つの法則は単純に聞こえるが，非常に広範な適用範囲をもっている．Max Planck (1858～1947) はこれらの法則が生み出す結果の息吹きに深く影響され，研究で熱力学を見事に用いている．本書を読まれる読者は，しばしば引用される次の Albert Einstein (1879～1955) の言葉の意味を十分に味わってほしい．

「理論は，前提が単純であればあるほど，またできるだけ多くの問題に関係し，適用範囲が広ければ広いほど，より感動的である．そのため，古典熱力学は私に深い感動を与えた．熱力学は，その基本的概念が適用される枠組のなかでけっしてくつがえされることはないと，私が確信できる唯一の宇宙的内容をもつ物理学的理論である」．

1.1 熱力学系

自然の過程を熱力学的に記述するには，通常世界を"系（system）"とその残りの部分である"外界（exterior）"に分割することから始める．もちろん，全宇宙の熱力学的性質を考えるときには，このような分割はできない．熱力学系を定義するにあたって，問題の系を世界の残りの部分から分割する境である"境界（boundary）"の存在に注意する必要がある．物理系の熱力学的挙動を理解するために，系と外界との間の相互作用が重要になる．その意味で熱力学系は外界との相互作用の仕方で三つの型，すなわち孤立系，閉鎖系，開放系に分類される（図1.1）．
・**孤立系**（isolated system）は，外界とエネルギーおよび物質の交換をしない．
・**閉鎖系**（closed system）は，外界とエネルギーの交換はするが，物質の交換はしない．
・**開放系**（open system）は，外界とエネルギーおよび物質の両方とも交換する．

熱力学では，系の**状態**はそれぞれ自明の量である体積 V，圧力 p，温度 T，化学成分のモル数（物質量）N_k のような**状態変数**（state variable）で特徴づけられる．熱力学の二つの法則はそれぞれエネルギー U およびエントロピー S の概念に基づくが，これらの量も後にみるように**状態変数の関数**である．熱力学の基本的な量は一般に多くの変数の関数であるので，熱力学では多変数の計算が広く用いられる．多変数の計算に用いられる基本的な公式のいくつかを本章末尾の付1.1にまとめておく．U や S のような状態変数の関数は**状態関数**（state function）と呼ばれる．

熱力学変数を二つのカテゴリーに分類しておくと便利である．一つは体積やモル数（物質量）のように，系の大きさに比例する量で，**示量変数**（extensive variable）と

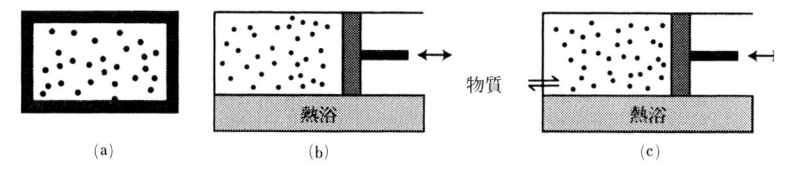

図1.1 孤立系(a)，閉鎖系(b) および開放系(c)
孤立系は外界とエネルギーも物質も交換しない．閉鎖系は熱や機械的エネルギーを交換するが，物質を交換しない．開放系は外界とエネルギーも物質も交換する．

呼ばれる．もう一つは温度や圧力のように，系の大きさに依存せず，局所の性質を指定する変数で，**示強変数**（intensive variable）と呼ばれる．

もし温度が均一でないと，熱が流れ，全系が均一温度をもつ状態に達する．これを**熱平衡**（thermal equilibrium）の状態という．熱平衡状態は，すべての孤立系が容赦なくそこに向かう特別な状態である．この状態の正確な記述は後に行う．熱力学状態では，内部エネルギー U およびエントロピー S の値は温度 T，体積 V，各成分のモル数 N_k によって完全に定められる．すなわち，

$$U = U(T, V, N_k), \qquad S = S(T, V, N_k) \qquad (1.1.1)$$

内部エネルギー U，エントロピー S などの示量変数の値はまた他の示量変数によっても定められる．すなわち，

$$U = U(S, V, N_k), \qquad S = S(U, V, N_k) \qquad (1.1.2)$$

後の章で示すように，示強変数はある示量変数の他の示量変数の微分として表すことができる．例えば，温度 T は，$T = (\partial U / \partial S)_{V, N_k}$ で表される．

1.2 平衡および非平衡系

われわれの経験によれば，ある物理系が孤立しているならば，圧力，温度，化学組成などの巨視的変数で特徴づけられるその状態は，時間に依存しない状態に向かって不可逆的に発展する．いきつく状態はもはや何の変化も起こらず，全系にわたって均一な温度をもつことで特徴づけられる．これを熱力学的平衡状態または**熱平衡**状態という．熱平衡状態はまた他のいくつかの物理的特徴で特徴づけられるが，それらについては後の章で述べる．

ある状態の熱平衡状態への発展は不可逆過程によって起こる．平衡状態では，もはやそのような過程は出現しない．よって，非平衡状態は，不可逆過程によって系が平衡状態へ導かれる状態ということができる．ある状況で，とくに化学反応系において，不可逆過程による状態変化の速度が極端に遅く，系があたかも平衡状態に到達しているかのようにみえることがある．そのような場合でも，適当な方法で化学反応を調べることによって状態の非平衡性を確認することができる．

相互作用をもち，エネルギーや物質を交換する二つ以上の系が終局的に熱平衡状態に到達したとき，すべての系の温度は等しくなる．もし系 A が系 B と平衡にあり，系 B が系 C と平衡にあれば，系 A は系 C とも平衡にある．この平衡状態の"遷移性"は熱力学**第零法則**と呼ばれることがある．よって，熱平衡系はある定まった均一な温度をもち，このような系に対して状態関数のエネルギーおよびエントロピーが存在する．

しかし，温度の均一性は系のエントロピーやエネルギーが定義されるための必要条

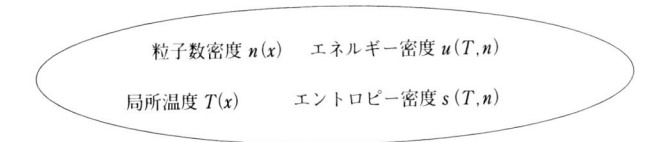

1.2 平衡および非平衡系

> 粒子数密度 $n(x)$　エネルギー密度 $u(T,n)$
> 局所温度 $T(x)$　エントロピー密度 $s(T,n)$

図 1.2
非平衡系では，温度や粒子数密度は位置によって変わる．このような系のエントロピーおよびエネルギーはそれぞれエントロピー密度 $s(T,n)$ およびエネルギー密度 $u(T,n)$ を用いて表される．このような非平衡系に対して，全エントロピーは U,N,V のみの関数ではない．

件ではない．温度が均一でなくても局所的によく定義されている**非平衡系**に対してエネルギーやエントロピーなどの熱力学量の密度を定義することができる（図1.2）．例えば，エネルギー密度

$$u(T, n_k(x)) : \text{単位体積あたりの内部エネルギー} \tag{1.2.1}$$

を定義すれば，これは局所温度 T およびモル密度

$$n_k(x) : \text{単位体積あたりの物質 } k \text{ の物質量（モル数）} \tag{1.2.2}$$

の関数となる．

同様にエントロピー密度 $s(T, n_k)$ が定義される．系の全エネルギー U，全エントロピー S および全モル数 N_k は，そのとき，

$$S = \int_V s[T(x), n_k(x)] dV \tag{1.2.3}$$

$$U = \int_V u[T(x), n_k(x)] dV \tag{1.2.4}$$

$$N_k = \int_V n_k(x) dV \tag{1.2.5}$$

で与えられる．不均一系では，全エネルギー U はもはや式 (1.1.2) で示されるように，S, V, N など他の示量変数の関数ではなく，明らかに全系にわたって単一の温度を定義することもできない．一般に，不均一系では全エネルギー U，エントロピー S，モル数 N および体積 V などの変数は式 (1.1.2) のように他の三つの変数の関数ではない．しかし，このことは，温度が局所的にでもよく定義されている限りは，熱力学的平衡にない系に対してもエントロピーを定義することを妨げるものではない．

古典熱力学の教科書で，しばしば非平衡系に対してエントロピーは定義されないと書かれているが，それは S が変数 U, V, N の関数ではないことを意味しているにすぎない．系の温度が局所的にでもよく定義されているならば，非平衡系に対してもエントロピーは式 (1.2.3) のように，エントロピー密度を用いて定義することができる．

1.3 温度，熱および気体の法則

17世紀，18世紀の間に，人間の自然に対する概念に本質的な変化が起こった．自然はただ神学によってのみ理解される神の意志の媒介物であるとは，徐々にではあるが確実に考えられなくなってきた．実験に基礎をおく新しい科学的な自然の概念化によって，われわれは世界の別の見方を知り，宗教から離れた自然を考えるようになった．新しい見方によれば，たとえそれが神の創造であったとしても，自然は単純な普遍的な法則にしたがい，その法則をわれわれは数学の正確な言葉で知り，表現することができる．自然の秘密を解く鍵は実験と物理量の定量的な研究にあると考えられるようになった．

熱の性質に関する科学的な研究が始まったのは，この偉大なる変化の時期であった．これは主として Galileo Galilei（1564～1642）以降に，科学的研究のなかでつくられ，利用されてきた温度計の発展のお蔭である〔文献2, 3〕．温度計は単純な装置ではあったが，その衝撃はかなりのものであった．Humphry Davy 卿（1778～1829）の言葉であるが，"新しい器械の応用以上に知識の発展に役立つものはない"．

Glasgow 大学の医薬・化学教授であった Joseph Black（1728～1799）は，温度計を非常に洞察力に富む仕方で利用した．彼は温度（あるいは暑さの程度）と熱の量とを明確に区別した．新たに作製した温度計を用いた実験によって，彼は熱平衡にあるすべての物体の温度は同じであるという基本的な事実を確立したのである．この結果は，金属片と木片を長時間接触して置いておいても，木片より金属片のほうが冷たく感じられるという，日常の経験と矛盾するように思われたので，同時代の人々の合意

Joseph Black（1728～1799）(The E. F. Smith Collection, Van Pelt-Dietrich Library, University of Pennsylvania)

Robert Boyle（1627～1691）(The E. F. Smith Collection, Van Pelt-Dietrich Library, University of Pennsylvania)

を容易に得ることはできなかった．しかし，温度計が疑う余地もなくこの事実を証明した．Black はまた温度計を用いて物質の**比熱**を発見し，物質の温度をある値だけ上げるために必要な熱量は物質の重さのみによりその構造にはよらないという，当時の人々の一般的な考えを明確に否定した．さらに彼は氷の融解や水の蒸発の潜熱を発見した．とくに蒸発の潜熱の発見には彼の弟子 James Watt（1736～1819）の熱心な協力があった〔文献 3, 4〕．

Joseph Black らの研究によって熱と温度の間の区別が明らかにされたが，熱の本性についてはなお長い間謎が残った．すなわち，熱が"熱素（caloric）"と呼ばれる不滅の物質であり，ただある物体から他の物体へ移動するものなのか，あるいは熱は微視的運動の一形態なのか，19 世紀に至るまで議論が続いた．最終的には，熱はエネルギーの一形態であり，他の形態へ変換することができるということが明らかになり，熱素説は終局に向かった．しかし，熱量は今でもなおカロリー（calorie）で測られている．

温度は，流体（例えば水銀）の体積や気体の圧力のような物理的性質の変化を利用して，熱さの程度をもって測られる．これは温度の経験的な定義である．この場合，温度単位の均一性は着目した性質の温度変化の均一性による．17 世紀に導入された Fahrenheit 尺度は，18 世紀に Celsius 尺度にほとんど置き変わった．以下の章でみられるように，19 世紀中ごろに確立された熱力学第二法則によって，物質の性質に依存しない温度の絶対的尺度の概念が明らかになった．熱力学は絶対温度を用いて定式化される．絶対温度を T で表す．

●気体の法則

本節の残りで気体の法則のあらましについて述べておこう．読者は理想気体の法則に習熟しているとする．

■ **BOX 1.1 基礎的な定義**

圧力（pressure）は単位面積あたりの力と定義される．SI 単位で圧力の単位は

$$\text{Pa（パスカル）}=1\ \text{Nm}^{-2}$$

均一な密度 ρ，高さ h をもつ流体の柱による圧力は $h\rho g$ に等しい．ここで g は重力加速度で，$9.806\ \text{m s}^{-2}$ である．地球の大気による圧力は場所や時間により変化するが，ほぼ 10^5Pa に近い値である．このため**バール**（bar）と呼ばれる単位が用いられる．

$$1\ \text{bar}=10^5\text{Pa}=1\ \text{hPa}=100\ \text{kPa}$$

大気圧はまた高さ 760 mm の水銀柱による圧力にほぼ等しい．このため次の単位が定義されている．

$$\text{torr（トル）}=1\ \text{mm}\ \text{の水銀柱による圧力}$$
$$\text{atm（気圧）}=760\ \text{torr}$$

$$1\,\text{atm} = 101.325\,\text{kPa}$$

温度（temperature）は，セ氏（℃），カ氏（℉）あるいはケルビン（Kelvin, K）を単位として測られる．セ氏およびカ氏尺度は経験的な単位であるが，Kelvin 尺度は3章でみるように，熱力学第二法則に基づく絶対尺度である．0 K は絶対零度で，可能な最低温度である．これらの尺度で測られる温度の間には次の関係がある．

$$(T/℃) = \frac{5}{9}\left[(T/℉) - 32\right] \qquad (T/\text{K}) = (T/℃) + 273.15$$

熱（heat）は，はじめ**熱素**（caloric）と呼ばれる不滅の物質と考えられていた．熱素理論では，熱素があたかも一種の流体のようにある物体から他の物体へ移動するとき，温度の変化が起こると考えられた．19世紀になって，熱は不滅の熱素ではなく，エネルギーの一形態であることが確認された（2章）．したがって，熱はエネルギーの単位で測られる．本書では，主として SI 単位のジュール（J）で表す．カロリー（cal）もよく知られた単位で，1 cal は 1 g の水の温度を 14.5℃ から 15.5℃ まで上げるのに必要な熱量で，次の関係がある．

$$1\,\text{cal} = 4.184\,\text{J}$$

物質の**比熱**（specific heat）は，単位質量（通常 1 g あるいは 1 kg）のその物質の温度を 1℃ だけ上げるのに必要な熱量である．

気体の挙動を記述する最も古い定量的法則の一つは Robert Boyle（1627～1691）によるもので，彼は Isaac Newton（1642～1727）と同時代のイギリス人である．同じ法則はまたフランスの Edme Mariotte（1620～1684）によっても発見された．1660年，Boyle は彼が得た結論を "New experiments physico-mechanical touching the spring of the air and its effects（空気の弾性およびその効果に関する物理-力学的新実験）" のなかで次のように述べた．"一定温度 T で気体の体積 V は圧力 p に反比例する"．すなわち，

Jacques Charles (1746～1823) (The E. F. Smith Collection, Van Pelt-Dietrich Library, University of Pennsylvania)

Joseph-Louis Gay-Lussac (1778～1850) (The E. F. Smith Collection, Van Pelt-Dietrich Library, University of Pennsylvania)

$$V = f(T)/p \qquad (f \text{ はある関数}) \tag{1.3.1}$$

(Boyle が用いた温度は経験的な温度であったが，3 章でみるように，理想気体の法則を定式化するには絶対温度を用いるのが適当である)．Boyle はまた熱はある物から他の物へ移動する不滅の物質（熱素）ではなく，"各部分の強い動揺"であるという見解を提唱した〔文献 5, p. 188〕．

一定圧力で気体の体積と温度の関係は Jacques Charles（1746~1823）によって研究され，次の関係を確立した．

$$V/T = f'(p) \qquad (f' \text{ はある関数}) \tag{1.3.2}$$

1811 年，Amedeo Avogadro（1776~1856）は，"同じ温度と圧力の条件下で，すべての気体は同じ体積に同数の分子を含む"という仮説を提唱した．この仮説は，気体物質間の化学反応による圧力の変化を説明するのに非常に役立った．これから定圧定温で気体の体積は気体のモル数に比例することになる．すなわち N mol の気体に対して，

$$pV = Nf(T) \tag{1.3.3}$$

式 (1.3.1)，(1.3.2)，(1.3.3) から，よく知られた**理想気体の法則** (law of ideal gas)

$$pV = NRT \tag{1.3.4}$$

が導かれる．ここで R は気体定数で，$R = 8.31441$ JK^{-1}mol^{-1} である．

18 世紀から 19 世紀の間に多くの気体が分離・同定され，それらの性質が研究された．多くの気体が近似的に Boyle の法則にしたがうことが見出され，ほとんどの気体に対して，この法則は 2, 3 atm までの低圧で実験的に観測される挙動をかなりよく記述する．次節で述べるように，より広い圧力範囲での気体の性質は，理想気体の法則を分子の大きさや分子間力を考慮に入れて修正した式によって記述される．

理想気体の混合物に対して，**Dalton の分圧の法則**が成立する．これによれば"混合気体の各成分による圧力（分圧 partial pressure）は他の成分の存在にはよらず，それぞれ独立に理想気体の法則にしたがう"．すなわち，成分 k の分圧 p_k は次式で与えられる．

$$p_k V = N_k RT \tag{1.3.5}$$

Joseph-Louis Gay-Lussac（1778~1850）も，気体の法則の研究に重要な寄与をして，希薄な気体を真空中へ膨張させても，温度の変化は起こらないことを見出した．James Prescott Joule（1818~1889）はまた，一連の実験によって力学的エネルギーと熱の等価性を立証した．2 章で，エネルギー保存の法則を詳細に論じるが，エネルギーとその保存の概念が確立されてはじめて，これらの結果の意味するところが明らかとなった．真空中へ膨張する気体はその過程でなんの仕事もしないので，そのエネルギーは変化しない．真空中への膨張の過程で，体積や圧力は変化するが，温度は変

化しないという事実は，与えられた理想気体のエネルギーは温度のみにより，体積や圧力にはよらないことを意味する．また，理想気体の温度を上げるために必要なエネルギー（熱）の量は気体のモル数に比例するので，エネルギーはモル数 N に比例することになる．よって，理想気体のエネルギー $U(T, N)$ は温度 T とモル数 N のみの関数であり，次のように書ける．

$$U(T, N) = NU_\mathrm{m}(T) \tag{1.3.6}$$

ここで U_m はモルあたりの内部エネルギーである．混合理想気体に対しては全エネルギーは各成分のエネルギーの和であり，

$$U(T, N) = \sum_k U_k(T, N_k) = \sum_k N_k U_{\mathrm{m}k}(T) \tag{1.3.7}$$

後で示されるように，よい近似で，

$$U_\mathrm{m} = cRT + U_0 \tag{1.3.8}$$

ここで U_0 は定数，また He や Ar など単原子分子気体に対して，$c=3/2$，N_2 や O_2 など2原子分子気体に対して $c=5/2$ である．

Gay-Lussac の実験は，一定圧力ですべての希薄な気体の膨張係数はほぼ同じで，1℃ あたり約 1/273 であることを示した．すなわち，気体の体積を温度 t の示度とする気体温度計に対して，定圧で次の定量的関係が成り立つ．

$$V = V_0(1 + \alpha t) \tag{1.3.9}$$

ここで $\alpha = 1/273$ は定圧での膨張係数である．3章で気体温度計で測られる温度 t と絶対温度 T の間の関係を明らかにする．

これらの経験的気体法則は熱力学の発展に重要な役割を演じた．これらは一般的原理を試す試料となり，またそれらの原理を例証するために用いられた．

CO_2, N_2, O_2 などほとんどの気体に対して，理想気体の法則は 2, 3 atm までの低圧においてのみ，p, V, T の間に実験的に観測される関係を正しく表現することが示されていた．気体の分子論的性質が明らかにされるまで，意義深い改良はなされなかった．Boyle の法則が提出されてから200年以上もたって，1873年に Johannes Diederik van der Waals (1837〜1923) が，気体の圧力および体積に与える分子間の求引力および大きさの効果を考慮に入れた式を提出した．van der Waals の状態式については次節で詳細に扱うが，ここでは理想気体の状態式と比較できるようにその

Johannes Diederik van der Waals (1837〜1923) (The E. F. Smith Collection, Van Pelt-Dietrich Library, University of Pennsylvania)

表 1.1 van der Waals 定数 a, b

気体	a (L² atm mol^{-2})	b (L mol^{-1})
アセチレン（C_2H_2）	4.40	0.0514
アンモニア（NH_3）	4.18	0.0371
アルゴン（Ar）	1.34	0.0322
二酸化炭素（CO_2）	3.59	0.0427
一酸化炭素（CO）	1.49	0.0399
塩素（Cl_2）	6.51	0.0562
ジエチルエーテル（$(CH_3)_2O$）	17.42	0.1344
ヘリウム（He）	0.034	0.0237
水素（H_2）	0.244	0.0266
塩化水素（HCl）	3.67	0.0408
メタン（CH_4）	2.25	0.0428
一酸化窒素（NO）	1.34	0.0279
窒素（N_2）	1.39	0.0391
二酸化窒素（NO_2）	5.28	0.0442
酸素（O_2）	1.36	0.0318
二酸化硫黄（SO_2）	6.71	0.0564
水（H_2O）	5.45	0.0305

これらの数値はデータ・ソース [B] の臨界定数から求められた．van der Waals 定数のより広範なリストはデータ・ソース [F] にある．

基本的な形を与えておこう．van der Waals によれば，p, V, N, T の間には次の関係が成り立つ．

$$\left(p + \frac{aN^2}{V^2}\right)(V - bN) = NRT \tag{1.3.10}$$

この式で定数 a は分子間に働く求引力の測度であり，定数 b は分子の大きさに比例する量である．例えば，ヘリウムに対する a, b の値は CO_2 に対する値より小さい．表 1.1 にいくつかの気体に対する定数 a, b の値を示した．理想気体の状態式とは異なり，この式はあらわに分子パラメータを含み，理想気体の圧力や体積が分子間力や分子の大きさによってどのように補正されるかを示している．次節で，van der Waals がどのようにしてこの式に到達したかを示そう．次節に進む前に，読者はそれぞれの方法でこの式を導くことを試みてほしい．

気体のエネルギーは分子間力によって変化する．6 章で示すように，van der Waals 気体のエネルギー U_{vw} は次式のようになる．

$$U_{vw} = U_{ideal} - a\left(\frac{N}{V}\right)^2 V \tag{1.3.11}$$

van der Waals の状態式は理想気体の状態式の著しい改良になっており，気体の液化や，臨界温度と呼ばれるある温度以上では，いくら圧力を加えても液化しないという事実を説明することができる．それでも van der Waals の状態式は非常に高圧では成り立たなくなることが知られている（問題 1.9）．Clausius, Berthelot らによって

種々の改良がなされているが，それらについては6章で論じる．

1.4 物質の状態と van der Waals の状態式

物質の最も単純な変化（相転移）は，固体の融解および液体の蒸発である．熱力学では，物質の種々の状態―固体，液体，気体―を相（phase）と呼ぶ．ある圧力の下でそれぞれの物質はそれが融解する定まった温度（融点）T_{melt}，および沸騰する定まった温度（沸点）T_{boil} をもつ．事実，これらの性質は化合物を同定したり，混合物の成分を分離したりするために利用される．温度計の発達によりこれらの性質は精確に測られるようになった．Joseph Black や James Watt は相転移に関連する興味深い現象を発見した．それは融点や沸点で系に加えられた熱は温度を上昇させず，ただ物質の相変化に費やされるだけであるということである．温度を上昇させることなく隠れた働きをするこの熱は**潜熱**（latent heat）と呼ばれた．液体が固化したり蒸気が凝結するとき，この熱は周囲に放出される（図1.3）．

明らかに理想気体の状態式は，気体の多くの性質を記述するのには役立ったが，気体の液化の現象を理解するためにはなんの役にもたたない．理想気体はすべての温度で気体にとどまり，体積をどこまでも圧縮することができる．18世紀から19世紀の間に，物質は原子，分子から成り立っており，分子間に力が働いていることが明らかになった．この点に関連して，van der Waals がその博士論文で，気体の挙動を記述

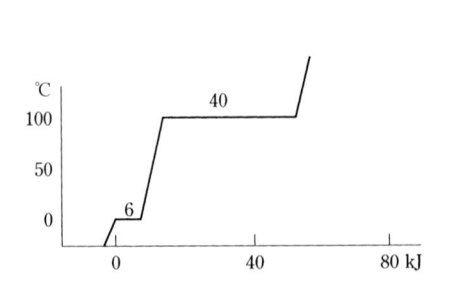

図1.3 圧力1atmで1molの水に加えられた熱量に対する温度の変化

融点で熱の吸収によってすべての氷が融け終わるまで温度は変化しない．1molの氷を融解させるのに約6kJ必要とする．これがJ. Blackが見出した潜熱である．次いで温度が上昇し，やがて沸点に達する．そこですべての水が水蒸気に変化するまで，温度は一定にとどまる．1molの水を水蒸気に変えるのに約40kJの熱を必要とする．

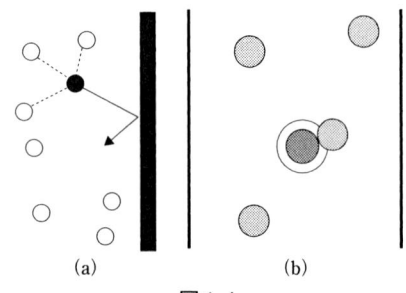

図1.4

van der Waals は理想気体の状態式を改良するために分子間力と分子の大きさを考慮した．(a) 分子間力は壁に接近する分子の速度を減少させるので，実在気体の圧力は理想気体の圧力より小さくなる．したがって，$p_{real}=p_{ideal}-\delta p$．(b) 各分子が利用できる体積は，分子が有限の大きさをもつために容器の体積より小さくなる．排除体積は分子の全数に比例し，したがって，$V_{ideal}=V-bN$．

1.4 物質の状態とvan der Waalsの状態式

するのに分子間力を考慮に入れる必要があることを述べたのである．

van der Waalsは，二つの主要な因子を理想気体の状態式に加えることを行った．一つは分子間力の効果であり，もう一つは分子の大きさの効果である．分子間力は理想気体の圧力を補正し，分子の大きさは体積を修正し有効体積を減少させる．理想気体の場合には，分子間力は働いていない．図1.4に示すように，分子間力は圧力を理想値より減少させる．実在気体の圧力を p_{real}，相当する理想気体の圧力を p_{ideal} とすると，補正項を δp として，$p_{ideal} = p_{real} + \delta p$ と書ける．圧力は，理想気体の式からわかるように，分子の数密度 N/V に比例するので，δp は N/V に比例するはずである．さらに，容器の壁に近づく各分子に働く力も数密度 N/V に比例する．よって δp は (N/V) の2乗に比例するはずで，$\delta p = a(N/V)^2$ と書ける．一方，分子が有限の大きさをもつことによる体積の補正，すなわち"排除体積"は数密度に比例する．よって，$V_{ideal} = V - bN$，ここで b は1 molあたりの補正値である．これらの値を理想気体の状態式 $p_{ideal} V_{ideal} = NRT$ に入れて，van der Waalsの状態式

$$(p + aN^2/V^2)(V - bN) = NRT \tag{1.4.1}$$

が得られる．van der Waals気体に対する典型的な p-V **等温線** (p-V isotherm) を図1.5に示した．これらの曲線で，p-V 曲線が多価，すなわちある圧力の値で単一ではない体積の値を与える領域があり，そこで気体から液体への転移を示す．この領域はまた気相と液相が熱平衡にある状態を表す．13章で示されるように，この領域でのvan der Waals曲線は不安定状態を表し，実際の状態は図1.5に示される直線ACBにしたがう．

van der Waalsの式はまた**臨界温度** (critical temperature) T_c を示す．温度 T が T_c より高ければ，p-V 曲線は常に単一の値を与え，液体状態への転移は起こらない．van der Waalsの式は三次であるので，$T < T_c$ では二つの極値をもつ．T_c 以下で T が増大すれば，これら二つの極値は互いに接近し，ついには $T = T_c$ で合一する．T_c 以上で，気相から液相への相転移は起こらず，液体と気体の区別は消滅する．（このことは固相と液相の転移の場合には起こらない．固相は液相より高い秩序性をもち，二つの状態は常に区別されるからである．）臨界温度に相当する圧力および体

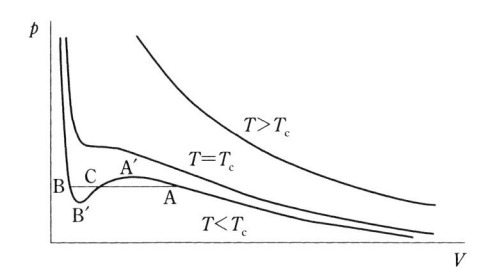

図1.5 van der Waalsの p-V 等温線 $T < T_c$ で，ある p の値に対して V が一つに定まらない領域AA'CB'Bがある．この領域で気体は液体へ転移する．A'B'上の状態は不安定である．実際に観測される状態はACBにしたがう．詳細な議論は7章で行う．

積をそれぞれ**臨界圧力** p_c および**臨界体積** V_c という。これら**臨界定数** (critical constant) p_c, V_c, T_c は実験的に決定される。臨界定数と van der Waals 定数 a, b とを次のように関係づけることができる。$p(V, T)$ を V の関数とみなし，$T<T_c$ では，$(\partial p/\partial V)_T=0$ で二つの極値を与えるが，T が増大し，二つの極値が一致する臨界点においては，曲線は屈曲点を与える。屈曲点では一次および二次の微分係数が 0 となるので，臨界点において，

$$\left(\frac{\partial p}{\partial V}\right)_T=0, \qquad \left(\frac{\partial^2 p}{\partial V^2}\right)_T=0 \tag{1.4.2}$$

これらの関係を用いて，臨界定数と van der Waals 定数との間に次の関係が導かれる（問題 1.11）。

$$a=\frac{9}{8}RT_c V_{mc}, \qquad b=\frac{V_{mc}}{3} \tag{1.4.3}$$

V_{mc} はモル臨界体積である。逆に臨界定数を van der Waals 定数 a, b で表すことも

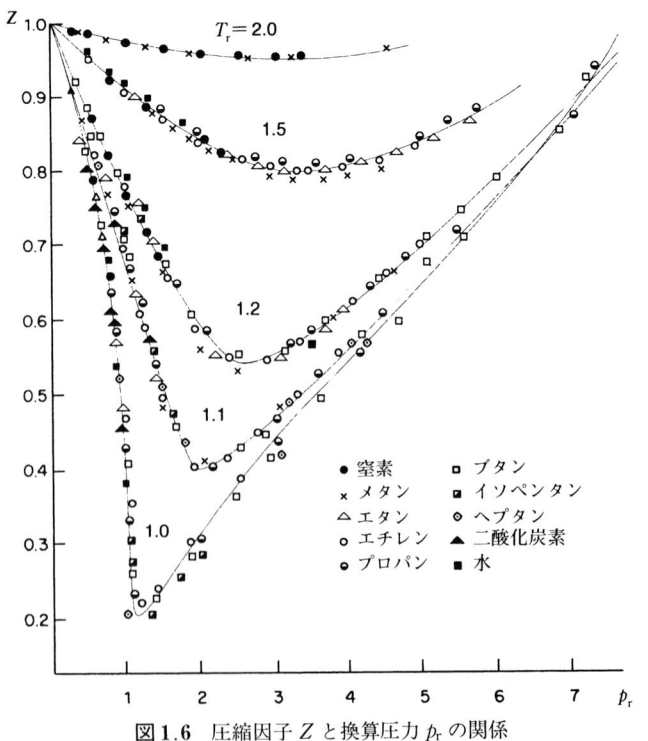

図 1.6 圧縮因子 Z と換算圧力 p_r の関係

(Goug-Jen Su, *Industrial and Engineering Chemistry*, **38** (1946), 803, American Chemical Society)

できる．

$$T_c = \frac{8a}{27Rb}, \qquad p_c = \frac{a}{27b^2}, \qquad V_{mc} = 3b \qquad (1.4.4)$$

それぞれの気体はその特性値 T_c, p_c, V_{mc} をもつので，次の関係で定義される**換算変数**（reduced variable）を導入することができる．

$$T_r = T/T_c, \qquad V_{mr} = V_m/V_{mc}, \qquad p_r = p/p_c \qquad (1.4.5)$$

van der Waals の状態式を換算変数で書くと，すべての気体に対して成り立つ普遍的な式が得られる（問題 1.13）．すなわち，

$$p_r = \frac{8T_r}{3V_r - 1} - \frac{3}{V_r^2} \qquad (1.4.6)$$

この式は実測の結果と優れた一致を示す．例えば，すべての気体について換算体積，換算温度の与えられた値において換算圧力は同じ値をもつ．これを**対応状態の法則**（law of corresponding states）という．

理想気体挙動からの偏差は，$Z = pV_m/RT$ で定義される圧縮因子で表される．理想気体では $Z = 1$ である．図 1.6 は種々の気体に対して Z を換算圧力 p_r に対してプロットしたもので，実測値が式（1.4.6）に一致することを示している．

van der Waals の状態式を用いて数値計算するための簡単な Mathematica コードを付 1.2 に与えておく．

付 1.1 偏微分

● 多変数関数の微分

エネルギー $U(T, V, N_k)$ のような関数は多変数 V, T, N_k の関数である．このような関数のある変数に関する偏微分はその他の変数をすべて一定に保つことによって定義される．例えば，

$$U(T, V, N) = \frac{5}{2} NRT - a\frac{N^2}{V}$$

に対して，

$$\left(\frac{\partial U}{\partial T}\right)_{V,N} = \frac{5}{2} NR \qquad (A\,1.1.1)$$

$$\left(\frac{\partial U}{\partial N}\right)_{V,T} = \frac{5}{2} RT - a\frac{2N}{V} \qquad (A\,1.1.2)$$

$$\left(\frac{\partial U}{\partial V}\right)_{N,T} = a\frac{N^2}{V^2} \qquad (A\,1.1.3)$$

添字は微分に際して一定に保たれる変数を示す．一定に保たれる変数が自明の場合，添字を省略することがある．N, V, T すべての変化に関する全微分 dU は次式で与

えられる．

$$dU = \left(\frac{\partial U}{\partial T}\right)_{V,N} dT + \left(\frac{\partial U}{\partial V}\right)_{T,N} dV + \left(\frac{\partial U}{\partial N}\right)_{V,T} dN \qquad (A\,1.1.4)$$

多変数関数 U に対して，一対の変数，例えば T, V に関して $\partial^2 U/\partial T^2$, $\partial^2 U/\partial T \partial V$, $\partial^2 U/\partial V \partial T$, $\partial^2 U/\partial V^2$ のような二次偏微分がある．二つの異なる変数に関する交差偏微分に対し，

$$\frac{\partial^2 U}{\partial T \partial V} = \frac{\partial^2 U}{\partial V \partial T} \qquad (A\,1.1.5)$$

の型の関係が成り立つ．この関係は，微分の次数に関係なく，より高次の偏微分に対しても同様に成り立つ．

● **基本的恒等式**

三つの変数 x, y, z があり，それぞれは他の二つの変数の関数，すなわち，$x = x(y, z)$，$y = y(z, x)$，$z = z(x, y)$ とする．(理想気体の状態式 $pV = NRT$ に含まれる p, V, T が一例である)．これらの変数の間に次の恒等的な関係が成り立つ．

$$\left(\frac{\partial x}{\partial y}\right)_z = \frac{1}{\left(\frac{\partial y}{\partial x}\right)_z} \qquad (A\,1.1.6)$$

$$\left(\frac{\partial x}{\partial y}\right)_z \left(\frac{\partial y}{\partial z}\right)_x \left(\frac{\partial z}{\partial x}\right)_y = -1 \qquad (A\,1.1.7)$$

z 以外の x, y の関数 $f = f(x, y)$ に対して，

$$\left(\frac{\partial f}{\partial x}\right)_z = \left(\frac{\partial f}{\partial x}\right)_y + \left(\frac{\partial f}{\partial y}\right)_x \left(\frac{\partial y}{\partial x}\right)_z \qquad (A\,1.1.8)$$

付1.2 Mathematica コード

● **コード A：van der Waals の状態式による圧力を評価するコード**

```
(* Van der Waals Equation for N = 1 *)
(* values of a and b for CO2 *)
a = 3.59;(* L^2.atm.mol^-2 *)
b = 0.0427;(* L.mol^-1 *)
R = 0.0821;(* L.atm.K^-1.mol^-1 *)
PVW[V_,T_] := (R*T/(V-b)) - (a/(V^2));
PID[V_,T_] := R*T/V;
PID[1.5,300]
PVW[1.5,300]
TC = (8/27)*(a/(R*b))
```

出力：

16.42

15.3056

303.424

次のコマンドを用いて van der Waals 等温線をプロットできる.
```
Plot[{PVW[V, 320], PVW[V, 128], PVW[V, 150]}, {V, 0.05, 0.3}]
```

● コード B：van der Waals 気体の臨界定数を求めるコード
```
p[V_,T_] := (R*T/(V - b)) - (a/V^2);
(* At the critical point the first and second derivatives of p
with respect to V are zero *)
(* First derivative *)
D[p[V,T],V]
```

$$\frac{2a}{V^3} - \frac{RT}{(-b+V)^2}$$

```
(* Second derivative *)
D[p[V,T],V,V]
```

$$\frac{-6a}{V^4} + \frac{2RT}{(-b+V)^3}$$

```
(* Solve for T and V when the first and second derivatives
are zero *)
Solve[{(-6*a)/V^4) + (2*R*T)/(-b + V)^3 == 0,
(2*a)/V^3 - (R*T)/(-b + V)^2 == 0}, {T,V}]
```

$$\{\{T-> \frac{8a}{27bR}, V-> 3b\}\}$$

```
(* Now we can substitute these values in the equation for p
and obtain pc *)
T = (8*a)/(27*b*R); V = 3*b; p[V, T]
```

$$\frac{a}{27b^2}$$

```
(* Thus we have all the critical variables pc = a/(27*b^2);
Tc = (8*a)/(27*b*R); Vc = 3*b; *)
```

● コード C：対応状態の法則を求めるためのコード
```
p[V_,T_] := (R*T/(V - b)) - (a/V^2);
T = Tr*(8*a)/(27*b*R); V = Vr*3*b; pc = a/(27*b^2);
(* In terms of these variables the reduced pressure pr = p/pc.
This can now be calculated *)
p[V,T]/pc
```

$$\cfrac{27b^2\left(\cfrac{-a}{9b^2\,Vr^2}+\cfrac{8a\,Tr}{27b(-b+3b\,Vr)}\right)}{a}$$

```
(* This form of pr is clumsy, so let us simplify it *)
Simplify[(27*b^2*(-a/(9*b^2*Vr^2)+(8*a*Tr)/(27*b*
 (-b+3*b*Vr))))/a]
```

$$\frac{-3}{Vr^2}+\frac{8Tr}{-1+3Vr}$$

```
(* Hence we have the following relation for the reduced
variables, which is the law of corresponding states! *)
pr = (8*Tr)/(3*Vr - 1)) - 3/Vr^2
```

文 献

1. Prigogine, I. and Stengers, I. *Order Out of Chaos*. 1984, New York: Bantam.
2. Mach, E., *Principles of the Theory of Heat*. 1986, Boston: D. Reidel (original German edition published in 1896).
3. Conant, J. B. (ed.), *Harvard Case Histories in Experimental Science Vol. 1*. 1957, Cambridge MA: Harvard University Press.
4. Mason, S. F., *A History of the Sciences*. 1962, New York: Collier Books.
5. Segrè, E., *From Falling Bodies to Radio Waves*. 1984, New York: W. H. Freeman.
6. Planck, M., *Treatise on Thermodynamics*, 3d ed. 1945, New York: Dover.

邦訳
1．伏見康治，伏見　譲，松枝秀明訳，混沌からの秩序，みすず書房，1992
2．高田誠二訳，マッハ熱学の諸原理，東海大学出版会，1978．

データ・ソース

[A] NBS table of chemical and thermodynamic properties. *J. Phys. Chem. Reference Data*, **11**, suppl. 2 (1982).
[B] G. W. C. Kaye and T. H. Laby (eds) *Tables of physical and chemical constants*. 1986, London: Longman.
[C] I. Prigogine and R. Defay, *Chemical Thermodynamics*. 1967, London: Longman.
[D] J. Emsley, *The Elements* 1989, Oxford: Oxford University Press.
[E] L. Pauling, *The Nature of the Chemical Bond* 1960, Ithaca NY: Cornell University Press.
[F] D. R. Lide (ed.) *CRC Handbook of Chemistry and Physics*, 75th ed. 1994, Ann Arbor, MI: CRC Press.

例 題

例題 1.1 大気は体積分率で N_2 78.08%，O_2 20.95% よりなる．これらの成分気体の分圧を計算せよ．

解 体積分率は次のように解釈される．圧力 1 atm で大気をその成分気体に分離したとき，

各成分により占められていた体積が体積分率を与える．例えば，乾燥空気の 1.000 L 中の N_2 を分離すると，1 atm でその体積は 0.781 L になる．理想気体の法則によれば，定圧定温でモル数は $N = V(p/RT)$ で，体積に比例する．よって，体積分率はモル分率に等しい．すなわち 1.000 mol の空気は 0.781 mol の N_2 を含む．Dalton の法則（1.3.5）によれば，分圧はモル数に比例するので，N_2 の分圧は 0.781 atm，O_2 の分圧は 0.209 atm である．

例題 1.2 理想気体の近似を用いて，$p=2.00$ atm，$T=298.15$ K にある 1.00 L の N_2 の温度を 10.0 K だけ上げたときの内部エネルギーの変化を求めよ．また，1.00 mol の N_2 を 0 K から 298 K まで加熱するのに要するエネルギーはどれだけか．

解 理想気体のエネルギーはモル数と温度のみに依存する．N_2 などの二原子分子気体のモルあたりのエネルギーは $(5/2)RT+U_0$ である．よって，N mol の N_2 に対して温度が T_1 から T_2 へ変化したときのエネルギー変化量は，

$$\Delta U = N(5/2)R(T_2-T_1)$$

問題の場合，

$$N = \frac{pV}{RT} = \frac{2.00 \text{ atm} \times 1.00 \text{ L}}{0.0821 \text{ L atm mol}^{-1}\text{K}^{-1} \times 298.15 \text{ K}} = 8.17 \times 10^{-2} \text{mol}$$

よって，

$$\Delta U = (8.17 \times 10^{-2} \text{mol}) \cdot \frac{5}{2}(8.314 \text{ J mol}^{-1}\text{K}^{-1}) \cdot (10.0 \text{ K}) = 17.0 \text{ J}$$

（この計算で R について異なる単位を用いたことに注意．）

1.00 mol の N_2 を 0 K から 298 K まで加熱するのに必要なエネルギーは，

$$(5/2)RT = (5/2) \cdot (8.314 \text{ J K}^{-1}) \cdot (298 \text{ K}) = 6.10 \text{ kJ}$$

例題 1.3 $T=300$ K で，1.00 mol の CO_2 は体積 1.50 L を占める．理想気体の状態式および van der Waals の状態式によって与えられる圧力を求めよ．

解 理想気体の状態式による圧力は，

$$p = \frac{1.00 \text{ mol} \times 0.0821 \text{ atm L mol}^{-1}\text{K}^{-1} \times 300 \text{ K}}{1.50 \text{ L}} = 16.4 \text{ atm}$$

van der Waals の状態式によれば，圧力は，

$$p = \frac{NRT}{V-Nb} - a\frac{N^2}{V^2}$$

van der Waals 定数 a, b は表 1.1 から，$a=3.59$ L^2atm mol^{-2}，$b=0.0427$ L mol^{-1}，そこで，$R=0.0821$ atm L mol^{-1}K^{-1} を用いて，

$$p = \frac{1.00 \times 0.0821 \times 300}{1.50 - 1.00 \times 0.0427} - 3.59 \cdot \frac{(1.00)^2}{(1.50)^2} = 15.3 \text{ atm}$$

問 題

1.1 二つの同等の容器があり，一方に $CO_2(g)$，他方に $He(g)$ が入っている．両方とも同じ分子数で，同じ温度に保たれている．気体の圧力は容器の壁に対する分子の衝突の結果であることから，直観的にはより重い CO_2 分子による圧力のほうが He 分子による圧力に比べ大きいことが期待される．この期待を理想気体の法則（あるいは Avogadro の法則）を

用いて検証せよ．実験的に支持されている理想気体の法則による予測をどのように説明できるか．

1.2 理想気体の法則に基づいて，気体分子の質量を求めるための実験方法を述べよ．

1.3 (a) 理想気体の状態式を用いて，$p=1$ atm，$T=298$ K で大気の 1 m^3 に含まれるモル数（物質量）を計算せよ．

(b) 大気中の CO_2 の含量は約 360 ppmv（体積で 10^6 分の 1 部）である．圧力を 1.00 atm として，地球表面の厚さ 10.0 km の大気層に含まれる CO_2 の量を推定せよ．地球の半径は 6370 km である．（大気中の CO_2 の総量は約 6.0×10^{16} mol である）．

(c) 大気中の O_2 の含量組成は体積で 20.946% である．(b) の結果を用いて，大気中の O_2 の全量を求めよ．

(d) 地球上の生物は 1 年に約 0.47×10^{16} mol の O_2 を消費する．仮に光合成による O_2 の生産が突然とまったとすると，大気中の酸素の消費が今の速度で続いたとき，後どれだけもつか．

1.4 肥料の生産は Haber プロセスで始まった．この反応は，$3H_2 + N_2 \longrightarrow 2NH_3$ で，温度約 500 K，圧力約 300 atm で行われる．反応は一定の体積および温度の容器中で行われるとする．300 mol の H_2 と 100 mol の N_2 よりなる反応系のはじめの圧力が 300 atm であったとき，最後の圧力はいくつになるか．また，はじめ反応系が $p=300$ atm で 240 mol の H_2 と 160 mol の N_2 よりなっていたとき，最後の圧力はいくつになるか．

1.5 N_2 の van der Waals 定数は $a=1.390$ L^{2}atm mol^{-2}，$b=0.0391$ L mol^{-1} である．0.50 mol の N_2 が体積 10.0 L の容器に入っているとする．温度 300 K として，理想気体および van der Waals の状態式によって与えられる圧力の値を比較せよ．

(a) van der Waals の状態式の代わりに理想気体の状態式を用いたときの圧力の値の差は何% か．

(b) $V=10.0$ L として，Maple あるいは Mathematica を用いて，理想気体および van der Waals の状態式によって，$N=1\sim100$ mol の場合に p を N に対してプロットして示せ．二つの状態式により予測される圧力の差について，どのようなことが認められるか．

1.6 体積 2.50 L の容器内の 1.00 mol の Cl_2(g) に対して，エネルギー U_{Ideal} と U_{VW} の差を計算せよ．$U_{\text{Ideal}} = \frac{5}{2}NRT$ に対して U_{VW} の差は何% か（表 1.1 を用いよ）．

1.7 (a) 理想気体の状態式を用いて，温度 25℃，圧力 1 atm のときの気体の体積を計算せよ．この体積を Avogadro 体積という．

(b) 金星の大気は 98% CO_2(g) である．表面温度は約 750 K，圧力は約 90 atm である．理想気体の状態式を用いて，これらの条件での 1 mol の CO_2(g) の体積（金星上の Avogadro 体積）を計算せよ．

(c) Maple あるいは Mathemarica を用いて，van der Waals の状態式によって金星上の Avogadro 体積を求めて，理想気体の状態式による結果と比較せよ．

1.8 van der Waals 定数 b は有限の大きさをもつ分子によって排除される体積の尺度である．表 1.1 のデータを用いて 1 個の分子の大きさを推定せよ．

1.9 van der Waals の状態式は理想気体の状態式の大きな改良であるけれども，その適用

p (atm)	V_m (L mol^{-1})
1	25.574
10	2.4490
25	0.9000
50	0.3800
80	0.1187
100	0.0693
200	0.0525
500	0.0440
1000	0.0400

(I. Prigogine and R. Defay, *Chemical Thermodynamics,* 1967, Longman, London)

性にはなお限界がある．40℃，1 mol の CO_2 に対する次の実測値を van der Waals の状態式による計算値と比較してみよ．

1.10 Mathematica あるいは Maple を用いて，表 1.1 に示したいくつかの気体に対して van der Waals の p-V 等温線を描け（付 1.2 参照）．とくに CO_2 と He の van der Waals 曲線と理想気体の曲線と比較せよ．

1.11 van der Waals の状態式を用いて，式 (1.4.2) から式 (1.4.3) および式 (1.4.4) を導け．（この計算は Mathematica あるいは Maple を用いても行える）．

1.12 表 1.1 および式 (1.4.4) を用いて，CO_2, H_2 および CH_4 の臨界温度 T_c，臨界圧力 p_c，臨界モル体積 V_{mc} を求めよ．臨界定数 T_c, p_c, V_{mc} から van der Waals 定数 a, b を求める Maple あるいは Mathematica のコードを書け．

1.13 Mathematica あるいは Maple を用いて式 (1.4.5) から式 (1.4.6) を導け．

2. 熱力学第一法則

新発見のなかでのエネルギー保存の概念

19世紀の初頭,運動に伴われる運動エネルギーおよび重力などの保存力に伴われるポテンシャルエネルギーの概念はよく知られていた.Newtonの法則によると,運動している物体の運動エネルギーおよびポテンシャルエネルギーの和,すなわち力学的エネルギーは保存される.しかし,このことと当時研究されていた熱現象,化学現象,電気現象などとの関連はほとんど考えられなかった.一方,18世紀末から19世紀にかけて次々と新しい現象が発見されていた.

イタリアの医師 Luigi Galvani(1737〜1798)は帯電した金属片で死んだ蛙の足に触れると一瞬動くことを発見した.この発見に人々は驚き,電気が生命を生み出すという考えにとりつかれ,Mary Shelly(1797〜1851)はフランケンシュタインを創作した.1791年,Galvaniは研究結果をまとめて電気の起源は動物組織に帰せられると報告した.一方,物理学者 Alessandro Volta(1745〜1827)は"Galvani効果"が電流によって引き起こされることを認識した.1800年,Voltaは最初の"化学電池"である Voltaの電堆をつくり,電気は化学反応でつくり出されるようになった.1830年代には,Michael Faraday(1791〜1867)によって,逆の効果,すなわち電気によって化学反応が駆動されることが示された.電気が流れることにより熱や光を生み出すこともできる.さらに1819年,デンマークの物理学者 Hans Christian Ørsted(1777〜1851)は電流により磁場が生じることを発見した.1822年,ドイツでは Thomas Seebeck(1770〜1831)が"熱電効果",すなわち熱により電気が発生することを示した.1831年,Faradayは磁場の変化により電流が発生するという,有名な電磁誘導の法則を発見した.これらの発見は,熱,電気,磁気,化学などの現象が織物の縦糸と横糸のごとく密接に関連していることを,19世紀の科学者に示唆することになった.

やがて,研究者たちの間では,これらすべての現象は不変量である"エネルギー"の変換を表していると考えられるようになった(文献[1]の"同時発見の一例としてのエネルギー保存"参照).エネルギー保存の法則は熱力学第一法則であり,次節以降で詳しく述べる.

力学に基礎をおく自然観では，すべてのエネルギーは究極的には物質を構成する粒子の運動エネルギーとポテンシャルエネルギーに帰せられると考える．それゆえ，エネルギー保存の法則は系を構成するすべての粒子の力学的エネルギー（運動エネルギー＋ポテンシャルエネルギー）の保存則と考えられる．第一法則の確立において重要な役割を果たしたのは，Manchesterのビール醸造人でアマチュア科学者であったJames Prescott Joule（1818～1889）の実験である．エネルギー保存に関するJouleの見解を次に示す〔文献2, 3〕．

「力学，化学，生物にかかわらず，すべての自然現象は空間を通しての引力（ポテンシャルエネルギー），生命力（運動エネルギー），および熱との間の絶え間ない連続的な変換のなかに存在する．このようにして宇宙の秩序は維持されている——なにものも散逸されず，なにものも消滅されることなく，全体の仕組みは，複雑は複雑なりに，円滑と調和をもって動いている．"輪の中の輪（込み入った機構）"というEzekielの恐るべき洞察が示すように，すべては複雑性に，そして混沌と原因，結果，流転，秩序の無限の多様性に巻き込まれているようにみえる——すべては主権者である神の意志のもと完全な調和が保たれている」．

実際には，エネルギーは熱と巨視的変数の変化で測定される．エネルギーは力学的仕事，熱，化学エネルギー，電場および磁場に伴われるエネルギーなどと多様な形態をとる．これら各エネルギー形態は巨視的変数により区別することができる．

2.1 熱の本質

17世紀，Joseph Blackやその他の人々により温度と熱の違いが明確にされたが，19世紀中ごろまで熱の本質は明らかにされていなかった．Robert Boyle, Isaac Newtonらは熱を粒子の微視的な無秩序運動と考えていたが，当時のフランスでは，熱は物質間を移動する，流体のような不滅の物質であると考えられていた．この不滅の物質は**熱素**（caloric）と呼ばれ，カロリー単位（BOX 2.1）で測られた．熱素説はAntoine Laurent Lavoisier（1743～1794），Jean Baptiste Joseph Fourier（1768～1830），Pierre Simon de Laplace（1749～1827），Siméon Dénis Poisson（1781～1840）などの著名な科学者に支持され，熱力学第二法則の誕生に貢献したEven Sadi Carnot（1796～1832）も，後に否定するようになったが，最初は熱素説を信じていた．

熱の本性がエネルギーの一形態であるとする考えが確立するまで非常に多くの議論があった．力学的エネルギーから熱への変換に関する最も画期的な実験を行ったのは，Massachusetts州Woburn生まれのアメリカ人Benjamin Tompson（1753～1814）である．冒険家の彼はBavariaに行き，そこでRumford伯になった

〔文献4〕．Rumford 伯は水のなかで大砲の砲身を削り，摩擦により生じた熱により水が沸騰することを観察した．彼は力学的仕事が熱に変わったと考え，1 カロリー (cal) がほぼ5.5 ジュール (J) になると見積もった〔文献5〕．

1847年，James Prescott Joule は注意深く実験を行い，熱が不滅の物質ではないこと，熱は力学的エネルギーに，力学的エネルギーは熱に変換できることを証明した〔文献5, 6〕．さらに，熱と力学的エネルギーの間に次の等価性が成り立つことを示した．すなわち，エネルギー変換の方法にかかわりなく，一定量の力学的エネルギーは常に等量の熱を発生する（4.184 J の仕事は 1 cal の熱を発生する）．このことは，エネルギーという物理量が熱や力学的エネルギーと形を変えて現れることを意味している．

■ **BOX 2.1　基礎的定義**

カロリー　カロリー (cal) は元来 1 g の水を 1℃ 上昇させるのに必要な熱と定義された．この値が水の温度に依存することがわかってからは，次の定義が採用された．1 cal は，1 g の水の温度を 14.5℃ から 15.5℃ に上昇させるのに必要な熱量である．

仕事と熱　古典力学では，力 **F** が物体を $d\mathbf{s}$ だけ動かしたとき，なされた仕事は $dW = \mathbf{F}\cdot d\mathbf{s}$ である．仕事はジュール (J) 単位で測られる．接触する固体間に働く摩擦力や液体中の粘性力などの散逸力は仕事を熱に変える．Joule の実験は，方法にかかわりなく，一定量の仕事から常に一定量の熱が生み出されることを示した．こうして，仕事と熱の間に次の等価関係が確立された．

$$1\,\mathrm{cal} = 4.184\,\mathrm{J}$$

熱容量　物体の熱容量 C は，吸収された熱量 dQ と上昇した温度 dT の比

$$dQ/dT = C$$

である．温度変化は，測定が定積または定圧いずれの条件下で行われたかで異なる．それぞれの熱容量を C_V と C_p で表す．

モル熱容量　モル熱容量は物質 1 mol の熱容量である．

それでは熱とは何であろうか．古典的な分子運動論によると，熱は運動エネルギーの無秩序化された形態である．絶え間なく動き回っている分子は衝突し，運動エネルギーをランダムにやり取りする．物体が加熱または冷却されると，分子の平均運動エネルギーは変化する．事実，v_avg を分子の平均速度，k_B を Boltzmann 定数（$k_\mathrm{B} = 1.381\times10^{-23}$ JK^{-1}），T を Kelvin 単位で表した温度とすると，平均運動エネルギーは $(mv_\mathrm{avg}^2/2) = (3/2)k_\mathrm{B}T$ である．相転移の場合には，熱は物体の温度を変えることなく状態変化を引き起こす．

熱についていえることはこれだけではない．粒子の運動以外に場のエネルギーを考えなければならない．粒子間相互作用は電磁場などの場で表される．古典物理学は電

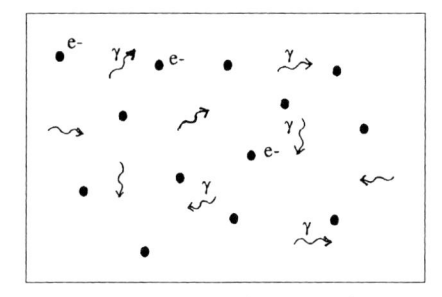

図 2.1 低温で熱放射と平衡にある電子気体の古典的描像

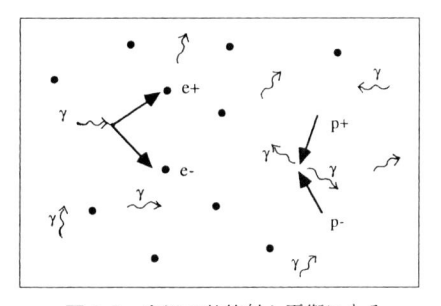

図 2.2 高温で熱放射と平衡にある電子と陽電子の気体
10^{10}K を超える高温では,粒子-反粒子対の生成と消滅が起こり,全粒子数は一定ではない.このような温度では,電子,陽電子,光子は熱放射と呼ばれる状態にある.熱放射のエネルギー密度は温度に依存する.

磁波がエネルギーと運動量をもつ物理量であることを証明した.それゆえ,粒子がエネルギーを得たり失ったりするとき,一部のエネルギーは場のエネルギーに変換される.電磁波のエネルギーはその例である.物質と電磁波の相互作用により熱平衡状態へと向かう.物質と熱平衡にある電磁波は "**熱放射** (thermal radiation)" と呼ばれている.熱放射の熱力学については,11章で詳しく述べる.

20世紀に入り,粒子と場は現代の量子場理論で統一された.量子場理論によると,すべての粒子は量子場の励起である.電磁場は波動の性質を合わせもつ光子 (photon) と呼ばれる粒子と関連づけられる.同様に,核力と関連づけられる場なども対応する粒子をもつ.分子の状態間遷移により光子が放出・吸収されるように (図2.1, これは放射波の放出・吸収に対する古典的見方である),高エネルギー粒子間の相互作用により電子,中間子,陽子などの粒子が自発的に放出・吸収される.現代物理学における最も注目すべき発見は,すべての粒子に反粒子が存在することを見出したことである.粒子が反粒子に遭遇すると,ともに消滅して光子などのエネルギーに変換される.この発見は物質状態に関するわれわれの知識を拡大した.通常の温度範囲では,分子間の衝突は光子を放出し,光子以外の粒子が放出されることはない.一方,十分高い温度 (10^{10}K より高温) では,衝突により光子以外の粒子もつくり出され,しばしば粒子-反粒子対の生成が起こる (図2.2).それゆえ,粒子-反粒子対の絶え間ない発生・消滅が起こっていて,粒子数が定まらない物質状態が出現する.この物質状態は場が高度に励起された状態である.熱力学的平衡および熱力学温度の概念は,この系にも適用できるはずである.

熱平衡にある場はより一般的に**熱放射** (thermal radiation) と呼ぶことができる.

熱放射の特徴の一つは，そのエネルギー密度が温度だけの関数となることで，理想気体とは異なり，それぞれの種類の粒子数が温度で変化することである．"黒体（空洞）放射"は電磁場に関連する熱放射であり，この研究で Max Planck (1858～1947) は量子仮説に到達した．常温における電磁放射と同じように，十分高い温度では，すべての粒子——電子と陽電子，陽子と反陽子——は熱放射の状態として存在する．ビッグバン直後，宇宙の温度は極端に高く，宇宙の物質は熱放射状態であった．宇宙が膨張し冷却するとともに，光子は温度と関連する熱放射の状態で残ったが，陽子，電子，中性子はもはや熱放射の状態にはない．現在，宇宙は約3Kの温度で平衡にある放射で満たされている．しかし，宇宙で観測される元素の存在比は熱力学的平衡から期待されるものではない．（初期宇宙における熱放射に関する一般向けの解説は，Steven Weinberg の有名な著書，"The First Three Minutes"〔文献7〕にみることができる）．

2.2 熱力学第一法則：エネルギーの保存

力学的エネルギー（運動エネルギーとポテンシャルエネルギーの和）とその保存則は Newton や Leibniz の時代から知られていたが，19世紀になるまで，エネルギーが一般的で普遍的な量であるとは考えられていなかった．

Joule によって熱の力学的等価性が証明されたことにより，熱は仕事に，仕事は熱に変換できるエネルギーの形態と理解されるようになり，19世紀後半，エネルギー保存の概念が確立した．多くの人々が，当時広まっていたこの考えに貢献した．例えば，ロシアの化学者 Germain Henri Hess (1802～1850) は"総熱量不変（constant summation of heats of reaction）の法則"を導いた．エネルギー保存の法則が自然

James Prescott Joule (1818～1889) (The Emilio Segrè Visual Archives of the American Institute of Physics)

Hermann von Helmholtz (1821～1894) (The E. F. Smith Collection, Van Pelt-Dietrich Library, University of Pennsylvania)

図 2.3
エネルギー U の変化量は基準状態 O から状態 X へ変化する経路に無関係である．この系の状態は体積 V と温度 T で規定される．

界における普遍的法則と理解されるうえで，最も重要な貢献をしたのは Julius Robert von Mayer (1814~1878), James Prescott Joule (1818~1889), Hermann von Helmholtz(1821~1894) の3人であろう．エネルギー保存則の確立における重要な道標となったのは，Robert Mayer が 1842 年に発表した"無生物界の力に関する所見 (Bermerkungen über die Kräfte der unbelebten Natur)"と題された論文と，Helmholtz により 1847 年に発表された論文"力の保存について (Uber die Erhaltung der Kraft)"である〔文献5,6〕．

Helmholtz の論文が公表される7年前の 1840 年，ロシアの化学者 Germain Henri Hess は"総熱量不変の法則"を発表したが，この法則は化学反応へエネルギー保存則を適用したものである．現在，この法則は Hess の法則と呼ばれ，反応熱の計算に常用されている．

エネルギー保存則は巨視的変数で書き表されている．状態の変化は，エネルギー変化を伴う熱交換や仕事や化学組成の変化により起こる．熱力学第一法則は次のように述べられる．

「系が状態変化するとき，交換される熱や加えられる仕事などによるエネルギーの総変化量は，状態変化の経路には無関係であり，最初と最後の状態だけで決まる」．

図 2.3 は，状態 O を出発して，異なる二つの経路を通って状態 X へ至る間に，気体の体積と温度がどのように変化するかを示している．それぞれの経路で交換される熱量と仕事量は異なるが，第一法則が述べるように，経路によらずエネルギーの全変化量は同じである．エネルギーの全変化量は経路によらないことから，任意の無限小の変化による変化 dU は最初と最後の状態のみの関数である．エネルギー U の変化量が最初と最後の状態だけで決まるということは，いい方を変えると，系が一巡して元の状態に戻る循環過程ではエネルギー変化の積分値が0となることである．すなわち

$$\oint dU = 0 \tag{2.2.1}$$

式 (2.2.1) は第一法則の表現の一つと考えることができる．U の変化量は変化の経路によらないから，ある基準状態 O から任意の最終状態 X に至る全変化量は状態 X で決まる．状態 O における U の値を U_0 とすると，U は状態 X で定まる状態関数

$$U = U(T, V, N_k) + U_0 \tag{2.2.2}$$

である．エネルギー U は任意定数 U_0 を加えて定義することができる．

第一法則を表すもう一つの方法は，自然が物理過程に課する"不可能性"という制約に関するものである．例えば，Max Planck はその論文〔文献 18〕で第一法則を次のように述べている．

「<u>力学的，熱的，化学的，またはその他どのような工夫によっても永久運動をつくり出すことはできない</u>，すなわち，循環して働き，無から連続的に仕事または力学的エネルギーを生み出す機関をつくることは不可能である」．（下線は原著者による）

式 (2.2.1) に要約されたこととこの表現が等価であることを示すことは容易である．この表現は巨視的で作業可能な言葉で表されていることに注目すべきであろう．これは，物質の微視的構造には無関係であることを意味しているからである．なお，上に述べられた機関は第一種の永久運動機関と呼ばれている．

閉鎖系では，時間 dt の間に系と外界の間で交換されたエネルギー dU は，二つの部分，すなわち熱による部分 dQ と力学的エネルギーによる部分 dW に分割できる．全内部エネルギー変化量 dU と異なり，dQ と dW は変化の道筋に依存する．すなわち dQ と dW は最初と最後の状態だけでは決まらず，最初と最後の状態だけで決まる関数 Q および W を定義することはできない．これは熱や仕事が状態量ではないことを意味する．すべての系はそれぞれある量のエネルギー U をもつということはできるが，熱 Q と仕事 W について同じことはいえない．しかしながら，変化の経路が決まれば交換される熱量を明確に定めることができる．熱の交換が起こっている速度過程が特定されるとき，時間 dt の間に交換される熱量が dQ である．

ほとんどの熱力学の入門的な教科書では，不可逆過程を含めず，すべての変化を理想化された無限にゆっくり進行する可逆過程とみなしている．この場合，時間 dt における dQ を定義することはできない．なぜなら，その変化は仮定により有限の時間内で終わらないからである．そこで最初と最後の状態を使って dQ を決めなければならないのであるが，Q は状態関数ではないので，最初と最後の状態だけで dQ を決めることはできない．そのため，最初と最後の状態および変化の方法に依存する熱の変化量を表すために，不完全微分 dQ が定義されて使われてきた．本書で述べる方法では，不完全微分という不明確な概念の使用を避けることができる．熱の流れが有限の時間内で起こる過程として記述され，熱の流れの速度が既知であれば，時間 dt の間の熱交換 dQ を明確に定義することができるからである．仕事 dW についても同様である．理想化された無限にゆっくり進む可逆過程は概念としては便利であり，本書でも時にこれを用いることもあるが，他の多くの教科書のように，議論を可逆過程に限定するようなことはしない．

時間 dt における閉鎖系のエネルギーの全変化量 dU は

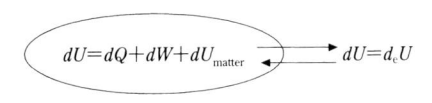

$$dU = dQ + dW + dU_{\text{matter}} \quad\longleftarrow\quad dU = d_eU$$

図 2.4
エネルギーの保存則は孤立系の全エネルギーが一定であることを意味する．一般に，時間 dt における系のエネルギー変化 dU は，外界との熱の交換 dQ，力学過程による仕事 dW および物質交換に基づく dU_{matter} による外界とのエネルギー交換 d_eU の結果によってのみ起こる．系のエネルギー変化量は外界のエネルギー変化量の符号を変えたものに等しい．

$$dU = dQ + dW \tag{2.2.3}$$

である．dQ と dW は熱移動と仕事をする力に関する速度則を用いて記述することができる．例えば，電流 I が流れる抵抗 R の加熱用コイルが時間 dt の間に供給する熱量は $dQ = (IR^2)dt = VIdt$ である．ここで，V はコイル両端間の電位差である．

開放系では，物質の流れによる寄与 dU_{matter} を考える必要がある（図 2.4）．

$$dU = dQ + dW + dU_{\text{matter}} \tag{2.2.4}$$

また，開放系の体積は与えられたモル数の分子が占める体積ではなく，物質が透過できる膜のような境界で囲まれた部分の体積として定義される．系を出入りする物体の流れは力学的仕事（例えばより大きな外部圧力により半透膜を通り抜けて系に入る分子の流れ）に伴われるので，dW は必ずしも系の体積変化を伴わない．開放系のエネルギー変化量 dU の計算に基本的な困難はない．どのような過程についても，T，V，N_k の変化量がわかればエネルギー変化量を計算することができる．エネルギーの全変化量は，最初の状態 A から最後の状態 B まで $U(T, V, N_k)$ を積分することにより求められる．

$$\int_A^B dU = U_B - U_A \tag{2.2.5}$$

なぜなら，U は状態関数であり，この積分は経路によらないからである．

熱以外の形をとるエネルギー交換についていくつかの例を考えよう．
・閉鎖系で，体積変化 dV による力学的仕事 dW は

$$dW_{\text{mech}} = -pdV \tag{2.2.6}$$

と書くことができる．ここで p は動く表面に働く圧力である（BOX 2.2）．
・電位差 ϕ によって電荷 dq が輸送される場合

$$dU_q = \phi\, dq \tag{2.2.7}$$

・誘電系では，電場 E の存在で電気双極子モーメント（誘電分極）の変化 dP に伴われるエネルギー変化は，

$$dU_{\text{elect}} = -EdP \tag{2.2.8}$$

・磁気系では，磁場 B の存在で磁気双極子モーメント（磁化）の変化 dM に伴われる

■ BOX 2.2 体積変化による力学的仕事

力学的仕事　$dW = \mathbf{F} \cdot d\mathbf{s}$

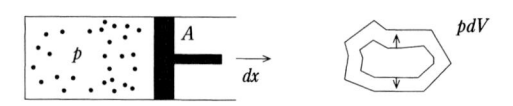

面積 A のピストンにかかる力は，圧力を p とすると pA である．気体の膨張（気体のエネルギーは減少する）によりピストンが dx だけ動くと，気体になされた仕事は
$$dW = -pAdx = -pdV$$
dV は気体の体積変化である．負の符号がついているのは，気体が膨張するとき外界に対して仕事をするからである．圧力 p にある物体の表面の微小な変位を考えることにより，上記の表現が一般的に成り立つことが示される．

等温膨張　温度 T の熱浴に接した状態で，温度変化が起こらないように気体が膨張または収縮するとする．このような等温膨張では
$$\text{仕事} = \int_{V_i}^{V_f} (-p)\, dV = \int_{V_i}^{V_f} \left(-\frac{RT}{V}\right) dV = -RT \ln\left(\frac{V_f}{V_i}\right)$$
この式で，負の符号は，気体が膨張すると外界にエネルギーが流出することを示している．この過程では，温度 T を一定に保つために，熱が熱浴から気体に流れ込まなければならない．

エネルギー変化は
$$dU_{\text{mag}} = -BdM \tag{2.2.9}$$
・表面張力 γ が働くとき，表面積の変化 dA によるエネルギー変化は
$$dU_{\text{surf}} = \gamma dA \tag{2.2.10}$$
それぞれの仕事は示量変数の微分と示強変数の積で表わされ，dW はこれら種々の形態の仕事の総和である．したがって，一般に内部エネルギーの全変化量は
$$dU = dQ - pdV + \phi dq - EdP + \cdots \tag{2.2.11}$$
と書くことができる．系のエネルギーの全変化量は T, V, N_k などの状態変数の関数である．

化学変化が起こっている系では，全エネルギーは T, V およびモル数 N_k の関数であり，$U = U(T, V, N_k)$ と書くことができる．したがって，U の全微分は次のように書ける．
$$\begin{aligned} dU &= \left(\frac{\partial U}{\partial T}\right)_{V, N_k} dT + \left(\frac{\partial U}{\partial V}\right)_{T, N_k} dV + \sum_k \left(\frac{\partial U}{\partial N_k}\right)_{V, T, N_{l \neq k}} dN_k \\ &= dQ + dW + dU_{\text{matter}} \end{aligned} \tag{2.2.12}$$

与えられた系について，関数 $U(T, V, N_k)$ の正確な形は実験的に定められる．U

の温度依存性を求める方法の一つは，定積モル熱容量 C_V を測定することである．定積変化では，仕事はなされないので，$dU = dQ$，よって

$$C_V(T, V) \equiv \left(\frac{dQ}{dT}\right)_{V=\text{cost}} = \left(\frac{\partial U}{\partial T}\right)_{V, N=1} \tag{2.2.13}$$

C_V が温度 T の関数として実験的に決定されると，内部エネルギー $U(T, V)$ は C_V を積分することにより求められる．

$$U(T, V, N) - U(T_0, V, N) = N \int_{T_0}^{T} C_V(T, V) \, dT \tag{2.2.14}$$

T_0 は基準状態の温度である．理想気体の場合のように，C_V が温度と体積に依存しないときには，

$$U_{\text{ideal}} = C_V N T + U_0 \tag{2.2.15}$$

となる．U_0 は任意の付加定数である．すでに述べたように，U は付加定数まで含めて定義される．理想単原子気体では $C_V = (3/2)R$，2原子分子気体では $C_V = (5/2)R$ である．

■ **BOX 2.3 熱量測定**

熱量計 化学反応などの変化過程で発生または吸収される熱は熱量計を用いて測定される．熱の損失を最大限小さくするように断熱した容器内で変化を行わせる．変化過程で生じた熱量を測定するために，まず熱量計の熱容量を決定しなければならない．このためには，発熱量が既知の変化を熱量計内で行い，そのときの温度変化を記録する．例えば，熱電線が発する熱量は，I を電流（アンペア単位），R を抵抗（オーム単位）とすると，1秒間あたり IR^2 ジュールである．Ohmの法則を使うと $V = IR$ である．V は抵抗両端の電位差（ボルト単位）である．よって，発熱量は VI とも書ける．熱量計の熱容量 C_{cal} をあらかじめ求めておけば，温度変化を測定することにより発熱量を決定することができる．

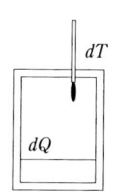

ボンベ熱量計 化合物の燃焼熱はボンベ熱量計で測定される．ボンベ熱量計中において，燃焼を迅速に完結させるために約 20 atm の純酸素中で燃焼を行う．

全内部エネルギーの概念は，温度などの物理量が一様な均一系に限られているわけではない．多くの系において，温度は局所的に明確に定義されているが，位置 x および時間 t により変化することがある．さらに，状態式はすべての素体積 δV（点 x

で定義された小さな体積要素）中で成り立つ．素体積中ではすべての状態変数は密度として表される．例えば，エネルギー $U(T, V, N_k)$ に対してはエネルギー密度 $u(x, t) = $ (位置 x, 時刻 t における単位体積あたりのエネルギー) であり，これは局所温度 $T(x, t)$ とモル密度 $n_k(x, t)$（単位体積あたりのモル数）の関数であり，一般に位置 x と時間 t の関数である．

$$u(x, t) = u(T(x, t), \ n_k(x, t)) \tag{2.2.16}$$

この場合，エネルギー保存の法則は局所的保存の法則である．小さな体積中のエネルギー変化はその体積へのエネルギーの流入または流出によってのみ起こる（図 2.4）．空間的に離れた二つの部分は，その間を結ぶ領域を通してエネルギーの輸送がなければ，エネルギーを交換することはできない*．

*ある場所でエネルギーが消滅し，同時に他の場所で出現するとき，なぜエネルギーが保存されないのか不思議に思われるかもしれない．このような保存は相対性理論と両立しないことが明らかになっている．相対性理論によると，ある観察者にとって異なる場所で同時的に起こる事象は，他の人にとっては同時的ではない．それゆえ，ある観察者によってエネルギーが同時に消滅・出現したと観察されたことは，すべての人にとって必ずしも同時的ではない．ある観察者にとっては，ある場所でエネルギーが消滅し，ある時間経過後他の場所で出現する．それゆえ，二つの事象が起こる間で，エネルギー保存の法則は破られている．

2.3 第一法則の簡単な応用

● C_p と C_V の間の関係

熱力学第一法則から多くの簡単ではあるが重要な結論が導かれる．まず定圧モル熱容量 C_p と定積モル熱容量 C_V の間の関係を導く（図 2.5 と表 2.1）．モル数 $N = 1$ の一成分物質を考える．エネルギー U は体積と温度の関数であるから，式 (2.2.3) と式 (2.2.6) を用いて，エネルギー変化量 dU は

$$dU = dQ - pdV = \left(\frac{\partial U}{\partial T}\right)_V dT + \left(\frac{\partial U}{\partial V}\right)_T dV \tag{2.3.1}$$

と書ける．この式から，供給される熱は

$$dQ = \left(\frac{\partial U}{\partial T}\right)_V dT + \left[p + \left(\frac{\partial U}{\partial V}\right)_T\right] dV \tag{2.3.2}$$

となる．定積条件下では加熱されたときの仕事はないので，系のエネルギー変化は流

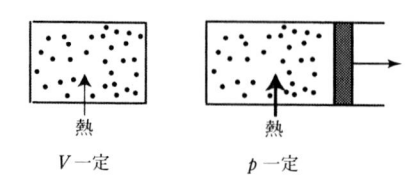

図 2.5 定圧モル熱容量は定積モル熱容量より大きい

表 2.1 $T = 298.15\,\mathrm{K}$, $p = 1\,\mathrm{atm}$ におけるモル熱容量 C_V と C_p

化合物	C_p (J mol^{-1})	C_V (J mol^{-1})
理想単原子気体	$(5/2)R$	$(3/2)R$
理想 2 原子分子気体	$(7/2)R$	$(5/2)R$
実在気体	20.79	12.47
(He, Ne, Ar, Kr, Xe)		
N$_2$(g)	29.12	20.74
O$_2$(g)	29.36	20.95
CO$_2$(g)	37.11	28.46
H$_2$(g)	28.82	20.44
H$_2$O(g)	75.29	
C$_2$H$_5$OH(l)	111.5	
C$_6$H$_6$(l)	136.1	
Cu(s)	244.4	
Fe(s)	25.1	

れ込んだ熱に等しい．それゆえ，

$$C_V \equiv \left(\frac{dQ}{dT}\right)_V = \left(\frac{\partial U}{\partial T}\right)_V \tag{2.3.3}$$

である．

一方，定圧条件下で加熱される場合，式 (2.3.2) より

$$C_p \equiv \left(\frac{dQ}{dT}\right)_p = \left(\frac{\partial U}{\partial T}\right)_V + \left[p + \left(\frac{\partial U}{\partial V}\right)_T\right]\left(\frac{\partial V}{\partial T}\right)_p \tag{2.3.4}$$

である．式 (2.3.3) と式 (2.3.4) を比較して，C_V と C_p の間の関係式

$$C_p - C_V = \left[p + \left(\frac{\partial U}{\partial V}\right)_T\right]\left(\frac{\partial V}{\partial T}\right)_p \tag{2.3.5}$$

が導かれる．式 (2.3.5) の右辺は，定圧過程で体積膨張により消費されるエネルギーを補うために必要な余分の熱量を表す．

式 (2.3.5) の関係は一般的であるが，理想気体ではさらに簡単化される．すなわち，式 (1.3.6) と式 (1.3.8) により，エネルギー U は温度だけの関数で体積に依存しないことがわかる．そこで，式 (2.3.5) に $(\partial U/\partial V)_T = 0$ を代入する．さらに，1 mol の理想気体に対して，$pV = RT$ であるから，$p(\partial V/\partial T)_p = R$ となる．よって式 (2.3.5) から，理想気体のモル熱容量の間に成り立つ簡単な関係式

$$C_p - C_V = R \tag{2.3.6}$$

が導かれる．

● **理想気体における断熱過程**

断熱過程では，気体の状態変化は熱の交換なしに起こる．$dU = dQ - pdV$ である

表2.2 1atmの気体の熱容量比 γ と音速

気体	熱容量比 γ 15℃, 1 atm*	音速 0℃ (m/s)
Ar(g)	1.667	308
CO_2(g)	1.304	259
H_2(g)	1.410	1284
He(g)	1.667	965
N_2(g)	1.404	334
O_2(g)	1.401	316

* データ・ソース [B] [F] により詳細なデータが掲載されている.

から

$$dQ = dU + pdV = \left(\frac{\partial U}{\partial T}\right)_V dT + \left(\frac{\partial U}{\partial V}\right)_T dV + pdV = 0 \quad (2.3.7)$$

と書くことができる.理想気体に対して U は温度だけの関数であり,体積には依存しないので,

$$C_V N dT + pdV = 0 \quad (2.3.8)$$

と簡単になる.体積変化の過程で,理想気体の状態式が成り立てば

$$C_V dT + \frac{RT}{V} dV = 0 \quad (2.3.9)$$

となる(体積変化が非常に速い場合, p, V, T の間の関係は理想気体の状態式からはずれるようになる).理想気体では式 (2.3.6) が成り立つから,式 (2.3.9) は

$$\frac{dT}{T} + \frac{C_p - C_V}{C_V V} dV = 0 \quad (2.3.10)$$

と書くことができる.式 (2.3.10) を積分して次の関係が導かれる.

$$\underline{TV^{(\gamma-1)} = 一定}, \quad ここで \quad \underline{\gamma = \frac{C_p}{C_V}} \quad (2.3.11)$$

$pV = NRT$ の関係を用いると,上の関係は次のように書き換えられる.

$$\underline{pV^\gamma = 一定}, \quad または \quad \underline{T^\gamma p^{1-\gamma} = 一定} \quad (2.3.12)$$

このように,第一法則から理想気体の断熱過程を特徴づける関係 (2.3.11) および (2.3.12) が導かれる.熱容量比 γ の値を表2.2に与える.

●音の伝播

自然界における断熱過程の例として,音の伝播における急激な圧力変化がある.音の強さの測度となる圧力変化量は小さい値をとる.圧力変化の測度 p_rms は大気圧に対する音の圧力の根平均二乗,すなわち $(p - p_\text{atms})^2$ の平均値の平方根である.音の強さ I はデシベル (dB) 単位で測られ,デシベルは圧力変化量の対数値で定義される.

$$I = 10 \log_{10}(p_{\text{rms}}^2/p_0^2) \tag{2.3.13}$$

ここで，基準圧力は $p_0 = 2 \times 10^{-8}$ kPa（$= 2 \times 10^{-10}$ bar $= 1.974 \times 10^{-10}$ atm）である．この対数表示は聴力の感度とほぼ対応していることから一般に使われている．われわれが通常耳にする音は 10〜100 dB であり，圧力変化では 6×10^{-10} から 2×10^{-5} bar に相当する．聴音可能な音の振動数は 20 Hz から 20 kHz の範囲である（音楽は 40 Hz から 4 kHz の範囲にある）．

圧力変化が速いために，音が伝わっている部分と周辺部分との間の熱の交換はほとんど起こらず，本質的に断熱過程である．このような速い変化でも理想気体の状態式が成り立つことを，第一近似で仮定しよう．媒体中の音の速度 C_{sound} と媒体の体積弾性率 B および密度 ρ との間には次の関係が成り立つ．

$$C_{\text{sound}} = \sqrt{\frac{B}{\rho}} \tag{2.3.14}$$

体積弾性率 $B = -\delta p/(\delta V/V)$ は圧力変化 δp による媒体の体積の相対的変化 $(\delta V/V)$ を表し，負符号は δp が正のとき δV が負になることを示している．もし音の伝播が断熱過程であれば，理想気体の仮定のもとで体積と圧力の間に $pV^\gamma = $ 一定 の関係が成り立つ．この式を微分することにより，断熱過程における体積弾性率は

$$B = -V\frac{dp}{dV} = \gamma p \tag{2.3.15}$$

となる．密度 ρ，モル質量 M の理想気体に対して

$$p = \frac{NRT}{V} = \frac{NM}{V}\frac{RT}{M} = \frac{\rho RT}{M}$$

よって，

$$B = \frac{\gamma \rho RT}{M} \tag{2.3.16}$$

である．これを式 (2.3.14) に代入することにより，音速 C_{sound} は

$$C_{\text{sound}} = \sqrt{\frac{\gamma RT}{M}} \tag{2.3.17}$$

で与えられる．音速の測定結果により，式 (2.3.17) がよい近似であることが確かめられている．

2.4 熱化学：化学反応におけるエネルギーの保存

19 世紀前半，化学者は主に化合物の分析や化学反応に関心を示し，化学反応によって吸収・放出される熱にはほとんど関心を払わなかった．Lavoisier および Laplace の研究で，反応により吸収される熱は逆反応で放出される熱と等しいことが確

かめられていたが，熱と化学反応の関連はほとんど研究されていなかった．ロシアの化学者 Germain Henri Hess は，化学反応の熱の吸収・放出に興味を示したという点で，当時の化学者のなかではむしろ例外であった〔文献9〕．Hess は酸の中和で発生する熱量測定について一連の研究を行った（BOX 2.4）．化学反応の熱に関する一連の実験により，Hess は総熱量不変の法則を導き，Robert Mayer のエネルギー保存の法則の論文が現れる2年前の1840年に発表した．

Germain Henri Hess (1802〜1850) (The E. F. Smith Collection, Van Pelt-Dietrich Library, University of Pennsylvania)

「ある化合物が生成される間に発生する熱の総量は，その化合物が直接合成されるか，いくつかの段階を経て合成されるかということには無関係に一定である」〔文献10〕．

Hess の仕事は発表後数十年間あまり知られることはなかった．熱化学における Hess の業績が化学者の間で知られるようになったのは，1887年に出版された Wilhelm Ostwald (1853〜1932) の"Textbook of General Chemistry（一般化学教本）"のおかげである．**Hess の法則**として知られるようになったこの法則は，Marcellin Berthelot (1827〜1907) と Julius Thomsen (1826〜1909) の詳細な研究により十分に確かめられた．これから述べるように，Hess の法則はエネルギー保存則から導かれ，エンタルピーと呼ばれる状態関数を使って定式化される．

Hess の法則は定圧（大気圧）下で進行する化学反応において発生する熱について述べている．定圧条件下の反応により体積が V_1 から V_2 まで変化すると，反応により放出されるエネルギーの一部は仕事 $W = -\int_{V_1}^{V_2} pdV$ に変換される．第一法則にしたがうと，定圧条件下で反応が起こる際に発生する熱量 ΔQ_p は

$$\Delta Q_p = \int_{U_1}^{U_2} dU + \int_{V_1}^{V_2} pdV = (U_2 - U_1) + p(V_2 - V_1) \tag{2.4.1}$$

と書かれる．

■ BOX 2.4　Hess の実験

　Germain Henri Hess は，第一段階で硫酸に異なる量の水を加えて希釈し，第二段階でアンモニア水を加えて中和し，各段階で発生する熱を測定した．Hess は，希釈のために加える水の量によって各段階で発生する熱は異なるが，二つの段階で発生する熱の総和は一定であることを見出した〔文献10〕．Hess の実験結果の一例を次に示す．

ΔH は発生した熱である．

$$1\,\text{L の}\,2\,\text{M}\,\text{H}_2\text{SO}_4 \xrightarrow[\Delta H_1]{\text{希釈}} 1.5\,\text{M}\,\text{H}_2\text{SO}_4 \xrightarrow[\Delta H_2]{\text{NH}_3\,\text{溶液}} 3\,\text{L の中性水溶液}$$

$$1\,\text{L の}\,2\,\text{M}\,\text{H}_2\text{SO}_4 \xrightarrow[\Delta H_1']{\text{希釈}} 1.0\,\text{M}\,\text{H}_2\text{SO}_4 \xrightarrow[\Delta H_2']{\text{NH}_3\,\text{溶液}} 3\,\text{L の中性水溶液}$$

Hess は $\Delta H_1 + \Delta H_2 = \Delta H_1' + \Delta H_2'$ が成り立つことを見出した．

この式により，最初の状態 (U_1, V_1) から最後の状態 (U_2, V_2) に至る間に放出される熱量は次のようになる．

$$\Delta Q_p = (U_2 + pV_2) - (U_1 + pV_1) \tag{2.4.2}$$

U, p, V は系の状態で決まり，その状態に至る経路には無関係であるから，$U+pV$ は状態関数である．式 (2.4.2) によると，発生した熱量 ΔQ_p は最初と最後の状態における関数 $(U+pV)$ の値の差である．状態関数 $(U+pV)$ は**エンタルピー** (enthalpy) と呼ばれ，H で表される．

$$H \equiv U + pV \tag{2.4.3}$$

定圧下の化学反応で放出される熱量は $\Delta Q_p = H_2 - H_1$ であり，ΔQ_p は最初と最後の状態のエンタルピーの値だけで決まるから，Hess が結論づけたように，化学変化の"経路"，例えば，化学変化が"一段階で進む場合もいくつかの段階を経て進む場合"も，その経路によらず同じである．

簡単な例として，次の反応を考える．

$$2\,\text{P(s)} + 5\,\text{Cl}_2(\text{g}) \longrightarrow 2\,\text{PCl}_5(\text{s}) \tag{2.A}$$

2 mol の P が 5 mol の Cl_2 と反応して 2 mol の PCl_5 を生成するこの反応は 886 kJ の熱を放出する．十分な量の Cl_2 が存在する場合，この反応は一段階で進行するが，そうでなければ二段階で進行する．

$$2\,\text{P(s)} + 3\,\text{Cl}_2(\text{g}) \longrightarrow 2\,\text{PCl}_3(\text{l}) \tag{2.B}$$
$$2\,\text{PCl}_3(\text{l}) + 2\,\text{Cl}_2(\text{g}) \longrightarrow 2\,\text{PCl}_5(\text{s}) \tag{2.C}$$

(2.B)，(2.C) で示された反応が進行する際に放出される熱はそれぞれ 640 kJ と 246 kJ である．反応 (A)，(B)，(C) の最初と最後の間のエンタルピー変化をそれぞれ $\Delta H_{\text{rxn(A)}}$，$\Delta H_{\text{rxn(B)}}$，$\Delta H_{\text{rxn(C)}}$ で表すと，次の関係が成り立つ．

$$\Delta H_{\text{rxn(A)}} = \Delta H_{\text{rxn(B)}} + \Delta H_{\text{rxn(C)}} \tag{2.4.4}$$

定圧条件下の化学反応により発生する熱量またはエンタルピー変化は通常 ΔH_{rxn} で書き表され，反応エンタルピー (enthalpy of reaction) と呼ばれる．反応エンタルピーは発熱反応で負，吸熱反応で正である．

■ **BOX 2.5　熱化学で使われる基本的定義**

エネルギー U と同じように，エンタルピーの値もある**標準状態**を基準にして与えられる．

「特定の温度における純物質の標準状態は，圧力 1 bar（10^5Pa）における状態であり，気体，液体，固体のいずれかの状態にある」．
状態を示すために，記号 g（気体），l（液体），s（純結晶固体）が使われる．

溶液では，標準状態として濃度（1 mol/kg 溶媒），圧力 1 bar の仮想的溶液をとる．溶液状態を示すために，ai で完全解離する電解質水溶液を，ao で非解離の水溶液を表す．

標準反応エンタルピー　ある温度における標準反応エンタルピーは，反応物や生成物が標準状態にあるときの反応エンタルピーを表す．

標準モル生成エンタルピー　ある温度 T における化合物 X の標準モル生成エンタルピー $\Delta H_f^0[X]$ は，標準状態にある安定な単体（元素）から 1 mol の化合物 X が生成する際のエンタルピー変化である．例えば，X＝CO_2(g) として，

$$C(s) + O_2(g) \xrightarrow{\Delta H_f^0[CO_2(g)]} CO_2(g)$$

〔標準状態にある単体（元素）の生成エンタルピーはすべての温度で 0 と定義する〕．
この定義の基礎となっているのは，化学反応で元素（単体）は変化しないという事実である．すなわち，元素間の反応で他の元素が生成することはない．それゆえ，すべての温度で元素（単体）の生成エンタルピー，例えば $\Delta H_f^0[H_2]$，$\Delta H_f^0[O_2]$，$\Delta H_f^0[Fe]$ などをすべて 0 と定義する．

　熱力学の第一法則を化学反応に適用して Hess の法則が導かれるが，この法則により，ある化学反応の反応熱をそれを構成する化学反応の反応熱から予測できるという有用な方法が得られる．実際，各化合物に対して 1 mol あたりのエンタルピーの値を割り当てることができれば，反応物と生成物の総エンタルピーの差として反応熱を計算することが可能である．例えば反応（2.C）において，PCl_3(l)，Cl_2(g)，PCl_5(s) の 1 mol あたりのエンタルピーが知られていれば，この反応エンタルピーは，生成物 PCl_5(s) のエンタルピーから反応物 PCl_3(l)，Cl_2(g) のエンタルピーの和を差し引くことによって求められる．実際には，エンタルピーの定義式（2.4.3）から明らかなように，エンタルピーの値は U と同様にある基準状態に対して定められる．

　特定の温度における反応の標準反応エンタルピーは，BOX 2.5 に述べるように各化合物 X の標準生成モルエンタルピー $\Delta H_f^0[X]$ を利用して求められる．化合物の標準生成エンタルピーは熱力学データ集〔文献 12〕で探すことができる．この表と Hess の法則を使うと，いったん反応物を構成元素まで分解し，その後で生成物を再構成するとみなすことにより標準反応エンタルピーを計算することができる．分解過

程のエンタルピーは再構成過程のエンタルピーの符号を逆にしたものであるから，次の反応

$$a\mathrm{X} + b\mathrm{Y} \longrightarrow c\mathrm{W} + d\mathrm{Z} \tag{2.4.5a}$$

の反応エンタルピーは

$$\Delta H_{\mathrm{rxn}}^0 = -a\Delta H_{\mathrm{f}}^0[\mathrm{X}] - b\Delta H_{\mathrm{f}}^0[\mathrm{Y}] + c\Delta H_{\mathrm{f}}^0[\mathrm{W}] + d\Delta H_{\mathrm{f}}^0[\mathrm{Z}] \tag{2.4.5b}$$

と書くことができる．種々の化学過程のエンタルピーは物理化学の教科書〔文献13〕で詳細に論じられている．

式 (2.4.3) で定義されるエンタルピーは熱化学で最も重要な量であり，反応熱以外の量とも関連している．定圧過程で交換される熱はエンタルピー変化に等しい．すなわち

$$dQ_p = dU + pdV = dH_p \tag{2.4.6}$$

添字 p は定圧過程を示す．1 mol の物質から構成された系で，熱交換による温度変化を dT とすると

$$C_p \equiv \left(\frac{dQ}{dT}\right)_p = \left(\frac{\partial H}{\partial T}\right)_p \tag{2.4.7}$$

となる．さらに，一般に化学反応（必ずしも定圧条件である必要はない）のエンタルピー変化は次のように書ける．

$$\Delta H_{\mathrm{rxn}} = H_2 - H_1 = (U_2 - U_1) + (p_2 V_2 - p_1 V_1)$$
$$= \Delta U_{\mathrm{rxn}} + (p_2 V_2 - p_1 V_1) \tag{2.4.8}$$

添字1と2は最初と最後の状態を示す．温度 T で進行している等温過程では，すべての気体成分を理想気体とみなし，気体以外の成分の体積変化を無視できるとすれば，エンタルピー変化とエネルギー変化は次の式で関連づけられる．

$$\Delta H_{\mathrm{rxn}} = \Delta U_{\mathrm{rxn}} + \Delta N_{\mathrm{rxn}} RT \tag{2.4.9}$$

ΔN_{rxn} は気体反応物の全モル数の変化であり，この関係はボンベ熱量計で燃焼エンタルピーを求めるのに使われる．

● 温度によるエンタルピー変化

式 (2.4.7) より，エンタルピーを温度の関数として表すことができる．

表2.3 いくつかの気体に対する式(2.4.11)の定数 α, β, γ の値*

	α (JK^{-1} mol^{-1})	β (JK^{-2} mol^{-1})	γ (JK^{-3} mol^{-1})
O$_2$(g)	25.503	13.612×10^{-3}	−42.553×10^{-7}
N$_2$(g)	26.984	5.910×10^{-3}	−3.376×10^{-7}
CO$_2$(g)	26.648	42.262×10^{-3}	−142.4 ×10^{-7}
HCl(g)	28.166	1.809×10^{-3}	15.465×10^{-7}
H$_2$O(g)	30.206	9.936×10^{-3}	11.14 ×10^{-7}

* 成立する範囲は 300～1500 K (p=1 atm).

$$H(T, p, N) - H(T_0, p, N) = N \int_{T_0}^{T} C_p(T) \, dT \tag{2.4.10}$$

C_p の温度依存性は一般に小さいが，実験式として

$$C_p = \alpha + \beta T + \gamma T^2 \tag{2.4.11}$$

が使われる．α, β, γ の値を表2.3に示す．モル熱容量の温度依存性がわかっていると，式 (2.2.14) と式 (2.4.10) を用いて気体の内部エネルギー U およびエンタルピー H が温度の関数として求められる．熱容量は高感度の熱測定法により測定されている．

温度 T_0 における標準状態（$p_0 = 1$ bar）の反応エンタルピーがわかると，反応物と生成物の C_p を式 (2.4.10) に代入することにより，任意の温度 T の反応エンタルピーを決めることができる．温度 T の反応物および生成物のエンタルピーは

$$H_\mathrm{x}(T, p_0, N) - H_\mathrm{x}(T_0, p_0, N) = N \int_{T_0}^{T} C_{p,\mathrm{x}}(T) \, dT \tag{2.4.12}$$

で計算される．添字 X は反応物あるいは生成物を示す．式 (2.4.5b) のように，生成物のエンタルピーの和から反応物のエンタルピーの和を差し引くことにより，$\Delta H_\mathrm{rxn}(T, p_0)$ は

$$\Delta H_\mathrm{rxn}(T, p_0) - \Delta H_\mathrm{rxn}(T_0, p_0) = \int_{T_0}^{T} \Delta C_p(T) \, dT \tag{2.4.13}$$

と書くことができる．ΔC_p は生成物と反応物の熱容量の差である．よって，標準温度 T_0 における $\Delta H_\mathrm{rxn}(T_0, p_0)$ が知られていれば，式 (2.4.13) を使って任意の温度 T における $\Delta H_\mathrm{rxn}(T, p_0)$ を計算することができる．式 (2.4.13) の関係は Gustav Kirchhoff（1824～1887）により見出され，**Kirchhoff の法則**と呼ばれている．反応エンタルピーの温度変化は一般に小さい．

●圧力によるエンタルピー変化

定温条件下で，圧力による H の変化は定義の式 $H = U + pV$ から求められる．一般に，H, U は p, T, N の関数として表される．H の変化に対して

$$\Delta H = \Delta U + \Delta(pV) \tag{2.4.14}$$

理想気体とみなせる気体では，T, N 一定のとき，$\Delta H = 0$ である．なぜなら，pV およびエネルギー U は温度のみの関数で圧力に依存しないため，H も圧力に依存しないからである．p の変化による H の変化は主に分子間力によるものであり，密度が高くなると大きくなる．H の圧力による変化量は，例えば van der Waals の状態式を用いて求めることができる．

ほとんどの固体や液体の場合，温度が一定であれば，エネルギー U は圧力変化により大きく変わることはない．とくに大きな圧力変化でなければ体積変化は小さく，圧力変化 Δp によるエンタルピー変化 ΔH は

表 2.4 平均結合エンタルピー (kJ mol^{-1})

	H	C	N	O	F	Cl	Br	I	S	P	Si
H	436										
C（単結合）	412	348									
C（二重結合）		612									
C（三重結合）		811									
C（芳香族）		518									
N（単結合）	388	305	163								
N（二重結合）		613	409								
N（三重結合）		890	945								
O（単結合）	463	360	157	146							
O（二重結合）		743		497							
F	565	484	270	185	155						
Cl	431	338	200	203		254					
Br	366	276					219	193			
I	299	238					210	178	151		
S	338	259					250	212		264	
P	322										172
Si	318	374									176

(L. Pauling, *The Nature of the Chemical Bond*, 1960, Cornel University Press, Ithaca NY)

$$\Delta H \approx V \Delta p \quad (2.4.15)$$

と近似される．より正確な値を得るためには，物質の圧縮率のデータが必要である．

このように，第一法則は反応熱を計算するうえで強力な手段である．これまで述べてきた方法により，標準温度，標準圧力における化合物の生成エンタルピーの表を使うことで，多数の反応の反応熱を計算することが可能となる．末尾のデータ表にいくつかの化合物の標準生成エンタルピーを示した．文献〔12〕にはより詳しいリストが掲載されている．さらに，熱容量および圧縮率のデータを用いて任意の温度，圧力における反応熱を計算することができる．

●結合エンタルピーを用いる ΔH_{rxn} の計算

化学結合の概念は，化学反応の本質，すなわち原子間結合の切断・形成の理解を助けてくれる．化学反応で吸収・放出される熱は，結合を切断する過程で吸収される熱と，結合を形成する過程で発生する熱の総和である．結合を切断するために必要な熱（エンタルピー）は結合エンタルピー（bond enthalpy）と呼ばれている．

C-H 結合などの結合エンタルピーは化合物により少しずつ異なるが，平均の結合エンタルピーを使って反応のエンタルピーを見積もることができる．例えば，反応 $2\,H_2(g) + O_2(g) \longrightarrow 2\,H_2O(g)$ における結合の変化を明示すると

$$2(H\text{-}H) + O\text{-}O \longrightarrow 2(H\text{-}O\text{-}H)$$

となる．この反応は二つの H-H 結合と一つの O-O 結合の切断と，続いて起こる四

つの O-H 結合の形成からなる．H-H 結合の結合エンタルピーを $\Delta H[\text{H-H}]$ で表し，ほかの結合も同様に表すと，反応エンタルピー ΔH_{rxn} は

$$\Delta H_{\text{rxn}} = 2\Delta H[\text{H-H}] + \Delta H[\text{O-O}] - 4\Delta H[\text{O-H}]$$

と書くことができる．この方法を使うと，比較的少ない数の平均結合エンタルピーのデータを用いて膨大な数の反応エンタルピーを見積もることができる．表2.4に平均結合エンタルピーを示す．

2.5 反応進度：化学反応系における状態変数

化学反応のモル数の変化 dN_k は，反応の化学量論係数に関連づけられる．ある一つの反応の進行によるモル数の変化量はただ一つのパラメータで書き表すことができる．次の化学反応を考えよう．

$$\text{H}_2(\text{g}) + \text{I}_2(\text{g}) \rightleftharpoons 2\,\text{HI}(\text{g}) \tag{2.5.1}$$

この反応は一般化して

$$\text{A} + \text{B} \rightleftharpoons 2\,\text{C} \tag{2.5.2}$$

と書くことができる．この場合，成分 A, B, C のモル数変化 dN_A, dN_B, dN_C の間には次の化学量論関係が成り立つ．

$$\frac{dN_A}{-1} = \frac{dN_B}{-1} = \frac{dN_C}{2} \equiv d\xi \tag{2.5.3}$$

この式で，化学反応に関与する全成分のモル数変化を表す変数 $d\xi$ が導入される．この変数 ξ は化学反応の熱力学的表現の基礎となる変数として，Theophile De Donder〔文献 14, 15〕により導入されたもので，**反応進度** (extent of reaction, degree of advancement) と呼ばれている．反応速度は時間に対して反応進度が変化する割合

$$\text{反応速度} = \frac{d\xi}{dt} \tag{2.5.4}$$

である．反応開始時の成分 k のモル数を N_{k0} とすると，反応進度 ξ におけるモル数 N_k は

$$N_k = N_{k0} + \nu_k \xi \tag{2.5.5}$$

と書くことができる．ν_k は反応成分 k の化学量論係数である．ν_k は反応物について負，生成物では正である．この定義では反応開始時では $\xi=0$ である．

複数の化学反応によるモル数の変化がある場合，この系の全内部エネルギー U は最初のモル数 N_{k0} とそれぞれの反応 i について定義された反応進度 ξ_i で表すことができる．例えば，A, B, C の3成分から構成され，反応 (2.5.2) が進行している化学反応系を考えよう．このとき，それぞれのモル数は $N_A = N_{A0} - \xi$，$N_B = N_{B0} - \xi$，$N_C = N_{C0} + 2\xi$ と書くことができるので，ξ の値が決まると A, B, C のモル数が定ま

る．すなわち，反応初期値 N_{A0}, N_{B0}, N_{C0} は定数であるので，全エネルギー U は関数 $U(T, V, \xi)$ とみなすことができる．二つ以上の反応が同時に進行している場合は，反応進度 ξ_i をそれぞれの独立の反応 i に対して定義し，その成分を含むすべての反応の反応進度で各成分のモル数を表すことができる．明らかに，ξ_i は状態変数であり，内部エネルギーは T, V, ξ_i の関数，$U(T, V, \xi_i)$ と表現される．

T, V, ξ_i について U の全微分を求めると

$$dU = \left(\frac{\partial U}{\partial T}\right)_{V,\xi_k} dT + \left(\frac{\partial U}{\partial V}\right)_{T,\xi_k} dV + \sum_k \left(\frac{\partial U}{\partial \xi_k}\right)_{T,V,\xi_{i \neq k}} d\xi_k \tag{2.5.6}$$

第一法則を使うことにより，U の偏微分を熱に対する系の応答を特徴づける"熱係数"と関連づけることができる．一つの化学反応のみが進行している系を考えよう．反応進度 ξ とすると，第一法則から

$$dU = dQ - pdV = \left(\frac{\partial U}{\partial T}\right)_{V,\xi} dT + \left(\frac{\partial U}{\partial V}\right)_{T,\xi} dV + \left(\frac{\partial U}{\partial \xi}\right)_{T,V} d\xi \tag{2.5.7}$$

書き換えて

$$dQ = \left(\frac{\partial U}{\partial T}\right)_{V,\xi} dT + \left[p + \left(\frac{\partial U}{\partial V}\right)_{T,\xi}\right] dV + \left(\frac{\partial U}{\partial \xi}\right)_{T,V} d\xi \tag{2.5.8}$$

偏微分 $(\partial U/\partial T)_V$ が定積熱容量を与えるのと同じように，他の偏微分も熱係数と呼ばれる測定可能な物理量に対応づけられる．例えば偏微分 $r_{T,V} \equiv (\partial U/\partial \xi)_{V,T}$ は定温定積過程で反応進度の単位の変化（1当量の反応）により発生する熱量を表す．$r_{T,V}$ が負であれば発熱反応，正であれば吸熱反応である．熱容量 C_p, C_v の間に式 (2.3.6) の関係があるように，第一法則からこれらの熱係数の間に成り立つ重要な関係式が導かれる〔文献 16〕．

また，反応進度は状態変数であるから，反応が進行している系のエンタルピーを反応進度の関数として表すことができる．

$$H = H(T, p, \xi) \tag{2.5.9}$$

このとき，ξ の単位変化による反応熱 $h_{p,T}$ は H を ξ で微分した量，すなわち

$$h_{p,T} = \left(\frac{\partial H}{\partial \xi}\right)_{p,T} \tag{2.5.10}$$

で与えられる．

2.6 核反応におけるエネルギーの保存

地球上の温度での物質変化は主に化学反応によるものであり，放射能を出す反応は例外的である．常温では分子が衝突して反応するが，10^6K を超える非常に高温の星の内部では核が衝突して核反応が進行している．このような高温では電子と原子核は完全にばらばらであり，物質の様相はわれわれの世界とかけ離れ，核間で変換が起こ

っている．そこで，これらの物質変化は核化学反応と呼ばれる．

地球や他の惑星における水素より重い元素はすべて星のなかで起こった核反応により合成された〔文献17〕．安定なほかの分子へと分解していく不安定な分子があるように，星のなかで合成された核のなかには不安定で分解するものがある．これらは"放射性元素"である．放射性元素から放出されるエネルギーは熱に変わり，地熱の源となっている．花崗岩中の自然放射能源は ^{238}U，^{235}U，^{232}Th，^{40}K であり，1年にだいたい 5 μcal/g の熱を発している．

特別な反応器内で行われるウランの核分裂や水素の核融合のように，特殊な条件下では地球上でも核反応が起こる．核反応は化学反応に比べて膨大な量のエネルギーを放出する．核反応で放出されるエネルギーは，反応物と生成物の静止質量の差を Einstein の式 $E^2 = p^2c^2 + m_0^2c^4$ に代入して計算できる．ここで，p は運動量，m_0 は静止質量，c は光速度である．生成物の静止質量の総和が反応物の静止質量の総量より小さいと，静止質量の減少量に相当するエネルギーが生成物の運動エネルギーに変換され，さらに核どうしの衝突により熱に変わる．反応物と生成物の運動エネルギーの差が無視できれば，反応物と生成物の静止質量の差を Δm_0 とすると，放出される熱は $Q = \Delta m_0 c^2$ である．核融合では，二つの重水素原子核 ^2H が結合してヘリウム原子核 ^3He と中性子 n になる．

$$^2H + {}^2H \longrightarrow {}^3He + n$$

$$\Delta m_0 = 2 \times ({}^2H の質量) - ({}^3He の質量 + 中性子の質量)$$
$$= 2(2.0141)\text{amu} - (3.0160 + 1.0087)\text{amu}$$
$$= 0.0035 \text{ amu}$$

1 amu（原子質量単位）$= 1.6605 \times 10^{-27}$ kg であるから，2 mol の ^2H が反応して 1 mol の ^3He と 1 mol の中性子が生成すると，静止質量の差は $\Delta m_0 = 3.5 \times 10^{-6}$ kg，相当する熱は

$$Q = \Delta m_0 c^2 = 3.14 \times 10^8 \text{ kJ}$$

である．もし核反応が定圧で起これば，発生する熱はエンタルピー変化に等しく，化学反応に適用されるすべての熱力学公式が核反応にも適用できる．当然ながら熱力学第一法則にしたがい，反応エンタルピーに関する Hess の法則も成り立つ．

熱力学では，エネルギーは付加定数を含む形で定義されている．式 (2.2.11) に示されたように，物理過程で測定できるのはエネルギー変化量であり，エネルギーの絶対値を測定する方法がないからである．ところが相対性理論の出現により，静止質量，運動量，エネルギーの間の関係式 $E^2 = p^2c^2 + m_0^2c^4$ が与えられ，質量や運動量と同様に，エネルギーの絶対的定義が可能となった．11章で熱放射の状態にある物質を論じるとき，素粒子のエネルギーの絶対値を用いる．

エネルギー保存則は物理の基本原理となっている．核物理学の創成期，"β 崩壊"

と呼ばれる β 放射に関する研究で，核反応後のエネルギーが核反応前のエネルギーに等しくないことが指摘された．この結果により，一部の物理学者はエネルギー保存則が成り立たない場合があるのではないかと疑い，エネルギー保存則の再検討を行った．一方，エネルギー保存則が成り立つと考える Wolfgang Pauli (1900~1958) は，1930 年，失われたエネルギーが，他の粒子とほとんど相互作用しないために測定が困難な未知の粒子によって運び去られたと考えた．この粒子は後にニュートリノ（中性微子，neutrino）と名づけられた．1956 年，Frederick Reines と故 Clyde Cowan の注意深い実験によりニュートリノの存在が確認され，Pauli の考えは 25 年経過してようやく証明された．それ以降，第一法則への信頼はさらにゆるぎないものとなった．Frederick Reines は 1995 年ノーベル物理学賞を受賞した．（ニュートリノ発見にまつわる興味深い歴史が，*Physics Today*, Dec. 1995, p.17-19 に述べられている）．

文 献

1. Kuhn, T., *The Essential Tension*. 1977, Chicago: University of Chicago Press.
2. Steffens, H. J., *James Prescott Joule and the Concept of Energy*. 1979, New York: Science History Publications, p. 134.
3. Prigogine, I. and Stengers, I., *Order Out of Chaos*. 1984, New York: Bantam, p. 108.
4. Dornberg, J., Count Rumford: the most successful Yank abroad, ever. *Smithsonian*, December 1994, p. 102–115.
5. Segrè, E., *From Falling Bodies to Radio Waves*. 1984, New York: W. H. Freeman.
6. Mach, E., *Principles of the Theory of Heat*. 1986, Boston: D. Reidel.
7. Weinberg, S., *The First Three Minutes*. 1980, New York: Bantam.
8. Mason, S. F., *A History of the Sciences*. 1962, New York: Collier Books.
9. Leicester, H. M., *J. Chem. Ed.*, **28** (1951) 581–583.
10. Davis, T. W., *J. Chem. Ed.*, **28** (1951) 584–585.
11. Leicester, H. M., *The Historical Background of Chemistry*. 1971, New York: Dover.
12. *The National Bureau of Standards Tables of Chemical Thermodynamic Properties*. 1982, town: NBS.
13. Atkins, P. W., *Physical Chemistry*, 4th ed. 1990, New York: W. H. Freeman.
14. de Donder, T., *Lecons de Thermodynamique et de Chimie-Physique*. 1920, Paris: Gauthiers-Villars.
15. de Donder, T. and Van Rysselberghe P., *Affinity*. 1936, Menlo Park, CA: Stanford University Press.
16. Prigogine, I. and Defay R., *Chemical Thermodynamics*, 4th ed. 1967, London: Longman, p. 542.
17. Mason, S. F., *Chemical Evolution*. 1991, Clarendon Press, Oxford.
18. Planck, M., *Treatise on Thermodynamics*, 3rd ed. 1945, New York: Dover.

邦訳
1. トーマス・クーン，我孫子誠也，佐野正博訳，本質的緊張，みすず書房，1987
3. 伏見康治，伏見 譲，松枝秀明訳，混沌からの秩序，みすず書房，1992
6. 高田誠二訳，マッハ熱学の諸原理，東海大学出版会，1978
13. 千原秀明，中村亘男訳，アトキンス物理化学，東京化学同人，1984
16. 妹尾 学訳，化学熱力学 I, II，みすず書房，1966

データ・ソース

[A] NBS table of chemical and thermodynamic properties. *J. Phys. Chem. Reference Data*, **11**, suppl. 2 (1982).
[B] G. W. C. Kaye and T. H. Laby (eds), *Tables of Physical and Chemical Constants*. 1986, London: Longman.
[C] I. Prigogine and R. Defay, *Chemical Thermodynamics*. 1967, London: Longman.
[D] J. Emsley, *The Elements*, 1989, Oxford: Oxford University Press.
[E] L. Pauling, *The Nature of the Chemical Bond*. 1960, Ithaca NY: Cornell University Press.
[F] D. R. Lide (ed.) *CRC Handbook of Chemistry and Physics*, 75th ed. 1994, Ann Arbor MI: CRC Press.

例 題

例題 2.1 質量 20.0 g の弾丸が速さ 350.0 m/s で木材に打ち込まれた．どれだけの熱が発生するだろうか．

解 この過程で弾丸の運動エネルギーが熱に変換される．

弾丸の運動エネルギー $= mv^2/2 = (1/2) 20.0 \times 10^{-3} \text{kg} \times (350 \text{ m/s})^2 = 1225$ J

$1225 \text{ J} = 1225 \text{ J}/(4.184 \text{ J cal}^{-1}) = 292.8$ cal

例題 2.2 2.50 mol の理想単原子気体を 15.0℃ から 65.0℃ まで温度を上げるのに必要なエネルギー ΔU を計算せよ．

解 熱容量は $C_V = (\partial U/\partial T)_V$ であるから

$$\Delta U = \int_{T_i}^{T_f} C_V dT = C_V (T_f - T_i)$$

である．理想単原子気体では $C_V = (3/2) R$ であるから

$$\Delta U = (3/2) (8.314 \text{ J mol}^{-1}\text{K}^{-1}) (2.5 \text{ mol}) (65.0 - 15.0) \text{K} = 1559 \text{ J}$$

例題 2.3 41.0℃ でメタン CH_4 中の音速は 466 m/s である．この温度における熱容量の比 γ を計算せよ．

解 式 (2.3.17) より，γ と音速の間に次の関係が成り立つ．

$$\gamma = \frac{MC^2}{RT} = \frac{16.04 \times 10^{-3} \text{kg} (466 \text{ m/s})^2}{(8.314 \text{ J mol}^{-1}\text{K}^{-1}) (314.15 \text{ K})} = 1.33$$

例題 2.4 25.0℃ で 1.0 bar の 1 mol の $N_2(g)$ が圧力 0.132 bar まで等温膨張するとき，なされた仕事を求めよ．

解 等温膨張の仕事は

$$\text{仕事} = -NRT \ln\left(\frac{V_f}{V_i}\right)$$

である．理想気体では，T 一定で $p_i V_i = p_f V_f$ である．よって

$$\text{仕事} = -NRT \ln\left(\frac{V_f}{V_i}\right) = -NRT \ln\left(\frac{p_i}{p_f}\right)$$

$$= -(1.0 \text{ mol}) (8.314 \text{ J mol}^{-1}\text{K}^{-1}) (298.15 \text{ K}) \ln\left(\frac{1.0 \text{ bar}}{0.132 \text{ bar}}\right)$$

$$= -5.02 \text{ kJ}$$

問 題

例題 2.5 プロパンの酸化は次の反応式で表される.
$$C_3H_8(g) + 5\,O_2(g) \longrightarrow 3\,CO_3(g) + 4\,H_2O(l)$$
25°C における燃焼熱を計算せよ.

解 標準生成エンタルピーの表から
$$\Delta H^0_{rxn} = -\Delta H^0_f[C_3H_8] - 5\,\Delta H^0_f[O_2] + 3\,\Delta H^0_f[CO_2] + 4\,\Delta H^0_f[H_2O]$$
$$= -(-103.85\,\text{kJ}) - (0) + 3(-393.51\,\text{kJ}) + 4(-285.83\,\text{kJ}) = 2220\,\text{kJ}$$

例題 2.6 $T = 298.15\,\text{K}$ における反応 $N_2(g) + 3\,H_2(g) \longrightarrow 2\,NH_3(g)$ の標準エンタルピー変化は $-46.11\,\text{kJ/mol}$ である.一定体積で,$1.0\,\text{mol}$ の $N_2(g)$ と $3.0\,\text{mol}$ の $H_2(g)$ が反応したとき放出されるエネルギーを求めよ.

解 反応の標準エンタルピーは 1.0 bar の定圧で放出される熱である.定積条件では力学的仕事はなされないから,放出された熱は内部エネルギーの変化 ΔU に等しい.式 (2.4.9) より
$$\Delta H_{rxn} = \Delta U_{rxn} + \Delta N_{rxn} RT$$
この反応で $\Delta N_{rxn} = -2$ であるから
$$\Delta U_{rxn} = \Delta H_{rxn} - (-2)RT = -46.11\,\text{kJ} + 2(8.314\,\text{JK}^{-1})298.15\,\text{K}$$
$$= -41.15\,\text{kJ}$$

問 題

2.1 $V(x)$ をポテンシャルとする保存力 $F = -\partial V(x)/\partial x$ について,Newton の運動の法則を使って,運動エネルギーとポテンシャルエネルギーの和が一定であることを示せ.

2.2 質量 1000 kg の自動車が速さ 50 km/h からブレーキをかけて停止する間に発生する熱を求めよ.この熱で 30°C の水 1.0 L を加熱すると何度になるか求めよ.1 mL の水の熱容量は 1 cal/°C とする.(1 cal は 4.184 J)

2.3 500 W のヒータコイルがある.
(a) 110 V の電圧を加えたとき,コイルに流れる電流を求めよ.
(b) 氷の融解の潜熱は 6.0 kJ/mol である.このヒータで 0°C の氷 1.0 kg を融かすのにかかる時間を求めよ.

2.4 $dW = -pdV$ を使って次の問いに答えよ.
(a) N mol の理想気体が体積 V_i から V_f まで等温膨張するとき,なされる仕事は
$$\text{仕事} = -NRT \ln\left(\frac{V_f}{V_i}\right)$$
であることを示せ.
(b) $T = 350\,\text{K}$ の 1 mol の理想気体が $V_i = 10.0\,\text{L}$ から $V_f = 20.0\,\text{L}$ まで等温膨張するとき,なされる仕事を計算せよ.
(c) 理想気体の状態式の代わりに van der Waals 状態式を用いると,(a) の仕事が
$$\text{仕事} = -NRT \ln\left(\frac{V_f - Nb}{V_i - Nb}\right) + aN^2\left(\frac{1}{V_i} - \frac{1}{V_f}\right)$$
となることを示せ.

2.5 Ar 気体の熱容量を $C_V = (3R/2) = 12.47\,\text{JK}^{-1}\text{mol}^{-1}$ とする.理想気体の C_p と C_V の

間の関係を使って，$T=298$ K のアルゴン中の音速を求めよ．また，$C_V=20.74$ JK^{-1}mol^{-1}
を用いて，N_2 についても同様な計算を行え．

2.6 式 (2.3.17) と表2.2の γ を使って，15°C の He, N_2, CO_2 中の音速を計算し，同じ表の実測値と比較せよ．

2.7 どのような系に対しても

$$C_p - C_V = \left[p + \left(\frac{\partial U}{\partial V}\right)_T\right]\left(\frac{\partial V}{\partial T}\right)_p$$

が成り立つ．van der Waals 気体に対して，エネルギーは $U_{vw} = U_{Ideal} - aV(N/V)^2$，ここで $U_{Ideal} = C_V RT + U_0$ である．これらの式と van der Waals 状態式を使って C_p と C_V の差を表す式を導け．

2.8 $p=1$ atm, $T=298$ K の窒素が $p=1.5$ atm まで断熱圧縮するときの温度変化を計算せよ．窒素の $\gamma=1.404$ である．

2.9 式 (2.4.11) に示されるように，多くの気体で実測されたモル熱容量は $C_p = \alpha + \beta T + \gamma T^2$ と表される．α, β, γ の値は表2.3に示されている．この表を使って，$p=1$ atm 条件下で 1 mol の $CO_2(g)$ が 350.0 K から 450.0 K まで熱せられたときのエンタルピー変化を計算せよ．

2.10 $T=298.15$ K における化合物の生成エンタルピーの表を使って，次の反応の標準反応熱を求めよ．
(a) $H_2(g) + F_2(g) \longrightarrow 2 HF(g)$
(b) $C_7H_{16}(g) + 11 O_2(g) \longrightarrow 7 CO_2(g) + 8 H_2O(l)$
(c) $2 NH_3(g) + 6 NO(g) \longrightarrow 3 H_2O_2(l) + 4 N_2(g)$

2.11 自動車燃料として使われるガソリンはヘプタン (C_7H_{16})，オクタン (C_8H_{18})，ノナン (C_9H_{20}) などの炭化水素の混合物である．表2.4を使い，1 g の各成分の燃焼のエンタルピーを求めよ．燃焼反応で，有機化合物は $O_2(g)$ と反応して $CO_2(g)$ と $H_2O(g)$ になる．

2.12 1 g のショ糖の燃焼によって放出されるエネルギーを計算し，100 kg の物体を 1 m 持ち上げるに必要な力学的エネルギーと比較せよ．

$$C_{12}H_{22}O_{11}(s) + 12 O_2(g) \longrightarrow 11 H_2O(l) + 12 CO_2(g)$$

2.13 次の反応を考える．

$$CH_4(g) + 2 O_2(g) \longrightarrow CO_2(g) + 2 H_2O(l)$$

はじめ系は 3.0 mol の CH_4 と 2.0 mol の O_2 より成るとし，反応進度は $\xi=0$ とする．反応進度 $\xi=0.25$ のとき，反応物と生成物の量を求めよ．そのときまでに放出された熱を求めよ．また，すべての O_2 が反応したときの ξ の値を求めよ．

2.14 太陽は速さ約 3.9×10^{26} J/s でエネルギーを放射している．太陽が常にこの速さでエネルギーを放出すると仮定して，100万年経過したときの太陽の質量変化を求めよ．（現在の太陽の質量は 2×10^{30} kg）

2.15 次の反応

$$2\,^1H + 2 n \longrightarrow\,^4He$$

で放出されるエネルギーを求めよ．^1H の質量 1.0078 amu，n の質量 1.0087 amu，^4He の質量 4.0026 amu である．（1 amu $=1.6605\times10^{-27}$ kg）

3. 熱力学第二法則と時間の矢

3.1 第二法則の誕生

　潜熱と比熱の概念を提唱した Joseph Black の門下生のなかで最も有名な James Watt (1736〜1819) は，1769年，Thomas Newcomen が発明した蒸気機関を改良して特許を取得した．やがてこの発明は，石炭の採掘，輸送，農業，工業などのあらゆる分野で想像を超えたパワーとスピードをもたらすことになった．熱から動力を生み出すこのイギリス生まれの革命的技術は，すぐに海峡を越え，ヨーロッパ全土に広まった．

　フランス軍の聡明な技術者 Nicolas-Léonard-Sadi Carnot (1796〜1832) が生きた時代は，急速に工業化が進むヨーロッパであった．彼は回想録のなかで次のように述べている．「熱が動力を生み出すことを皆知っているし，どこの誰もが蒸気機関を知っている現在，熱が莫大な動力をもっていることを疑う人はいない」〔文献1, p. 3〕．Sadi Carnot の父，Lazare Carnot (1753〜1823) はフランス革命のころから高い地位を歴任し，さらに力学や数学の分野への貢献で知られ，息子 Sadi に強い影響を与えた．2人はともに科学的基盤を工学に置き，フランスの百科全書派の伝統を受け継いで，普遍原理に深い関心をもっていた．普遍原理に対する関心が Sadi Carnot を蒸

James Watt (1736〜1819) (The E. F. Smith Collection, Van Pelt-Dietrich Library, University of Pennsylvania)

Sadi Carnot (1796〜1832) (The E. F. Smith Collection, Van Pelt-Dietrich Library, University of Pennsylvania)

気機関の抽象的解析へ向かわせたのである．Carnot は蒸気機関の働きを支配する原理について考察を繰り返し，"動力"を生み出すために必要な基本的過程は熱の流れであると考えた．動力は今日の用語では"仕事"である．彼は熱の流れにより仕事をする**熱機関**（heat engine）が生み出す仕事量について考察し，ある量の熱の流れから取り出せる仕事量には限界があることを明らかにした．Carnot の優れた洞察力は，この限界が個々の機関の仕組みや仕事を取り出す方法にはよらず，熱の流れを生み出す温度だけで決まることを見出した．この原理をさらに発展させることにより熱力学第二法則が導かれたのである．

　Carnot は彼の唯一の科学に関する著作 "Réflexions sur la Puissance Motrice du Feu, et sur les Machines Propres a Développer cette Puissance（火の動力および仕事を取り出すのに適した機関に関する考察）"で，熱機関の一般的解析の結果を述べた〔文献1〕．この本は，1824年，自費で600部出版された．その当時，フランスの科学者の間で Carnot の名前は父 Lazare　Carnot の名声のゆえに知られていたが，Sadi　Carnot の本が科学者の間で興味を呼ぶことはなかった．出版の8年後，Sadi Carnot はコレラのため亡くなった．その1年後，Émile Clapeyron（1799～1864）は Carnot の本に出会い，その結論の基本的重要性に気づいた．これが Carnot の業績が科学者の間で知られる契機になった．

● **Carnot の理論**

　Carnot の解析をたどってみよう．まず最初に，Carnot は「温度差があるところではどこでも動力を生み出すことができる」と述べている〔文献1, p. 9〕．熱の流れから仕事を生み出すことのできる熱機関はすべて，温度の異なる二つの熱浴の間で動いている．高温の熱浴から低温の熱浴へ熱が移動する過程で，熱機関は力学的仕事をする（図3.1）．Carnot は最大仕事を生み出すために必要な条件を明らかにした．

「最大仕事を得るための必要条件は，熱を動力に変換するために使われる物体内において，体積変化以外の原因でどのような温度変化も起こしてはならないことである．逆に，この条件を満たしてさえすれば，いつでも最大仕事が実現される．この原理は，熱機関をつくるうえで見逃してはならない基本である．もしそれを厳密に守ることができないのであれば，体積変化以外の原因で生じる温度変

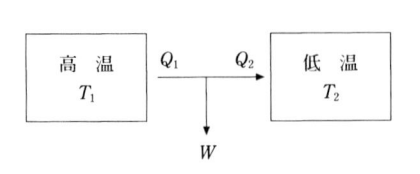

図3.1 Sadi Carnot が描いた基本図
"温度差が存在すればどこでも動力を生み出せる"〔文献1, p. 9〕．熱機関は熱 Q_1 を高温熱浴から吸収し，その一部を仕事 W に変換し，残りの熱を低温熱浴に放出する．効率 η は $W = \eta Q_1$ から与えられる．（Carnot は熱素説を使ったので，$Q_1 = Q_2$ であった）．

化をできるだけ小さくしなければならない」.

よって，最大仕事を生み出すためには，体積変化——例えばピストンを動かす気体（蒸気）の膨張——は，ほとんどすべての温度変化を引き起こす温度勾配による熱流によってではなく，体積の膨張によってのみ起こるように，無限に小さな温度勾配の下で起こることが要請される．この条件は，系内の温度をできるだけ均一に保ち，体積を非常にゆっくり変化させながら，熱を吸収・放出する熱機関においてのみ実現される．

さらに，熱の供給源（熱浴）と熱機関の間の温度差を無限小に保ち，熱機関の体積変化を無限にゆっくり進行させていく極限では，熱機関の操作は可逆過程（reversible process）になる．可逆過程では，熱機関が経過する状態を正確に逆にたどることができる．可逆熱機関では高温熱浴から低温熱浴に熱を移すことにより力学的仕事 W を取り出すことができるし，逆に，同じ仕事 W を使うことにより，低温熱浴から高温熱浴へ同じ量の熱を移すこともできる．Carnot の次の着想はサイクル（循環過程）の考えを導入したことである．可逆熱機関は一連の状態をたどり一巡することで，熱流から仕事を取り出した後，再び最初の状態に戻り，次のサイクルを繰り返す．Carnot の可逆サイクルの現代的意義については本節後半で述べる．

Carnot は可逆サイクルの熱機関が最大仕事（動力）を生み出すことを論証したが，彼は熱を不滅の物質であるとする熱素説にしたがっていた．Carnot の論証は次のように進む．もし，可逆サイクルの熱機関が生み出す仕事より大きな仕事を生み出す熱機関が可能であれば，次の方法で無限に仕事を取り出すことができることになる．まず，高効率の熱機関で高温熱浴から低温熱浴へ熱（熱素）を運ぶ．次に，可逆熱機関を使って同じ量の熱（熱素）を高温熱浴へ戻す．最初の過程は逆の過程を実行するために必要な仕事より大きな仕事を生み出すから，正味の仕事が残る．これらの一連の操作により，一定量の熱（熱素）が高温熱浴から低温熱浴に移り，さらに元の高温熱浴に戻ることで正味の仕事が得られることになる．これらの操作を繰り返すと，一定量の熱（熱素）が高温熱浴と低温熱浴の間を行き来するだけで際限なく仕事が取り出せることになる．明らかに，これは Carnot の言葉にもあるように不可能である〔文献 1, p. 2〕．

> 「これは永久運動であるばかりでなく，熱素あるいは他のいかなる物質の消費もなく，動力を無制限に生み出すことであり，このことは現在認められている力学の法則や健全な物理学の法則に完全に反するものであり，認めることはできない」．

よって，可逆サイクル熱機関は最大量の仕事を生み出す．これから，すべての可逆サイクル熱機関はその仕組みに関係なく同量の仕事をすることが結論される．さらに重要なことは，すべての可逆熱機関はある一定量の熱から常に等しい量の仕事を生み出

すことである．すなわち，可逆熱機関がする仕事は熱機関の特性には関係なく，高温熱浴および低温熱浴の温度だけで決まる．これから，Sadi Carnot の論文〔文献 1, p. 20〕のなかで最も重要な次の結論が導かれる．

　「熱の動力はそれを取り出すために使われる材料には関係なく，熱素が流れる物体間の温度のみで決まる」．

Carnot は，二つの熱浴の間で働く可逆熱機関の最大効率を与える式を導くことはしなかったが，最大仕事を計算する方法を発見していた．（例えば，温度 1 度に保たれた物体から 1000 単位の熱が 0 度に保たれた物体へ流れるとき，1.395 単位の動力が得られると結論している〔文献 1, p. 42〕）．

　Sadi Carnot は熱素説を用いて彼の結論に達したが，彼の科学ノートにより，彼が熱素説は事実と一致しないことに気づいていたことが明らかになっている．事実，Carnot は熱と力学的仕事の等価性を理解し，3.7 J が 1 cal になると見積もっていた（正確な値は 4.18 J/cal）．残念なことに，1832 年に Sadi Carnot が死んだ後，彼のノートは兄弟の Hippolyte Carnot が保管し，1878 年まで科学者の間に公開されることはなかった〔文献 3〕．1878 年は Joule が最後の論文を発表した年であり，そのときまでに，熱と力学的仕事の間の等価性およびエネルギー保存の法則は Joule, Helmholtz, Mayer らの業績によりよく知られるようになっていた．(1878 年はまた Gibbs がその著名な論文 "On the Equilibrium of Heterogeneous Substances (不均一物質の平衡について)" を公にした年でもある)．

　Sadi Carnot の輝かしい業績は，1833 年，Émile Clapeyron が Carnot の本に出会うまで気づかれることがなかった．その重要性に気づいたのは Clapeyron で，1834 年 *Journal de l'Ecole Polytechnique* に発表した論文のなかで Carnot の主要な考えを復活させた．Clapeyron は p-V 状態図を使って Carnot の可逆熱機関を表し，数学的に詳細な検討を加えた．Lord Kelvin らは Clapeyron の論文を読み，Carnot の結論の基本的本質を見抜き検討を続けた．これらの研究が熱力学第二法則の成立を導いたのである．

　可逆熱機関の効率を求めるために，ここで Carnot の論証から離れることにする．なぜなら，彼は熱素を論証に用いていたからで，ここからは第一法則にしたがうことにする．図 3.1 に示された熱機関について，エネルギー保存の法則は $W = Q_1 - Q_2$ を要求する．これは，高温熱浴から吸収した熱 Q_1 の一部が仕事 W に変換されることを意味する．そこで，$\eta = W/Q_1$ とおき，η を熱機関の効率と呼ぶ．$W = (Q_1 - Q_2)$ を代入すると，$\eta = (Q_1 - Q_2)/Q_1 = (1 - Q_2/Q_1)$ となる．Carnot は可逆熱機関が最大仕事をすることを発見したが，これは可逆熱機関の効率が最大ということと同じである．最大効率は個々の熱機関には依存せず，高温熱浴と低温熱浴の温度だけの関数である．すなわち

$$\eta = 1 - \frac{Q_2}{Q_1} = 1 - f(t_1, t_2) \tag{3.1.1}$$

ここで，$f(t_1, t_2)$ は高温熱浴と低温熱浴の温度 t_1, t_2 だけの関数である．t_1 と t_2 の温度尺度（セ氏であるかどうか）はここではまだ特定されていない．式（3.1.1）は **Carnot の定理**（Carnot's theorem）である．この定理から，研究に用いる材料の性質に依存しない温度の絶対尺度を定義することができる．

●可逆熱機関の効率

可逆熱機関の効率を求めよう．可逆熱機関の効率は最大であるから，すべての可逆熱機関は同じ効率をもたなければならない．それゆえ，ある特定の可逆熱機関についてその効率を求めれば十分である．まず Carnot の熱機関の効率が温度だけの関数であることを示す．

Carnot の可逆機関は，温度が θ_1 の高温熱浴と θ_2 の低温熱浴の間で働く理想気体から成り立っている．両者の同一性が証明されるまで，θ を理想気体の状態式に現れる温度，T を絶対温度として両者を区別しよう．このとき，理想気体の状態式は $pV = NR\theta$ と書かれる．なお，θ は体積や圧力などの変化を利用して測定された温度である．（体積膨張によって温度を測ることは純粋に経験的な方法であり，温度の目盛は単に体積のある変化量に対応しているにすぎないことに注意せよ）．サイクルは次の四つの段階から構成されている（図 3.2）．

段階 1

気体の体積は最初 V_A であり，温度 θ_1 の高温熱浴に接しているとする．熱浴に接したまま，気体は無限にゆっくり体積 V_B まで可逆的に膨張する．この過程で気体がした仕事は

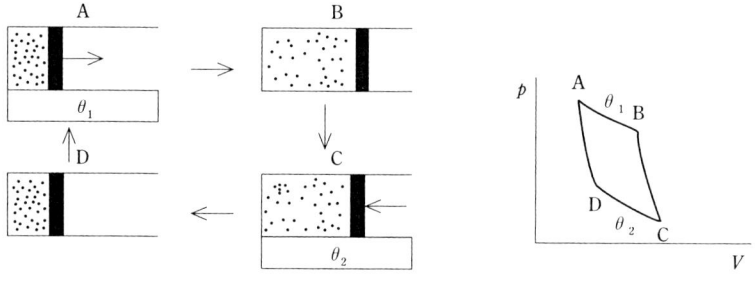

図 3.2 Carnot サイクル

左の図は Carnot サイクルの四つの段階を示す．高温熱浴から熱を吸収し，仕事を生み出し，低温熱浴へ熱を渡す．右の図は Clapeyron の p-V 図上に表した Carnot サイクル．

$$W_{AB} = \int_{V_A}^{V_B} p\,dV = \int_{V_A}^{V_B} N\frac{R\theta_1}{V}dV = NR\theta_1 \ln\frac{V_B}{V_A} \tag{3.1.2}$$

である．一方，この等温過程の間に熱浴から熱が吸収される．式 (1.3.8) と式 (2.2.15) によると，理想気体の内部エネルギーは温度だけに依存するから，等温過程では気体のエネルギーは変化せず，気体がした仕事は吸収した熱量に等しい．よって

$$Q_{AB} = W_{AB} \tag{3.1.3}$$

である．

段階 2

気体は熱浴および外界から隔離され，状態 B から状態 C へ断熱可逆的に膨張し，温度は θ_1 から θ_2 へ下がる．この断熱過程の間に気体は外部に仕事をする．断熱曲線 BC 上で $pV^\gamma = p_B V_B^\gamma = p_C V_C^\gamma$ が成り立つので，仕事は

$$W_{BC} = \int_{V_B}^{V_C} p\,dV = \int_{V_B}^{V_C} \frac{p_B V_B^\gamma}{V^\gamma}dV = \frac{p_C V_C^\gamma V_C^{1-\gamma} - p_B V_B^\gamma V_B^{1-\gamma}}{1-\gamma}$$

$$= \frac{p_C V_C - p_B V_B}{1-\gamma}$$

となる．$pV = NR\theta$ を代入すると，この式は

$$W_{BC} = \frac{NR(\theta_1 - \theta_2)}{\gamma - 1} \tag{3.1.4}$$

と簡単化できる．θ_1, θ_2 は断熱過程の最初と最後の温度である．

段階 3

気体は温度 θ_2 の熱浴に接したまま，体積 V_D の状態 D まで等温可逆的に圧縮される．V_D は断熱可逆圧縮（段階 4）で状態 A に戻ることができる体積（A を通る断熱曲線と温度 θ_2 の等温曲線の交点）である．この過程で気体がする仕事は

$$W_{CD} = \int_{V_C}^{V_D} p\,dV = \int_{V_C}^{V_D} N\frac{R\theta_2}{V}dV = NR\theta_2 \ln\frac{V_D}{V_C} = Q_{CD} \tag{3.1.5}$$

である．

段階 4

気体の断熱可逆圧縮により状態 D から最初の状態 A に戻る．この過程は段階 2 と類似であり，

$$W_{DA} = \frac{NR(\theta_2 - \theta_1)}{\gamma - 1} \tag{3.1.6}$$

と書くことができる．

以上四つの段階よりなる可逆 Carnot サイクルにより取り出された全仕事は

$$W = W_{AB} + W_{BC} + W_{CD} + W_{DA} = Q_{AB} + Q_{CD}$$
$$= NR\theta_1 \ln\frac{V_B}{V_A} - NR\theta_2 \ln\frac{V_C}{V_D} \tag{3.1.7}$$

である．式 (3.1.2), (3.1.3), (3.1.7) を使うと，効率 $\eta = W/Q_{AB}$ は

$$\eta = \frac{W}{Q_{AB}} = 1 - \frac{NR\theta_2 \ln(V_C/V_D)}{NR\theta_1 \ln(V_B/V_A)} \qquad (3.1.8)$$

等温過程に対して $p_A V_A = p_B V_B$, $p_C V_C = p_D V_D$ が成り立ち，断熱可逆過程に対して $p_B V_B^\gamma = p_C V_C^\gamma$, $p_D V_D^\gamma = p_A V_A^\gamma$ が成り立つ．これらの関係式より $V_C/V_D = V_B/V_A$ となる．これを式 (3.1.8) に代入して，効率に関する次の簡単な表現

$$\eta = \frac{W}{Q_{AB}} = 1 - \frac{\theta_2}{\theta_1} \qquad (3.1.9)$$

が導かれる．この式で θ は一定圧力における体積という特定の物性値を使って定義された温度であり，理想気体の状態式が成り立つことを仮定している．水銀の体積変化などを利用した別の経験的温度 t と θ の間には一定の関係があり，この関係を $\theta(t)$ と書くことができる．すなわち，ある経験的方法で測定された温度 t と θ の間には $\theta = \theta(t)$ の関係がある．θ 以外の温度 t を使って効率を表すと，式 (3.1.9) はもっと複雑な式となるが，理想気体の状態式を用いて定義される温度 θ を使うと，可逆熱機関の効率はとくに簡単な式 (3.1.9) で表されるのである．

3.2 温度の絶対尺度

可逆熱機関の効率が熱機関の物理的・化学的構成に無関係なことから，Kelvin 卿 William Thomson (1824〜1907) は温度の絶対尺度を導くことができた．可逆熱機関の効率は高温熱浴と低温熱浴の温度だけの関数であり，熱機関の作用物質には依存しない．さらに，第一法則にしたがい，効率は 1 を超えることはできない．この二つのことから，物質の性質にはよらない温度の絶対尺度が定義されたのである．

まず，二つの連結した Carnot の熱機関を考えよう．一つは t_1 と t' の温度差で，

William Thomson (Kelvin 卿) (1824〜1907) (The E. F. Smith Collection, Van Pelt-Dietrich Library, University of Pennsylvania)

Rudolf Clausius (1822〜1888) (The E. F. Smith Collection, Van Pelt-Dietrich Library, University of Pennsylvania)

もう一つは t' と t_2 の間で働いている．このとき，式 (3.1.1) の関数 $f(t_1, t_2)$ は，t_1 と t_2 の関数の比であることが示される．Q' が温度 t' で交換される熱とすると

$$f(t_1, t_2) = \frac{Q_2}{Q_1} = \frac{Q_2}{Q'} \cdot \frac{Q'}{Q_1} = \frac{f(t', t_2)}{f(t', t_1)} \tag{3.2.1}$$

と書ける．この関係式は，関数 $f(t_1, t_2)$ を比 $F(t_2)/F(t_1)$ と書くことができることを示している．よって，可逆 Carnot 熱機関の効率は

$$\eta = 1 - \frac{Q_2}{Q_1} = 1 - \frac{F(t_2)}{F(t_1)} \tag{3.2.2}$$

となる．このようにして，可逆熱機関の効率だけに基づいて温度 $T \equiv F(t)$ を定義することができる．これがケルビン単位で測られる絶対温度である．この温度スケールを使うと，可逆熱機関の効率は

$$\eta = 1 - \frac{Q_2}{Q_1} = 1 - \frac{T_2}{T_1} \tag{3.2.3}$$

となる．ここで T_1 と T_2 は高温および低温熱浴の絶対温度である．効率 $\eta = 1$ はこのスケールでの絶対 0 度を定義する．**Carnot の定理**は可逆熱機関の最大効率が式 (3.2.3) で与えられることを述べている．

式 (3.2.3) と式 (3.1.9) を比較すると，理想気体の温度 θ が絶対温度 T と一致することがわかる．そこで，同じ記号 T で両者を表すことにしよう*．

* 気体温度計の経験温度 t は定圧における体積増加で定義される (1.3.9)．

$$V = V_0 (1 + \alpha t)$$

Gay-Lussac は t としてセ氏温度を用いるとき α がほぼ $1/273$ になることを見出した．この式から $dV/V = \alpha dt/(1 + \alpha t)$ となる．一方，理想気体の状態式 $pV = NRT$ から，一定圧力 p のとき $dV/V = dT/T$ が得られ，両者の比較から，絶対温度 T と経験温度 t の間には $T = t + 1/\alpha$ の関係が成り立つことがわかる．

結論として，絶対温度 T_1 の高温熱浴から熱 Q_1 を吸収し，絶対温度 T_2 の低温熱浴へ熱 Q_2 を捨てる理想化された可逆熱機関に対して，式 (3.2.3) より

$$\frac{Q_1}{T_1} = \frac{Q_2}{T_2} \tag{3.2.4}$$

が成り立つ．すべての現実の熱機関は 1 サイクルを有限の時間で通過するので，温度勾配による熱の流れなどの不可逆過程を含むため，その効率は低下する．このような熱機関の効率は $\eta' = 1 - (Q_2/Q_1) < 1 - (T_2/T_1)$ である．すなわち，不可逆過程が含まれると，$T_2/T_1 < Q_2/Q_1$ となる．したがって，等式 (3.2.4) は可逆サイクルに対して成り立つが，現実に働く不可逆サイクルに対しては，不等式

$$\frac{Q_1}{T_1} < \frac{Q_2}{T_2} \tag{3.2.5}$$

が成り立つ．この不等式が以下の議論で基本的役割を果たすことになる．

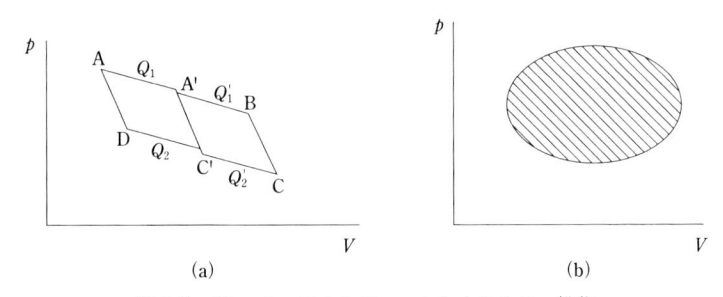

図 3.3 Clausius による Carnot サイクルの一般化

3.3 第二法則とエントロピーの概念

Carnot の"考察"のなかで芽生えた概念がもつ重要な意義は，Rudolf Clausius (1822〜1888) により展開された一般化のなかで十分に明らかにされた．Clausius はエネルギーと同様に基本的かつ普遍的な物理量であるエントロピーという新しい概念を導入した．

Clausius は，Carnot の定理から導かれる式 (3.2.4) を任意のサイクルに対しても適用できるように一般化することから始めた．図 3.3 に示すように，等温曲線の温度が無限小 ΔT だけ異なる二つの Carnot サイクルの複合を考える．温度 T_1 の過程 AA′ で吸収される熱を Q_1，温度 $(T_1+\Delta T)$ の過程 A′B で吸収される熱を Q_1' とする．同様に，温度 $(T_2+\Delta T)$ の過程 CC′ および温度 T_2 の過程 C′D で放出される熱をそれぞれ Q_2' と Q_2 とする．このとき，可逆サイクル AA′BCC′DA は二つの可逆サイクル AA′C′DA と A′BCC′A′ の和と考えることができる．なぜなら，一方のサイクルにおける断熱過程 A′C′ の仕事は他方のサイクルの断熱過程 C′A′ の仕事によって打ち消されているからである．したがって，可逆サイクル AA′BCC′D に対して次の関係

$$\frac{Q_1}{T_1}+\frac{Q_1'}{T_1+\Delta T}-\frac{Q_2}{T_2}-\frac{Q_2'}{T_2+\Delta T}=0 \tag{3.3.1}$$

が成り立つ．さらに，任意のサイクルを無限個の Carnot サイクルの組み合わせと考えよう．このとき上の式を任意のサイクルに拡張することができる．系が熱を吸収するとき $dQ>0$，系が熱を放出するとき $dQ<0$ とする．このとき，任意の閉じた経路（サイクル）に対して式 (3.3.1) を一般化して

$$\oint \frac{dQ}{T}=0 \tag{3.3.2}$$

となる．この式から次の重要な結論が得られる．すなわち，状態 A から状態 B へ至

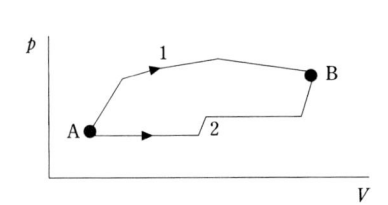

図 3.4
式 (3.3.2) のように，任意の閉じた経路に沿った積分が 0 になる関数は状態関数として定義することができる．A から B へ経路 1，B から A へ経路 2 をとる閉曲線に沿っての全積分は 0 であるから，$\oint \frac{dQ}{T} = \int_{A,1}^{B} \frac{dQ}{T} + \int_{B,2}^{A} \frac{dQ}{T} = 0$．これから経路 1 または 2 について $\int_{A,1}^{B} \frac{dQ}{T} = -\int_{B,2}^{A} \frac{dQ}{T}$ である，よって $\int_{A,1}^{B} \frac{dQ}{T} = \int_{A,2}^{B} \frac{dQ}{T}$，すなわち A から B への dQ/T の積分は経路に無関係であり，A と B だけに依存する．

る可逆な経路に沿っての dQ/T の積分は状態 A と状態 B だけに依存し，経路には依存しない（図 3.4）．このようにして，Clausius は可逆過程の最初と最後の状態だけで決まる関数 S を定義することができた．S_A と S_B を状態 A と B における関数 S の値とすると

$$S_B - S_A = \int_A^B \frac{dQ}{T} \quad \text{または} \quad dS = \frac{dQ}{T} \tag{3.3.3}$$

と書くことができる．基準状態 O を定義することにより，新しい状態関数 S は任意の状態 X に対して，状態 O から状態 X まで変化する可逆過程に沿っての dQ/T の積分として定義することができる．

1865 年，Clausius はこの新しい物理量 S を導入し，ギリシア語で変化を意味する τροπη から**エントロピー**（entropy）と名づけた〔文献 4, p. 357〕．この定義の有用性は任意の二つの状態をある可逆過程で結びつけることができるという仮定に依存している．

温度が一定であれば，式 (3.3.3) より可逆な熱 Q の流れによるエントロピー変化は Q/T となる．エントロピーを用いると，Carnot の定理 (3.2.3) は可逆サイクルにおけるエントロピー変化の総和は 0，すなわち

$$\frac{Q_1}{T_1} - \frac{Q_2}{T_2} = 0 \tag{3.3.4}$$

と表現される．可逆過程では，熱の移動が起こるとき熱浴と系の温度は等しいから，変化の過程で熱浴のエントロピー変化は系のエントロピー変化に反対符号をつけた値に常に等しい．

不可逆サイクルでは効率はより低く，高温熱浴から吸収された熱 Q_1 が仕事に変換される割合が低くなる．これは，不可逆サイクルで低温熱浴に放出される熱 Q_2^{irr} が Q_2 より大きいことを意味する．よって，

3.3 第二法則とエントロピーの概念

$$\frac{Q_1}{T_1} - \frac{Q_2^{\text{irr}}}{T_2} < 0 \tag{3.3.5}$$

となる．循環する熱機関では1サイクルの後で最初の状態に戻るが，その経路が可逆過程であるか不可逆過程であるかにかかわらず，元に戻ったときエントロピーの変化はない．一方，熱機関から移った熱は反対符号をつけて表されるから，熱浴のエントロピーの全変化量は

$$\frac{(-Q_1)}{T_1} - \frac{(-Q_2^{\text{irr}})}{T_2} > 0 \tag{3.3.6}$$

である．なお，ここで熱浴の温度は熱機関の温度と同じであるとした．実際に有限の速度で熱が流れる場合，熱浴の温度 T_1', T_2' は熱機関の温度 T_1, T_2 に比べて $T_1' > T_1$, $T_2' < T_2$ である．このとき，エントロピーの増大は式 (3.3.6) よりもいっそう大きくなる．

可逆過程の場合を含めて，任意のサイクルをたどる系に式 (3.3.5) を一般化すると

$$\oint \frac{dQ}{T} \leq 0 \quad \text{(系)} \tag{3.3.7}$$

が得られる．系と熱交換する外界では，dQ の符号が逆になるから

$$\oint \frac{dQ}{T} \geq 0 \quad \text{(外界)} \tag{3.3.8}$$

となる．可逆，不可逆にかかわらず，サイクルの最後では系は最初の状態に戻るから系のエントロピーの変化はない．このことは，不可逆サイクルではより多くの熱を外界に放出していることを示しており，一般的にいえば力学的エネルギーの熱への不可逆的変換が起こっており，結果として，外界のエントロピーは増大することになる．以上のことをまとめると

$$\text{可逆サイクル：} \quad dS = \frac{dQ}{T} \quad \oint dS = \oint \frac{dQ}{T} = 0 \tag{3.3.9}$$

$$\text{不可逆サイクル：} \quad dS > \frac{dQ}{T} \quad \oint dS = 0, \ \oint \frac{dQ}{T} < 0 \tag{3.3.10}$$

次節で示すように，エントロピー変化 dS を二つの部分の和として表すことにより，この表現をより明確にすることができる．すなわち，

$$dS = d_{\text{e}}S + d_{\text{i}}S \tag{3.3.11}$$

ここで $d_{\text{e}}S$ はエネルギーや物質交換による系のエントロピー変化であり，$d_{\text{i}}S$ は系内の不可逆過程によるエントロピー変化である．閉鎖系では物質交換はないので，$d_{\text{e}}S = dQ/T$ である．$d_{\text{e}}S$ は正にも負にもなるが，$d_{\text{i}}S$ は0に等しいかそれより大きくなければならない．系が最初の状態に戻る循環過程（サイクル）では正味のエントロピー変化は0である．すなわち，

$$\oint dS = \oint d_\mathrm{e} S + \oint d_\mathrm{i} S = 0 \tag{3.3.12}$$

$d_\mathrm{i}S \geqq 0$ であるから，$\oint d_\mathrm{i}S \geqq 0$ でなければならない．閉鎖系では，式 (3.3.12) から先の結果 (3.3.10) が直ちに得られる．

$$\oint d_\mathrm{e}S = \oint \frac{dQ}{T} \leqq 0$$

このことは，一巡して最初の状態に戻る系では，系内の不可逆過程で生じるエントロピー $\oint d_\mathrm{i}S$ を外界への熱の放出により捨てなければならないことを意味している．自然に存在するどのような現実の系でも，外界もしくはもっと広く"宇宙"のエントロピーを増大させることなく，1サイクルの操作によって最初の状態に戻ることはできない．エントロピーの増大という事実は過去から未来を区別し，そこには時間の矢が存在する．

● 第二法則の表現

Carnot が見出した熱を仕事に変えるうえでの制約は，自然界のあらゆる変化に対して成り立つ基本的制約，すなわち熱力学第二法則の表現の一つである．第二法則にはいくつかの表現が可能であり，これらは互いに等価である．例えば，物質の微視的性質には関係なく，巨視的不可能性について述べたのが

「完全なサイクルとして動き，熱浴から吸収したすべての熱を力学的仕事に変える熱機関をつくることは不可能である」．

巨視的で操作的術語を用いた十分納得できる内容の表現である．図 3.5 にすべての熱を仕事に変える循環機関を示す．熱浴または外界は熱を失うだけであるから，不等式 (3.3.8) は明らかに成り立たない．この熱機関は第二種の永久運動機関と呼ばれており，第二法則はこのような熱機関が不可能であることを宣言している．この宣言と Carnot の定理が等価なことを示すことは容易であり，その証明は読者に委ねる．

第二法則のもう一つの表現は Rudolf Clausius によるもので，

「何の影響も残すことなく，熱を低温から高温へ移すことはできない」．

もし熱を低温物体から高温物体に何の影響も残すことなく移すことができれば，循環熱機関で低温熱浴に放出された熱 Q_2 を高温熱浴に戻すことによって，熱 Q を完全に仕事へ変換する第二種の永久運動機関をつくることができることになるからである．

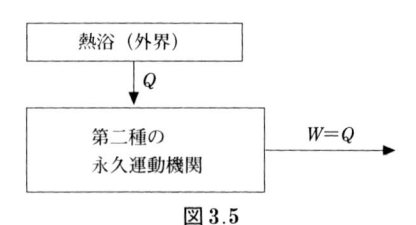

図 3.5
第二種の永久運動機関は第二法則から不可能であることが示される．このような熱機関の存在は不等式 (3.3.7), (3.3.8) に反する．

これまでみてきたように，一連の循環経路を経て最初の状態に戻るすべての現実の系では，相互作用をもつ外界のエントロピーは必ず増大している．このことはまた，サイクルのどの部分でも系と外界のエントロピー変化の和が負にはならないことを意味している．なぜなら，もしある部分で系と外界のエントロピーの和が負になれば，サイクルの残りの部分を可逆的に変化させ残りの部分のエントロピー変化量を0にすると，サイクルを一巡させたときエントロピーが減少することになるからである．そこで，第二法則を

「系と外界のエントロピーの総和はけっして減少することはない」

と表現することができる．かくして宇宙全体は最初の状態にけっして戻れないこととなる．熱機関に関するCarnotの解析から，宇宙を支配する法則が導びかれたことはまったく驚くべきことである．熱力学の二つの法則はRudolf Clausiusによって次のように簡潔にまとめられた．

「宇宙のエネルギーは一定であり

宇宙のエントロピーは最大値に向かう」

3.4 エントロピー，可逆過程と不可逆過程

エントロピーの概念および第二法則の有用性は，物理系のエントロピーがそれを求めることができる方法で定義されているかにかかっている．基準状態あるいは標準状態のエントロピー S_0 が定義されていれば，基準状態Oから状態Xに至る可逆過程に沿って式 (3.3.3) を計算することにより，任意の状態Xのエントロピー S_X を求めることができる（図3.6）．

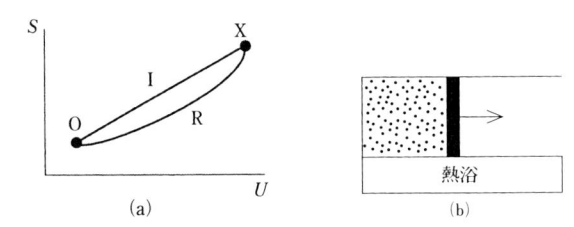

図3.6 可逆過程と不可逆過程
(a) 系は基準状態Oから不可逆過程を含む経路Iを通って状態Xに到達する．同じ変化は可逆的な経路Rを通って達成することもできると仮定する．(b) 不可逆過程の例は真空への気体の膨張である．同じ変化は気体の等温可逆膨張，すなわち熱浴から吸収した熱がピストンになされる仕事に等しくなるように，無限にゆっくり進む気体の等温膨張によっても達成される．可逆等温膨張ではエントロピー変化は $dS = dQ/T$ によって求められる．

$$S_x = S_0 + \int_0^x \frac{dQ}{T} \tag{3.4.1}$$

（実際には熱 dQ は $dQ = CdT$ を用いて熱容量から求める）．現実の系では，状態 O から状態 X への変化は有限の時間で起こり，不可逆過程を含む経路 I に沿う．古典熱力学では，自然界で起こるあらゆる不可逆的変化は，式 (3.4.1) が適用できる可逆過程で到達可能であることを仮定している．言い換えると，エントロピー変化を伴うあらゆる不可逆変化は，エントロピー変化が熱の交換だけで起こる可逆過程で正確に再現できることを仮定している．エントロピー変化は最初と最後の状態だけで決まるから，最初と最後の状態が同じであれば，可逆な経路について計算されたエントロピー変化は不可逆過程によるエントロピー変化に等しい（なお，著者によってはこの仮定を平衡状態間の変化に限定しているが，このように限定すると，しばしばみられるような非平衡状態から平衡状態に変化する化学反応は除外されてしまう）．

変化は無限にゆっくり起こるときにのみ可逆である．完全な可逆性に近づくと，変化速度はゼロとなる．Max Planck は論述〔文献 5, p.86〕のなかで「可逆過程が自然のなかに存在するか否かということは，先験的に自明なことでも実証できることでもない」と述べている．しかしながら，不可逆性が存在するのであれば，それは全宇宙的でなければならない．なぜならある系でのエントロピーの自発的減少を適当な相互作用を通してほかの系のエントロピーを減少させるのに利用することができるので，一つの系の自発的なエントロピー減少はすべての系で自発的なエントロピー減少が可能となることを意味するからである．したがって，すべての系が不可逆であるかそうでないかである．

理想化された可逆過程の概念はエントロピー変化を計算するための便宜的な方法を提供するが，実際に自然に起こっている不可逆過程とエントロピーを結び付けるためには使えない．1943 年の論文で，P. W. Bridgman はこの問題について次のように述べている〔文献 6, p. 133〕．

「熱力学は可逆過程と平衡状態を対象としており，不可逆過程または有限の速度で変化が起こっている非平衡状態は取り扱えないといつも強調されている．平衡状態の重要性は，温度それ自身が平衡状態で定義されていることを考えれば十分明らかである．しかしながら，不可逆過程が存在すると一般に不可能になることを認めてしまうのは驚くべきことである．物理学は通常このような敗北主義の態度をとることはないからである」．

今日，ほとんどの熱力学の教科書で，不可逆変化は前節で導いた **Clausius の不等式** (inequality) で表されている．

$$dS \geq \frac{dQ}{T} \tag{3.4.2}$$

ところが，Clausius が第二法則を定式化するうえで，不可逆過程を欠くことができない部分と考えていた事実はほとんど述べられていない．Clausius は 9 番目の論文で，エントロピーの式に不可逆過程の項をあらわに加えることにより，不等式 (3.4.2) を次の等式に置き換えた〔文献 4，p. 363，式 71〕．

$$N = S - S_0 - \int \frac{dQ}{T} \tag{3.4.3}$$

この式で，S は最終状態のエントロピー，S_0 は最初の状態のエントロピーである．彼は外界との熱の交換によるエントロピー変化を dQ/T と表し（系が受け取るあるいは放出する熱は外界が放出あるいは受け取る等量の熱によって補償される），「N の大きさは非補償的な変換（uncompensated transformation）を定める」と述べている〔文献 4，p. 363〕．N は系内の不可逆過程で生成したエントロピーである．dQ は正にも負にもなりうるが，Clausius の不等式 (3.4.2) から明らかなように，不可逆過程によるエントロピー変化は正でなければならない．

$$N = S - S_0 - \int \frac{dQ}{T} > 0 \tag{3.4.4}$$

Clausius は第二法則を「非補償的な変換は正の値のみをとる」と表現することもできると述べている〔文献 4，p. 247〕．

おそらく，Clausius は不可逆過程に関与する N の値を求める方法を導きたいと思ったであろうが，しなかった．19 世紀の熱力学は理想的な可逆変化の分野にのみ限られ，エントロピーと不可逆過程を関連づける理論はなかった．エントロピーは空間的に分布し輸送される物理量であると考える人々もいたが〔文献 7〕，不可逆過程とエントロピーを関連づける理論は 19 世紀にはつくり出されなかったのである．

エントロピーを不可逆過程に関連づけることの重要性に気づいて，Pierre Duhem (1861～1916) は新しい理論を展開した．彼の広範かつ難解な 2 巻の本（"Energétique"〔文献 8〕）の中で，Duhem は熱伝導および粘性を含む不可逆過程におけるエントロピー生成の式を得ている〔文献 9〕．ポーランドの研究者 L. Natanson〔文献 10〕や G. Jaumann らウィーン学派の研究者たち〔文献 11～13〕も非補償熱を計算する方法を研究し，エントロピー流束やエントロピー生成の概念を展開した．

これらの線に沿ったエントロピー理論の定式化は 20 世紀にも引き継がれ，今日，われわれは多くの系について，不可逆過程を特徴づける変数を用いてエントロピー生成を計算する理論を手にしている．例えば，新しい理論ではエントロピー生成速度と熱伝導速度や化学反応速度が関連づけられる．もはやエントロピー変化を求めるために，無限にゆっくりと進む可逆過程を用いる必要はなくなった．

エントロピーの古典的定式化では，図 3.6 の不可逆な経路 I に沿ったエントロピーは全エネルギーや体積の関数とならないから，エントロピーは定義されないとしばし

ば述べられている．しかし1章で論じたように，たとえエントロピーが全エネルギーと体積の関数でなくても，多くの系で局所平衡（local equilibrium）の概念を用いエントロピーを明確に定義された量として扱うことができる．

Théophile De Donder（1872〜1957）〔文献14〜16〕は化学過程の熱力学に関する先駆的研究を展開し，Clausiusの"非補償的変換"あるいは"非補償熱"を親和力（affinity）の概念を用いて第二法則の定式化に組み込んだ．親和力については次の章で述べる．この新しい理論は，不可逆過程によって生成するエントロピーの計算式を導入することで，不可逆性を第二法則に取り込んでいる〔文献17〜19〕．熱力学的状態とともに不可逆過程を明確に考慮している．以下，このより一般的な理論にしたがって述べていくことにしよう．

新しい理論の基本となるのは局所平衡の概念である．熱力学平衡にない広範な系に対しても，温度，濃度，圧力，内部エネルギーなどの熱力学量は局所的に明確に定義される量である．すなわち，素体積のなかで温度や圧力などの示強変数は明確に定義され，エントロピーや内部エネルギーなどの示量変数はそれぞれ相当する密度に置き換えて定義され，これらの量を用いて系の熱力学的関係式を厳密な意味で定式化することができる．このようにして，熱力学変数を位置と時間の関数とみなすことができるようになる．これが局所平衡の仮定である．この仮定がよい近似とならない場合もあるが，それはむしろ例外的である．ほとんどの水力学系および化学反応系で，局所平衡は非常によい近似である．分子動力学の計算機シミュレーションの結果は，系がはじめ温度を定義できないような状態にあっても，非常に短い時間（数回の分子衝突）の間に温度を明確に定義できる状態へ移行することを示している〔文献20〕．

新しい理論は，エントロピー変化を二つの部分の和として書き表すことから始まる〔文献17〕．すなわち

$$dS = d_eS + d_iS \tag{3.4.5}$$

d_eS は外界との物質およびエネルギー交換によるエントロピー変化，d_iS は"非補償的変換"によるエントロピー生成，すなわち系内部の不可逆過程により生成したエントロピーである（図3.7）．

次の仕事は d_eS と d_iS を実験的に測定可能な量で明確に表すことである．不可逆過程は**熱力学力**（thermodynamic force）と**熱力学流れ**（thermodynamic flow）を

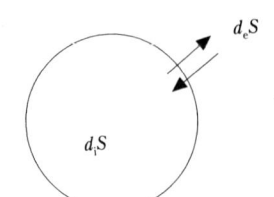

図3.7
系のエントロピー変化は，不可逆過程による d_iS とエネルギーや物質の交換による d_eS の二つの部分からなる．第二法則によると，変化 d_iS は常に正であり，変化 d_eS は正にも負にもなる．

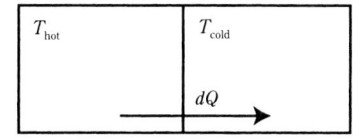

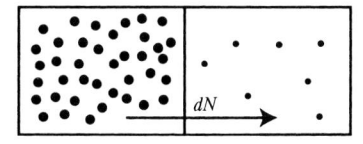

図3.8 系内でエントロピーを増大させる不可逆過程

使って記述することができる．熱力学流れは熱力学力によって引き起こされる．図3.8は，系内の隣接した部分の温度差（または温度勾配）が熱力学力となり，不可逆的な熱の流れを起こしている様子を示している．同様に，系内の二つの隣接する部分の濃度差が，物質の流れを引き起こす熱力学力になる．一般に，不可逆変化によるエントロピー生成 d_iS は，時間 dt の間に起こる熱や物質などの流れ dX と関連づけられる．熱の流れの場合，$dX=dQ$，すなわち時間 dt の間に流れる熱の量であり，物質の流れの場合は $dX=dN$，すなわち時間 dt の間に流れる物質量（モル数）である．それぞれの場合，エントロピー生成は次式で表される．

$$d_iS = FdX \tag{3.4.6}$$

F は熱力学力である．この定式化において，熱力学力は温度や濃度など熱力学変数の関数として表される．次の節で，図3.8に示された熱の流れに関する熱力学力が $F=(1/T_{\mathrm{cold}}-1/T_{\mathrm{hot}})$ となることを示そう．物質の流れに関する熱力学力は**親和力**（affinity）を用いて表現される．親和力については4章で説明する．すべての不可逆過程は熱力学力と熱力学流れを用いて書き表される．いくつかの不可逆過程が同時に進行している場合，エントロピーの全生成はそれぞれの不可逆的流れ dX_k によるエントロピー生成の総和であり，次式が導かれる．

$$d_iS = \sum_k F_k dX_k \geq 0 \quad \text{あるいは} \quad \frac{d_iS}{dt} = \sum_k F_k \frac{dX_k}{dt} \geq 0 \tag{3.4.7}$$

式（3.4.7）は熱力学第二法則を具体的に表している．それぞれの不可逆過程によるエントロピー生成は対応する熱力学力 F_k と熱力学流れ $J_k=dX_k/dt$ の積である．

外界とのエントロピー交換 d_eS は熱や物質の流れを使って表される．**孤立系**（isolated system）ではエネルギーや物質の交換がないので

$$d_eS=0, \qquad d_iS\geq 0 \tag{3.4.8}$$

閉鎖系（closed system）では，物質交換はないがエネルギー交換があるので

$$d_eS=\frac{dQ}{T}=\frac{dU+pdV}{T}, \qquad d_iS\geq 0 \tag{3.4.9}$$

ここで，dQ は時間 dt の間に外界との間で交換される熱量である．

エネルギーと物質の交換が起こる**開放系**（open system）では*

$$d_\mathrm{e}S = \frac{dU + pdV}{T} + (d_\mathrm{e}S)_\mathrm{matter}, \qquad d_\mathrm{i}S \geq 0 \qquad (3.4.10)$$

ここで，$(d_\mathrm{e}S)_\mathrm{matter}$ は物質の流れによるエントロピーの交換量であり，次章で詳しく述べる化学ポテンシャルを用いて書き表される．

* 開放系では $dU + pdV \neq dQ$ である．

孤立系，閉鎖系，開放系，どのような系に対しても $d_\mathrm{i}S \geq 0$ が成り立つ．これは最も一般化された第二法則の表現である．この表現にはもう一つの重要な意味があり，それは系全体に対してばかりでなく，それぞれの部分系に対しても等しく成り立つということである．例えば，全系が二つの部分系に分けられるとき，$d_\mathrm{i}S^1$ と $d_\mathrm{i}S^2$ を各部分系のエントロピー生成とすると

$$d_\mathrm{i}S = d_\mathrm{i}S^1 + d_\mathrm{i}S^2 \geq 0 \qquad (3.4.11)$$

が成り立つばかりでなく

$$d_\mathrm{i}S^1 \geq 0, \qquad d_\mathrm{i}S^2 \geq 0 \qquad (3.4.12)$$

も成り立つ．すなわち，次のような関係が成り立つことはない．

$$d_\mathrm{i}S^1 > 0, \quad d_\mathrm{i}S^2 < 0, \text{ かつ } \quad d_\mathrm{i}S = d_\mathrm{i}S^1 + d_\mathrm{i}S^2 \geq 0 \qquad (3.4.13)$$

式 (3.4.12) の表現は，孤立系のエントロピーが常に増大するという古典的表現に比べると，より強いより一般的な表現である．

まとめると，閉鎖系に対して，第一法則および第二法則は次のように表される．

$$dU = dQ + dW \qquad (3.4.14)$$

$$dS = d_\mathrm{i}S + d_\mathrm{e}S, \text{ ここで} \quad d_\mathrm{i}S \geq 0, \quad d_\mathrm{e}S = dQ/T \qquad (3.4.15)$$

状態変化が可逆過程だけで起こるときには，$d_\mathrm{i}S = 0$ であり，エントロピー変化は熱の流れだけによる．このとき

$$dU = TdS + dW = TdS - pdV \qquad (3.4.16)$$

これは，熱力学の定式化を理想化された可逆過程に限っている教科書でみられる表式である．開放系ではエネルギーやエントロピーの変化には物質の流れによる寄与が加わる．この場合，熱と仕事の定義に注意深い考察が必要であるが，dU と $d_\mathrm{e}S$ を得るうえで基本的困難はない．

最後に，上記の式はエントロピーの変化のみを求める式であり，エントロピーの絶対値を与える式ではないことに注意する必要がある．エントロピーの絶対値を求めるためには付加定数が必要であることが知られていた．1906 年，

Walther Nernst (1864~1941) (The E. F. Smith Collection, Van Pelt-Dietrich Library, University of Pennsylvania)

Walther Nernst (1864～1941) は温度の絶対 0 度では, 化学的に均一なすべての固体または液体のエントロピーは 0 である [文献 21, p. 85] という法則を確立した. すなわち,

$$T \longrightarrow 0\,\text{K} \quad \text{のとき}, \quad S \longrightarrow 0 \tag{3.4.17}$$

この法則は**熱力学第三法則**または **Nernst の熱定理** (heat theorem) と呼ばれており, その正当性は実験により十分に検証されてきた.

第三法則によりエントロピーの絶対値を定めることが可能となった. この法則の物理的基礎は極低温における物質の挙動にあり, 量子理論によってのみ説明される. 相対性理論がエネルギーの絶対値を与え, 量子理論がエントロピーの絶対値の定義を可能としたことは興味深い.

■ **BOX 3.1 エントロピーの統計的解釈**

本章でみてきたように, 状態関数としてのエントロピーの概念は本質的にまったく巨視的である. 第二法則の正当性は不可逆過程の現実性に根ざしている. われわれの周りのすべてにみることができる巨視的な不可逆性とはまったく対照的に, 古典力学および量子力学の法則は時間に対して対称であり, 力学法則によると, 状態 A から状態 B に進む系は状態 B から状態 A に逆に進むことができる. 例えば, 高密度部分から低密度部分への気体分子の自発的な流れと同様, その逆の流れ (これは第二法則に背反する) の過程も力学の法則に矛盾しない. 熱力学第二法則により不可能と判定された過程が力学の法則には反していないのである. ところが, 熱の流れなどすべての巨視的不可逆過程は原子や分子の運動の結果であり, それは力学の法則に支配されている. 熱の流れは分子の衝突の結果であり, それによってエネルギーが輸送される. どのようにして可逆な分子の運動から不可逆な巨視的過程が生じるのであろうか? 力学の可逆性と熱力学の不可逆性を融和するために, Ludwig Boltzmann は微視的状態とエントロピーを関係づける次の関係式を提案した.

$$S = k_B \ln W$$

W はエントロピー S の巨視的状態に対応する微視的状態の数である. 定数 k_B は Boltzmann により導入され, Boltzmann 定数と呼ばれている. $k_B = 1.381 \times 10^{-23}\,\text{J K}^{-1}$. 気体定数との関係は $R = k_B N_A$ で, N_A は Avogadro 定数である. W の意味は次の例で示される. 箱の半分に N_1 個, 他の半分に N_2 個の分子が入った巨視的状態を考えよう (図参照). 各分子はどちらかに入っている. $(N_1 + N_2)$ 個の分子を箱の一方に N_1 個, 他方に N_2 個ずつ分配する仕方の数が W に等しい. このような分配の仕方の数を支える "微視的状態" の数 W は

$$W = \frac{(N_1 + N_2)!}{N_1! \, N_2!}$$

で与えられる. Boltzmann は, より大きな W をもつ巨視的状態がより高い確率で実現されると考えた. エントロピーの不可逆的増加は, より確率の高い状態への発展に相当する. 平衡状態は W が最大の状態である. 上の例では, $N_1 = N_2$ のとき W は最大

値に達する．

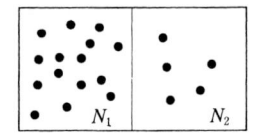

"確率"の導入には，より深い考察を要することを述べておく必要があろう．この問題は本書では論じない（抽象的な議論については〔文献22〕）．力学では初期条件は任意であるが，確率の導入には通常ある種の近似（粗視化）を必要とする．

3.5 不可逆過程によるエントロピー変化の例

エントロピー変化がどのように不可逆過程に関連するかを示すために，いくつかの簡単な例を考察しよう．それらはすべて相互には平衡にない二つの部分系から構成される"不連続系"である．連続系はベクトルを使って記述されるが，詳しくはIV部とV部で論じる．

●熱伝導

単純化のため，二つの部分系から構成された孤立系を考えよう（図3.9）．それぞれの部分系は局所平衡の状態にあり，温度が明確に定義されているとする．二つの部分系の温度を $T_1, T_2 (T_1 > T_2)$，時間 dt の間に高温部分から低温部分へ流れる熱量を dQ とする．孤立系は外界とエントロピー交換をしないから $d_eS=0$ である．また各部分系の体積は一定であるから $dW=0$ である．そこで，各部分系のエネルギー変化は熱の流れだけによる．すなわち $dU_i = dQ_i, i=1,2$ である．第一法則によると，一方の部分系が得る熱は他方が失う熱に等しい．それゆえ，$-dQ_1 = dQ_2 = dQ$ である．両部分系は温度とエントロピーが明確に定義された局所平衡にある．系のエントロピーの全変化 d_iS は熱の流れによる各部分系のエントロピー変化の和である．よって，

$$d_iS = -\frac{dQ}{T_1} + \frac{dQ}{T_2} = \left(\frac{1}{T_2} - \frac{1}{T_1}\right)dQ \tag{3.5.1}$$

熱は高温部分から低温部分へ不可逆的に流れるから，$T_1 > T_2$ であれば dQ は正であり，それゆえ $d_iS > 0$ である．式(3.5.1)において，dQ と $(1/T_2 - 1/T_1)$ はそれぞ

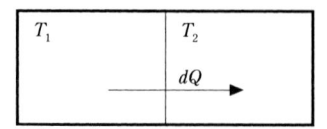

図3.9 熱の流れによるエントロピー生成
温度が異なる部分の間の熱の不可逆的流れはエントロピーを増大させる．エントロピー生成速度 $P = d_iS/dt$ は式(3.5.3)で与えられる．

れ式 (3.4.6) 中の dX と F に対応する．熱流の速度 dQ/dt を使うと，エントロピー生成速度は次のように書ける．

$$\frac{d_\mathrm{i}S}{dt}=\left(\frac{1}{T_2}-\frac{1}{T_1}\right)\frac{dQ}{dt} \tag{3.5.2}$$

さて，熱流の速度または熱流束 $J_Q \equiv dQ/dt$ は熱伝導の法則により与えられる．例えば，Fourier の熱伝導法則によると，$J_Q=\alpha(T_1-T_2)$ で，α は熱伝導率である．"熱力学流れ" J_Q は "熱力学力" $F=(1/T_2-1/T_1)$ によって駆動される．エントロピー生成速度に対し，式 (3.5.2) より

$$\frac{d_\mathrm{i}S}{dt}=\left(\frac{1}{T_2}-\frac{1}{T_1}\right)\alpha(T_1-T_2)=\frac{\alpha(T_1-T_2)^2}{T_1 T_2} \geq 0 \tag{3.5.3}$$

が得られる．高温部分から低温部分への熱の流れにより，温度はやがて等しくなり，エントロピー生成は 0 になる．これが平衡状態である．平衡状態でエントロピー生成は消滅するが，このことは力 F と対応する流れ J_Q がともに消滅することを意味している．実際，すべてのエントロピー生成を 0 とおくことで，平衡状態に関する知見を得ることができる．

全エントロピー生成速度を $P \equiv d_\mathrm{i}S/dt$ で表すと，式 (3.5.3) よりそれは温度差 $\Delta \equiv (T_1-T_2)$ の二次関数であることがわかる．平衡ではエントロピー生成速度は最小値をとり，それが 0 に等しい．この様子を図 3.10(a) に図示した．

$T_1 \neq T_2$ の非平衡状態は，エントロピーを連続的に増加させながら $T_1=T_2=T_\mathrm{eq}$ となる平衡状態へ向かう．したがって，平衡状態のエントロピーはどの非平衡状態のエントロピーよりも大きくなければならない．12 章で，平衡状態からの小さな温度差 $\Delta=(T_1-T_2)$ に対応して，相当する変化量 ΔS は Δ の二次関数であり，$\Delta=0$ のとき S は最大となることを明確に示すであろう（図 3.10(b)）．

この例により次の一般的結論が示される．すなわち，平衡状態はエントロピー生成速度最小（$=0$）または最大エントロピーで特徴づけられる．

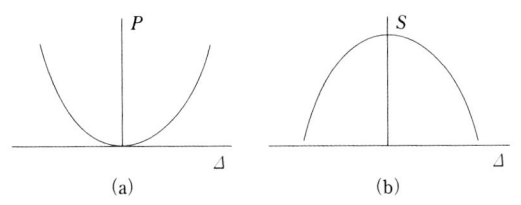

図 3.10 平衡状態を特徴づける二つの等価な原理
(a) 図 3.9 に示された系の全エントロピー生成速度 $P \equiv d_\mathrm{i}S/dt$ は，二つの部分の温度差 $\Delta \equiv (T_1-T_2)$ の関数で与えられ，平衡でエントロピー生成速度は 0 になる．(b) 平衡状態にある系は，エントロピーが最大になるという原理によっても特徴づけられる．

●気体の不可逆膨張

気体の可逆膨張では，気体の圧力と外界からピストンにかかる圧力は等しいと仮定している．熱浴との接触により一定温度 T に保たれたまま気体が膨張すれば，気体のエントロピー変化は $d_eS = dQ/T$ である．ここで，dQ は気体の温度を一定に保つために必要な熱浴から気体への熱流である．可逆膨張は理想的な場合である．実際の気体の膨張過程は有限時間で進行し，気体の圧力は外からピストンにかかる圧力より大きい．p_{gas} を気体の圧力，p_{piston} を外からピストンにかかる圧力とすれば，$(p_{gas} - p_{piston})$ がピストンを動かす力である．この場合のエントロピーの不可逆的増加は次式で与えられる．

$$d_iS = \frac{(p_{gas} - p_{piston})}{T} dV > 0 \tag{3.5.4}$$

ここで $(p_{gas} - p_{piston})/T$ は"熱力学力"，dV は相当する"熱力学流れ"であり，$(p_{gas} - p_{piston})dV$ は Clausius の"非補償熱 (uncompensated heat)"とみなすことができる．dV と $(p_{gas} - p_{piston})$ は同符号をもつから d_iS は常に正である．全エントロピー変化は

$$dS = d_eS + d_iS = \frac{dQ}{T} + \frac{(p_{gas} - p_{piston})dV}{T}$$

となる．理想気体のエネルギーは T だけの関数であるから，等温変化ではエネルギーは変化せず，吸収された熱はピストンを動かす仕事 $p_{piston}dV$ に等しい．与えられた体積変化に対して，最大仕事は $p_{gas} = p_{piston}$ が成り立つ可逆過程で実現される．

3.6 相変化に伴うエントロピー変化

この節で，エントロピー交換 d_eS の簡単な例を考察する．固体から液体または液体から蒸気（図1.3）に変化する融点や沸点では，温度が一定であるから，熱交換に伴うエントロピー変化の式 $d_eS = dQ/T$ で，T は一定である．この場合，熱 ΔQ の交換による全エントロピー変化量 ΔS を求めるのは容易である．融点 T_{melt} での固体-液体の転移では，

$$\Delta S = \int_0^{\Delta Q} \frac{dQ}{T_{melt}} = \frac{\Delta Q}{T_{melt}} \tag{3.6.1}$$

Joseph Black により見出されたように，吸収された熱はその温度で固体を液体に変える働きをして，潜熱と呼ばれる．一般にこの変化は定圧で起こるので，ΔQ は ΔH，すなわち融解のエンタルピー変化と等しい．1 mol の固体が液体に変換するのに伴うエンタルピー変化を**モル融解エンタルピー** ΔH_{fus}，そしてエントロピー変化を**モル融解エントロピー** ΔS_{fus} と呼び，次式が成り立つ．

表 3.1　融解と蒸発のモルエンタルピー．圧力 $p=1\,\text{bar}=10^5\,\text{Pa}=0.987\,\text{atm}^*$

化合物	T_{melt} (K)	ΔH_{fus} (kJ/mol)	T_{boil} (K)	ΔH_{vap} (kJ/mol)
H_2O	273.15	6.008	373.15	40.656
CH_3OH	175.2	3.16	337.2	35.27
C_2H_5OH	156	4.60	351.4	38.56
CH_4	90.68	0.941	111.7	8.18
CCl_4	250.3	2.5	350	30.0
NH_3	195.4	5.652	239.7	23.35
CO_2	217.0	8.33	194.6	25.23
CS_2	161.2	4.39	319.4	26.74
N_2	63.15	0.719	77.35	5.586
O_2	54.36	0.444	90.18	6.820

* もっと広範なデータはデータ・ソース [B] と [F] を参照．多くの化合物について ΔS_{vap} は約 $88\,\text{JK}^{-1}$ となることが知られており，これを Trouton の規則という．

$$\Delta S_{\text{fus}} = \frac{\Delta H_{\text{fus}}}{T_{\text{melt}}} \tag{3.6.2}$$

圧力 1 bar（=0.987 atm）における氷の融解熱は 6.008 kJ/mol，融点は 273.15 K であるから，1 mol の氷が水に変わる際のエントロピー変化は $\Delta S_{\text{fus}}=21.99\,\text{JK}^{-1}\text{mol}^{-1}$ である．

同様に，一定圧力下で液体が沸点 T_{boil} で蒸気になるときの**モル蒸発エントロピー** ΔS_{vap} と**モル蒸発エンタルピー** ΔH_{vap} の間に次の関係式が成り立つ．

$$\Delta S_{\text{vap}} = \frac{\Delta H_{\text{vap}}}{T_{\text{boil}}} \tag{3.6.3}$$

圧力 1 bar における水の蒸発熱は 40.656 kJ/mol，沸点は 373.15 K であるから，モルエントロピー変化は $\Delta S_{\text{vap}}=108.95\,\text{JK}^{-1}\text{mol}^{-1}$ であり，氷の融解に伴うエントロピー変化の約 5 倍である．エントロピーは体積により増大するから，大きなエントロピー変化の一部は 18 mL（1 mol の水の体積）から約 30 L（1 bar における 1 mol の水蒸気の体積）への大きな体積増加のためと説明される．いくつかの化合物の融解と蒸発のモルエンタルピーを表 3.1 に示す．

3.7 理想気体のエントロピー

最後の例として，体積，温度，モル数の関数として理想気体のエントロピーを求めよう．エントロピー変化が熱流のみによって起こる閉鎖系で，体積 V と温度 T が可逆的に変化すると，式 (3.4.16) より $dU=TdS+dW$ が成り立つ．$dW=-pdV$ を代入し，dU を V と T の関数として表すと

となる．Joule および Gay-Lussac の実験（1.3 節および式（1.3.6））で示されるように，理想気体の内部エネルギー U は温度 T だけの関数であり，$(\partial U/\partial V)_T=0$ が成り立つ．また，定義により $(\partial U/\partial T)_V = NC_V$（$C_V$ はモル定積熱容量）であるので，式（3.7.1）は

$$dS = \frac{p}{T}dV + NC_V\frac{dT}{T} \tag{3.7.2}$$

と書くことができる．理想気体の状態式 $pV=NRT$ を用いると，式（3.7.2）を積分して

$$S(V,T) = S_0 + NR\ln V + NC_V\ln T \tag{3.7.3}$$

が得られる．さて，S は V と N について示量関数のはずである．ところが，式（3.7.3）で S の V と N についての示量性が明瞭には示されていない．そこで理想気体のエントロピーを通常次の形に書く．

$$S(V,T,N) = N[s_0 + R\ln(V/N) + C_V\ln T] \tag{3.7.4}$$

ここで，$s_0 = S_0/N$ である．理想気体のエントロピーは粒子数密度（単位体積あたりの粒子数）および温度の対数に依存する．

3.8　第二法則と不可逆過程についての所見

　第二法則はまったく普遍的である．しかしながら，分子間に働く力が重力により相互作用する粒子の場合のように長距離にわたって働くときには，体積に比例する示量変数と体積に依存しない示強変数の区別ができなくなる．このとき，例えば全エネルギー U はもはや体積に比例しなくなる．幸いなことに，重力は短距離に働く分子間力に比べて非常に弱い．この問題が重要になるのは天体物理学のスケールの場合だけであり，本書ではこの問題は論じない．

　第二法則が普遍的であることから，理想系を用いて現実の系の熱力学的側面を理解するための有力な方法が得られる．物体と熱力学平衡にある熱放射（黒体放射）に関する Planck の研究は古典的な例である．Planck は放射と相互作用する理想化された調和振動子を考えた．Planck は，単に調和振動子が分子のよい近似であるからだけでなく，物体と熱平衡にある放射の性質が物体の特性に関係せず，普遍的であるという理由もあって，単純調和振動子を考えたのである．理想化された振動子と熱力学法則を用いて得られた結論は，いかに複雑な系であろうともすべての物体に共通して成り立つ．

　新しい見方において，図 3.7 にまとめられた図式はわれわれが自然界で目にすると

ころの自己組織化,秩序形成,生命などの熱力学的側面を理解するための基本となる。系が孤立していると $d_eS=0$ である．この場合，系のエントロピーは系内の不可逆過程により増大し続けて，やがて最大値に達する．そこは熱力学平衡状態である．平衡状態では，すべての不可逆過程は止まる．系が外界とエントロピーの交換を始めると，一般に系は平衡から離れてエントロピー生成を伴う不可逆過程が働き始める．また，エントロピー交換は熱と物質の交換によって起こる．系から流出するエントロピーは常に系内へ流入するエントロピーより大きく，その差は系内の不可逆過程によるエントロピー生成により生じる．後に示すように，外界とエントロピー交換をする系は，外界のエントロピーを増大させるだけでなく，"自己組織化"へと劇的な自発的変化を起こす可能性がある．エントロピーを生成する不可逆過程によって組織化された状態がつくり出されるのである．このような自己組織化された状態は流体の対流パターンから生命体に至るまで広い範囲にわたる．不可逆過程はこのような秩序を生み出す駆動力である．

文 献

1. Mendoza, E. (ed.) *Reflections on the Motive Force of Fire by Sadi Carnot and other Papers on the Second Law of Thermodynamics by E. Clapeyron and R. Clausius.* 1977, Glouster, MA: Peter Smith.
2. Kastler, A., L'Oeuvre posthume de Sadi Carnot, in *Sadi Carnot et l'Essor de la Thermodynamique*, A.N. Editor (ed.) 1974, Paris: CNRS.
3. Segré, E., *From Falling Bodies to Radio Waves.* 1984, New York: W.H. Freeman.
4. Clausius, R., *Mechanical Theory of Heat.* 1867, London: John van Voorst.
5. Planck, M., *Treatise on Thermodynamics*, 3rd ed. 1945, New York: Dover.
6. Bridgman, P. W., *The Nature of Thermodynamics.* 1943, Cambridge MA: Harvard University Press.
7. Bertrand, J. L. F., *Thermodynamique.* 1887, Paris: Gauthiers-Villars.
8. Duhem, P., *Energétique.* 1911, Paris: Gauthiers-Villars.
9. Brouzeng, P., Duhem's contribution to the development of modern thermodynamics, in *Thermodynamics: History and Philosophy*, K. Martinás, L. Ropolyi, and P. Szegedi, (eds) 1991, London: World Scientific, p. 72–80.
10. Natanson, L., *Z. Phys. Chem.*, **21** (1896) 193.
11. Lohr, E., *Math. Naturw. Klasse*, **339** (1916) 93.
12. Jaumann, G., *Math. Naturw. Klasse*, **120** (1911) 385.
13. Jaumann, G., *Math. Naturw. Klasse*, **95** (1918) 461.
14. de Donder, T., *Lecons de Thermodynamique et de Chimie-Physique.* 1920, Paris: Gauthiers-Villars.
15. de Donder, T., *L'Affinité.* 1927, Paris: Gauthiers-Villars.
16. de Donder, T. and Van Rysselberghe P., *Affinity.* 1936, Menlo Park CA: Stanford University Press.
17. Prigogine, I., *Etude Thermodynamique des Processus Irreversible*, 4th ed. 1967, Liège: Desoer.
18. Prigogine, I., *Introduction to Thermodynamics of Irreversible Processes.* 1967, New York: John Wiley.
19. Prigogine, I. and Defay, R., *Chemical Thermodynamics*, 4th ed. 1967, London: Longman.

20. Alder, B. J. and Wainright, T., Molecular dynamics by electronic computers, in *Transport Processes in Statistical Mechanics*. 1969, New York: Interscience.
21. Nernst, W., *A New Heat Theorem*. 1969, New York: Dover.
22. Prigogine, I., *The End of Certainty*. 1997, New York: Free Press.

邦訳
19. 妹尾 学訳, 化学熱力学 I, II, みすず書房, 1992
22. 安孫子誠也, 谷口佳津宏訳, 確実性の終焉, みすず書房, 1997

データ・ソース

[A] NBS table of chemical and thermodynamic properties. *J. Phys. Chem. Reference Data, 11*, suppl. 2, (1982).
[B] G. W. C. Kaye and Laby T. H. (eds), *Tables of Physical and Chemical Constants*. 1986, London: Longman.
[C] I. Prigogine and Defay R., *Chemical Thermodynamics*. 1967, London: Longman.
[D] J. Emsley, *The Elements*, 1989, Oxford: Oxford University Press.
[E] L. Pauling, *The Nature of the Chemical Bond*. 1960, Ithaca NY: Cornell University Press.
[F] D. R. Lide (ed.), *CRC Handbook of Chemistry and Physics*, 75th ed. 1994, Ann Arbor MI: CRC Press.

例 題

例題 3.1 Carnot サイクルの S-T 図を描け.

解 可逆断熱変化の間, エントロピー変化は 0 である. したがって S-T 図は次のようになる.

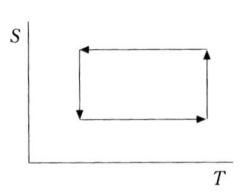

例題 3.2 室外の温度が 3.0 ℃ のとき, 室温を 20 ℃ に保つために熱ポンプが使われている. 100 J の熱を室内に取り込むために必要な最小仕事を求めよ.

解 理想的な熱ポンプは逆向きに動いている Carnot サイクルであり, これは仕事を使って低温部から高温部へ熱を運ぶ. 理想的な熱ポンプでは $Q_1/T_1 = Q_2/T_2$ である. $Q_1 = 100$ J, $T_1 = 293$ K, $T_2 = 276$ K とおけば

$$Q_2 = 276\,\text{K}\,(100\,\text{J}/293\,\text{K}) = 94\,\text{J}$$

となる. それゆえ, 熱ポンプは室外から 94 J の熱を吸収し, 100 J の熱を室内に放出する. 第一法則から, 必要な仕事 $W = Q_1 - Q_2$ は $100\,\text{J} - 94\,\text{J} = 6\,\text{J}$ である.

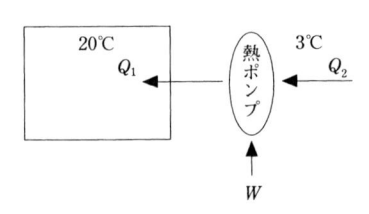

例題 3.3 ある固体の熱容量は $C_p = 125.48$ J K^{-1} である. この固体が 273.0 K から 373.0 K まで熱せられたときのエントロピー変化を求めよ.

解 熱移動によるエントロピー変化は $d_eS = dQ/T$ であるから

$$S_{final} - S_{initial} = \int_{T_i}^{T_f} \frac{dQ}{T} = \int_{T_i}^{T_f} \frac{C_p dT}{T} = C_p \ln \frac{T_f}{T_i}$$
$$= 125.48 \, \text{JK}^{-1} \ln(373/273) = 39.2 \, \text{J K}^{-1}$$

問題

3.1 第二種の永久運動機関が不可能なことと Carnot の定理が等価であることを示せ.

3.2 可逆的に動いている冷蔵庫が熱浴から 45 kJ の熱を取り出し, 300 K の熱浴へ 67 kJ の熱を放出する. 熱が取り出される熱浴の温度を求めよ.

3.3 凝縮器の温度が 25℃ の蒸気機関へ 120℃ の高温熱浴から 1000 J の熱が供給されたとき, 得られる最大仕事を求めよ.

3.4 地表に届いている太陽エネルギー（太陽光）の温度は約 6000℃ である（光の温度は色（波長）強度で決まり, 体感温度で決まるわけではない）.
(a) 太陽電池の温度を 298.15 K とし, 太陽エネルギーを "有効仕事" に変換する太陽電池の可能な最大効率を計算せよ.
(b) 計算機の太陽電池に入射する太陽エネルギーが 102 J のとき, 計算機を動かすために得られる最大エネルギーを求めよ.

3.5 ガソリンの燃焼熱はおおよそ 47.0 kJ g^{-1} である. ガソリン機関が 1500 K と 750 K の熱浴の間で動くとすると, 5.0 g のガソリンで 400 kg の飛行機を最大何 m まで上昇させることができるか.

3.6 ある物質の比熱 C_p は

$$C_p = a + bT$$

で与えられ, $a = 20.35 \, \text{JK}^{-1}$, $b = 0.20 \, \text{JK}^{-2}$ である. この物質の温度を 298.15 K から 304.0 K まで上昇させるときのエントロピー変化を計算せよ.

3.7 温度 70℃ と 25℃ の大きな物体が接触している. 二つの物体間を移動する熱が 0.5 J であれば, そのときのエントロピー変化はいくらか. この変化が 0.23 s で起こったとして, エントロピー生成速度 d_iS/dt を求めよ.

3.8 $T = 298.15$ K, $p = 1$ bar の $N_2(g)$ のエントロピー $S_0 = 191.61 \, \text{J K}^{-1} \text{mol}^{-1}$ が与えられているとき, $T = 350$ K, $p = 2.0$ bar における 1.0 L の $N_2(g)$ のエントロピーを求めよ.

3.9 (i) 1 m^2 の地表に 1 秒間に届く太陽エネルギーを求めよ. この放射の温度はだいたい 6000 K である. Carnot の定理を使って, 1 m^2 の太陽電池による太陽エネルギー変換によって得られる最大仕事率（ワット）を求めよ. 太陽定数*は約 1.3 kW/m^2 である.
(ii) アメリカで現在の電力コストは 1 kWh あたり 0.8〜0.15 ドルの範囲である. なお, 1 kWh = 3600 × 10^3 J である. 商業用太陽電池の効率は約 5% であり, 30 年間, 1 日平均 5 時間発電できるとする. 全発電量にかかるコストが 1 kWh あたり 0.15 ドルとなるためには, 1 m^2 の太陽電池にかかるコストはいくらでなければならないか. 指示されていないものにかかるコストは適正に見積もってよい.

*太陽定数は地球に降り注ぐ太陽エネルギーの流れの大きさを表す. エネルギーのおおよそ 1/3 は宇宙に反射される. すなわち反射係数は約 0.3 である.

4. 化学反応分野における
　　エントロピー

4.1　化学ポテンシャルと親和力：化学反応の駆動力

　Gay-Lussac の真空中への気体の膨張実験など，化学者が行った実験の熱力学的意味を物理学者が論じるようなことはあったが，19 世紀の化学者は熱力学の進歩にそれほどの注意を払うことはなかった．熱から他の形態のエネルギーへの変換は非常に興味深い問題であったが，興味を示したのは主に物理学者であった．化学者の間では，Lavoisier によって支持されていた考え，すなわち熱は不滅の物質元素である熱素よりなるとする考えが支配的であった〔文献 1〕．2 章で述べたように，ロシアの化学者 Germain Hess の反応熱に関する研究は例外的であった．

　運動はニュートンの力の概念で説明されるが，化学変化を引き起こす"駆動力"とは何であろうか？　なぜ化学反応は起こり，ある点で停止するのであろうか？　化学者たちは化学反応を起こす"力"を親和力（affinity）と呼んだが，明確な定義はなされていなかった．定量的法則を探し求めていた化学者にとって，ニュートン力学における力のように親和力を明確に定義することは基本的な課題であった．実際には，数世紀の間この概念の解釈は時代とともに移り変わっていった．"熱化学者の研究と物理学者によって発展させられた熱力学の原理の応用により，親和力の定量的評価法がついに得られた"と化学史家 Henry M. Leicester は述べている〔文献 1, p. 203〕．われわれが今日知っている親和力の熱力学的表現は，熱力学のベルギー学派の創始者である Théophile De Donder（1872～1957）によるものである．

　De Donder による化学親和力の定義〔文献 2, 3〕は化学ポテンシャル（chemical potential）の概念に基礎をおいている．化学ポテンシャルは Josiah Willard Gibbs（1839～1903）により導入された状態変数で，熱力学における最も基本的かつ適用範囲の広い概念の一つである．19 世紀後半，フランス

J. Willard Gibbs （1839～1903） (The E. F. Smith Collection, Van Pelt-Dietrich Library, University of Pennsylvania)

歴史的な 1927 年 Solvay 会議での Théophile De Donder（3列目左から 5 人目）．彼の著書 "Affinité" はこの年に出版された．1列目左から，I. Langmuir, M. Planck, Mme Curie, H. A. Lorentz, A. Einstein, P. Langevin, Ch. E. Guye, C. T. R. Wilson, O. W. Richardoson. 2列目左から，P. Debye, M. Knudsen, W. L. Bragg, H. A. Kramers, P. A. M. Dirac, A. H. Compton, L. de Broglie, M. Born, N. Bohr. 3列目左から，A. Picard, E. Henriot, P. Ehrenfest, Ed. Herzen, Th. De Donder, E. Schrödinger, E. Verschaffelt, W. Pauli, W. Heisenberg, R. H. Fowler, L. Brillouin.

の化学者 Marcellin Berthelot（1827～1907）とオランダの化学者 Julius Thomsen（1826～1909）は反応熱を用いて親和力を定量化することを試みていた．多数の化合物について反応熱を測定し，1875 年，Berthelot は "最大仕事の原理" を発表した．それによると，「外界のエネルギーの影響を受けることなく進行しているすべての化学変化は，より多くの熱を放出する生成物の方向へ進行する」〔文献 1, p. 205〕．しかし Berthelot の考えは Hermann von Helmholtz の批判を受けることとなった．論争は，Gibbs の化学ポテンシャルの概念がヨーロッパで知られるようになるまで続いた．後になって，平衡状態へ向かう変化を特徴づけるのは反応熱ではなく，"自由エネルギー" と呼ばれる熱力学量であることが明らかとなった．De Donder は化学ポテンシャルを使って親和力の厳密な定義を与え，さらにこれを用いてエントロピー生成速度と化学反応速度の間の関係式を導いた．化学反応によって系は平衡状態へ向かい，平衡状態で反応の親和力は 0 になる．De Donder の理論については，後で詳しく述べる．

● 化学ポテンシャル

　Josiah Willard Gibbs は，1875 および 1878 年に発表した有名な論文 "On the Equilibrium of Heterogeneous Substances（不均一物質系の平衡について）" で，化

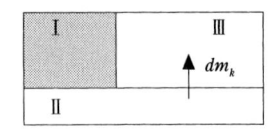

図 4.1 Gibbs によって論じられた不均一系
物質は部分系 I, II, III の間で交換される. 物質交換による各部分系のエネルギー変化量 dU は式 (4.1.1) で与えられる.

学ポテンシャルの考えを導入した〔文献 4~6〕. Gibbs の研究成果は広く読まれることのなかった論文誌 *Transaction of the Connecticut Academy of Science* に発表されたので, Wilhelm Ostwald (1853~1932) が 1892 年にドイツ語に翻訳し, さらに Henry-Louis Le Chatelier (1850~1936) が 1899 年フランス語に翻訳〔文献 1〕するまでほとんど知られることはなかった. 今日の平衡熱力学の多くが, この Gibbs の重要な業績にその源をもつといって過言ではない.

Gibbs は, いくつかの均質な部分系から構成される不均一系を想定した (図 4.1). それぞれの部分系は質量 $m_1, m_2, \cdots, m_n$ の種々の物質 $s_1, s_2, \cdots, s_n$ を含む. はじめ, これらの物質間の化学反応は考慮せず, 部分系間の物質交換のみを考える. 各部分系のエネルギーの変化量 dU は物質の質量の変化量 $dm_1, dm_2, \cdots, dm_n$ に比例することを考慮し, Gibbs は各部分系で成り立つ次式を導いた.

$$dU = TdS - pdV + \mu_1 dm_1 + \mu_2 dm_2 + \cdots + \mu_n dm_n \tag{4.1.1}$$

係数 μ_k を**化学ポテンシャル** (chemical potential) と呼ぶ. 不均一系には, 単一物質の多相系も含まれる. ただし, Gibbs の考察は平衡にある状態間の変換に限定されていた. これは, エントロピーの古典的定義では系は平衡であること, および平衡状態間の変化は可逆で $dQ = TdS$ が成り立つことが要求されていたからである. Gibbs のもともとの定式化では, 式 (4.1.1) の質量変化 dm_k は均一な部分系間の物質交換によるものであり, 多相系間で物質交換が起こり平衡に達したときの状況に対応する.

化学反応速度および拡散の法則はモル数を用いたほうが定式化しやすいので, 化学反応を質量変化よりモル数変化で表すほうが好都合である. そこで, 式 (4.1.1) を成分のモル数 N_k を使って書き直すと

$$dU = TdS - pdV + \mu_1 dN_1 + \mu_2 dN_2 + \cdots + \mu_n dN_n$$
$$dU = TdS - pdV + \sum_k \mu_k dN_k \tag{4.1.2}$$

この式から

$$\left(\frac{\partial U}{\partial S}\right)_{V, N_k} = T, \quad \left(\frac{\partial U}{\partial V}\right)_{S, N_k} = -p, \quad \left(\frac{\partial U}{\partial N_k}\right)_{S, V, N_{j \neq k}} = \mu_k \tag{4.1.3}$$

が得られる.

●化学反応

Gibbs は不可逆な化学反応を含む系について考えることはしなかったが, 彼が導入した式 (4.1.1) は化学反応における不可逆性とエントロピー生成を考慮するために

必要なすべてを含んでいる．外界との物質およびエネルギーの交換によるエントロピー変化 d_eS と，化学反応による不可逆なエントロピー増大 d_iS を区別することで，De Donder は不可逆な化学反応の熱力学を定式化することができた〔文献 2, 3〕．さらに化学反応に対する Clausius の "非補償熱" を取り上げ，これに明確な表現を与えた．

3章で導入されたエントロピーの流れ d_eS およびエントロピー生成 d_iS を念頭において，式 (4.1.2) を注意深くみてみよう．不可逆な化学反応と外界との間の可逆な物質交換を明確に区別するために，モル数の変化 dN_k を二つの部分の和として表す．

$$dN_k = d_iN_k + d_eN_k \tag{4.1.4}$$

d_iN_k は不可逆な化学反応による変化，d_eN_k は外界との間の物質交換による変化である．式 (4.1.2) で Gibbs は熱と物質の可逆な交換を考えた．これは d_eS に相当するから，式 (3.4.10) を使って

$$d_eS = \frac{dU + pdV}{T} - \frac{\sum_k \mu_k d_eN_k}{T} \tag{4.1.5}$$

と書くことができる．De Donder は，閉鎖系で不可逆な化学反応が進行してモル数の変化 d_iN_k が起こる場合，結果として起こるエントロピー生成 d_iS は

$$d_iS = -\frac{\sum_k \mu_k d_iN_k}{T} \tag{4.1.6}$$

と書くことができることを示した．これが不可逆な化学反応による Clausius の "非補償熱" である．この式の正当性は，化学反応が第二法則にしたがって d_iS が常に正であるように起こることから確かめられる．エントロピーの全変化量 dS は

$$dS = d_eS + d_iS \tag{4.1.7}$$

ここで

$$d_eS = \frac{dU + pdV}{T} - \frac{1}{T}\sum_k \mu_k d_eN_k \tag{4.1.8}$$

$$d_iS = -\frac{1}{T}\sum_k \mu_k d_iN_k > 0 \tag{4.1.9}$$

である．閉鎖系では $d_eN_k = 0$ である．このとき反応速度は dN_k/dt で表されるから，エントロピー生成速度は

$$\frac{d_iS}{dt} = -\frac{1}{T}\sum_k \mu_k \frac{dN_k}{dt} > 0 \tag{4.1.10}$$

と書くことができる．式 (4.1.8) と式 (4.1.9) を加えると，再び式 (4.1.2) になる．

$$dU = TdS - pdV + \sum_k \mu_k dN_k \tag{4.1.11}$$

この理論をさらに発展させるためには，化学ポテンシャルを p, T, N_k など測定可能な状態変数と関連づけることが必要である．このようにして，De Donder の先駆的

な仕事によってエントロピー生成と不可逆化学反応の間の明確な関係が確立された．閉鎖系では，はじめ系が化学平衡になければ，化学反応が不可逆的に進行して平衡へ向かう．そして熱力学第二法則によれば，反応は式 (4.1.10) が成り立つ方向に進行する．

●親和力

De Donder は化学反応の親和力を定義したが，この親和力を使うと，熱力学力と熱力学流れの積という洗練した形で式 (4.1.10) を書き直すことができる．親和力の概念を理解するために，次の簡単な例を調べよう．

閉鎖系で進行する次の化学反応を考える．

$$\mathrm{X} + \mathrm{Y} \rightleftarrows 2\mathrm{Z} \tag{4.1.12}$$

この場合，成分 X, Y, Z のモル数の変化 dN_X, dN_Y, dN_Z は化学量論によって次のように関係づけられる．

$$\frac{dN_X}{-1} = \frac{dN_Y}{-1} = \frac{dN_Z}{2} \equiv d\xi \tag{4.1.13}$$

$d\xi$ は 2.5 節で導入した反応進度 ξ の変化量である．この関係を式 (4.1.11) に代入して，エントロピーの全変化量および不可逆な化学反応によるエントロピー生成量は

$$dS = \frac{dU + pdV}{T} + \frac{1}{T}(\mu_X + \mu_Y - 2\mu_Z)d\xi \tag{4.1.14}$$

$$d_iS = \frac{(\mu_X + \mu_Y - 2\mu_Z)}{T}d\xi > 0 \tag{4.1.15}$$

と書ける．化学反応

$$\mathrm{X} + \mathrm{Y} \rightleftarrows 2\mathrm{Z}$$

に対し，De Donder は**親和力**（affinity）と呼ばれる新しい状態変数 A を次のように定義した〔文献 2, 3〕．

$$A \equiv (\mu_X + \mu_Y - 2\mu_Z) \tag{4.1.16}$$

この親和力が化学反応の駆動力である（図 4.2）．親和力が 0 でないことは系が平衡状態にはないこと，そして系を平衡状態へ導く化学反応が引き続いて起こることを意味する．親和力 A を用いてエントロピー生成速度は

$$\frac{d_iS}{dt} = \left(\frac{A}{T}\right)\frac{d\xi}{dt} > 0 \tag{4.1.17}$$

と書ける．熱伝導によるエントロピー生成の場合と同様に，化学反応によるエントロピー生成は熱力学力 A/T と熱力学流れ $d\xi/dt$ の積である．この場

$$d_iS$$
$$\mathrm{X} + \mathrm{Y} \rightleftarrows 2\mathrm{Z}$$
$$-2dN_X = -2dN_Y = dN_Z$$

図 4.2
不可逆な化学反応によるエントロピー変化 d_iS は親和力を使って定式化される．図示された反応の親和力は $A \equiv (\mu_X + \mu_Y - 2\mu_Z)$ で，μ は化学ポテンシャルである．

合の流れは，力 A/T による反応物から生成物（または生成物から反応物）への変換である．熱力学流れ $d\xi/dt$ を**反応速度**（velocity of reaction）と呼ぶ．親和力が 0 でないことは化学反応を駆動する力があることを意味するが，反応速度 $d\xi/dt$ は親和力では特定できないことに注意すべきであろう．多くの場合，化学反応はいくつかの段階を含んでおり，化学反応の速度は通常実験的に決定されている．

平衡では熱力学流れ，したがってエントロピー生成は消滅しなければならない．これは平衡状態で化学反応の親和力に対して $A=0$ が成り立つことを意味している．そこで熱力学平衡では，化合物 X, Y, Z の化学ポテンシャルは次の関係

$$A \equiv \mu_X + \mu_Y - 2\mu_Z = 0 \tag{4.1.18}$$

を満たすと結論される．化学反応の熱力学を扱う 9 章で，濃度や温度など実験的に測定可能な量を用いて化学ポテンシャルを表すことができることを示す．式 (4.1.18) のような式は化学平衡状態を具体的に予測するものであり，この予測の正しさは実験により十分証明されており，現在，化学の分野で日常的に使われている．

次の形の一般化学反応に対して

$$a_1 A_1 + a_2 A_2 + a_3 A_3 + \cdots + a_n A_n \rightleftarrows b_1 B_1 + b_2 B_2 + b_3 B_3 + \cdots + b_m B_m \tag{4.1.19}$$

反応物 A_k と生成物 B_k のモル数の変化量は，任意の一つの化学種（反応物または生成物）のモル数の変化量で表すことができる．すなわち，独立変数はただ一つであり，それは次式で定義される．

$$\frac{dN_{A1}}{-a_1} = \frac{dN_{A2}}{-a_2} = \cdots = \frac{dN_{An}}{-a_n} = \frac{dN_{B1}}{b_1} = \frac{dN_{B2}}{b_2} = \cdots = \frac{dN_{Bm}}{b_m} = d\xi \tag{4.1.20}$$

反応 (4.1.19) の親和力 A は次式で定義される．

$$A \equiv \sum_{k=1}^{n} a_k \mu_{Ak} - \sum_{k=1}^{m} b_k \mu_{Bk} \tag{4.1.21}$$

閉鎖系でいくつかの反応が同時に進行しているとき，それぞれの反応について親和力 A_k と反応進度 ξ_k が定義され，エントロピー変化は

$$dS = \frac{dU + pdV}{T} + \sum_k \frac{A_k}{T} d\xi_k \tag{4.1.22}$$

$$d_i S = \sum_k \frac{A_k}{T} d\xi_k \geq 0 \tag{4.1.23}$$

と書かれる．エントロピー生成速度は次のようになる．

$$\frac{d_i S}{dt} = \sum_k \frac{A_k}{T} \frac{d\xi_k}{dt} \geq 0 \tag{4.1.24}$$

熱力学的平衡では，各反応の親和力 A_k および速さ $d\xi_k/dt$ は 0 である．9 章で化学反応によるエントロピー生成について，例をあげて論じる．

以上をまとめると，化学反応が含まれるとき，エントロピーはエネルギー U，体積 V，モル数 N_k の関数であり，$S = S(U, V, N_k)$ と書ける．閉鎖系では，式 (4.1.22) よりエントロピーは U, V と反応進度 ξ_k の関数で，$S = S(U, V, \xi_k)$ と書ける．

最後に歴史的注釈を加えておこう．次章でギブズ自由エネルギーと呼ばれる量を導入するが，1 mol の化合物 X のギブズ自由エネルギーを化学ポテンシャルと解釈することができる．化合物 X から化合物 Z への変化は化合物 X のギブズ自由エネルギーの減少と化合物 Z のギブズ自由エネルギーの増加を引き起こす．例えば，反応 X+Y $\rightleftarrows$ 2Z の親和力 $A \equiv (\mu_X + \mu_Y - 2\mu_Z)$ は，1 mol の X と 1 mol の Y が反応して 2 mol の Z を生成するときのギブズ自由エネルギー変化に負符号をつけた量とみなすことができる．このギブズ自由エネルギーの変化量は"反応のギブズ自由エネルギー"と呼ばれ，親和力 A に負符号をつけた量と等しくなるが，この二つの概念の間には本質的な考え方の違いがある．すなわち，親和力は不可逆な化学反応とエントロピーを関連づける概念であるが，ギブズ自由エネルギーは本来平衡状態と可逆過程の関連で用いられた量である．それにもかかわらず，多くの教科書でギブズ自由エネルギーを親和力の代わりに用いており，エントロピーと反応速度の間の関係についてまったく触れられていない[*]．Leicester は著書 "The Historical Background of Chemistry（化学の歴史的背景）"〔文献1, p. 206〕のなかで，Gilbert Newton Lewis（1875～1946）と Merle Randall（1888～1950）の著書〔文献8〕にこの用法の起源を見出している．

「このような考えを提出した G. N. Lewis と Merle Randall による影響力の強い教科書は，"親和力"という言葉を英語圏で広く使われている"自由エネルギー"で置き換えるように教導した．しかし，親和力という古い言葉が熱力学の文献で完全に自由エネルギーで置き換えられることはなかった．なぜなら 1922 年以降，Théophile De Donder の下でベルギー学派が親和力の概念をより精密につくり上げていたからである」．

De Donder の親和力は，まったく異なる概念的基礎をもつものである．それは自然界で起こる不可逆な化学過程とエントロピーを関連づけるもので，明らかにエントロピーに対してより一般的な見方をもち，エントロピーの概念を無限にゆっくりした（準静的）可逆過程や平衡状態に限定していない．

[*] この問題について最近の論評については Gerhartl〔文献7〕を参照のこと．

4.2　親和力の一般的性質

反応の親和力は，化学ポテンシャルによって完全に定義される状態関数であり，V, T, N_k の関数として表すことができる．閉鎖系で N_k の変化は化学反応の結果であるから，系の状態は V, T, ξ と反応前のモル数 N_{k0} を使って表すことができる．ある化学種が一つ以上の反応に含まれる場合，化学反応は相互に影響し合うことから，親和力についていくつかの一般的性質を導くことができる．

●親和力と反応の方向

親和力の符号により反応の進行方向を予測することができる．反応 $X+Y \rightleftarrows 2Z$ を考える．親和力は $A=(\mu_X+\mu_Y-2\mu_Z)$ で与えられる．反応速度 $d\xi/dt$ は反応が進む方向，すなわち正味の変化が X, Y から Z へなのか，Z から X, Y へなのかを表している．ξ の定義から $d\xi/dt>0$ であれば"右方向に進む"，すなわち $X+Y \longrightarrow 2Z$ であり，$d\xi/dt<0$ であれば"左方向に進む"，すなわち $2Z \longrightarrow X+Y$ である．第二法則によると $A(d\xi/dt) \geqq 0$ である．したがって，A の符号と反応の進行方向について次の結論が得られる．

・$A>0$ のとき，反応は右方向に進む
・$A<0$ のとき，反応は左方向に進む

●親和力の加法性

ある化学反応が二つ以上の連続した化学反応の結果である場合がある．例えば

$$2\,C(s) + O_2(g) \rightleftarrows 2\,CO(g) \qquad A_1 \qquad (4.2.1)$$
$$2\,CO(s) + O_2(g) \rightleftarrows 2\,CO_2(g) \qquad A_2 \qquad (4.2.2)$$
$$2[C(s) + O_2(g) \rightleftarrows CO_2(g)] \qquad 2\,A_3 \qquad (4.2.3)$$

反応 (4.2.3) は二つの反応の正味の結果または"和"である．親和力の定義から，これらの反応の親和力は

$$A_1 = 2\mu_C + \mu_{O_2} - 2\mu_{CO} \qquad (4.2.4)$$
$$A_2 = 2\mu_{CO} + \mu_{O_2} - 2\mu_{CO_2} \qquad (4.2.5)$$
$$A_3 = \mu_C + \mu_{O_2} - \mu_{CO_2} \qquad (4.2.6)$$

である．これらの式から

$$A_1 + A_2 = 2\,A_3 \qquad (4.2.7)$$

となる．明らかに，この結果はあらゆる反応に一般化できる．一般的な結果として，正味の反応の親和力はそれを構成する反応の親和力の和に等しい．

●親和力の間の結合

いくつかの反応が同時に進行するとき，興味ある現象が出現する可能性がある．一つ以上の反応体が二つの反応に関与することにより互いに連結する反応系を考えよう．全エントロピー生成は

$$\frac{d_iS}{dt} = \frac{A_1}{T}\frac{d\xi_1}{dt} + \frac{A_2}{T}\frac{d\xi_2}{dt} \geqq 0 \qquad (4.2.8)$$

この不等式が成り立つために，二つの項がともに正である必要はない．例えば

$$\frac{A_1}{T}\frac{d\xi_1}{dt}>0, \quad \frac{A_2}{T}\frac{d\xi_2}{dt}<0, \quad \text{ただし} \quad \frac{A_1}{T}\frac{d\xi_1}{dt} + \frac{A_2}{T}\frac{d\xi_2}{dt}>0 \qquad (4.2.9)$$

であってもよい．この場合，一方の反応によるエントロピーの減少は，他方の反応のエントロピー増大で補償される．生体内では，このような連結反応は一般的であり，親和力が0に向かう（減少する）反応によって補償される形で，ある反応がその親和力が0から離れる（増大する）方向に進行することがある．

4.3 拡散によるエントロピー生成

　化学ポテンシャルおよび親和力の概念は，化学反応だけでなく，空間のある部分から他の部分への物質の流れを記述するのにも使うことができる．ここで，化学ポテンシャルの概念を用いて，前章で示した不可逆過程の一例である拡散（図3.8）によるエントロピー生成の表現を導くことにしよう．化学ポテンシャルの考えは広い適用範囲をもち，他のいくつかの不可逆過程への応用については10章で論じる．

　隣接した部分で物質の化学ポテンシャルが等しくなければ，二つの部分の化学ポテンシャルが等しくなるまで物質の拡散が起こる．この過程は温度差に起因する熱流と類似している．拡散は，化学ポテンシャルを使ってエントロピー生成速度を表すことができる不可逆過程の例である．

●不連続系

　簡単のために，温度 T が等しい二つの部分系から構成された系を考えよう．図4.3に示すように，一方で化学ポテンシャル μ_1，モル数 N_1，他方で化学ポテンシャル μ_2，モル数 N_2 とする．このとき，化学反応の場合と同じように，一方から他方への粒子の流れを"反応進度"で表すことができる．

$$-dN_1 = dN_2 = d\xi \tag{4.3.1}$$

式（4.1.14）より，この過程のエントロピー変化は

$$dS = \frac{dU + pdV}{T} - \left(\frac{\mu_2 - \mu_1}{T}\right)d\xi \tag{4.3.2}$$

$$= \frac{dU + pdV}{T} + \frac{A}{T}d\xi \tag{4.3.3}$$

もし $dU = dV = 0$ であれば，粒子の輸送によるエントロピー生成は

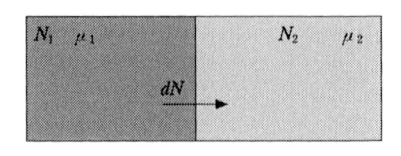

図4.3
拡散の不可逆過程は化学ポテンシャルを用いて熱力学的に記述することができる．位置による化学ポテンシャルの差が物質の流れを駆動する親和力に相当する．対応するエントロピー生成は式（4.3.4）で与えられる．

$$d_1 S = -\left(\frac{\mu_2 - \mu_1}{T}\right) d\xi > 0 \qquad (4.3.4)$$

である．第二法則はこの量が正であることを要請するが，このことは，化学ポテンシャルの高い領域から低い領域へ粒子が輸送されることを意味する．これが高濃度領域から低濃度領域への粒子の拡散過程である．

4.4 エントロピーの一般的性質

本章と前章で定式化されたように，エントロピーは，エネルギーや体積，組成の変化など物質変化のすべての面を包含する．したがって，気体や水溶液，あるいは生きた細胞であっても自然界のすべての系はエントロピーと関連している．続く章で，いろいろな系のエントロピーを表す式を導き，不可逆過程とエントロピー生成の関連について学ぶ．ここでは，状態関数としてエントロピーがもついくつかの一般的性質についてまとめておこう．

エントロピーは全エネルギー U，体積 V，モル数 N_k の関数であり

$$S = S(U, V, N_1, N_2, \cdots, N_s) \qquad (4.4.1)$$

と書かれる．この多変数関数に対して，次の一般的な関係式が成り立ち，

$$dS = \left(\frac{\partial S}{\partial U}\right)_{V, N_k} dU + \left(\frac{\partial S}{\partial V}\right)_{U, N_k} dV + \sum_k \left(\frac{\partial S}{\partial N_k}\right)_{U, V, N_{i \neq k}} dN_k \qquad (4.4.2)$$

さらに一般的関係 $dU = TdS - pdV + \sum_k \mu_k dN_k$ を用いると，

$$dS = \frac{1}{T} dU + \frac{p}{T} dV - \sum_k \frac{\mu_k}{T} dN_k \qquad (4.4.3)$$

となる（この式では，化学反応と外界との物質交換による N_k の変化は一つにまとめられている）．式 (4.4.2) と式 (4.4.3) の比較より

$$\left(\frac{\partial S}{\partial U}\right)_{V, N_k} = \frac{1}{T}, \quad \left(\frac{\partial S}{\partial V}\right)_{U, N_k} = \frac{p}{T}, \quad \left(\frac{\partial S}{\partial N_k}\right)_{U, V, N_{i \neq k}} = -\frac{\mu_k}{T} \qquad (4.4.4)$$

が得られる．モル数 N_k の変化が化学反応のみによる場合，エントロピーは U, V, ξ の関数として表現できる（例題 4.1）．このとき

$$\left(\frac{\partial S}{\partial \xi}\right)_{U, V} = \frac{A}{T} \qquad (4.4.5)$$

である．さらに，多変数関数の交差偏微分係数は等しく

$$\frac{\partial^2 S}{\partial V \partial U} = \frac{\partial^2 S}{\partial U \partial V} \qquad (4.4.6)$$

が成り立つ．このとき式 (4.4.4) は

$$\left(\frac{\partial (1/T)}{\partial V}\right)_{U, N_k} = \left(\frac{\partial (p/T)}{\partial U}\right)_{V, N_k} \qquad (4.4.7)$$

となる.エントロピーは状態関数であるから,このような関係式が多数導かれる.

均一系では,エントロピーは系の大きさに比例する.すなわちエントロピーは示量変数である.数学的には,これはエントロピー S が変数 U, V, N_k の同次関数であることを意味し,次の性質をもつ.

$$S(\lambda U, \lambda V, \lambda N_1, \lambda N_2, \cdots, \lambda N_S) = \lambda S(U, V, N_1, N_2, \cdots, N_S) \quad (4.4.8)$$

式 (4.4.8) を λ で微分して $\lambda=1$ とおくと,同次関数に関してよく知られた **Euler の定理**が得られる.

$$S = \left(\frac{\partial S}{\partial U}\right)_{V, N_k} U + \left(\frac{\partial S}{\partial V}\right)_{U, N_k} V + \sum_k \left(\frac{\partial S}{\partial N_k}\right)_{U, V, N_{i \neq k}} N_k \quad (4.4.9)$$

式 (4.4.4) の関係を使うと,

$$S = \frac{U}{T} + \frac{pV}{T} - \sum_k \frac{\mu_k N_k}{T} \quad (4.4.10)$$

と書くことができる.式 (4.4.9) と式 (4.4.10) では,エントロピーを U, V, N_k の関数として表現した. U は T, V, N_k の関数として表されるので,エントロピーも T, V, N_k の関数,$S=S(T, V, N_k)$ と表すことができる.(各成分のエネルギー U とエンタルピー H の温度依存性は,2章でみたように熱容量の実験値を使って求められる). T, V, N_k は直接測定できる量であるから,エントロピーやエネルギーなどの熱力学変数をこれらの変数の関数として表現したほうが便利なことが多い.

式 (4.4.3) の dU を T, V, N_k の関数として表すことにより,エントロピーの微分を T, V, N_k の関数として表すことができる.

$$TdS = dU + pdV - \sum_k \mu_k dN_k$$

$$= \left(\frac{\partial U}{\partial T}\right)_V dT + \left(\frac{\partial U}{\partial V}\right)_T dV + pdV - \sum_k \mu_k dN_k + \sum_k \left(\frac{\partial U}{\partial N_k}\right)_{V, T} dN_k \quad (4.4.11)$$

すなわち

$$dS = \frac{1}{T}\left[\left(\frac{\partial U}{\partial V}\right)_T + p\right]dV + \frac{1}{T}\left(\frac{\partial U}{\partial T}\right)_V dT - \sum_k \frac{\mu_k}{T} dN_k + \frac{1}{T}\sum_k \left(\frac{\partial U}{\partial N_k}\right)_{V, T} dN_k$$

式 (4.4.11) から

$$\left(\frac{\partial S}{\partial V}\right)_{T, N_k} = \frac{1}{T}\left(\frac{\partial U}{\partial V}\right)_T + \frac{p}{T} \quad (4.4.12)$$

$$\left(\frac{\partial S}{\partial T}\right)_{V, N_k} = \frac{1}{T}\left(\frac{\partial U}{\partial T}\right)_V = \frac{C_V}{T} \quad (4.4.13)$$

$$\left(\frac{\partial S}{\partial N_k}\right)_{V, T} = -\frac{\mu_k}{T} + \frac{1}{T}\left(\frac{\partial U}{\partial N_k}\right)_{V, T} \quad (4.4.14)$$

同様な関係式は T, V, N_k の関数とする U に対しても導かれる.

これらの関係式は,均一な温度と圧力をもつ均一系に対して成り立つが,これらの関係を各点で温度が明確に定義されるかぎり,不均一系に拡張することができる.不

均一系の熱力学は,位置 x の温度とモル数密度の関数であるエントロピー密度 $s(T(x), n_k(x))$ を用いて記述することができる.$u(x)$ をエネルギー密度とすれば,式 (4.4.4) より次の関係式が導かれる.

$$\left(\frac{\partial s}{\partial u}\right)_{n_k} = \frac{1}{T(x)}, \qquad \left(\frac{\partial s}{\partial n_k}\right)_u = \frac{\mu(x)}{T(x)} \tag{4.4.15}$$

ここで,変数の位置依存性をあらわに示した.

実験的により便利な方法は,エントロピー密度やエネルギー密度を直接測定可能な局所温度 $T(x)$ とモル数密度 $n_k(x)$ の関数として表すことである.

$$u = u(T(x), n_k(x)), \qquad s = s(T(x), n_k(x)) \tag{4.4.16}$$

系の全エントロピー,全エネルギーはエントロピー密度,エネルギー密度を系の全体積にわたって積分することにより求められる.

$$S = \int_V s(T(x), n_k(x)) \, dV, \qquad U = \int_V u(T(x), n_k(x)) \, dV \tag{4.4.17}$$

系は全体として熱力学平衡にないので,全エントロピー S は一般には全エネルギー U,全体積 V の関数ではない.それにもかかわらず,各位置 x で温度が定義されているかぎり,熱力学的記述は可能である.

文 献

1. Leicester, H. M., *The Historical Background of Chemistry*. 1971, New York: Dover.
2. De Donder, T., *L'Affinité*. 1927, Paris: Gauthiers-Villars.
3. De Donder, T. and Van Rysselberghe P., *Affinity*. 1936, Menlo Park CA: Stanford University Press.
4. Gibbs, J. W., On the equilibrium of heterogeneous substances. *Trans. Conn. Acad. Sci.*, **III** (1878) 343–524.
5. Gibbs, J. W., On the equilibrium of heterogeneous substances. *Trans. Conn. Acad. Sci.*, **III** (1875) 108–248.
6. Gibbs, J. W., *The Scientific Papers of J. Willard Gibbs, Vol.1: Thermodynamics*, A. N. Editor (ed.). 1961, New York: Dover.
7. Gerhartl, F. J., *J. Chem. Ed.*, **71** (1994) 539–548.
8. Lewis, G. N. and Randall, M., *Thermodynamics and Free Energy of Chemical Substances*. 1923, New York: McGraw-Hill.

例 題

例題 4.1 ある反応でモル数が変化するとき,エントロピーは V, U, ξ の関数であり,$(\partial S/\partial \xi)_{U,V} = A/T$ となることを示せ.

解 エントロピーは U, V, N_k の関数であり,$S(U, V, N_k)$ と書かれる.式 (4.4.3) に示されたように,エントロピー変化は

$$dS = \frac{1}{T} dU + \frac{p}{T} dV - \sum_k \frac{\mu_k}{T} dN_k$$

である. ξ を単一の反応の進度とすれば, N_k の変化は
$$dN_k = \nu_k d\xi \quad (k=1, 2, \cdots, s)$$
である. ν_k はこの反応の化学量論係数である. ν_k は反応物で負, 生成物で正であり, 反応に関与しない化学種の ν_k は 0 である. エントロピー変化は
$$dS = \frac{1}{T} dU + \frac{p}{T} dV - \sum_{k=1}^{s} \frac{\mu_k \nu_k}{T} d\xi$$
と書くことができる. 反応の親和力は $A = -\sum_{k=1}^{s} \mu_k \nu_k$ である. それゆえ
$$dS = \frac{1}{T} dU + \frac{p}{T} dV + \frac{A}{T} d\xi$$
これから S は U, V, ξ の関数であり, $(\partial S/\partial \xi)_{U,V} = A/T$ であることが示される.

時刻 $t=0$ においてモル数 $N_k = N_{k0}$, $\xi = 0$ とする. このとき, 任意の時刻 t におけるモル数は $N_{10} + \nu_1 \xi(t), N_{20} + \nu_2 \xi(t), \cdots, N_{s0} + \nu_s \xi(t)$ である. それゆえ, $S = S(U, V, N_{10} + \nu_1 \xi(t), N_{20} + \nu_2 \xi(t), \cdots, N_{s0} + \nu_s \xi(t))$ であり, 一つの反応が進行する閉鎖系で反応初期のモル数 N_{k0} が与えられると, エントロピーは U, V, ξ の関数となる.

問 題

4.1 生きた細胞は外界とエネルギーと物質を交換する開放系であり, エントロピーは減少することができる. すなわち $dS < 0$ が可能である. $d_e S$ と $d_i S$ を使い, $dS < 0$ が可能な理由を述べよ. またこの場合, 第二法則に反しない理由を述べよ.

4.2 エントロピー, 化学ポテンシャルおよび, 親和力の単位を SI 単位で示せ.

4.3 次のうち, 示量変数でないのはどれか.
$$S_1 = (N/V)[s_0 + C_V \ln T + R \ln V]$$
$$S_2 = N[s_0 + C_V \ln T + R \ln(V/N)]$$
$$S_3 = N^2[s_0 + C_V \ln T + R \ln(V/N)]$$

4.4 一定温度 T, 一定体積 V で進行している気相反応 A $\longrightarrow$ 2B を考える. 理想気体で近似し, 任意の時刻 t における A と B のモル数を $N_A(t), N_B(t)$ とする.
(i) 全エントロピーの式を書け.
(ii) 時刻 $t=0$ において $N_A(0) = N_{A0}, N_B(0) = 0$, 反応進度 $\xi(0) = 0$ とする. 任意の時刻 t におけるモル数 $N_A(t), N_B(t)$ を $\xi(t)$ を用いて表せ.
(iii) 任意の時刻 t における全エントロピーを $T, V, \xi(t)$ の関数として表せ (N_{A0} は一定).

4.5 (a) S は U, V, N_k の関数であることを用いて, 次の関係式を導け.
$$\left(\frac{\partial}{\partial V} \frac{\mu_k}{T}\right)_{U, N_k} + \left(\frac{\partial}{\partial N_k} \frac{p}{T}\right)_{U, V} = 0$$
(b) 理想気体に対して
$$\left(\frac{\partial}{\partial V} \frac{\mu_k}{T}\right)_{U, N_k} = -\frac{R}{V}$$
を示せ.
(c) 理想気体に対して, $(\partial S/\partial V)_{T, N_k} = nR$ を示せ. なお, n は単位体積あたりのモル数である.

II
平衡系の熱力学

LA THERMODYNAMIQUE D'ÉQUILIBRE

5. 極値原理と一般的熱力学関係式

自然における極値原理

数世紀にわたり，人々は自然の法則は単純であるという信念に導かれ，十分な成果をあげてきた．力学，重力場理論，電磁気学，熱力学などの法則はすべて簡潔に述べられ，二，三の方程式で正確に表現されている．現在，素粒子間に働く基本力を統一化する理論を探し求める研究が進められているが，それもこの信念に基づいている．単純性に加えて，自然は"最適化"あるいは"省力化"しているようにみえる．多くの自然現象はある物理量が最小値または最大値，すなわち極値となるように進行する．フランスの数学者 Pierre de Fermat（1601〜1665）は，異なる媒体中を通る光線の屈折をある簡単な原理を用いて正確に記述できることに気づいた．すなわち，2点間を通る光は，通過するのに要する時間を最短にする道筋に沿って伝わる．実際，力学におけるすべての運動方程式は"最小作用の原理"から導くことができる．この原理は次のように述べられる．「質点が時間 t_1 に点 x_1，時間 t_2 に点 x_2 に位置するとき，作用と呼ばれる量を最小にするような経路に沿って運動が起こる」．この問題についての魅力ある解説については "The Feynman Lectures on Physics"〔文献1〕の第I巻26章および第II巻19章を参照してほしい．

平衡熱力学にも極値原理がある．本章で論じるように，種々の条件下での平衡状態への接近は，それぞれの**熱力学ポテンシャル**が極値になるように進行する．この原理にしたがい，以下の章での応用の準備のために一般的熱力学関係式を導いておこう．

5.1 極値原理と第二法則

すでに示したように，すべての孤立系は，エントロピーが最大となる平衡状態へ向かって展開する．これは熱力学の基本的極値原理である．しかしながら，常に孤立系を取り扱うわけではない．多くの場合，対象となるのは定圧または定温または定温定圧という条件下にある物理・化学系である．これらの状況で，不可逆過程によるエントロピー生成が正（$d_iS>0$）であるということを，ある熱力学関数が極値へ向かって発展すると表現することができる．すなわち，定圧，定温，および定温定圧などの課

5.1 極値原理と第二法則

せられた条件下で，系の平衡状態への発展は，ある熱力学量が極値に向かうことに相当する．これらの熱力学量はそれぞれエンタルピー，ヘルムホルツ自由エネルギー，およびギブズ自由エネルギーである．極値原理に関係するこれらの熱力学関数は，力学において力に関するポテンシャルの最小が安定な平衡点を与えることとの類似から，**熱力学ポテンシャル**（thermodynamic potential）とも呼ばれる．対象とする系は孤立系または閉鎖系である．

● 最大エントロピー

前章でみたように，不可逆過程によって孤立系のエントロピーは最大値に達するまで増加（$d_iS>0$）し続ける．このようにして到達した状態は平衡状態である．それゆえ，U と V が一定であれば，系は最大エントロピーの状態へ向かって発展する．

● 最小エネルギー

第二法則によると，S, V 一定の条件下で，系は最小エネルギー状態へ向かって発展する．これは次のように証明することができる．閉鎖系では $dU=dQ-pdV=Td_eS-pdV$ と書くことができる．全エントロピー変化量は $dS=d_eS+d_iS$ であるから，$dU=TdS-pdV-Td_iS$ となる．S と V が一定，すなわち $dS=dV=0$ のとき，

$$dU = -Td_iS \leq 0 \tag{5.1.1}$$

となる．よって，エントロピーと体積が一定に保たれる系では，不可逆過程によってエネルギーが可能な最小となるように発展する．

エントロピーを一定に保つためには，不可逆過程で生成したエントロピー d_iS を系から取り除くことが必要である．系が T, V, N_k 一定に保たれれば，エントロピーは一定に保たれる．エネルギーの減少 $dU=-Td_iS$ は一般に力学エネルギーの熱への不可逆的変換の結果であり，エントロピー（または温度）を一定に保つために熱を系外に取り除かなければならない．単純な例は物体の液体中での落下である（図5.1）．そこで $dU=-Td_iS$ は流体の摩擦または粘性により発生した熱であり，温度を一定に保つためにこの熱を迅速に除ければ，系は最小エネルギー状態に向かって発展する．平衡へ向かう間，常に $dU=-Td_iS<0$ が成り立つことに注意せよ．これは力学エネルギー（運動エネルギー＋ポテンシャルエネルギー）の熱への連続的変換を表し，逆方向の変換はけっして起こらない．

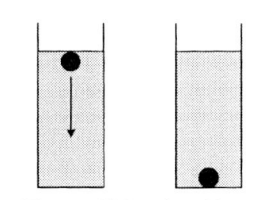

図 5.1 最小エネルギーの原理の簡単な例

この例では，エントロピーと体積は実質的に変化しない．系は最小エネルギー状態へ発展する．

●最小ヘルムホルツ自由エネルギー

温度 T および体積 V が一定に保たれた系では，**ヘルムホルツ自由エネルギー** (Helmholtz free energy) と呼ばれる熱力学量 F が最小値に向かうように変化が進む．F は次式で定義される．

$$F = U - TS \tag{5.1.2}$$

T 一定のとき

$$dF = dU - TdS = dU - Td_eS - Td_iS$$
$$= dQ - pdV - Td_eS - Td_iS$$

V も一定に保たれると $dV=0$，さらに閉鎖系では $Td_eS=dQ$ である．そこで第二法則より，T, V 一定で次の不等式が成り立つ．

$$dF = -Td_iS \leq 0 \tag{5.1.3}$$

これは温度と体積が一定に保たれた閉鎖系は，ヘルムホルツ自由エネルギーが最小に向かうように発展することを示している．

F が最小に向かう例として，定温定積で進む反応 $2\mathrm{H}_2(\mathrm{g}) + \mathrm{O}_2(\mathrm{g}) \rightleftarrows 2\mathrm{H}_2\mathrm{O}(\mathrm{g})$ を考えよう（図5.2(a)）．T を一定に保つためには，反応で生じた熱を除かなければならない．この場合，不可逆化学反応によるエントロピー生成に関する De Donder の式（4.1.6）によると，$Td_iS = -\sum_k \mu_k d_iN_k = -dF$ となる．もう一つの例は，液滴の形状の自発的変化である（図5.2(b)）．無重力状態，または液滴が小さいため形状の変化による重力エネルギーの影響が無視できる場合，最初に液滴がどのような形状をとっていても最終的には球形となる．液滴の形状が変わる間，エントロピーは表面積とともに変化するが，体積や温度は一定である．形状の変化は液滴表面の分子が液滴内部の分子に比べて大きいヘルムホルツ自由エネルギーをもつために起こる．単位表面積あたりのこの過剰エネルギー γ を "表面張力" という．その値は通常小さく $10^{-2}\mathrm{J\,m^{-2}}$ のオーダーで，水では $\gamma = 7.7 \times 10^{-2}\mathrm{J\,m^{-2}}$ である．液滴の表面積 A が不可逆的に減少するにつれて，表面エネルギーは熱に変換されて外界へ逃げ，T は

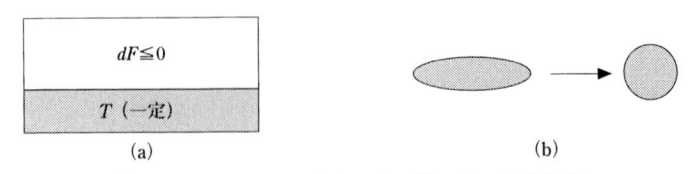

図5.2 ヘルムホルツ自由エネルギー F の最小原理

(a) T, V が一定に保たれるとき，化学反応は F 最小の状態へ向かう．この場合，エントロピーの不可逆的生成は $Td_iS = -\sum_k \mu_k d_iN_k = -dF \geq 0$ である．
(b) 同様に，液滴に対して T, V を実質的に一定とすると，表面エネルギーを最小にする結果，液滴は球形となる．なぜなら，一定体積では球形が最も小さな表面積をもつからである．この場合，$Td_iS = -\gamma dA = -dF \geq 0$ が成り立つ．

一定に保たれる．この不可逆過程におけるエントロピー生成は $Td_iS = -\gamma dA = -dF$ である．表面張力については，この章の終わりで再び取り上げる．

ヘルムホルツ自由エネルギーの最小原理は応用範囲が広い．平衡系における相転移や複雑なパターン形成など，多くの興味深い現象がこの原理を使って説明されている〔文献2〕．また，ヘルムホルツ自由エネルギーは，可逆過程の仕事として取り出せる"自由な"エネルギーを意味する（例題5.2）．これから，"自由エネルギー"の名がつけられた．

ヘルムホルツ自由エネルギーは状態関数である．F は T, V, N_k の関数であり，これら独立変数に関する微分を求めることができる．式 (5.1.2) より $dF = dU - TdS - SdT$ である．エネルギーや物質の交換によるエントロピー変化は $Td_eS = dU + pdV - \sum_k \mu_k d_e N_k$，および不可逆化学反応によるエントロピー変化は $Td_iS = -\sum_k \mu_k d_i N_k$ で支えられ，エントロピーの全変化量は $TdS = Td_eS + Td_iS$ である．dU と dS に関するこれらの式を dF の式に代入すると

$$dF = dU - T\left[\frac{dU + pdV}{T} - \frac{\sum_k \mu_k d_e N_k}{T}\right] + T\frac{\sum_k \mu_k d_i N_k}{T} - SdT$$
$$= -pdV - SdT + \sum_k \mu_k (d_e N_k + d_i N_k) \qquad (5.1.4)$$

となる．$dN_k = d_e N_k + d_i N_k$ であるから，式 (5.1.4) は

$$dF = -pdV - SdT + \sum_k \mu_k dN_k \qquad (5.1.5)$$

と書き直すことができる．すなわち，F は V, T, N_k の関数である．$F(V, T, N_k)$ の V, T, N_k についての偏微分係数に対して次の等式が導かれる．

$$\left(\frac{\partial F}{\partial V}\right)_{T, N_k} = -p, \quad \left(\frac{\partial F}{\partial T}\right)_{V, N_k} = -S, \quad \left(\frac{\partial F}{\partial N_k}\right)_{T, V} = \mu_k \qquad (5.1.6)$$

F に対する表現に式 (2.2.10) や式 (2.2.11) など表面積やその他の寄与を含めることにより，類似の微分式を導くことができる．

化学反応だけで N_k の変化が起こる場合，F は T, V と反応進度 ξ の関数になる．そのとき，次の式が導かれる（例題5.2）．

$$\left(\frac{\partial F}{\partial \xi}\right)_{T, V} = -A \qquad (5.1.7)$$

●最小ギブズ自由エネルギー

閉鎖系で温度と圧力が一定に保たれているとき，平衡状態で最小となる状態量はギブズ自由エネルギーである．**ギブズ自由エネルギー**（Gibbs free energy）はヘルムホルツ自由エネルギーと類似しており

$$G = U + pV - TS = H - TS \qquad (5.1.8)$$

で定義される．T, V 一定のとき F が最小値に向かうように，T, p が一定のとき，

G が最小値に向かうように変化が進行する．T, p が一定に保たれる場合，dG は $d_\mathrm{i}S$ と次のように関係づけられる．

$$\begin{aligned} dG &= dU + pdV + Vdp - TdS - SdT \\ &= dQ - pdV + pdV + Vdp - Td_\mathrm{e}S - Td_\mathrm{i}S - SdT \\ &= -Td_\mathrm{i}S \leq 0 \end{aligned} \quad (5.1.9)$$

ここで，T, p は一定で，閉鎖系では $Td_\mathrm{e}S = dQ$ であることを用いた．

通常用いられる実験条件は定温定圧であるから，ギブズ自由エネルギーは化学過程を記述するのに最もよく用いられる．式（4.1.23）を用いて，G の最小値への不可逆的発展を反応の親和力 A_k と反応速度 $d\xi_k/dt$ に関係づけることができる．

$$\frac{dG}{dt} = -T\frac{d_\mathrm{i}S}{dt} = -\sum_k A_k \frac{d\xi_k}{dt} \leq 0 \quad (5.1.10)$$

または

$$dG = -\sum_k A_k d\xi_k \leq 0 \quad (5.1.11)$$

等式は平衡状態で成り立つ．式（5.1.11）は T, p 一定で G が状態変数 ξ_k（反応 k の反応進度）の関数であることを示している．また，次の関係が導かれる．

$$-A_k = \left(\frac{\partial G}{\partial \xi_k}\right)_{p,T} \quad (5.1.12)$$

この式をみると，多くの教科書に書かれているように，親和力を"反応のギブズ自由エネルギー"と呼ぶのは不適切であることがわかる．図 5.3(b) に示されるように，T, p 一定で反応進度 ξ_k は $G(T, p, \xi_k)$ が最小になるように変化する．

第二法則にしたがい，G は最小値に向かって単調に減少することに注意してほしい．すなわち，ξ が振り子のように減衰振動しながら平衡値に到達することはありえず，化学反応が振動しながら平衡へ近づくことはない．ただし，このことは化学反応系において，かつて広く信じられていたように，濃度の振動が起こらないことを意味しているわけではない．19章で平衡から遠く離れた系で，どのようにして濃度の振動が起こりうるかについて述べる．このような振動は ξ の非平衡値のまわりで起こる．

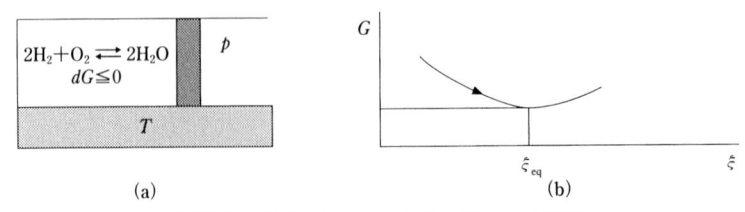

図 5.3 ギブズ自由エネルギー G の最小原理
(a) 定温定圧で，不可逆的な化学反応により G が最小の状態へ向かう．(b) 反応進度 ξ は G が最小となる ξ_eq へ向かう．

先に，F が V, T, N_k の関数であることを示した．同様にして，次の関係式が導かれる（問題5.3）．

$$dG = Vdp - SdT + \sum_k \mu_k dN_k \tag{5.1.13}$$

この式は G が p, T, N_k の関数であることを示しており，これから

$$\left(\frac{\partial G}{\partial p}\right)_{T,N_k} = V, \quad \left(\frac{\partial G}{\partial T}\right)_{p,N_k} = -S, \quad \left(\frac{\partial G}{\partial N_k}\right)_{T,p} = \mu_k \tag{5.1.14}$$

が導かれる．ギブズ自由エネルギーの非常に重要な性質の一つに，化学ポテンシャルとの関係がある．均一系に対して，式 (4.4.10) の $U = TS - pV + \sum_k \mu_k N_k$ が成り立つことをすでに示した．これを G の定義式 (5.1.8) に代入すると

$$G = \sum_k \mu_k N_k \tag{5.1.15}$$

が得られる．純物質に対しては式 (5.1.15) は $G = \mu N$ になる．それゆえ，化学ポテンシャル μ は純物質 1 mol あたりのギブズ自由エネルギーであることがわかる．多成分系では，式 (5.1.15) を全モル数 N で割ることにより，モルギブズ自由エネルギーに対する次の関係が得られる．

$$G_m \equiv \frac{G}{N} = \sum_k \mu_k x_k \tag{5.1.16}$$

ここで x_k はモル分率である．G は N の示量性関数であるから，G_m は T, p の関数であると同時に x_k の関数でもある．例題 5.3 に示すように，化学ポテンシャルは次のように表すこともできる．

$$\mu_k = \left(\frac{\partial G_m}{\partial x_k}\right)_{p,T} \tag{5.1.17}$$

この式は，多成分系で化学ポテンシャルは T, p, x_k の関数，$\mu_k = \mu_k(T, p, x_k)$ であることを示している．

● **最小エンタルピー**

2章で導入したエンタルピーは

$$H = U + pV \tag{5.1.18}$$

で定義される．ヘルムホルツ自由エネルギー F やギブズ自由エネルギー G と同様，エンタルピーも極値原理と関係している．すなわち，エントロピー S，圧力 p 一定のとき，閉鎖系はエンタルピー H の最小値に向かって発展する．このことは，これまでと同様にエンタルピー変化 dH を d_iS と関連づけることにより導かれる．p 一定では

$$dH = dU + pdV = dQ \tag{5.1.19}$$

閉鎖系では $dQ = Td_eS = T(dS - d_iS)$ であるから $dH = TdS - Td_iS$ である．さらに，全エントロピー S は一定であり $dS = 0$ である．したがって，第二法則から次の

関係が導かれる．

$$dH = -Td_iS \leq 0 \tag{5.1.20}$$

不可逆な化学反応が起こっている場合，通常エントロピーが一定に保たれるような状況ではないが，次のような場合がある．

次の反応を考えよう．

$$H_2(g) + Cl_2(g) \rightleftarrows 2\,HCl(g)$$

反応による全モル数の変化はない．3.7節でみたように，理想気体のエントロピーは $S(T,V,N) = N[s_0 + R\ln(V/N) + C_V \ln T]$ で与えられる．構成原子数が異なる分子の熱容量の間ではかなりの差があるが，2原子分子の間の熱容量の差は比較的小さい．さらに，s_0 項の差も2原子分子の間では小さい．そこで，上式の3種の2原子分子間のエントロピー差を無視すれば，T, V 一定条件下で $S(T, V, N_k)$ は実質的に一定に保たれている．さらに理想気体を仮定すると，分子数が変化しないので圧力 p は一定である．この反応は発熱反応であるから，T を一定に保つために反応により生じた熱を取り除くことが必要である．このような条件下では，反応の進行によっても p と S は一定であり，系が平衡状態に到達したとき，エンタルピーは最小となる．任意の化学反応に対しては，p と S を一定に保つために V と T を同時に調節する必要があり，これは容易ではない．

式 (5.1.5) の $dF = -pdV - SdT + \sum_k \mu_k dN_k$ の導出と同様にして

$$dH = TdS + Vdp + \sum_k \mu_k dN_k \tag{5.1.21}$$

が導かれる（問題 5.4）．この式は H が S, p, N_k の関数であることを表している．H をこれらの変数で微分することにより

$$\left(\frac{\partial H}{\partial p}\right)_{S,N_k} = V, \quad \left(\frac{\partial H}{\partial S}\right)_{p,N_k} = T, \quad \left(\frac{\partial H}{\partial N_k}\right)_{S,p} = \mu_k \tag{5.1.22}$$

が導かれる．もし N_k の変化が化学反応のみによるのであれば，H は p, S, ξ の関数になり，

$$\left(\frac{\partial H}{\partial \xi}\right)_{p,S} = -A \tag{5.1.23}$$

である．

●極値原理と平衡状態の安定性

熱力学において極値原理が存在するということは，微視的ゆらぎの挙動に対して重要な結果を導く．すべての巨視系は膨大な数の分子から構成されていて，それらはランダムに運動しているので，温度，圧力，分子数密度などの物理量はたえず小さなゆらぎを受けている．物体の位置のランダムな小さなゆらぎにより物体があちらこちらとゆっくり動きまわるように（この現象はブラウン運動と呼ばれている），これらの

5.1 極値原理と第二法則

ゆらぎが熱力学変数をある値からほかの値へと変動させることがないのはなぜだろうか？ 熱力学的平衡にある系の温度や濃度はある一定値のまわりをゆらいでいるが，ランダムに移動することはない．これは平衡状態が安定だからである．これまで述べてきたように，不可逆過程によって系は熱力学ポテンシャルが極小値をとる平衡状態へ向かって発展する．したがってゆらぎによって系が平衡状態から引き離されたときはいつでも，不可逆過程によって平衡状態へ引き戻される．系が熱力学ポテンシャルの極値に向かい，そこにとどまろうとする傾向が，系を安定に保っている．このように，平衡状態の安定性は熱力学ポテンシャルの存在に密接に関連している．

熱力学系が常に安定とは限らない．ゆらぎによりある状態から他の状態へ移る場合がある．このとき，最初の状態は熱力学的に不安定であるという．均一混合物の場合，温度が低くなると不安定となり，ゆらぎにより2相に分離した状態へ移ることがある．この現象は"相分離 (phase separation)"と呼ばれる．12～14章で熱力学的安定性についてより詳細に論じる．

系が熱力学的平衡状態から遠く離れると，状態は必ずしも極値原理によっては規定されず，不可逆過程は必ずしも系を安定に保たなくなる．平衡状態から遠く離れた系が示す不安定性は，濃度振動や自発的な空間構造の形成など，高度に組織化された状態を出現させる．平衡状態から遠く離れた系の不安定性と"自己組織化"については，18, 19章で論じよう．

● Legendre 変換

熱力学関数 $F(T, V, N_k)$, $G(T, p, N_k)$, $H(S, p, N_k)$ と内部エネルギー $U(S, V, N_k)$ との間の関係は，Legendre 変換と呼ばれる一般的な数学的関係の一つの例である．Legendre 変換により，関数 $U(S, V, N_k)$ は独立変数 S, V, N_k のうち一つ以上を相当する U の偏微分に置き換えた新しい関数へ変換される．例えば，$F(T, V, N_k)$ は独立変数 S を $(\partial U/\partial S)_{V,N_k} = T$ に置き換える Legendre 変換の結果である．同様に，$G(T, p, N_k)$ は独立変数 S と V をそれぞれ $(\partial U/\partial S)_{V,N_k} = T$ と $(\partial U/\partial V)_{S,N_k} = -p$ に置き換える Legendre 変換の結果である．このような Legendre 変換の結果を表5.1にまとめて示す．

表5.1 熱力学関数の Legendre 変換

$U(S, V, N_k) \to F(T, V, N_k) = U - TS$	S を $\left(\dfrac{\partial U}{\partial S}\right)_{V,N_k} = T$ に置き換える
$U(S, V, N_k) \to H(S, p, N_k) = U + pV$	V を $\left(\dfrac{\partial U}{\partial V}\right)_{S,N_k} = -p$ に置き換える
$U(S, V, N_k) \to G(T, p, N_k) = U + pV - TS$	S を $\left(\dfrac{\partial U}{\partial S}\right)_{V,N_k} = T$, V を $\left(\dfrac{\partial U}{\partial V}\right)_{S,N_k} = -p$ に置き換える

Legendre 変換は熱力学の一般的な数学的構造をわれわれに示してくれる．明らかに，$U(S, V, N_k)$ だけでなく，$S(U, V, N_k)$ についても Legendre 変換を定義することができる．熱力学における Legendre 変換の詳細な説明は Herbert Callen の教科書〔文献 3〕に述べられている．（Legendre 変換は古典力学でも使われており，Hamilton 関数は Legendre 関数の Legendre 変換である）．

5.2 一般的熱力学関係式

Einstein が述べたように（1 章参照），熱力学の二つの法則の表現は簡潔であるが，数多くの物理量と関連し，広範な応用をもつことは驚くべきことである．熱力学は，平衡にあるどのような系にも適用可能な一般的関係式を与えてくれる．この節ではいくつかの重要な関係式を導き，後の章でこれらの応用を示す．15～17 章で示すように，これらの式は局所平衡にある非平衡系にも拡張することができる．

● Gibbs-Duhem の式

重要な一般的関係式の一つが Gibbs-Duhem の式であり，これは示強変数 T, p, μ_k のすべてが独立でないことを示す．この関係式は，Gibbs が化学ポテンシャルを導入するのに用いた基本的関係式 (4.1.2)，すなわち

$$dU = TdS - pdV + \sum_k \mu_k dN_k \tag{5.2.1}$$

と，式 (4.4.10) を書き直した

$$U = TS - pV + \sum_k \mu_k N_k \tag{5.2.2}$$

から導かれる．式 (5.2.2) を微分すると

$$dU = TdS + SdT - Vdp - pdV + \sum_k (\mu_k dN_k + N_k d\mu_k) \tag{5.2.3}$$

この関係式が式 (5.2.1) と一致するためには

$$\underline{SdT - Vdp + \sum_k N_k d\mu_k = 0} \tag{5.2.4}$$

でなければならない．式 (5.2.4) は **Gibbs-Duhem の式**と呼ばれ，示強変数 T, p, μ_k の変化のすべてが独立ではないことを表している．7 章で示すように，Gibbs-Duhem の式は相平衡や沸点の圧力変化などを理解するために用いられる．

定温定圧では，式 (5.2.4) より $\sum_k N_k (d\mu_k)_{p,T} = 0$ である．化学ポテンシャル変化 $(d\mu_k)_{p,T} = \sum_i (\partial \mu_k / \partial N_i) dN_i$ を用いて，この式を

$$\sum_k \sum_i N_k \left(\frac{\partial \mu_k}{\partial N_i} \right)_{p,T} dN_i = \sum_i \left[\sum_k \left(\frac{\partial \mu_k}{\partial N_i} \right)_{p,T} N_k \right] dN_i = 0 \tag{5.2.5}$$

と書くことができる．dN_i は独立で任意に変化し得るから，すべての dN_i の係数が 0 に等しいときにのみ式 (5.2.5) が成り立つ．それゆえ，$\sum_k (\partial \mu_k / \partial N_i)_{p,T} N_k = 0$ であ

る.さらに,

$$\left(\frac{\partial \mu_k}{\partial N_i}\right)_{p,T} = \left(\frac{\partial^2 G}{\partial N_i \partial N_k}\right)_{p,T} = \left(\frac{\partial^2 G}{\partial N_k \partial N_i}\right)_{p,T} = \left(\frac{\partial \mu_i}{\partial N_k}\right)_{p,T}$$

であるから

$$\sum_k \left(\frac{\partial \mu_i}{\partial N_k}\right)_{p,T} N_k = 0 \tag{5.2.6}$$

となる.式 (5.2.6) は重要な関係式であり,後の章で用いられる.

● Helmholtz の式

エントロピー S は状態変数であり,T, V, N_k の関数として表される.多変数関数の二次の"交差偏微分"は互いに等しくなければならないことから,次の関係が成り立つ.

$$\left(\frac{\partial^2 S}{\partial T \partial V}\right)_{N_k} = \left(\frac{\partial^2 S}{\partial V \partial T}\right)_{N_k} \tag{5.2.7}$$

化学反応が起こっていない閉鎖系では,エントロピー変化は

$$dS = \frac{1}{T} dU + \frac{p}{T} dV \tag{5.2.8}$$

と書かれる.U は V, T の関数として表されるから,$dU = (\partial U/\partial V)_T dV + (\partial U/\partial T)_V dT$ である.この式を式 (5.2.8) に代入すると

$$\begin{aligned} dS &= \frac{1}{T}\left(\frac{\partial U}{\partial V}\right)_T dV + \frac{1}{T}\left(\frac{\partial U}{\partial T}\right)_V dT + \frac{p}{T} dV \\ &= \left[\frac{1}{T}\left(\frac{\partial U}{\partial V}\right)_T + \frac{p}{T}\right] dV + \frac{1}{T}\left(\frac{\partial U}{\partial T}\right)_V dT \end{aligned} \tag{5.2.9}$$

が得られる.dV と dT の係数はそれぞれ $(\partial S/\partial V)_T$ と $(\partial S/\partial T)_V$ に等しい.式 (5.2.7) に示されたように,二次交差偏微分は等しいから次式が得られる.

$$\left(\frac{\partial}{\partial T}\left[\frac{1}{T}\left(\frac{\partial U}{\partial V}\right)_T + \frac{p}{T}\right]\right)_V = \left(\frac{\partial}{\partial V}\left[\frac{1}{T}\left(\frac{\partial U}{\partial T}\right)_V\right]\right)_T \tag{5.2.10}$$

これから次の **Helmholtz の式**を導くのは容易である(問題 5.5).

$$\left(\frac{\partial U}{\partial V}\right)_T = T^2 \left(\frac{\partial (p/T)}{\partial T}\right)_V \tag{5.2.11}$$

状態式が知られていれば,この式を用いて体積によるエネルギー変化を求めることができる.とくに,理想気体に対しては,状態式 $pV = NRT$ から,温度一定では,エネルギー U が体積 V に依存しないことが結論される.

● Gibbs-Helmholtz の式

Gibbs-Helmholtz の式はギブズ自由エネルギー G の温度変化とエンタルピー H を関連づける関係である.この式により,ギブズ自由エネルギーが温度の関数として

知られていれば，反応熱を求めることができる．Gibbs-Helmholtzの式は次のようにして導かれる．式 (5.1.8) のギブズ自由エネルギーの定義 $G=H-TS$ から，$S=-(\partial G/\partial T)_{p,N_k}$ であるから

$$G=H+\left(\frac{\partial G}{\partial T}\right)_{p,N_k}T \tag{5.2.12}$$

この式は次のように書き換えられる（問題5.7）．

$$\frac{\partial}{\partial T}\left(\frac{G}{T}\right)=-\frac{H}{T^2} \tag{5.2.13}$$

化学反応に対して，反応系が生成系へ変換されるときの G と H の変化量を用いてこの式を書くことができる．反応系の全ギブズ自由エネルギーとエンタルピーをそれぞれ G_r と H_r，生成系の相当する量を G_p と H_p とすれば，反応によるこれらの変化量は $\Delta G=G_p-G_r$ および $\Delta H=H_p-H_r$ となる．式 (5.2.13) を反応系および生成系に適用し，それらの式の差をとると

$$\frac{\partial}{\partial T}\left(\frac{\Delta G}{T}\right)=-\frac{\Delta H}{T^2} \tag{5.2.14}$$

が得られる．9章で，反応の"標準ギブズ自由エネルギー変化"と呼ばれる量が反応系と生成系の平衡濃度から求められることを学ぶが，平衡濃度，したがって ΔG がいろいろな温度で求められると，ΔG の T 依存性から反応熱 ΔH が求められる．式 (5.2.13) および (5.2.14) は **Gibbs-Helmholtzの式**と呼ばれる．

5.3 生成ギブズ自由エネルギーと化学ポテンシャル

熱伝導を除いて，すべての不可逆過程—化学反応，拡散，電場，磁場，重力場の効果，イオン伝導，誘電緩和など—は相当する化学ポテンシャルを用いて書き表すことができる．10章では，化学ポテンシャルの概念を用いて記述される広範囲の不可逆過程について述べる．これらの不可逆過程は，親和力が0になる平衡状態へと系を導く．化学ポテンシャルは不可逆過程の記述において中心的役割を果たすので，本節で化学ポテンシャルに対する一般式を導いておこう．

純物質に対しては，化学ポテンシャルは物質1 mol のギブズ自由エネルギーに等しい．一般には，ギブズ自由エネルギーと化学ポテンシャルの間には次の関係がある．

$$\left(\frac{\partial G}{\partial N_k}\right)_{p,T}=\mu_k \tag{5.3.1}$$

μ_k とエンタルピー H の間の一般的関係を得るために Gibbs-Helmholtzの式 (5.2.13) を N_k について微分し，式 (5.3.1) を代入すると

$$\frac{\partial}{\partial T}\left(\frac{\mu_k}{T}\right)=-\frac{H_{mk}}{T^2}, \quad ここで \quad H_{mk}=\left(\frac{\partial H}{\partial N_k}\right)_{p,T,N_{i\neq k}} \tag{5.3.2}$$

が得られる．H_{mk} は物質 k の **部分モルエンタルピー**（partial molar enthalpy）と呼ばれる．

温度 T_0，圧力 p_0 における化学ポテンシャル $\mu_k(T_0, p_0)$ および部分モルエンタルピー $H_{mk}(T, p_0)$ が温度の関数として知られていれば，式 (5.3.2) を積分することにより，任意の温度 T における化学ポテンシャルを求めることができる．すなわち

$$\frac{\mu_k(T, p_0)}{T} = \frac{\mu_k(T_0, p_0)}{T_0} + \int_{T_0}^{T} \frac{-H_{mk}(T', p_0)}{T'^2} dT' \tag{5.3.3}$$

2章の式 (2.4.10) と式 (2.4.11) に示されたように，純物質のモルエンタルピー $H_m(T)$ は定圧熱容量 $C_p(T)$ の表を使って求めることができる．理想混合物では H_{mk} は純物質の値と同じであるが，非理想混合物では，H_{mk} を求めるために混合物のモル熱容量の詳しいデータが必要となる．

純物質について温度 T，圧力 p_0 における $\mu(T, p_0)$ を知って，任意の圧力 p における $\mu(T, p)$ の値を求めるためには，Gibbs-Duhem の式 (5.2.4) から導かれる関係 $d\mu = -S_m dT + V_m dp$ を用いる．なお，ここでモルエントロピー $S_m = S/N$，モル体積 $V_m = V/N$ である．T は一定であるから，$dT = 0$ で，p について積分して

$$\mu(T, p) = \mu(T, p_0) + \int_{p_0}^{p} V_m(T, p') dp' \tag{5.3.4}$$

が得られる．よって，標準温度 T_0，標準圧力 p_0 における化学ポテンシャル $\mu(T_0, p_0)$ が与えられていると，純物質のモル体積 $V_m(T, p)$ とモルエンタルピー $H_m(T, p)$ を式 (5.3.3) と式 (5.3.4) に代入することにより，任意の温度 T，任意の圧力 p における純物質の化学ポテンシャルを計算することができる．

化学ポテンシャルを表すもう一つの有用な方法は G. N. Lewis によるもので，彼は物質 k の **活量**（activity）a_k の概念を導入した．活量は次式で定義される．

$$\mu_k(T, p) = \mu_k(T, p_0) + RT \ln a_k \tag{5.3.5}$$

活量の概念は，これによって化学ポテンシャルが濃度や圧力など実験的に測定可能な量と結びつけられるので，非常に便利である．例として，式 (5.3.4) を理想気体の場合に適用してみよう．$V_m = RT/p$ であるから

$$\begin{aligned}\mu(T, p) &= \mu(T, p_0) + \int_{p_0}^{p} \frac{RT}{p'} dp' \\ &= \mu(T, p_0) + RT \ln(p/p_0) \\ &= \mu^0(T) + RT \ln p \end{aligned} \tag{5.3.6}$$

となるので，理想気体近似による活量は $a = (p/p_0)$ で，$\mu^0(T)$ は単位圧力（$p_0 = 1$）における化学ポテンシャルである．van der Waals の状態式で表される気体のように，分子の大きさと分子間力を考慮した気体に対する活量については 6 章で論じる．

●化合物のギブズ自由エネルギー

化合物のギブズ自由エネルギーを整理し，表としてまとめるために BOX 5.1 に示す方法が用いられる．これは化合物 k の**モル生成ギブズ自由エネルギー**（molar Gibbs free energy of formation）$\Delta G_f^0[k]$ を定義する方法である．化学熱力学では元素（単体）間の変換は考慮しないので，元素（単体）のギブズ自由エネルギーはすべての化合物のギブズ自由エネルギーを測る基準"0"を定義するものとして使われる．例えば，H_2O の生成ギブズ自由エネルギー $\Delta G_f^0[H_2O]$ は，次の反応

$$H_2(g) + \frac{1}{2} O_2(g) \longrightarrow H_2O(l)$$

のギブズ自由エネルギー変化 ΔG に等しい．化合物の生成ギブズ自由エネルギー $\Delta G_f^0 = \mu(T_0, p_0)$ の値は表としてまとめられている．9章で化学反応の熱力学を論じるとき ΔG_f^0 の使い方についてより詳しく考察する．これらの値から前述の方法で化学ポテンシャルを求めることができる．最後に，式 (5.3.3) を式 (5.3.4) に代入することにより，化学ポテンシャルを求める次の一般式が得られることを示しておく．

$$\mu(T, p) = \left(\frac{T}{T_0}\right)\mu(T_0, p_0) + \int_{p_0}^{p} V_m(T, p') \, dp' + T \int_{T_0}^{T} \frac{-H_m(T', p)}{T'^2} \, dT' \quad (5.3.7)$$

■ BOX 5.1　化合物のギブズ自由エネルギーのまとめ

実際的な目的のために，**標準状態**（$p_0 = 1$ bar，$T_0 = 298.15$ K）の化合物のモルギブズ自由エネルギー $\mu(p_0, T_0)$ を次のように定義する．

任意の温度 T のすべての元素（単体）に対して $\mu(p_0, T) = 0$

$\mu(p_0, T_0) = \Delta G_f^0[k]$：化合物 k の標準モル生成ギブズ自由エネルギー
　　　　　＝すべて標準状態で，構成元素（単体）から 1 mol の化合物を生成すると
　　　　　　きのギブズ自由エネルギー変化

化学熱力学では元素（単体）間の変換を考慮しないので，元素（単体）のギブズ自由エネルギーは "0" と定義し，化合物のギブズ自由エネルギーはこれを基準にして測る．

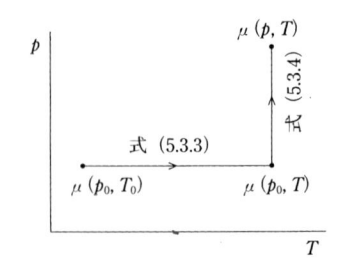

任意の p と T におけるモルギブズ自由エネルギーは，上図に示すように式 (5.3.3) と式 (5.3.4) を用いて求められる．

5.4 Maxwellの関係

 熱力学の二つの法則は，エネルギーとエントロピーが状態関数であり，多変数関数として表せることを明らかとした．すでに示してきたように，$U=U(S, V, N_k)$ と $S=S(U, V, N_k)$ は指示された変数の関数である．James Clerk Maxwell は多変数関数の理論を用いて熱力学変数の間に成り立つ数多くの関係式を導いた．ここで用いられた方法は一般的であり，得られた関係式は **Maxwellの関係** と呼ばれている．

 付1.1 で次に示す結果を導いた．三つの変数 x, y, z の間で，それぞれの変数は他の二つの関数 $x=x(y,z)$, $y=y(x,z)$, $z=z(x,y)$ で表されるとき，多変数関数論より次の基本的な関係式が得られる．

$$\frac{\partial^2 x}{\partial y \partial z} = \frac{\partial^2 x}{\partial z \partial y} \tag{5.4.1}$$

$$\left(\frac{\partial x}{\partial y}\right)_z = \frac{1}{\left(\frac{\partial y}{\partial x}\right)_z} \tag{5.4.2}$$

$$\left(\frac{\partial x}{\partial y}\right)_z \left(\frac{\partial y}{\partial z}\right)_x \left(\frac{\partial z}{\partial x}\right)_y = -1 \tag{5.4.3}$$

さらに，$z=z(x,y)$ と $w=w(x,y)$ を考えたとき，w を一定として x で微分した偏微分 $(\partial z/\partial x)_w$ は

$$\left(\frac{\partial z}{\partial x}\right)_w = \left(\frac{\partial z}{\partial x}\right)_y + \left(\frac{\partial z}{\partial y}\right)_x \left(\frac{\partial y}{\partial x}\right)_w \tag{5.4.4}$$

である．すでに，式 (5.4.1) はエントロピー S を T と V の関数と考えて Helmholtzの式 (5.2.11) を導くために使われた．多くの場合，式 (5.4.1)～(5.4.4) の関係は，熱力学微分量を実験的に測定可能な量で書き直すために使われる．例えば，式 (5.4.1) を使って $(\partial S/\partial V)_T = (\partial p/\partial T)_V$ を導くことができる．明らかに，右辺の微分量はより容易に実験値に関係づけられる．

 熱力学微分量を表すためにしばしば用いられる量として次のようなものがある．これらは測定可能な量である．

等温圧縮率（isothermal compressibility）

$$\kappa_T \equiv -\frac{1}{V}\left(\frac{\partial V}{\partial p}\right)_T \tag{5.4.5}$$

体膨張率（coefficient of volume expansion）

$$\alpha \equiv \frac{1}{V}\left(\frac{\partial V}{\partial T}\right)_p \tag{5.4.6}$$

例えば，**圧力係数**（pressure coefficient）$(\partial p/\partial T)_V$ を κ_T と α で表すことができ

る．式 (5.4.3) より

$$\left(\frac{\partial p}{\partial T}\right)_V = \frac{-1}{\left(\frac{\partial V}{\partial p}\right)_T \left(\frac{\partial T}{\partial V}\right)_p}$$

式 (5.4.2) を用い，分子，分母を V で割って次式が得られる．

$$\left(\frac{\partial p}{\partial T}\right)_V = \frac{-\frac{1}{V}\left(\frac{\partial V}{\partial T}\right)_p}{\frac{1}{V}\left(\frac{\partial V}{\partial p}\right)_T} = \frac{\alpha}{\kappa_T} \tag{5.4.7}$$

● C_p と C_V の一般的関係

Maxwell の関係のもう一つの応用例として，実験的に測定される α, κ_T, V_m, T を使って C_p と C_V の間の一般的関係式を導いてみよう．2章で導いた式 (2.3.5) から出発する．

$$C_p - C_V = \left[p + \left(\frac{\partial U}{\partial V}\right)_T\right]\left(\frac{\partial V_m}{\partial T}\right)_p \tag{5.4.8}$$

ここで，熱容量はモル熱容量であり，V_m はモル体積である．はじめに $(\partial U/\partial V)_T$ を p, V, T を含む微分で表し，次に α, κ_T を用いて表す．Helmholtz の式 (5.2.11) から容易に $(\partial U/\partial V)_T + p = T(\partial p/\partial T)_V$，この式を式 (5.4.8) に代入して，

$$C_p - C_V = T\left(\frac{\partial p}{\partial T}\right)_V \alpha V_m \tag{5.4.9}$$

ここで α の定義の式 (5.4.6) を用いた．先に導いた Maxwell の関係式 (5.4.7) を式 (5.4.9) に代入し，次の一般式が導かれる．

$$C_p - C_V = \frac{T\alpha^2 V_m}{\kappa_T} \tag{5.4.10}$$

5.5 示量性と部分モル量

多成分系で，T, p, N_k の関数として表される体積 V，ギブズ自由エネルギー G など，多くの熱力学関数は N_k について示量性の関数である．この示量性から一般的な熱力学関係式が導かれる．それらのいくつかについて論じよう．系の体積を T, p, N_k の関数，すなわち $V = V(T, p, N_k)$ とする．定温定圧の条件で，すべての成分のモル数が λ 倍になると体積も λ 倍になる．これはすでに論じたように示量性関数の特性である．式で表すと

$$V(T, p, \lambda N_k) = \lambda V(T, p, N_k) \tag{5.5.1}$$

である．4.4節のように，T, p 一定で Euler の定理を使うと，次の関係が得られる．

5.5 示量性と部分モル量

$$V = \sum_k \left(\frac{\partial V}{\partial N_k}\right)_{p,T} N_k \tag{5.5.2}$$

ここで**部分モル体積**(partial molar volumes)を

$$V_{mk} \equiv \left(\frac{\partial V}{\partial N_k}\right)_{p,T} \tag{5.5.3}$$

で定義すると,式 (5.5.2) は

$$V = \sum_k V_{mk} N_k \tag{5.5.4}$$

と書くことができる.部分モル体積は示強変数である.一方,T, p 一定で,$V = V(T, p, N_k)$ の全微分は

$$dV = \sum_k \left(\frac{\partial V}{\partial N_k}\right)_{p,T} dN_k = \sum_k V_{mk} dN_k \tag{5.5.5}$$

である.Gibbs-Duhem の関係を導いた場合と同じように,式 (5.5.4) から導かれる dV と式 (5.5.5) を比較することにより,$\sum_k N_k (dV_{mk})_{p,T} = 0$ が得られる.この関係から

$$\sum_k N_k \left(\frac{\partial V_{mk}}{\partial N_i}\right)_{p,T} = 0 \quad \text{または} \quad \sum_k N_k \left(\frac{\partial V_{mi}}{\partial N_k}\right)_{p,T} = 0 \tag{5.5.6}$$

が導かれる.ここで,$(\partial V_{mk}/\partial N_i) = (\partial^2 V/\partial N_i \partial N_k) = (\partial V_{mi}/\partial N_k)$ の関係を用いた.式 (5.5.4) や式 (5.5.6) に似た関係式は,N_k について示量性のすべての他の関数に対しても導かれる.G に対して式 (5.5.4) に相当する関係は,

$$G = \sum_k \left(\frac{\partial G}{\partial N_k}\right)_{p,T} N_k = \sum_k G_{mk} N_k = \sum_k \mu_k N_k \tag{5.5.7}$$

である.ここで,**部分モルギブズ自由エネルギー**(partial molar Gibbs free energy)G_{mk} は式 (5.1.14) で定義される化学ポテンシャル μ_k に等しいことを用いた.式 (5.5.6) に対応する式は,T, p 一定の Gibbs-Duhem の関係 (5.2.4) から導かれる.

$$\sum_k N_k \left(\frac{\partial \mu_i}{\partial N_k}\right)_{p,T} = 0 \tag{5.5.8}$$

同様に,ヘルムホルツ自由エネルギー F およびエンタルピー H に対して次の関係式が導かれる.

$$F = \sum_k F_{mk} N_k, \qquad \sum_k N_k \left(\frac{\partial F_{mi}}{\partial N_k}\right)_{p,T} = 0 \tag{5.5.9}$$

$$H = \sum_k H_{mk} N_k, \qquad \sum_k N_k \left(\frac{\partial H_{mi}}{\partial N_k}\right)_{p,T} = 0 \tag{5.5.10}$$

ここで,**部分モルヘルムホルツ自由エネルギー**(partial molar Helmholtz free energy)は $F_{mk}(\partial F/\partial N_k)_{p,T}$,**部分モルエンタルピー**(partial molar enthalpy)は $H_{mk} = (\partial H/\partial N_k)_{p,T}$ で定義される.同様な関係式は,エントロピー S および内部エネルギー U に対しても得られる.

5.6 表面張力

本節で，界面を含む熱力学の基本的な関係式について考えよう〔文献 4〕．界面にある分子は内部の分子とは異なる環境にあるため，エネルギーやエントロピーの値は異なる．例えば液体-気体界面にある分子は，内部の分子に比べて大きなヘルムホルツ自由エネルギーをもつ．T, V 一定で系のヘルムホルツ自由エネルギーは平衡状態で最小となるから，界面の面積は可能なかぎり減少し，その結果，液体内部の圧力は上昇する（図 5.4）．

このような系の熱力学は次のように定式化される．面積 A の界面で分けられた二つの部分（相）から構成される系を考える（図 5.4）．この系に対して

$$dU = TdS - p''dV'' - p'dV' + \gamma dA \tag{5.6.1}$$

ここで，p', V' は一方の相の圧力，体積，p'', V'' は他方の相の圧力，体積，A は界面の面積で，係数 γ は表面張力と呼ばれる．$dF = dU - TdS - SdT$ であるから

$$dF = -SdT - p''dV'' - p'dV' + \gamma dA \tag{5.6.2}$$

である．この式から次の関係が示される．

$$\left(\frac{\partial F}{\partial A}\right)_{T,V',V''} = \gamma \tag{5.6.3}$$

すなわち，表面張力 γ は T, V', V'' 一定で界面積が単位量大きくなったときの F の変化量である．これは一般に小さく，$10^{-2}\,\mathrm{J\,m^{-2}}$ のオーダーである．界面積を大きくすることは自由エネルギーを大きくすることであるから，仕事をする必要がある．図 5.5 に示すように，これは表面を dx 広げるために力 f が必要であることを意味し，液体の表面は弾性をもつ薄膜のように振る舞う．なされた仕事 fdx は表面エネルギー

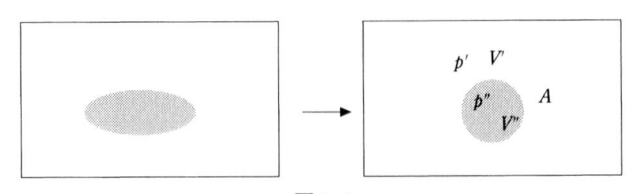

図 5.4
界面ヘルムホルツ自由エネルギーを最小にするために，液滴は表面積が最小となるように収縮する．結果として，液滴内部の圧力 p'' は外部圧力 p' より大きくなる．過剰圧力は $(p''-p') = 2\gamma/r$ である．

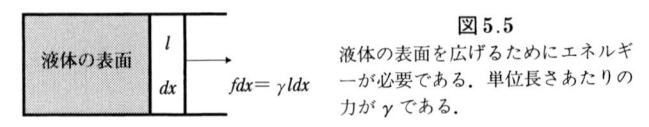

図 5.5
液体の表面を広げるためにエネルギーが必要である．単位長さあたりの力が γ である．$fdx = \gamma l dx$

増加量 $\gamma dA = \gamma l dx$ に等しい．ここで，l は表面の長さで，単位長さあたりの力は $f/l = \gamma$ となる．そのため，γ は**表面張力**（surface tension）と呼ばれる．

●液滴内の過剰圧力

図 5.4 に示された空中の液滴の場合，圧力差 $(p'' - p') = \Delta p$ は液滴内部の過剰圧力である．球状の液滴内の過剰圧力 Δp を表す式は次のように導かれる．5.1 節で述べたように，系の全体積および温度が一定であれば，平衡へ向かう不可逆的変化は $-Td_iS = dF \leq 0$ にしたがう．さて全体積 $V = V' + V''$ と T が一定という条件で，液滴の体積 V'' が不可逆的に収縮して平衡に向かう場合を考えよう．このとき，$dV' = -dV''$ であるから

$$-T\frac{d_iS}{dt} = \frac{dF}{dt} = -(p'' - p')\frac{dV''}{dt} + \gamma\frac{dA}{dt} \tag{5.6.4}$$

が得られる．半径 r の球形の液滴に対して $dV'' = 4\pi r^2 dr$，$dA = 8\pi r dr$ が成り立つから，上の式は

$$-T\frac{d_iS}{dt} = \frac{dF}{dt} = \{-(p'' - p')4\pi r^2 + \gamma 8\pi r\}\frac{dr}{dt} \tag{5.6.5}$$

となる．この式は"熱力学力" $\{-(p'' - p')4\pi r^2 + \gamma 8\pi r\}$ と"流れ" dr/dt の積である．平衡では熱力学力も流れも消滅し，$\{-(p'' - p')4\pi r^2 + \gamma 8\pi r\} = 0$ となる．これから半径 r の液滴内部の過剰圧力に対して，よく知られた次の Laplace の式が得られる．

$$\underline{\Delta p \equiv (p'' - p') = \frac{2\gamma}{r}} \tag{5.6.6}$$

●毛管上昇

表面張力により起こるもう一つの現象として**毛管上昇**（capillary rise）がある．多くの液体は毛管中を上昇するが，その高さは毛管の半径によって決まり（図 5.6），半径が小さいほど高く上がる．液体が上昇するのは，液体-ガラス界面の面積増加が自由エネルギーを減少させるからである．高さ h，半径 r と液体-空気界面の表面張力 γ の間の関係式は次のように導かれる．図 5.6(c) に示すように，液体-空気界面の表面張力 γ は表面を下げるように働き，一方，ガラス-液体界面の界面張力 γ_{gl} は液体を引き上げるように働く．液体が毛管壁と接触する角，**接触角**（contact angle）を θ とすると，これら二つの力が垂直方向で釣り合ったとき，液体-ガラス界面によって生じた力は単位長さあたり $\gamma\cos\theta$ でなければならない．液体が上昇すると液体-ガラス界面は増加し，ガラス-空気界面は減少する．$\gamma\cos\theta$ はこれら二つの要因による単位長さあたりの正味の力である．単位長さあたりの力は単位面積あたりの界面エ

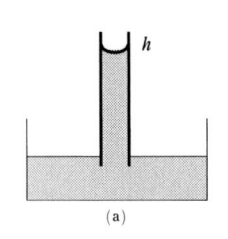

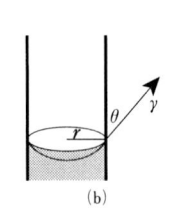

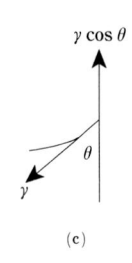

図 5.6 表面張力による毛管上昇
(a) 液体が上昇する高さ h は接触角 θ,表面張力 γ,半径 r に依存する.
(b) 接触角 θ は液体-空気界面に働く力の方向を表す.(c)液体-空気界面による力の垂直方向成分が液体-ガラスとガラス-空気界面による正味の力と釣り合う.

ネルギーに等しいから,液体上昇による界面エネルギーの減少は単位面積あたり $\gamma\cos\theta$ である.すなわち,ガラス-液体界面の面積増加による自由エネルギーの減少は単位面積あたり $\gamma\cos\theta$ である.一方,毛管内を液体が上昇するにつれて,重力による液体のポテンシャルエネルギーが大きくなる.密度 ρ,厚さ dh の液体層の質量は $\pi r^2 dh\rho$ で,高さ h におけるポテンシャルエネルギーは $\pi r^2 dh\rho g h$ に等しい.液柱全体では,これを0から h まで積分しなければならない.液体上昇による自由エネルギー変化 ΔF はポテンシャルエネルギーとガラス-液体界面のエネルギーの和で与えられる.

$$\Delta F(h) = \int_0^h gh\rho\pi r^2 dh - \int_0^h 2\pi r (\gamma\cos\theta) dh$$
$$= \frac{\pi\rho g r^2 h^2}{2} - 2\pi r h(\gamma\cos\theta) \tag{5.6.7}$$

F を最小とする h の値は,$\partial\Delta F(h)/\partial h = 0$ とおいて,h について解いて求められ,次のようになる.

$$h = \frac{2\gamma\cos\theta}{\rho g r} \tag{5.6.8}$$

同じ結果は,表面張力と液柱の重さの釣り合いからも導かれる.図5.6(a)に示す

表 5.2 表面張力と接触角

液 体	γ/Jm^{-2} または Nm^{-1}	界 面	接触角
メタノール	2.26×10^{-2}	ガラス-水	0°
ベンゼン	2.89×10^{-2}	ガラス-多くの有機溶媒*	0°
水	7.73×10^{-2}	ガラス-ケロシン	26°
水銀	47.2×10^{-2}	ガラス-水銀	140°
石鹸液	約 2.3×10^{-2}	パラフィン-水	107°

もっと広範なデータはデータ・ソース [F] にある.
* ケロシンの例に示されるように,すべての有機溶媒が接触角0°をもつわけではない.

ように，高さ h の液柱は表面張力によって保たれる．円周に沿う表面張力による力は $2\pi r\gamma\cos\theta$ である．この力が液柱の重さを支えているので

$$2\pi r\gamma\cos\theta = \rho gh\pi r^2 \tag{5.6.9}$$

が成り立ち，これから式 (5.6.8) が導かれる．

接触角 θ は界面の種類に依存する．ガラス-水界面では，ほとんどの有機溶媒の場合と同じように接触角はほぼ 0 である．ガラス-ケロシン界面では例外的に θ は 26°である．接触角が 90° より大きい場合もある．水銀-ガラス界面では 140°，パラフィン-水界面では 107° である．θ が 90° より大きければ，毛管内の液表面は下がる．

文献

1. Feynman, R. P., Leighton R. B., and Sands M., *The Feynman Lectures on Physics (Vol. I, II and III)*. 1964, Reading, MA: Addison-Wesley.
2. Seul, M. and Andelman D., Domain shapes and patterns: the phenomenology of modulated phases. Science, **267** (1995). 476–483.
3. Callen, H. B., *Thermodynamics*, 2d ed. 1985, New York: John Wiley.
4. Defay, R., Prigogine, I., and Bellemans, A., *Surface Tension and Adsorption*. 1966, New York: John Wiley.

邦訳
1. 坪井忠二他訳，ファインマン物理学 I～V（軽装版），岩波書店，1986

データ・ソース

[A] NBS table of chemical and thermodynamic properties. *J. Phys. Chem. Reference Data*, **11**, Supl. 2 (1982).
[B] G. W. C. Kaye and T. H. Laby (eds.), *Tables of Physical and Chemical Constants*. 1986, London: Longman.
[C] I. Prigogine and R. Defay, *Chemical thermodynamics*. 1967, London: Longman.
[D] J. Emsley, *The Elements*, 1989, Oxford: Oxford University Press.
[E] L. Pauling, *The Nature of the Chemical Bond*. 1960, Ithaca NY: Cornell University Press.
[F] D. R. Lide (ed.) *CRC Handbook of Chemistry and Physics*, 75th ed. 1994, Ann Arbor MI: CRC Press.

例題

例題 5.1 T, N_k が一定のとき，系がする仕事はヘルムホルツ自由エネルギー F の変化量に等しいことを示せ．（このことから，仕事に使うことができるという意味で，"自由エネルギー" の名がつけられた）．

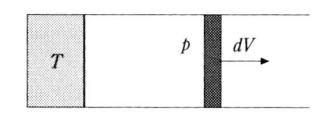

解 明確な例として，温度 T の熱浴と接する理想気体を考える．この気体を膨張させることで仕事がされる．式 (5.1.5) より

$$dF = -pdV - SdT + \sum_k \mu_k dN_k$$

T, N_k 一定で，$dF = -pdV$ であるから

$$\int_{F_1}^{F_2} dF = F_2 - F_1 = \int_{V_1}^{V_2} (-p) dV$$

これは F の変化量が気体によってされた仕事に等しいことを示す．これ以外の任意の系に対してもこのことは成り立つ．

例題 5.2 一つの化学反応を含む閉鎖系に対して，$(\partial F/\partial \xi)_{T,V} = -A$ を示せ．

解 F の変化は式 (5.1.5) で与えられる．

$$dF = -pdV - SdT + \sum_k \mu_k dN_k$$

閉鎖系であるから，N_k の変化は化学反応による．よって，$dN_k = \nu_k d\xi$ である（ν_k は化学量論係数）．したがって

$$dF = -pdV - SdT + \sum_k \nu_k \mu_k d\xi$$

$\sum \nu_k \mu_k = -A$ であるから

$$dF = -pdV - SdT - Ad\xi$$

F を V, T, ξ の関数と考えると

$$dF = (\partial F/\partial V)_{T,\xi} dV + (\partial F/\partial T)_{V,\xi} dT + (\partial F/\partial \xi)_{T,V} d\xi$$

したがって，$(\partial F/\partial \xi)_{T,V} = -A$．

例題 5.3 Gibbs-Duhem の関係を使い，式 (5.1.17) の $(\partial G_m/\partial x_k)_{T,p} = \mu_k$ を示せ．

解 x_k をモル分率とすると，モルギブズ自由エネルギーは $G_m = \sum x_k \mu_k$，これから

$$dG_m = \sum_k dx_k \mu_k + \sum_k x_k d\mu_k$$

Gibbs-Duhem の関係は

$$SdT - Vdp + \sum_k N_k d\mu_k = 0$$

T, p は一定であるから $dT = dp = 0$，さらに N を全モル数とすると $x_k = N_k/N$ である．Gibbs-Duhem の式を N で割り，$dp = dT = 0$ とおくと，$\sum_k x_k d\mu_k = 0$．dG_m の式にこの結果を代入すると，T, p 一定のとき

$$(dG_m)_{T,p} = \sum_k \left(\frac{\partial G_m}{\partial x_k}\right)_{p,T} dx_k = \sum_k \mu_k dx_k$$

dx_k の係数を等しいとおくことで，$(\partial G_m/\partial x_k)_{T,p} = \mu_k$ が導かれる．

問 題

5.1 第一法則と第二法則の一般式に $T d_i S = -\gamma dA$ と $T d_e S = dU + pdV$ を代入し，$dU = TdS - pdV + \gamma dA$ を導け（$dN_k = 0$ とする）．

5.2 体積 V_i から V_f への気体の等温膨張におけるヘルムホルツ自由エネルギー F の変化量を求めよ．

5.3 関係式 $dU = dQ - pdV$，$T d_e S = dQ$，$T d_i S = -\sum_k \mu_k dN_k$ を用いて

$$dG = Vdp - SdT + \sum_k \mu_k dN_k \tag{5.1.13}$$

を導け．

5.4 関係式 $dU = dQ - pdV$，$Td_eS = dQ$，$Td_iS = -\sum_k \mu_k dN_k$ を用いて

$$dH = TdS + Vdp + \sum_k \mu_k dN_k \tag{5.1.21}$$

を導け．

5.5 式 (5.2.10) より Helmholtz の式 (5.2.11) を導け．

5.6 (a) Helmholtz の式 (5.2.11) を用い，温度 T 一定では理想気体の内部エネルギーは体積によらないことを示せ．
(b) Helmholtz の式 (5.2.11) と van der Waals の状態式を用い，N mol の気体に対して $(\partial U/\partial V)_T$ を求めよ．

5.7 式 (5.2.12) より式 (5.2.13) を導け．

5.8 ΔH は温度によりほとんど変化しないとして，Gibbs-Helmholtz の式 (5.2.14) を積分し，温度 T_f における ΔG_f を $\Delta H, \Delta G_i, T_i$ を用いて表せ．

5.9 理想気体のヘルムホルツ自由エネルギーを T, V, N の関数として表す式を導け．

5.10 物質のギブズ自由エネルギーの温度依存性が $G = aT + b + c/T$ で与えられるとき，この物質のエントロピーとエンタルピーが温度によりどのように変化するか示せ．

5.11 理想気体に対して，式 (5.4.10) は $C_p - C_V = R$ となることを示せ．

5.12 (a) 式 (5.6.7) により与えられる自由エネルギー $\Delta F(h)$ を最小にすることで，表面張力による毛管上昇の高さ h を与える次の式を導け．

$$h = \frac{2\gamma \cos\theta}{\rho g \gamma}$$

(b) 水とガラスの接触角 θ はほとんど 0° であるとして，直径 0.1 mm の毛管を上昇する水柱の高さを計算せよ．

5.13 (a) 表面張力の寄与により，気泡の内圧は外部の圧力より大きい．この過剰圧力を Δp とする．半径 r の無限小増加 dr による仕事 ΔpdV と表面エネルギーの増加 γdA を等しいとおくことにより，$\Delta p = 2\gamma/r$ が導かれることを示せ．
(b) 水中の半径 1.0 mm および 1.0 μm の気泡内の過剰圧力を計算せよ．

6. 気体, 液体および固体の基礎熱力学

はじめに

これまで学んできた定式化や一般熱力学関係式の応用範囲は広い．本章では，気体，液体，固体の熱力学量がどのように求められるか，さらに異なる相間の平衡について基礎的事項を述べる．

6.1 理想気体の熱力学

理想気体の内部エネルギー，エントロピー，化学ポテンシャルなど多くの熱力学量を前章までに導いた．本節では，これらすべての結果を用いて，理想気体近似で気体の熱力学的性質をまとめておこう．次節で，分子の大きさと分子間力を考慮した"実在気体"に対して熱力学量がどのように求められるか述べる．

● 状態式

出発点は理想気体の状態式である．

$$pV = NRT \tag{6.1.1}$$

1章で示したように，密度が 1 mol/L より低い多くの気体に対してこの仮定が適用できる．この程度の密度で温度 300 K では，理想気体の状態式から計算される N_2 の圧力は 24.76 atm である．一方，より正確な van der Waals の状態式を用いて得られる値は 24.23 atm で，その差は数％にすぎない．

● 内部エネルギー

熱力学によって，理想気体の状態式 (6.1.1) から定温で内部エネルギー U は体積に無関係であること，すなわち理想気体のエネルギーは温度だけに依存することが示される．この結論は，Helmholtz の式 (5.2.11) を用いて導かれる．

$$\left(\frac{\partial U}{\partial V}\right)_T = T^2 \frac{\partial}{\partial T}\left(\frac{p}{T}\right)_V \tag{6.1.2}$$

(エントロピー S が V, T, N_k の状態関数であることから Helmholtz の式が導かれた

ことを思い出してほしい）．理想気体の状態式より $p/T=NR/V$ であり，これは T に依存しない．したがって，式 (6.1.2) より $(\partial U/\partial V)_T=0$ で，理想気体の内部エネルギー $U(T,V,N)$ は体積に無関係であることが示される．U をもっと明確に表すことができる．モル熱容量 $C_V=(\partial U_{\mathrm{m}}/\partial T)_V$ は T に依存しないので

$$U_{\mathrm{Ideal}}=U_0+N\int_0^T C_V dT = U_0+NC_VT=N(u_0+C_VT) \tag{6.1.3}$$

と書くことができる．（定数 U_0 は古典熱力学では定義されないが，相対性理論によるエネルギーの定義では $U_0=MNc^2$ である．ここで M はモル質量，N はモル数，c は光速度である．エネルギー変化を問題にする熱力学では U_0 はあらわには出てこない）．

● **熱容量と断熱過程**

すでに定積熱容量 C_V と定圧熱容量 C_p の二つの熱容量について学んだ．さらに2章で，理想気体に対して第一法則より二つの熱容量の間に次の関係が成り立つことを知った．

$$C_p-C_V=R \tag{6.1.4}$$

断熱過程に対しては，第一法則から次の Poisson の関係が導かれる．

$$TV^{(\gamma-1)}=\text{一定} \quad \text{または} \quad pV^{\gamma}=\text{一定} \tag{6.1.5}$$

ここで，$\gamma=C_p/C_V$ である．定義より，断熱過程では $d_\mathrm{e}S=dQ/T=0$ である．変化が $d_\mathrm{i}S\approx 0$ で起こると，$dS=d_\mathrm{i}S+d_\mathrm{e}S$ より系のエントロピーは一定に保たれる．

● **エントロピー，エンタルピー，自由エネルギー**

式 (3.7.4) より，理想気体のエントロピー $S(T,V,N)$ は

$$S=N[s_0+C_V\ln T+R\ln(V/N)] \tag{6.1.6}$$

である．理想気体の状態式と U_{Ideal} と S の式から，理想気体のエンタルピー $H=U+pV$，ヘルムホルツ自由エネルギー $F=U-TS$，ギブズ自由エネルギー $G=U-TS+pV$ は容易に導かれる（問題 6.1）．

● **化学ポテンシャル**

式 (5.3.6) より，理想気体の化学ポテンシャルに対して次式が成り立つ．

$$\begin{aligned}\mu(T,p)&=\mu(T,p_0)+RT\ln(p/p_0)\\&=\mu^0(T)+RT\ln p\end{aligned} \tag{6.1.7}$$

ここで $\mu^0(T)$ は単位圧力における化学ポテンシャルである．混合理想気体では，全エネルギーは各成分のエネルギーの総和であり，エントロピーについても同様である．成分 k の化学ポテンシャルは，分圧 p_k を用いて次のように表される．

$$\mu_k(T, p_k) = \mu_k(T, p_0) + RT\ln(p_k/p_0)$$
$$= \mu_k^0(T) + RT\ln p_k \qquad (6.1.8)$$

また，成分 k のモル分率を x_k とすると $p_k = x_k p$ であるから，次のように書くこともできる．

$$\mu_k(T, p, x_k) = \mu_k(T, p) + RT\ln x_k \qquad (6.1.9)$$

ここで，$\mu_k(T, p) = \mu_k^0(T) + RT\ln p$ で，これは純粋気体の化学ポテンシャルである．これらの化学ポテンシャルの式は，成分間の相互作用をもたないすべての理想混合系に適用できる．

●混合エントロピーと Gibbs のパラドックス

理想気体に対するエントロピーの式を用いると，2種の気体を混合するときのエントロピーの増大を求めることができる．体積 $2V$ の容器が体積 V の二つの容器に仕切られている場合を考え（図6.1），はじめそれぞれの容器に同じモル数 N ずつの異なる気体が入っているとする．この状態で全エントロピーはそれぞれ別の容器に入っている2種の気体のエントロピーの和であるから

$$S_\text{int} = N[s_{01} + C_{V_1}\ln T + R\ln(V/N)]$$
$$+ N[s_{02} + C_{V_2}\ln T + R\ln(V/N)] \qquad (6.1.10)$$

である．次に，二つの容器を分けていた仕切りを取り除くと，2種の気体は不可逆的に混合し，エントロピーは増大する．2種の気体が完全に混合して新しい平衡状態に到達したとき，2種の気体はそれぞれ体積 $2V$ を占めている．そこで混合後の全エントロピーは

$$S_\text{fin} = N[s_{01} + C_{V_1}\ln T + R\ln(2V/N)]$$
$$+ N[s_{02} + C_{V_2}\ln T + R\ln(2V/N)] \qquad (6.1.11)$$

である．式 (6.1.10) と式 (6.1.11) の差が混合エントロピー $\Delta S_\text{mix} = S_\text{fin} - S_\text{int}$ であり，容易に次式が導かれる．

$$\Delta S_\text{mix} = 2NR\ln 2 \qquad (6.1.12)$$

この結果を体積とモル数が異なる任意の場合に一般化することは練習問題に委ねる．最初に2種の気体のモル密度が同じ，すなわち $(N_1/V_1) = (N_2/V_2)$ であれば，混合エントロピーは

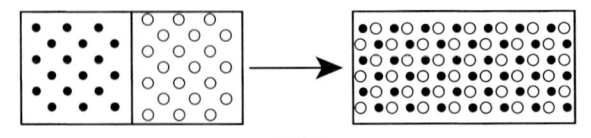

図 6.1

2種の異なる気体の混合のエントロピーは，たとえその違いが非常に小さくても式 (6.1.12) で与えられる．二つの気体がまったく同一であれば，エントロピー変化はない．

$$\Delta S_{\text{mix}} = -RN[x_1 \ln x_1 + x_2 \ln x_2] \tag{6.1.13}$$

と書くことができる（問題6.2）．ここでx_1, x_2はモル分率，$N = N_1 + N_2$ である．

Gibbsはこの結果の奇妙な側面について注意を向けている．もし2種の気体が同じであるとすれば，仕切りを取り除く前後の気体の状態を区別することができない．このとき最初と最後の状態が同じであるから，エントロピー変化はない．しかしながら，2種の気体が異なれば，その違いがどんなに小さくても，式（6.1.12）で与えられるエントロピー増大を示す．一般にほとんどの物理系で，ある物理量の小さな変化は他の物理量についても小さな変化を引き起こすにすぎない．ところが混合エントロピーの場合は事情が異なる．すなわち，2種の気体の違いが非常に小さくても，混合エントロピーは $2NR\ln 2$ であり，違いが消滅すると ΔS_{mix} は突然0となる．この混合エントロピーの不連続的挙動は**Gibbsのパラドックス**（Gibbs paradox）と呼ばれている．

混合のエントロピー（6.1.13）は，3章（BOX 3.1）で紹介した統計力学の公式 $S = k_B \ln W$ を使って導くこともできる．$(N_1 + N_2)$ mol または $(N_1 + N_2)N_A$ 個の同一分子の気体を考えよう．N_A は Avogadro 定数である．同じ分子は区別できないから，このとき分子の交換は微視的状態を区別することにはならない．しかしながら，もし N_2 mol の気体を別の種類の気体に置き換えると，そのときは二つの異なる気体分子の交換は異なる微視的状態をつくることになる．それゆえ，N_1 mol の気体と N_2 mol の気体の混合気体は $(N_1 + N_2)$ mol の純粋気体と比較してより多くの微視的状態をもつ．これらの余分の微視的状態が混合エントロピー（6.1.13）を与える．混合による余分な微視的状態の数は

$$W_{\text{mix}} = \frac{(N_A N_1 + N_A N_2)!}{(N_A N_1)!(N_A N_2)!} \tag{6.1.14}$$

である．ここでモル数を分子数へ変換するために Avogadro 定数を用いた．Stirling の近似 $\ln N! \approx N \ln N - N$ を用いると，容易に

$$\Delta S_{\text{mix}} = k_B \ln W_{\text{mix}} = -k_B N_A (N_1 + N_2)[x_1 \ln x_1 + x_2 \ln x_2] \tag{6.1.15}$$

が導かれる（問題6.2）．ここで，x_1 と x_2 はモル分率である．$R = k_B N_A$，$N = N_1 + N_2$ を代入すると式（6.1.13）が導かれる．以上の導出より，混合エントロピーは二つの成分が区別できることの結果であることが理解できる．

6.2 実在気体の熱力学

理想気体近似は有用ではあるが，分子の大きさや分子間相互作用を無視している．したがって，気体の密度が高くなると，理想気体の状態式は十分な精度で体積，圧力，温度の関係を予測できなくなる．より正しい結果を得るためには，別の状態式を

使わなければならない．分子の大きさと分子間力を考慮した取扱いを"実在気体"の理論という．

分子間力を考慮すると，内部エネルギー U，モル熱容量 C_p と C_V の関係，断熱過程の式，その他の熱力学量が理想気体の場合と異なることが予想される．この節では，分子の大きさと分子間力を考慮した状態式から実在気体の熱力学量がどのように求められるかについて述べる．

分子間力と分子の大きさを考慮した van der Waals の状態式および臨界定数 p_c, V_{mc}, T_c はすでに1章で示した．それらは次のように表される．

$$\left(p+\frac{a}{V_m^2}\right)(V_m-b)=RT \tag{6.2.1 a}$$

$$p_c=\frac{a}{27b^2}, \qquad V_{mc}=3b, \qquad T_c=\frac{8a}{27bR} \tag{6.2.1 b}$$

van der Waals の状態式以外にも，いくつかの状態式が提案されている．例えば，Berthelot の状態式

$$p=\frac{RT}{V_m-b}-\frac{a}{TV_m^2} \tag{6.2.2 a}$$

$$p_c=\frac{1}{12}\left(\frac{2aR}{3b^3}\right)^{1/2}, \qquad V_{mc}=3b, \qquad T_c=\frac{2}{3}\left(\frac{2a}{3bR}\right)^{1/2} \tag{6.2.2 b}$$

Dieterici の状態式

$$p=\frac{RTe^{-a/RTV_m}}{V_m-b} \tag{6.2.3 a}$$

$$p_c=\frac{a}{4b^2e^2}, \qquad V_{mc}=2b, \qquad T_c=\frac{a}{4bR} \tag{6.2.3 b}$$

ここで，a と b は van der Waals 定数と同様な定数であり，臨界定数と関係する．もう一つよく用いられる式に Kamerlingh と Onnes によって提案された**ビリアル展開式**（virial expansion）がある．これは圧力をモル密度 $\rho=N/V$ の展開式で表したもので，

$$p=RT\frac{N}{V}\left[1+B(T)\left(\frac{N}{V}\right)+C(T)\left(\frac{N}{V}\right)^2+\cdots\right] \tag{6.2.4}$$

$B(T)$, $C(T)$ は温度の関数で，**ビリアル係数**（virial coefficient）と呼ばれ，実験的に求めることができる〔文献 F〕．期待されるように，低密度で式 (6.2.4) は理想気体の状態式となる．van der Waals 定数 a, b はビリアル係数 $B(T), C(T)$ と関係づけられる（問題 6.4）．したがって，ビリアル係数を van der Waals 定数から求めることができる．理想気体の状態式は低圧で成り立つから，ビリアル展開式を次のように書くこともできる．

$$p=RT\frac{N}{V}[1+B'(T)p+C'(T)p^2+\cdots] \tag{6.2.5}$$

式 (6.2.4) と式 (6.2.5) の比較より，近似的に $B(T)=B'(T)RT$ が成り立つことが示される．

● **内部エネルギー**

実在気体では分子間力が働くため，内部エネルギーはもはや温度だけの関数ではない．分子の相互作用のエネルギーは分子間距離に依存するから，一定温度でも体積変化によってエネルギーは変化する．すなわち，実在気体の $(\partial U/\partial V)_T$ は 0 にならない．分子間力は短距離力であるので，密度が低いと分子どうしは離れているので相互作用は小さい．密度が 0 に近づくと，実在気体のエネルギー U_{real} は理想気体のエネルギー U_{ideal} に近づく．すべての系に対して成り立つHelmholtzの式 $(\partial U/\partial V)_T = T^2[\partial(p/T)/\partial T]_V$ を用いて U_{real} を表す式を導くことができる．Helmholtz の式を積分して

$$U_{\text{real}}(T,V,N) = U_{\text{real}}(T,V_0,N) + \int_{V_0}^{V} T^2 \left(\frac{\partial}{\partial T}\frac{p}{T}\right)_V dV \qquad (6.2.6)$$

さらに，N 一定で体積 $V_0 \to \infty$，すなわち密度が 0 に近づくとき，U_{real} は理想気体のエネルギー $U_{\text{ideal}}(T,N)$ に近づくはずなので，式 (6.2.6) は次のように書ける．

$$U_{\text{real}}(T,V,N) = U_{\text{ideal}}(T,N) + \int_{\infty}^{V} T^2 \left(\frac{\partial(p/T)}{\partial T}\right)_V dV \qquad (6.2.7)$$

もし状態式から $[\partial(p/T)/\partial T]_V$ を求めることができれば，U_{real} に対する明確な式を導くことができる．例えば，van der Waals 状態式を用いて，実在気体のエネルギーを求めることができる．すなわち，式 (6.2.1) から $p/T = NR/(V-Nb) - a(N/V)^2(1/T)$ であり，この式を式 (6.2.7) に代入すると

$$U_{\text{vw}}(T,V,N) = U_{\text{ideal}}(T,N) + \int_{\infty}^{V} a\left(\frac{N}{V}\right)^2 dV$$

ここで，U_{vw} は van der Waals 気体の内部エネルギーである．積分して

$$U_{\text{vw}}(T,V,N) = U_{\text{ideal}}(T,N) - a\left(\frac{N}{V}\right)^2 V \qquad (6.2.8)$$

エネルギーをこのように書くことで，分子間相互作用エネルギーは単位体積あたり $a(N/V)^2$ に等しいことがわかる．体積が増加するにつれて U_{vw} は U_{ideal} に近づく．

● **熱容量 C_V および C_p**

気体のモル内部エネルギー U_m がわかっていれば，定積熱容量 $C_V = (\partial U_\text{m}/\partial T)_V$ が求められる．実在気体に対して式 (6.2.7) を使うと，C_V に対して

$$C_{V,\text{real}} = \left(\frac{\partial U_{\text{real}}}{\partial T}\right)_V = \left(\frac{\partial U_{\text{ideal}}}{\partial T}\right)_V + \frac{\partial}{\partial T}\int_{\infty}^{V} T^2 \left(\frac{\partial}{\partial T}\frac{p}{T}\right)_V dV$$

積分のなかの微分式を書き直して

$$C_{V,\text{real}} = C_{V,\text{ideal}} + \int_{\infty}^{V} T\left(\frac{\partial^2 p}{\partial T^2}\right)_V dV \tag{6.2.9}$$

van der Waals の状態式のような状態式が与えられていれば，この式から C_V を具体的に表す式が得られる．式 (6.2.9) は，p と T が線形関係にありさえすれば，どのような状態式であっても $C_{V,\text{real}} = C_{V,\text{ideal}}$ であることを示している．このことは van der Waals の状態式に対しても当てはまる．分子間相互作用エネルギーは分子間距離またはモル密度 (N/V) に依存し，V 一定では一定であるから，C_V は分子間力によって影響されることはない，すなわち C_V は単位の温度変化による分子の運動エネルギーの変化量に相当するものである．

状態式が与えられると，式 (5.4.5) と式 (5.4.6) で定義された等温圧縮率 κ_T，体膨張率 α，およびモル体積 V_m を求めることができる．さらに，次の一般的関係式 (5.4.10)

$$C_p = \frac{TV_m \alpha^2}{\kappa_T} + C_V \tag{6.2.10}$$

を用いて C_p が求められる．このように，式 (6.2.9) と式 (6.2.10) を用いて実在気体の二つのモル熱容量が求められる．

● **断熱過程**

理想気体の断熱過程では，式 (2.3.11) $TV^{\gamma-1} = $ 一定または式 (2.3.12) $pV^{\gamma} = $ 一定が成り立つことを 2 章で示した．ここで $\gamma = C_p/C_V$ である．実在気体に対しても類似の式を導くことができる．断熱過程は $dQ = 0 = dU + pdV$ で定義される．U を V と T の関数と考えると，この式は次のように書ける．

$$\left(\frac{\partial U}{\partial V}\right)_T dV + \left(\frac{\partial U}{\partial T}\right)_V dT + pdV = 0 \tag{6.2.11}$$

(N は気体のモル数)．$(\partial U/\partial T)_V = NC_V$ であるから，この式は

$$\left[\left(\frac{\partial U}{\partial V}\right)_T + p\right] dV = -NC_V dT \tag{6.2.12}$$

となる．Helmholtz の式 (5.2.11) の右辺の微分を計算して，$[(\partial U/\partial V)_T + p] = T(\partial p/\partial T)_V$ が導かれる (問題 6.5)．さらに，5 章で示したように $(\partial p/\partial T)_V = \alpha/\kappa_T$ (式 (5.4.7)) である．これら二つの関係式を使うと，式 (6.2.12) は

$$\frac{T\alpha}{\kappa_T} dV = -NC_V dT \tag{6.2.13}$$

となる．これを熱容量比 $\gamma = C_p/C_V$ で表すために，5 章で導いた次の式を用いる．

$$C_p - C_V = \frac{TV_m \alpha^2}{\kappa_T} \tag{6.2.14}$$

式 (6.2.13) と式 (6.2.14) から

6.2 実在気体の熱力学

$$N\frac{C_p-C_V}{V\alpha}dV = -NC_V dT \tag{6.2.15}$$

が得られる．なお，モル体積を $V_m = V/N$ とおいた．両辺を C_V で割り，$\gamma = C_p/C_V$ とおくと

$$\frac{\gamma-1}{V}dV = -\alpha dT \tag{6.2.16}$$

が得られる．一般に γ は体積または圧力によりほとんど変化しない．そこで，γ を一定とみなして式（6.2.16）を積分すると

$$(\gamma-1)\ln V = -\int \alpha(T)dT + C \tag{6.2.17}$$

を得る．ここで α は T の関数とし，C は積分定数である．この式は

$$V^{(\gamma-1)}e^{\int \alpha(T)dT} = \text{一定} \tag{6.2.18}$$

と書き換えることができる．この関係式はすべての気体に対して成り立つ．理想気体では $\alpha = (1/V)(\partial V/\partial T)_p = 1/T$ である．これを式（6.2.16）に代入すると，Poissonの式 $TV^{\gamma-1} = \text{一定}$ が得られる．van der Waalsの状態式のように p が T の線形関数であれば，式（6.2.9）より $C_{V,\text{real}} = C_{V,\text{ideal}}$ であるから，式（6.2.14）より

$$\gamma - 1 = \frac{T\alpha^2 V_m}{C_{V,\text{ideal}}\kappa_T} \tag{6.2.19}$$

となる．実在気体の状態式が知られていれば，α と γ は T の関数として求められ，断熱過程に対する V と T の間の関係式（6.2.18）が明確に定まる．

●ヘルムホルツ自由エネルギーおよびギブズ自由エネルギー

U_{ideal} と U_{real} の関係（6.2.7）を導いたのと同様な方法によって，ヘルムホルツ自由エネルギーおよびギブズ自由エネルギーについても同様な式を導くことができる．基礎となる考えは，$p \to 0$ または $V \to \infty$ のとき実在気体の熱力学量は理想気体の値に近づくということである．ヘルムホルツ自由エネルギー F を考えよう．式（5.1.6）より $(\partial F/\partial V)_T = -p$ であるから，一般式として

$$F(T,V,N) = F(T,V_0,N) - \int_{V_0}^{V} p\,dV \tag{6.2.20}$$

が成り立つ．任意の T, V, N における実在気体と理想気体の F の差は次のように求められる．実在気体と理想気体について式（6.2.20）を書き表し，その差をとると容易に次式

$$F_{\text{real}}(T,V,N) - F_{\text{ideal}}(T,V,N)$$
$$= F_{\text{real}}(T,V_0,N) - F_{\text{ideal}}(T,V_0,N) - \int_{V_0}^{V}(p_{\text{real}} - p_{\text{ideal}})dV \tag{6.2.21}$$

が得られる．$\lim_{V_0 \to \infty}[F_{\text{real}}(T,V_0,N) - F_{\text{ideal}}(T,V_0,N)] = 0$ であるから，上の式は

$$F_{\text{real}}(T, V, N_k) - F_{\text{ideal}}(T, V, N_k) = -\int_{\infty}^{V} (p_{\text{real}} - p_{\text{ideal}}) \, dV \quad (6.2.22)$$

と書くことができる。ここで N を N_k と置き換えることによって，この式は多成分系に対しても適用できることをあらわに表した。同様にして，ギブズ自由エネルギーに対して次の関係

$$G_{\text{real}}(T, p, N_k) - G_{\text{ideal}}(T, p, N_k) = \int_{0}^{p} (V_{\text{real}} - V_{\text{ideal}}) \, dp \quad (6.2.23)$$

を導くことができる。

例として，van der Waals の状態式を用いて F を求めてみよう。この場合，$p_{\text{real}} = p_{\text{vw}} = NRT/(V-bN) - aN^2/V^2$ であり，これを式 (6.2.22) に代入して積分すると

$$F_{\text{vw}}(T, V, N) = F_{\text{ideal}}(T, V, N) - a\left(\frac{N}{V}\right)^2 V - NRT \ln\left(\frac{V-Nb}{V}\right) \quad (6.2.24)$$

である。ここで

$$\begin{aligned} F_{\text{ideal}} &= U_{\text{ideal}} - TS_{\text{ideal}} \\ &= U_{\text{ideal}} - TN[s_0 + C_V \ln T + R \ln(V/N)] \end{aligned} \quad (6.2.25)$$

である。式 (6.2.25) を式 (6.2.24) に代入してまとめると

$$\begin{aligned} F_{\text{vw}} &= U_{\text{ideal}} - a(N/V)^2 V - TN\{s_0 + C_V \ln T + R \ln[(V-Nb)/N]\} \\ &= U_{\text{vw}} - TN\{s_0 + C_V \ln T + R \ln[(V-Nb)/N]\} \end{aligned} \quad (6.2.26)$$

が得られる（問題 6.10）。ここで，van der Waals 気体の内部エネルギーに対する式 (6.2.8) $U_{\text{vw}}(V, T, N) = U_{\text{ideal}} - a(N/V)^2 V$ を用いた。同様に，van der Waals の状態式を用いて実在気体のギブズ自由エネルギーを求めることができる。

●エントロピー

$F_{\text{real}} = U_{\text{real}} - TS_{\text{real}}$ の関係より，実在気体のエントロピーは U_{real} と F_{real} に対する式 (6.2.7) と式 (6.2.22) を用いて求めることができる。van der Waals の状態式を用いたとき，実在気体のエントロピー S_{vw} は式 (6.2.26) から次のようになる。

$$S_{\text{vw}}(T, V, N) = N\{s_0 + C_V \ln T + R \ln[(V-Nb)/N]\} \quad (6.2.27)$$

この式と理想気体のエントロピーの式 (6.1.6) を比較すると，van der Waals 気体のエントロピーの式では，体積項が $(V-Nb)$ となっている点でのみ異なっていることがわかる。

●化学ポテンシャル

実在気体の化学ポテンシャルはギブズ自由エネルギーに対する式 (6.2.23) から導くことができる。成分 k の化学ポテンシャルは $\mu_k = (\partial G/\partial N_k)_{p,T}$ で支えられるから，式 (6.2.23) を N_k について微分することにより

G. N. Lewis (The Emilio Segrê Visual Archives of the American Institute of Physics)

$$\mu_{k,\text{real}}(T,p) - \mu_{k,\text{ideal}}(T,p) = \int_0^p (V_{mk,\text{real}} - V_{mk,\text{ideal}})\,dp \qquad (6.2.28)$$

ここで，$V_{mk} \equiv (\partial V/\partial N_k)_{p,T}$ は成分 k の部分モル体積である．簡単化のために，単一気体を考えよう．理想気体のモル体積 $V_{m,\text{ideal}} = RT/p$ と実在気体のモル体積 $V_{m,\text{real}}$ を比較するために，**圧縮因子**（compressibility factor）Z を定義する．

$$V_{m,\text{real}} = ZRT/p \qquad (6.2.29)$$

理想気体では $Z=1$ であり，1 からのずれは非理想性を表す．Z を用いて化学ポテンシャルは次のように表される．

$$\begin{aligned}\mu_{\text{real}}(T,p) &= \mu_{\text{ideal}}(T,p) + RT\int_0^p \left(\frac{Z-1}{p}\right)dp \\ &= \mu_{\text{ideal}}(T,p_0) + RT\ln\frac{p}{p_0} + RT\int_0^p \left(\frac{Z-1}{p}\right)dp \end{aligned} \qquad (6.2.30)$$

ここで，理想気体の化学ポテンシャルに対する式 $\mu(T,p) = \mu^0(T) + RT\ln p$ を用いた．化学ポテンシャルは，G. N. Lewis が導入した**フガシティー**（fugacity）f で表現することもできる．実在気体の化学ポテンシャルに対しても理想気体の化学ポテンシャルと同じ型の式が成り立つように，G. N. Lewis は次の定義によりフガシティー f を導入した．

$$\mu_{\text{real}}(T,p) = \mu_{\text{ideal}}(T,p) + RT\ln\frac{f}{p} \qquad (6.2.31)$$

十分低圧で理想気体の式と一致しなければならないので，$\lim_{p\to 0}(f/p) = 1$ である．式 (6.2.30) と式 (6.2.31) を比較すると

$$\ln\frac{f}{p} = \int_0^p \left(\frac{Z-1}{p}\right)dp \qquad (6.2.32)$$

である．van der Waals 状態式やビリアル展開式 (6.2.5) などの状態式を用いて Z を明確に求めることができる．例えば，ビリアル展開式に対して

$$Z = \frac{pV_m}{RT} = [1 + B'(T)p + C'(T)p^2 + \cdots] \qquad (6.2.33)$$

p の二次項までを式 (6.2.32) に代入すると

$$\ln\frac{f}{p} = B'(T)p + \frac{1}{2}C'(T)p^2 \qquad (6.2.34)$$

一般に，p^2 項は小さく無視できる．そのとき，式 (6.2.34) を式 (6.2.31) に代入することにより，実在気体の化学ポテンシャル μ_{real} は次のように求められる．

$$\begin{aligned}\mu_{\text{real}}(T,p) &= \mu_{\text{ideal}}(T,p) + RT\ln\frac{f}{p} \\ &= \mu_{\text{ideal}}(T,p) + RTB'(T)p + \cdots \end{aligned} \qquad (6.2.35)$$

この式は (6.2.4) のビリアル係数 $B(T) = B'(T)RT$ を用いて表すこともできる．すなわち

$$\mu_{\text{real}}(T,p) = \mu_{\text{ideal}}(T,p) + B(T)p + \cdots \qquad (6.2.36)$$

式 (3.2.34) と式 (6.2.35) はビリアル係数で表した実在気体の化学ポテンシャルを与える．同様な計算は van der Waals の状態式を用いても行うことができる．

$(\partial F/\partial N)_{T,V} = \mu(T,V)$ を使っても同様に化学ポテンシャルを導くことができる．van der Waals の状態式を用いて，モル密度 $n = (N/V)$ と温度 T の関数として化学ポテンシャルを表すことができる（問題 6.9）．

$$\begin{aligned}\mu(T,n) = (u_0 - 2an) &+ \left(\frac{C_V}{R} + \frac{1}{1-nb}\right)RT \\ &- T\left[s_0 + C_V\ln T - R\ln\left(\frac{n}{1-bn}\right)\right] \end{aligned} \qquad (6.2.37)$$

● 化学親和力

最後に，実在気体の化学平衡の特徴を理解するために，化学反応に関与する実在気体の親和力を求めよう．実在気体に対して反応の親和力 $A = -\sum_k \nu_k \mu_k$ を化学ポテンシャルの式 (6.2.28) を使って書くことができる．

$$A_{\text{real}} = A_{\text{ideal}} - \sum_k \nu_k \int_0^p (V_{k,\text{m,real}} - V_{k,\text{m,ideal}})\,dp \qquad (6.2.38)$$

この式を実在気体の反応系の平衡定数を求めるために使うことができる．理想気体の部分モル体積 $V_{k,\text{m,ideal}}$ は RT/p であり，これから上式は

$$A_{\text{real}} = A_{\text{ideal}} - \sum_k \nu_k \int_0^p \left(V_{k,\text{m,real}} - \frac{RT}{p}\right)dp \qquad (6.2.39)$$

となる．van der Waals 定数やビリアル係数など実在気体のパラメーターがわかると，これまで求めてきた式を用いて実在気体の熱力学を記述することができる．

6.3 純粋液体および固体の熱力学量

●状態式

固体と液体はともに凝縮相（condensed phase）と呼ばれており，その体積は分子の大きさと分子間力で決められており，p や T により大きく変化することはない．分子の大きさや分子間力はそれぞれの化合物に固有であり，一般的な状態式は存在しない．V, T, p の間の関係は，それぞれ式 (5.4.5) と式 (5.4.6) で定義された体膨張率 α と等温圧縮率 κ_T で表される．V を p と T の関数 $V(T, p)$ と考えると

$$dV = \left(\frac{\partial V}{\partial T}\right)_p dT + \left(\frac{\partial V}{\partial p}\right)_T dp = \alpha V dT - \kappa_T V dp \tag{6.3.1}$$

と書くことができる．α および κ_T の値は固体や液体では一般に小さい．液体では，体膨張率 α は $10^{-3} \sim 10^{-4} \mathrm{K}^{-1}$，等温圧縮率 κ_T はおおよそ $10^{-5} \mathrm{atm}^{-1}$ である．固体で α は $10^{-5} \sim 10^{-6} \mathrm{K}^{-1}$，$\kappa_T$ は $10^{-6} \sim 10^{-7} \mathrm{atm}^{-1}$ の範囲にある．表 6.1 にいくつかの液体および固体の α と κ_T の値を示した．α および κ_T の値は 100 K 程度の温度変化および 50 atm 程度の圧力変化に対してほとんど変化しない．したがって，式 (6.3.1) を積分して次の状態式が得られる．

$$\begin{aligned} V(T, p) &= V(T_0, p_0) \exp[\alpha(T - T_0) - \kappa_T(p - p_0)] \\ &\approx V(T_0, p_0)[1 + \alpha(T - T_0) - \kappa_T(p - p_0)] \end{aligned} \tag{6.3.2}$$

●熱力学量

固体および液体の熱力学的な特徴は，μ, S, H が圧力によってほとんど変化しないことであり，したがって N が一定であれば，これらの熱力学量は実質的に T だけの関数である．エントロピーを p と T の関数と考えれば

$$dS = \left(\frac{\partial S}{\partial T}\right)_p dT + \left(\frac{\partial S}{\partial p}\right)_T dp \tag{6.3.3}$$

表 6.1 液体および固体の体膨張率 α と等温圧縮率 κ_T

物　質	$\alpha/10^{-4}(\mathrm{K}^{-1})$	$\kappa_T/10^{-6}(\mathrm{atm}^{-1})$
水	2.1	49.6
ベンゼン	12.4	92.1
水銀	1.8	38.7
エタノール	11.2	76.8
四塩化炭素	12.4	90.5
銅	0.501	0.735
ダイヤモンド	0.030	0.187
鉄	0.354	0.597
鉛	0.861	2.21

と書くことができる。第一項は $(\partial S/\partial T)_p = NC_p/T$ であり、実験で測定可能な C_p と関連づけられる。第二項は次のように α と関連づけられる。

$$\left(\frac{\partial S}{\partial p}\right)_T = -\left[\frac{\partial}{\partial p}\left(\frac{\partial G(T,p)}{\partial T}\right)_p\right]_T = -\left[\frac{\partial}{\partial T}\left(\frac{\partial G(T,p)}{\partial p}\right)_T\right]_p$$
$$= -\left(\frac{\partial V}{\partial T}\right)_p = -V\alpha \tag{6.3.4}$$

これらの式から、式 (6.3.3) を次のように書き直すことができる。

$$dS = \frac{NC_p}{T}dT - \alpha V dp \tag{6.3.5}$$

積分すると、この式は

$$S(T,p) = S(0,0) + N\int_0^T \frac{C_p}{T}dT - N\int_0^p \alpha V_m dp \tag{6.3.6}$$

となる。ここで $V = NV_m$ とした。$S(0,0)$ は Nernst の定理から定まる。V_m と α は p によってあまり変化しないから、式 (6.3.6) の第三項は $N\alpha V_m p$ で近似できる。$p = 1 - 10$ atm の範囲では、この項は第二項に比べて小さい。水の場合、$V_m = 18.0 \times 10^{-6}$ m³ mol⁻¹、$\alpha = 2.1 \times 10^{-4}$ K⁻¹ である。$p = 10$ bar $= 10 \times 10^5$ Pa では、$\alpha V_m p$ は約 3.6×10^{-3} J K⁻¹ mol⁻¹ である。一方、C_p の値は約 75 J K⁻¹ mol⁻¹ である。$T \to 0$ のとき、C_p は 0 に近づくが S は有限であり、$p = 1$ atm, $T = 298$ K における水のエントロピーは約 70 J K⁻¹ である。よって、p を含む式 (6.3.6) の第三項は第二項と比べると重要でない。このことは固体でも液体でも一般的に成り立つので

$$\underline{S(T,p) = S(0,0) + N\int_0^T \frac{C_p(T)}{T}dT} \tag{6.3.7}$$

と書くことができる。ここで C_p は T の関数である。$C_p(T)$ が知られれば、純粋な固体や液体のエントロピーを計算することができる。$(NC_p dT/T) = dQ/T = d_e S$ であるから、式 (6.3.7) の積分は $d_e S$ であることを注意しておく。

凝縮相の化学ポテンシャルは、式 (5.2.4) の Gibbs-Duhem の式 $d\mu = -S_m dT + V_m dp$ から求めることができる。この式を積分して

$$\mu(T,p) = \mu(T_0, p_0) - \int_{T_0}^T S_m(T) dT + \int_{p_0}^p V_m dp$$
$$= \mu(T) + V_m(p - p_0) \equiv \mu(T) + RT\ln a \tag{6.3.8}$$

ここで、V_m は実質的に一定とした。再び、p を含む第二項は温度の関数である第一項に比べて小さいことを示すことができる。水の場合、$p = 1$ atm で $V_m p = 1.8$ J mol⁻¹ であるが、第一項は 280 kJ mol⁻¹ のオーダーである。活量 a の定義にしたがって $V_m(p - p_0) = RT\ln a$ と書くと、液体および固体では活量はほぼ 1 に等しいことがわかる。

同様にして、エンタルピー H、ヘルムホルツ自由エネルギー F などその他の熱力学量を求めることができる。

●熱容量

物質の熱容量を温度と圧力の関数として知ることは，エントロピーや他の熱力学量を計算するために必要である．熱容量の理論を詳細に理解するためには統計力学が必要であり，本書の領域を超えている．ここでは固体の熱容量に関する Peter Debye の理論のほんの概略を述べるにとどめる．Debye の理論は近似的ではあるが固体（結晶）の熱容量に対する一般化理論として役立つ．一方，液体では気体のように完全な分子論的無秩序でもなく，また結晶のように長距離秩序性ももたないので，状況はいっそう複雑になる．

Debye の理論によると，純粋な固体（結晶）の熱容量 C_V は次の形で表される．

$$C_V = 3RD(T/\theta) \tag{6.3.9}$$

ここで，D は比 T/θ の関数である．パラメーター θ は Debye 温度と呼ばれ，主に固体の化学組成に依存し，圧力により非常にわずか変化する．比 (T/θ) が大きくなると，"Debye 関数" $D(T/\theta)$ は 1 に近づき，すべての固体の熱容量は $C_V = 3R$ となる．固体の熱容量が高温で同じ値をもつようになることは，Dulong-Petit の法則として Debye の理論のはるか以前から知られていた．$T/\theta < 0.1$ となる低温では

$$D\left(\frac{T}{\theta}\right) \approx \frac{4\pi^4}{5}\left(\frac{T}{\theta}\right)^3 \tag{6.3.10}$$

となり，よって Debye の理論は低温で熱容量が温度の 3 乗に比例することを予測する．実験的に，この予測が正しいことが多くの固体で確かめられた．C_V がわかると，C_p は一般的関係 $C_p - C_V = TV_m \alpha^2/\kappa_T$ を用いて求められる．詳細は文献〔1〕を参照願いたい．固体や液体の混合物の熱力学は 8 章で論じる．

文 献

1. Prigogine, I. and Defay R., *Chemical Thermodynamics*, 4th ed. 1967, London: Longman. p. 542.

   邦訳
   1. 妹尾 学訳，化学熱力学 I, II，みすず書房，1966

データ・ソース

[A] NBS table of chemical and thermodynamic properties. *J. Phys. ans Chem. Reference Data*, **11**, Suppl. 2 (1982).
[B] G. W. C. Kaye and Laby T. H., (eds.) *Tables of Physical and Chemical Constants*. 1986, London: Longman.
[C] I. Prigogine and Defay R., *Chemical Thermodynamics*, 4th ed., 1967, London: Longman.
[D] J. Emsley, *The Elements*, 1989, Oxford: Oxford University Press.
[E] L. Pauling, *The Nature of the Chemical Bond*. 1960, Ithaca NY: Cornell University Press.
[F] D. R. Lide (ed.), *CRC Handbook of Chemistry and Physics*, 75th ed. 1994, Ann

Arbor MI: CRC Press.

例　題

例題 6.1　van der Waals 気体の C_V は理想気体の C_V に等しいことを示せ．

解　実在気体と理想気体の C_V の関係は

$$C_{V,\mathrm{real}} = C_{V,\mathrm{ideal}} + \int_\infty^V T\left(\frac{\partial^2 p}{\partial T^2}\right)_V dV$$

で与えられる（式 (6.2.9)）．1 mol の van der Waals 気体に対して

$$p = \frac{RT}{(V-b)} - \frac{a}{V^2}$$

これは T の一次関数であり，$(\partial^2 p/\partial T^2)_V = 0$ である．よって，$C_{V,\mathrm{real}}$ と $C_{V,\mathrm{ideal}}$ の関係を表す式中の積分は 0 となり，$C_{V,\mathrm{real}} = C_{V,\mathrm{ideal}}$．

例題 6.2　実在気体の内部エネルギーを Berthelot の状態式 (6.2.2 a) を用いて求めよ．

解　実在気体の内部エネルギーは式 (6.2.7) を使って計算される．

$$U_{\mathrm{real}}(T,V,N) = U_{\mathrm{ideal}}(T,N) + \int_\infty^V T^2\left(\frac{\partial (p/T)}{\partial T}\right)_V dV$$

Berthelot の状態式を

$$p = \frac{RT}{V_m - b} - \frac{a}{TV_m^2}$$

と書き直すと

$$\int_\infty^V T^2\left(\frac{\partial (p/T)}{\partial T}\right)_V dV = -\int_\infty^V \frac{aN^2}{V^2} T^2 \frac{\partial}{\partial T}\left(\frac{1}{T^2}\right) dV = \int_\infty^V \frac{2aN^2}{T} \frac{1}{V^2} dV = -\frac{2aN^2}{TV}$$

よって

$$U_{\mathrm{real}}(T,V,N) = U_{\mathrm{ideal}}(T,N) - \frac{2aN^2}{TV}$$

問　題

6.1　理想気体に対して，次の関係を導け．
（ⅰ）V, T, N の関数として $F = U - TS$．
（ⅱ）p, T, N の関数として $G = U - TS + pV$．
（ⅲ）$\mu = (\partial F/\partial N)_{V,T}$ を用いて，μ をモル密度 (N/V) と T の関数として表せ．さらに，$\mu = \mu^0(T) + RT\ln p$ となることを示せ．なお，$\mu^0(T)$ は T のみの関数である．

6.2　(a) モル数 N_1, N_2 の 2 種類の気体を混合し，等しいモル密度 N/V をもつ混合気体をつくるときの混合エントロピーを与える一般式を導け．なお，混合前の体積はそれぞれ V_1, V_2 とする．さらに，全モル数 N で，モル分率が x_1, x_2 のとき，混合エントロピーが $\Delta S_{\mathrm{mix}} = -RN[x_1\ln x_1 + x_2\ln x_2]$ と書けることを示せ．
(b) Stirling の近似式 $\ln N! \approx N\ln N - N$ を使って，式 (6.1.14) から式 (6.1.15) を導け．

6.3　N_2 の臨界定数は $p_c = 33.5$ atm, $T_c = 126.3$ K, $V_{mc} = 90.1 \times 10^{-3}$ L mol^{-1} である．式 (6.2.1 a)～(6.2.3 b) を用い，van der Waals, Berthelot および Dieterici の状態式の定数 a, b を計算せよ．$T = 300$ K, 200 K, 100 K における三つの状態式の p-V_m 曲線を，$V_m =$

0.1−10 L の範囲で同一グラフ上に図示し，それぞれの違いを説明せよ．

6.4 van der Waals の状態式を用い，圧力をモル密度 (N/V) の関数として表せ．$b(N/V)$ は小さいと仮定し，$x<1$ に対する次の展開式

$$\frac{1}{1-x} = 1 + x + x^2 + x^3 + \cdots$$

を用いて，ビリアル状態式に類似した

$$p = RT\frac{N}{V}\left[1 + B(T)\left(\frac{N}{V}\right) + C(T)\left(\frac{N}{V}\right)^2 + \cdots\right]$$

が導かれる．これら二つの p に対する展開式を比較し，van der Waals 定数 a, b とビリアル係数 $B(T), C(T)$ との間の次の関係を導け．

$$B(T) = b - \frac{a}{RT}, \qquad C(T) = b^2$$

6.5 Helmholtz の式

$$\left(\frac{\partial U}{\partial V}\right)_T = T^2\left(\frac{\partial (p/T)}{\partial T}\right)_V$$

は次の形に書き換えられることを示せ．

$$\left(\frac{\partial U}{\partial V}\right)_T + p = T\left(\frac{\partial p}{\partial T}\right)_V$$

6.6 （i）$N=1$，$T=300$ K，$V=0.5$ L において CO_2 を理想気体と仮定し，エネルギー $U_{\text{Ideal}} = C_V NT$ （$C_V = 28.46$ J K^{-1}）と U_{VW} の差 ΔU を計算せよ．ΔU は U_{Ideal} の何 % にあたるか．
（ii）Maple または Mathematica を使って，1 mol の CO_2 に対する $(\Delta U/U_{\text{Ideal}})$ を 3D プロットせよ．体積範囲は 22.00 L から 0.50 L，温度範囲は 200 K から 500 K とせよ．

6.7 式 (6.2.7) および次の定義式

$$C_{V,\text{real}} = \left(\frac{\partial U_{\text{real}}}{\partial T}\right)_V$$

より式 (6.2.9) を導け．

6.8 CO_2 に対して，van der Waals の状態式を用いて次の問いに答えよ．
（i）圧縮因子 Z を表す式を導け．Mathematica または Maple を使い，$T=300$ K，$N=1$ の CO_2 の Z を $V=22.0$ L から 0.5 L の範囲で図示せよ．
（ii）1 mol の CO_2 に対して，$(F_{\text{VW}} - F_{\text{Ideal}})$ を T と V の関数として表せ．

6.9 次の関係

$$\mu = \left(\frac{\partial F}{\partial N}\right)_{V,T}$$

を用いて，van der Waals 気体に対して

$$\mu(n, T) = (u_0 - 2na) + \left[\frac{C_V}{R} + \frac{1}{1-nb}\right]RT - T\left[s_0 + C_V \ln T - R\ln\left(\frac{n}{1-nb}\right)\right]$$

となることを示せ．なお，$n = N/V$ である．

6.10 式 (6.2.24) と式 (6.2.25) から式 (6.2.26) を導け．

7. 相変化

はじめに

　液体から蒸気へまた固体から液体への変化は熱によって起こる．18世紀のJoseph Blackの研究は，これらの変化が定まった温度—沸点または融点—で起こること，そして変化には潜熱が伴われることを明らかにした．適当な条件で，ある物質のいくつかの相は熱平衡の状態で共存できる．この熱平衡状態の性質および状態が圧力と温度によってどのように変化するかを，熱力学の法則を用いて理解することができる．

　さらに，相転移が起こる点でエントロピーのような熱力学量は不連続的に変化する．これらの特徴から，種々の物質の相転移を異なるグループ，すなわち"秩序性"に分類することができる．種々の秩序度の相転移を論じる一般理論がつくられている．今日，相転移は広範かつ興味ある課題であり，1960年代から1970年代にかけて重要な進展があった．本章では，いくつかの基本的成果について述べる．相転移の詳細については専門の文献〔1～3〕を参照願いたい．

7.1 相平衡と相図

　物質が気体，液体，固体などの相で存在する温度と圧力の範囲は**相図**（phase diagram）にまとめて示される．簡単な相図の例を図7.1に示す．圧力と温度を適当に

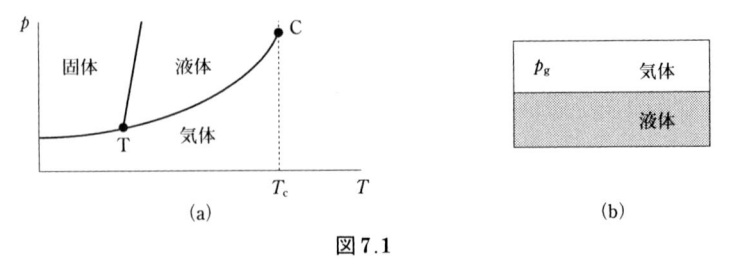

図 7.1
　(a) 1成分系の相図．p-T 平衡曲線，三重点Tおよび臨界点Cを表す．p-T 平衡曲線は化学ポテンシャルが等しいことで決まる．T_c は臨界温度で，この温度より高いと気体は圧縮しても液化しない．(b) 蒸気と平衡にある液体．

7.1 相平衡と相図

選ぶと，二つの相が熱力学平衡状態で共存する．相平衡の熱力学的検討によって，多くの興味ある有用な結果が導かれる．例えば，液体の沸点や凝固点が圧力によりどのように変化するかを教えてくれる．

図7.1 (b) に示した液体と気体の相平衡を調べることから始める．考えている系は閉鎖系であ

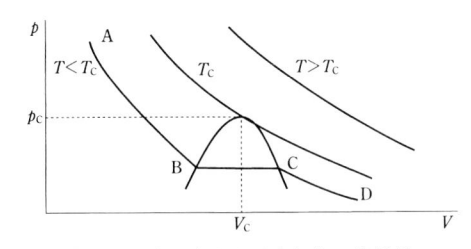

図7.2 臨界挙動を示す気体の等温線
T_c は臨界温度で，BCのような平らな部分で液相と蒸気相は共存する．

り，一定温度でその蒸気と平衡にある液体から構成されている．図7.2に蒸気-液体系のp-V等温線を示した．液相と蒸気相が共存する領域は等温線の水平な部分BCに相当する．$T>T_c$のとき平らな部分は消滅し，液相と蒸気相の区別はなくなる．図7.2の各等温線の水平な部分は図7.1のTC曲線上の点に対応する．温度がT_cになると，臨界点Cに達する．

二つの相がそれぞれの体積を占めている**不均一系**（heterogeneous system）を考えよう．系が非平衡であれば，液体から蒸気または蒸気から液体へ不可逆的な変化が進み平衡状態に向かう．2相間の物質交換は蒸気gと液体lとの間の"化学反応"と考えることができる．

$$\text{g} \rightleftarrows \text{l} \tag{7.1.1}$$

それぞれの相の物質kの化学ポテンシャルをμ_k^gとμ_k^lとする．添字gは気体，lは液体を表す．平衡では，すべての不可逆過程によるエントロピー生成は消滅しなければならない．これは液体と蒸気の間の変換に対する親和力が0になることを意味する．すなわち，

$$A = \mu_k^l(T, p) - \mu_k^g(T, p) = 0$$

よって

$$\mu_k^l(T, p) = \mu_k^g(T, p) \tag{7.1.2}$$

である．ここで，化学ポテンシャルは圧力と温度の関数であることを明記した．液相と平衡にある蒸気相の圧力を**飽和蒸気圧**（saturated vapor pressure）という．化学ポテンシャルが等しいことは，液体と蒸気が平衡にあるとき，圧力と温度は独立ではないことを意味している．pとTの間の関係は，図7.1 (a) の相図で**共存曲線**（coexistence curve）TCとして示されている．

明らかに，式 (7.1.2) の化学ポテンシャルに関する等式は，平衡にあるすべての2相間で成り立たなければならない．P個の相があれば，一般的な平衡条件は次のようになる．

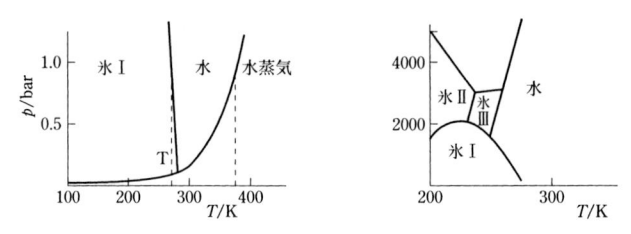

図 7.3 常圧および高圧における水の相図（スケールは正確ではない）
高圧（右図）では，固相（氷）が種々の相で存在する．水の三重点は $p = 0.006$ bar，$T = 273.16$ K，臨界点は $p_c = 218$ bar，$T_c = 647.3$ K である．

$$\mu_k^1(T, p) = \mu_k^2(T, p) = \mu_k^3(T, p) = \cdots = \mu_k^P(T, p) \tag{7.1.3}$$

図7.1 (a) にはもう一つの興味深い特徴がある．液相と蒸気相の共存曲線 TC の終点である臨界点（critical point）C が存在することである．気体の温度が T_c より高いと，圧力を上げても気体を液化することはできない．圧力を高くすると密度は高くなるが，凝縮相への転移は起こらない．これとは対照的に，固体と液体の間の転移では臨界点は存在しない．これは固体が明確な結晶構造をもつのに対し，液体はそのような構造をもたないからである．対称性に明確な差違があるため，固体と液体の間の転移はいつでも明確に起こる．

固体の相変化は液体への転移だけではない．異なる固相が出現する場合もある．熱力学的には，相変化は比熱などの物性の鋭い変化によって同定される．分子論的には，これらの変化は原子配置，例えば結晶構造の変化に相当する．例えば，非常に高圧で氷はいくつかの異なる結晶構造をもつ．図7.3に水の相図を示す．

● Clapeyron の式

共存曲線上の温度は，与えられた圧力で一つの相から他の相へ転移が起こる温度である．よって，共存曲線を決める圧力と温度の間の関係がわかれば，沸点または凝固点が圧力によってどのように変化するかを知ることができる．平衡条件 (7.1.2) を用いて，共存曲線上で成り立つ式を導くことができる．1，2 で示される二つの相を考える．Gibbs-Duhem の式 $d\mu = -S_m dT + V_m dp$ を用いると，次のようにして p と T の関係を表す微分式が導かれる．式 (7.1.2) より，成分 k について $d\mu_k^1 = d\mu_k^2$ が成り立つ．したがって，次の等式が成り立つ．

$$-S_{m1} dT + V_{m1} dp = -S_{m2} dT + V_{m2} dp \tag{7.1.4}$$

ここで，各相のモル量を添字 m1 と m2 で区別した．これから

$$\frac{dp}{dT} = \frac{S_{m1} - S_{m2}}{V_{m1} - V_{m2}} = \frac{\Delta H_{\text{trans}}}{T(V_{m1} - V_{m2})} \tag{7.1.5}$$

表7.1　$p=1\,\text{bar}=10^5\,\text{Pa}=0.987\,\text{atm}$における融解および蒸発のエンタルピー*

化合物	T_{melt} (K)	ΔH_{fus} (kJ mol^{-1})	T_{boil} (K)	ΔH_{vap} (kJ mol^{-1})
He	0.95†	0.021	4.22	0.082
H_2	14.01	0.12	20.28	0.46
O_2	54.36	0.444	90.18	6.820
N_2	63.15	0.719	77.35	5.586
Ar	83.81	1.188	87.29	6.51
CH_4	90.68	0.941	111.7	8.18
C_2H_5OH	156	4.60	351.4	38.56
CS_2	161.2	4.39	319.4	26.74
CH_3OH	175.2	3.16	337.2	35.27
NH_3	195.4	5.652	239.7	23.35
CO_2	217.0	8.33	194.6	25.23
Hg_2	234.3	2.292	629.7	59.30
CCl_4	250.3	2.5	350	30.0
H_2O	273.15	6.008	373.15	40.656
Ga	302.93	5.59	2676	270.3
Ag	1235.08	11.3	2485	257.7
Cu	1356.6	13.0	2840	306.7

* さらに詳しいデータはデータ・ソース [B], [F], [G] を参照.
† 加圧下.

が導かれる．ここで相1，2間のモルエントロピーの差を $S_{m1}-S_{m2}=\Delta H_{\text{trans}}/T$ で表した．ΔH_{trans} は転移（蒸発，融解，昇華）のモルエンタルピーであり，表7.1にいくつかの化合物に対する値を示した．式（7.1.5）より次の **Clapeyron の式** が導かれる．

$$\frac{dp}{dT}=\frac{\Delta H_{\text{trans}}}{T\Delta V_m} \tag{7.1.6}$$

ここで ΔV_m は2相のモル体積の差である．この式で温度 T は圧力 p における転移温度，すなわち沸点や融点である．この式は転移温度の圧力依存性を示す．固体から液体への相転移において，モル体積が増加すれば凝固点は圧力とともに上昇し，モル体積が減少すれば逆となる．

● **Clausius-Clapeyron の式**

液体-蒸気平衡の場合，Clapeyron の式はさらに簡単になる．この場合 $V_{m1} \ll V_{mg}$ であり，$(V_{mg}-V_{m1})$ を V_{mg} で近似することができる．このとき，Clapeyron の式（7.1.6）は

$$\frac{dp}{dT}=\frac{\Delta H_{\text{vap}}}{TV_{mg}} \tag{7.1.7}$$

と簡単化できる．一次近似として，理想気体のモル体積 $V_{mg}=RT/p$ を使うことができる．この関係を式（7.1.7）に代入して $dp/p=d\ln p$ とおくと，次の **Clausius-**

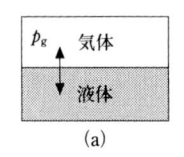

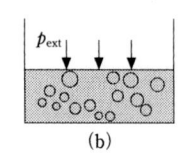

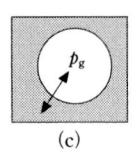

図7.4 液相と蒸気相の平衡
(a) 蒸気と平衡にある液体よりなる孤立系．蒸気圧 p_g は飽和蒸気圧と呼ばれる．
(b) 液体がある圧力 p_{ext}（大気圧）下で加熱されると，$p_g = p_{ext}$ のとき蒸気の泡が生じ，液体は"沸騰"を始める．(c) 気泡中の蒸気は孤立系 (a) の場合と同様に，液体と平衡にある飽和蒸気である．

Clapeyron の式が導かれる．

$$\frac{d\ln p}{dT} = \frac{\Delta H_{vap}}{RT^2} \quad (7.1.8)$$

この式はヨウ素などの固体-蒸気平衡にも適用することができる．この場合も，気体のモル体積は固体のモル体積に比べて非常に大きいからである．固体-蒸気平衡の場合，ΔH_{vap} は ΔH_{sub} になる．式 (7.1.8) を積分形

$$\ln\frac{p_2}{p_1} = \frac{\Delta H_{vap}}{R}\left(\frac{1}{T_1} - \frac{1}{T_2}\right) \quad (7.1.9)$$

と書くこともできる．図7.4に示したように，式 (7.1.8) や式 (7.1.9) は液体の沸点が圧力によりどのように変化するかを教えてくれる．外圧 p_{ext} のもとで液体を加熱する場合を考える．蒸気圧 p_g が外圧より大きく $p_g \geq p_{ext}$ となると，液体と平衡にある蒸気の気泡が生じ，液体は"沸騰"を始める．蒸気圧 p_g が p_{ext} より低いときには，気泡は生じることなく外圧で潰されてしまう．$p_g = p_{ext}$ が成り立つ温度が沸点 T_{boil} である．これから，式 (7.1.8)，(7.1.9) における p を液体に加わる外圧，T をその外圧における沸点と解釈することができる．これから，外圧が低下すると沸点が下がることが説明される．

7.2 Gibbs の相律と Duhem の定理

これまで純物質の2相間平衡を考えてきた．多くの化合物または成分が二つ以上の相間で平衡にあるとき，各成分の化学ポテンシャルはそれが存在するすべての相間で等しくなければならない．気体のような単一相では，圧力と温度の二つの示強変数を独立に変化させることができるが，気相と液相のような二相間の平衡を考える場合には，圧力と温度はもはや独立ではない．二つの相の各成分の化学ポテンシャルは等しくなければならない．すなわち $\mu^1(T, p) = \mu^2(T, p)$，よって二つの示強変数の一つだけが独立となる．純物質の液体-蒸気平衡の場合は，p と T の関係は式 (7.1.9)

7.2 Gibbsの相律とDuhemの定理

で表される．独立な示強変数の数は，平衡にある相の数と系内の成分数に依存する．

系を規定する独立な示強変数の数は**自由度**（degree of freedom）と呼ばれる．Gibbsは自由度 f，相の数 P，成分の数 C の間に次の一般的な関係が成り立つことを示した．

$$f = C - P + 2 \tag{7.2.1}$$

この式は次のようにして導かれる．与えられた T で p を定めることは，（状態式を通して）モル密度（単位体積あたりのモル数）が決定されることと同等である．モル密度からモル分率によって系の組成が決まる．各相に対して p, T および C 個のモル分率 x_k^i（上の添字は相，下の添字は成分を示す）が状態を特定する示強変数である．相 i における C 個のモル分率の間に $\sum_{k=1}^{C} x_k^i = 1$ が成り立つので，$(C-1)$ 個のモル分率が独立であり，C 成分，P 相の系では，$P(C-1)$ 個の独立なモル分率が存在する．これらに p と T を合わせると，全部で $P(C-1)+2$ の独立変数が存在する．一方，P 個の相の間の平衡で成分 k の化学ポテンシャルはすべての相で等しく，

$$\mu_k^1(T, p) = \mu_k^2(T, p) = \mu_k^3(T, p) = \cdots = \mu_k^P(T, p) \tag{7.2.2}$$

が成り立つ．すなわち，各成分に対して $(P-1)$ 個の条件式が成り立つ．C 成分系では全部で $C(P-1)$ 個の条件式があるので，独立な示強変数の数が $C(P-1)$ だけ減少する．よって，独立な自由度の数は

$$f = P(C-1) + 2 - C(P-1) = C - P + 2$$

となる．もし成分 a が相 b に存在しないような場合には，相当するモル分率は $x_a^b = 0$ であり，独立変数が一つ減るが，これはまた条件式 (7.2.2) を一つ減らすことでもある．結果として，自由度の数は変化しない．

Gibbsの相律の例として，純物質の固相，液相，気相間の平衡を考えよう．この場合，$C=1$, $P=3$ であるから $f=0$ になり，自由度は 0 である．すなわち，この平衡では自由に変えることができる示強変数はない．すなわち，3相が共存する温度，圧力はただ一つに定まり，この点は**三重点**（triple point）と呼ばれる．これは物質の特性値で，水の三重点は $T = 273.16 \text{ K} = 0.01 \text{ °C}$, $p = 611 \text{ Pa} = 6.11 \times 10^{-3} \text{ bar}$ である．この温度は熱力学温度の定義に使われている．

系内の種々の成分間に R 個の独立な反応が存在すると，式 (7.2.2) のほかに，化学平衡では親和力が 0 となるので，次の R 個の式が成り立つ．

$$A_1 = A_2 = A_3 = \cdots = A_R = 0 \tag{7.2.3}$$

このとき，自由度の数はさらに R だけ減少するので

$$f = C - R - P + 2 \tag{7.2.4}$$

である．相律の古い表現では，"独立成分の数" という言葉が $(C-R)$ を表すために使われた．例えば A ⟶ B + 2C の反応で，B と C が A の分解だけで生じるのであれば，B と C の量は分解した A の量で決まる．この場合，B と C のモル分率は

$x_C = 2 x_B$ で関係づけられる．系の初期状態で決まるこの条件によって自由度はさらに1減少する．

Gibbs によって見出された相律に加えるに，Pierre Duhem による次の一般的な関係がある．これは **Duhem の定理** と呼ばれている．

「相の数，成分の数，化学反応の数がいくつであっても，すべての成分の初期のモル数 N_k が与えられていれば，閉鎖系の平衡状態は二つの独立変数で完全に定まる」．

この定理の証明は次のとおりである．成分の数が C，相の数が P の系の状態は圧力 p，温度 T，CP 個のモル数 N_k^i で特定できる．すなわち，変数の総数は $CP+2$ である．これらの変数の間に成り立つ条件式を考える．各相の間の各成分 k の平衡に対して

$$\mu_k^1 = \mu_k^2 = \mu_k^3 = \cdots = \mu_k^P \tag{7.2.5}$$

が成り立ち，各成分について $(P-1)$ 個の式があるから，全部で $C(P-1)$ 個の式がある．さらに，各成分の全モル数は与えられているので，各成分に対して $\sum_{i=1}^{P} N_k^i = N_{k,\text{total}}$ の関係があり，この式が全部で C 個ある．よって，条件式の総数は $C(P-1)+C$ である．これから独立な変数の数は $CP+2-C(P-1)-C=2$ となる．

化学反応を考えてもこの結論は変わらない．なぜなら，各化学反応 α は新しい独立変数 ξ_α を各相に加えることになるが，同時に化学平衡の条件 $A_\alpha = 0$ が付け加わり，独立変数の数は変わらないからである．

Gibbs の相律と Duhem の定理を比較してみよう．Gibbs の相律は，系の示量変数にかかわりなく，独立な示強変数の数を規定するが，一方，Duhem の定理は，示量性あるいは示強性にかかわりなく，閉鎖系の独立変数の総数を規定するものである．

7.3　2成分系と3成分系

図 7.1 は 1 成分系の相図を示す．2 成分系や 3 成分系の相図はもっと複雑である．この節では，2 成分系や 3 成分系のいくつかの例について考察する．

●蒸気と平衡にある2成分液体混合系

蒸気と平衡にある 2 成分 A, B の液体混合物を考える．これは 2 相 2 成分系である．Gibbs の相律より，この系の自由度の数は 2 であり，この自由度として圧力と成分 A のモル分率 x_A をとることにしよう．このとき，与えられた圧力でモル分率 x_A の液体混合物と蒸気が平衡になる温度 T が定まる．

もし平衡蒸気圧が大気圧（1 atm）に等しければ，温度は沸点に相当する．図 7.5 の曲線 I はモル分率 x_A と沸点の関係を示している．T_A, T_B は純成分 A と B の沸点

である．曲線IIはそれぞれの沸点における蒸気の組成を表す．点Mに相当する組成の液体混合物が沸騰すると，その蒸気は点Nに相当する組成をもつ．この蒸気を集め凝縮させると，その沸点と組成は点Oで表される．この操作によって混合物中の成分Bが濃縮され，この操作を繰り返すことによって混合物中の低沸点成分Bが分離される．

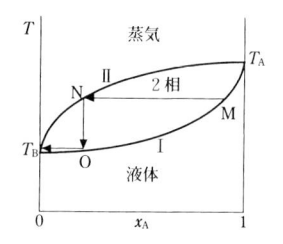

図7.5 ベンゼンとトルエンのように類似した2種類の液体の混合物に対する沸点-組成曲線

●共沸混合物

すべての2成分混合物で図7.5に示されたような沸点と組成の関係が成り立つわけではない．多くの液体混合物の沸点曲線は図7.6に示されるようになる．この場合，液体と蒸気の組成が同じになる x_A の値がある．この組成の混合物を**共沸混合物**（azeotrope）という．共沸混合物の各成分を蒸留で分離することはできない．例えば，図7.6 (a) の場合，極大点の左側の組成の混合物から出発すると，混合物の沸騰による蒸気では成分Bが増えるが，残りの溶液では成分Aの組成が高くなり，共沸混合物に近づく．よって，沸騰と凝縮を繰り返すと，純粋なBと共沸混合物が得られ，純粋なAとBは得られない．図7.6 (b) の解析は読者に委ねる．共沸混合物組成と相当する2成分混合物の沸点はデータ・ソース[F]にまとめられている．共沸混合物組成に対する沸点がなぜ極値（極大または極小）をとるのか注目してほしい．このことが熱力学で証明できることをGibbs，そしてその後にKonovolowやDuhemによって示された．これは**Gibbs-Konovalowの定理**と呼ばれ，次のように述べられる．

「圧力一定での2成分系の平衡の移動で，2相の組成が同じになるとき共存曲線

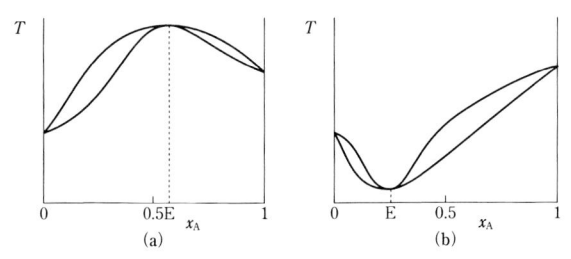

図7.6 共沸混合物組成をもつ2成分混合物の液相と蒸気相に対する沸点-組成曲線
共沸混合物は蒸気相と液相が同じ組成をもつ点Eで表され，沸点は極大値 (a) または極小値 (b) をとる．

表 7.2 共沸混合物*

	沸点 (℃)		混合物の重量 %
	純粋成分	共沸混合物	
	水との共沸混合物 ($p=1$ bar)		
	(水の沸点$=100$℃)		
塩化水素 HCl	-85	108.58	20.22
硝酸 HNO_3	86	120.7	67.7
エタノール C_2H_5OH	78.32	78.17	96
	アセトンとの共沸混合物 ($p=1$ bar)		
	(アセトン $(CH_3)_2CO$ の沸点$=56.15$℃)		
シクロヘキサン C_6H_{12}	80.75	53.0	32.5
酢酸メチル CH_3COOCH_3	57.0	55.8	51.7
n-ヘキサン C_6H_{14}	68.95	49.8	41
	メタノールとの共沸混合物 ($p=1$ bar)		
	(メタノール CH_3OH の沸点$=64.7$℃)		
アセトン $(CH_3)_2CO$	56.15	55.5	88
ベンゼン C_6H_6	80.1	57.5	60.9
シクロヘキサン C_6H_{12}	80.75	53.9	63.9

* さらに詳しいデータはデータ・ソース [F] を参照.

の温度は極値をとる」.
この定理の証明はここでは行わない. この定理に関するさらに広範な議論は文献〔4〕で行われている. 共沸混合物は溶液論の重要な一分野であり,その熱力学的性質を 8 章でより詳しく論じる. 共沸混合物の例を表 7.2 に示す.

●純粋な固体と平衡にある溶液:共融混合物

次の例は,液体状態では混ざり合うが,固体状態では混ざり合わない 2 種類の成分 A, B からなる 2 成分系固液平衡である. この系は液相 (A+B), 固相 A, 固相 B の三つの相をもつ.

はじめに液相 (A+B) と固相 A または B の一方との間の平衡を考え,その次に 3 相系に拡張する. Gibbs の相律より,この 2 成分 2 相系の自由度の数は 2 である. これら二つの自由度に圧力と組成を選ぶことにする. モル分率 x_A と圧力が定まると,平衡温度も定まる. 圧力を一定 (例えば大気圧) とすると,T を x_A に関係づける平衡曲線が得られる. 図 7.7 に,液相 (A+B) と平衡にある固相 A または固相 B との平衡曲線を示した. この図で,曲線 EN は固相 A と液相の平衡を,曲線 EM は固相 B と液相の平衡を表す. 二つの曲線の交点 E は**共融点** (eutectic point) と呼ばれ,相当する組成と温度はそれぞれ**共融組成** (eutectic composition) および**共融温度** (eutectic temperature) である.

液相 (A+B), 固相 A, 固相 B が平衡となる 3 相系では,Gibbs の相律より自由度の数は 1 である. 自由度として圧力をとりその値を定めると,三つの相が平衡とな

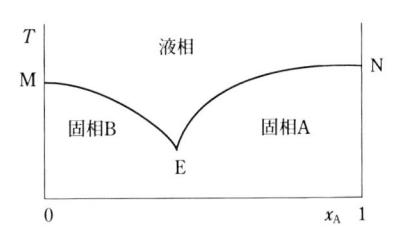

図7.7　2成分3相系の相図
3相が平衡にある系は自由度1をもち，圧力一定では，液相，固相A，固相Bの3相が共融点Eで平衡にある．曲線MEは固相Bと液相の平衡，曲線NEは固相Aと液相の平衡を表し，これらの曲線の交点がEである．

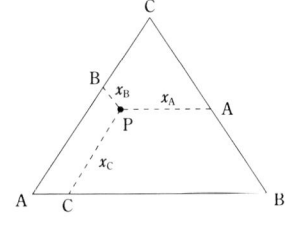

図7.8
成分A, B, Cからなる3成分系の組成は単位長さの辺をもつ正三角形で表され，$x_A + x_B + x_C = 1$の関係が成り立つ．正三角形内の点Pで表される系の組成（モル分率）は各辺に平行に引かれた線分の長さに等しい．

る温度 T および組成 x_A は定まってしまう．この点が共融点であり，そこでは固相A，固相B，液相（A+B）のAおよびBの化学ポテンシャルはそれぞれ等しい値をとる．固体や液体では化学ポテンシャルは圧力によってあまり変わらないので，共融組成や共融温度は圧力によってほとんど変化しない．

● 3成分系

Gibbs が示したように，3成分溶液の各組成は単位長さの正三角形内の点で表すことができる．成分A, B, Cよりなる系を考えよう．図7.8に示すように，点Pで表される系の組成はモル分率 x_A, x_B, x_C で表される．すなわち，点Pから正三角形の各辺に平行な三つの線分を引くと，各線分の長さがそれぞれのモル分率 x_A, x_B, x_C になる．この表示法で $x_A + x_B + x_C = 1$ の関係は常に満たされている．組成をこのように表すことにより，次のことがいえる．

（ⅰ）頂点A, B, Cは純物質に相当する．
（ⅱ）三角形の一辺に平行な線分は，モル分率の一つが一定値に固定された3成分系の組成を表す．
（ⅲ）一つの頂点から対辺に引かれた線分は，二つの成分のモル分率が一定の比率をもつ3成分系の組成を表す．この線分に沿って頂点に近づくと，その頂点で表された成分の組成が増大していく．

3成分溶液の性質のあるものの変化は，図7.8の組成三角形を底とする三次元グラフを用いて表すことができる．ここで，高さが性質を表す．例としてA, B, Cを含む溶液相と固相Bが平衡にある3成分2相系を考える．自由度の数は3であり，圧力および組成 x_A, x_B をとる．圧力一定では，x_A および x_B のそれぞれの値に対応して平衡温度が定まる．図7.9で，点Pは温度 T において固相Bと平衡にある溶液の組成

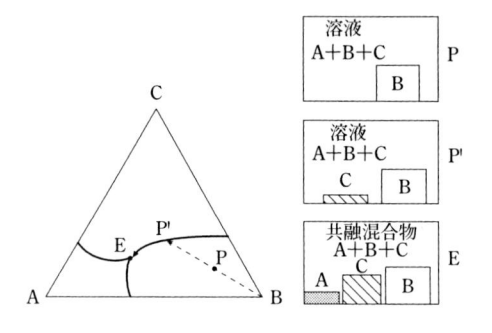

図 7.9 系を冷却するときの溶液の組成変化を示す3成分系の相図

点Pで，系は固相Bと平衡にある溶液相 (A+B+C) の二つの相よりなる．温度が下がると，組成はPP′に沿って動く．点P′で成分Cが結晶化し始め，組成はP′Eに沿って動き，共融点Eに達し，ここですべての成分が結晶化する．

を表す．温度が低下していくと，溶液相の x_A と x_C の比は一定にとどまり，Bは凝固して固相になり，x_B は小さくなる．上述の (iii) にしたがって，このことは点が線分BPに沿って矢印方向に動くことを意味している．温度がさらに低下し点P′に達すると，成分Cが結晶化し始める．系はこのとき二つの固相と一つの溶液相をもつので，自由度の数は2となり，圧力を一定に保つと系の組成は線分P′Eに沿って動く．温度がさらに低下すると点Eに達し，成分Aも結晶化し始める．点Eは共融温度に相当し，系の自由度はそのとき1になる．共融点Eでは，三つの成分がすべて共融組成を保って結晶化する．

7.4 Maxwellの作図とてこの規則

van der Waalsの状態式のような状態式で決定される等温線は，図7.2に示されるような実際の等温線の水平な部分，すなわち液体と蒸気が共存する領域では一致しない．曲線の水平な部分は，臨界温度より低い温度で気体が圧縮されたときの実際の体積変化を表している．Maxwellは，平衡では液体と蒸気の化学ポテンシャルが等しいことから，曲線の水平な部分が決定されることを示した．

$T < T_c$ において van der Waalsの等温線を考えよう（図7.10）．点Qから出発し，加圧して蒸気の体積を徐々に減少させて点Pに達したとき，液相と蒸気相の化学ポテンシャルが等しくな

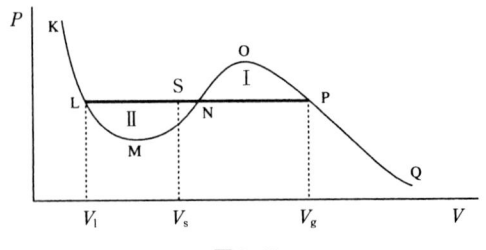

図 7.10

Maxwellの作図は，実際に出現する水平な部分LPとvan der Waalsの状態式などで与えられる理論的等温線を関連づける．平衡では，点LとPの化学ポテンシャルは等しくなければならない．これは面積Iと面積IIが等しくなるように線分LPを引けばよいことを意味している．

ったとする．点 P で蒸気は凝縮を始め，圧力が変化せずに体積は減少して，点 L ですべての蒸気が液体になる．もし P と L の間で体積がある値に保たれると，そこで液体と蒸気は共存する．線分 PL 上で，液体と蒸気の化学ポテンシャルは等しい．よって，曲線 LMNOP に沿った化学ポテンシャルの全変化量は 0 に等しくなければならない．

$$\int_{\text{LMNOP}} d\mu = 0 \tag{7.4.1}$$

さて化学ポテンシャルは T と p の関数であり，曲線 LMNOP は等温線であるから，Gibbs-Duhem の関係から $d\mu = V_\text{m} dp$ である．この関係を用いると，上の積分は次のようになる．

$$\int_\text{P}^\text{O} V_\text{m} dp + \int_\text{O}^\text{N} V_\text{m} dp + \int_\text{N}^\text{M} V_\text{m} dp + \int_\text{M}^\text{L} V_\text{m} dp = 0 \tag{7.4.2}$$

また，$\int_\text{O}^\text{N} V_\text{m} dp = -\int_\text{N}^\text{O} V_\text{m} dp$ であるから，最初の二つの積分は図 7.10 に示した I の面積に等しい．同様に，$\int_\text{N}^\text{M} V_\text{m} dp = -\int_\text{M}^\text{N} V_\text{m} dp$ であるから，次の二つの積分は II の面積に等しい．よって，式 (7.4.2) は次のことを意味する．

$$(\text{I の面積}) - (\text{II の面積}) = 0 \tag{7.4.3}$$

この条件から液体と蒸気の化学ポテンシャルが等しくなる水平な直線 LP が決定され，これが実際に出現する等温曲線である．これは **Maxwell の作図**（Maxwell's construction）と呼ばれている．

点 P でその物質はすべて蒸気相にあり，その体積は V_g，点 L ではすべて液相にあり，その体積は V_l である．線分 LP 上の任意の点 S において，その物質のモル分率 x が蒸気相にあれば，系の全体積 V_s は

$$V_\text{s} = x V_\text{g} + (1-x) V_\text{l} \tag{7.4.4}$$

である．これから

$$x = \frac{V_\text{s} - V_\text{l}}{V_\text{g} - V_\text{l}} = \frac{\overline{\text{SL}}}{\overline{\text{LP}}} \tag{7.4.5}$$

である．この関係式から，蒸気相のモル分率 x と液相のモル分率 $(1-x)$ は次式を満たす．

$$\overline{\text{SP}}\, x = \overline{\text{SL}}\, (1-x) \tag{7.4.6}$$

この関係は，釣り合い状態で両端に x と $(1-x)$ の錘を釣り下げ点 S で支えられたてこの類似から，**てこの規則**（lever rule）とも呼ばれる．

7.5 相転移

相転移(phase transition)は多くの興味深い一般的な熱力学特性と関連している。以下に述べるように、その特性により、相転移は種々の"秩序度"に分類できる。臨界点近傍における熱力学的挙動は、5章で論じた熱力学的安定性および極値定理の観点からも非常に興味深い。相転移の古典的理論は Lev Landau により展開されたが、1960年代、この理論の予測は不正確であることが明らかにされ、1960年代から1970年代にかけて相転移の近代的理論が展開された。新しい理論は C. Domb, M. Fischer, L. Kadanoff, G. S. Rushbrook, B. Widom, K. Wilson らの研究を基礎としている。この節では、相転移の熱力学におけるいくつかの重要な結果のみを概観する。近代的な相転移理論は数学的に高度な繰り込み群論を用いており、本書の範囲を超えている。これら豊かな興味深い問題については、文献〔1～3〕を参照してほしい。

●相転移の一般的分類

液体から固体あるいは液体から蒸気への相転移が起こると、エントロピーの不連続な変化が起こる。このことは、p, N 一定で、モルエントロピー $S_m = -(\partial G_m/\partial T)_p$ を T の関数としてプロット(図7.11)することによって明らかに示される。$V_m = (\partial G_m/\partial p)_T$ などの G_m の一次微分についても同様である。化学ポテンシャルは連続的に変化するが、その微分は不連続である。転移点では、潜熱の存在のため、比熱 $(=\Delta Q/\Delta T)$ は"特異性"を示す。すなわち、熱 ΔQ を供給しても、$\Delta T = 0$ であり、比熱は無限大になる。この型の相転移を**一次相転移**(first-order phase transition)という。

二次相転移(second-order phase transition)の特徴は図7.12に示される。この場合、熱力学量の変化はそれほど劇的ではない。S_m や V_m の変化は連続的であるが、それらの微分は不連続に変化する。同様に、化学ポテンシャルの二次微分が不連続と

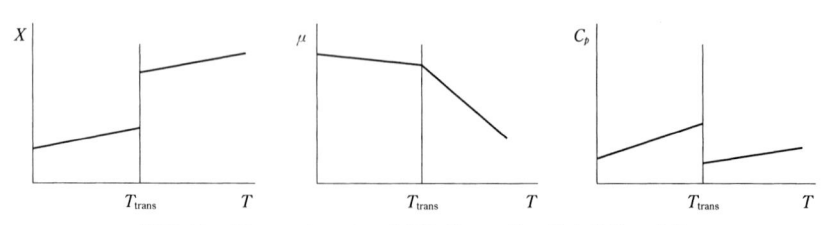

図7.11 T_{trans} で起こる一次相転移における熱力学量の変化
X は S_m または V_m などの量で、不連続な変化を示す。

7.5 相転移

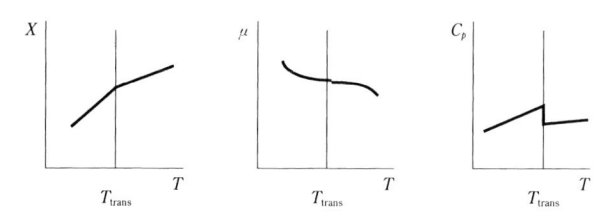

図 7.12 温度 T_{trans} で起こる二次相転移における熱力学量の変化．X は S_m または V_m のようにそれらの微分量が不連続な変化を示す量．

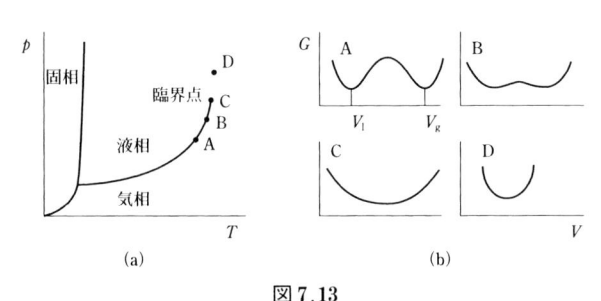

図 7.13
相転移の古典理論はギブズ自由エネルギーの形に基礎をおいている．(a) の点 A, B, C, D におけるギブズ自由エネルギーは (b) に示されている．系が A から D に動くと，ギブズ自由エネルギーは二つの極小をもつ曲線から一つの極小をもつ曲線に変化する．

なり，比熱は特異性を示さないが不連続である．このように，不連続となる熱力学量を支える微分の次数により，相転移は一次転移と二次転移に分類される．

●臨界点近傍の挙動

相転移の古典的理論は，複数の相の共存状態や相間の区別が消滅する臨界点を説明するために Lev Landau によって展開された．Landau の理論では，臨界挙動をギブズ自由エネルギーの極小点を用いて説明する．この理論によると，与えられた p, T における共存領域において，G は V の関数として二つの極小点をもつ（図 7.13 の A）．臨界点に近づくと，二つの極小点は合一して一つの幅広い極小点（図の C）となる．Landau の理論は臨界点近傍の系の挙動についていくつかの予測を与える．理論からの予測はまったく一般的であり，広い範囲の系に当てはまるはずである．ところが実験結果はこれらの予測と一致しなかった．液体-蒸気転移を例とし，理論と実験の間の不一致点を次に書き出してみよう．同様の実験結果は多くの他の転移に対しても得られている．古典的理論による予測は，例えば van der Waals の状態式を用いて導くことができる．

・液体-蒸気転移では，臨界温度に低温側（$T < T_c$）から近づくと，理論は

$$V_{g,m} - V_{l,m} \propto (T_c - T)^\beta, \qquad \beta = 1/2 \tag{7.5.1}$$

となることを予測するが，実験結果では β の値は $0.3 \sim 0.4$ であり，0.5 にはならない．

・等温曲線に沿って高圧側から臨界圧力に近づくとき，理論は

$$V_{g,m} - V_{l,m} \propto (p - p_c)^{1/\delta}, \qquad \delta = 3 \tag{7.5.2}$$

となることを予測するが，実験結果は δ が $4.0 \sim 5.0$ の範囲である．

・気体が液化しているとき（p-V 等温線の水平な部分），等温圧縮率 $\kappa_T = -(1/V) \cdot (\partial V/\partial p)_T$ は無限大に発散する．臨界温度より高いと，液体への転移が起こらないので発散することはない．古典理論によると，高温側から臨界温度に近づくとき，κ_T の発散は

$$\kappa_T \propto (T - T_c)^{-\gamma}, \qquad \gamma = 1 \tag{7.5.3}$$

となる．しかし，γ の実験値は $1.2 \sim 1.4$ の範囲にある．

・前章で，実在気体と理想気体の C_V の値は，圧力が温度の線形関数であれば等しくなることを知った．これは，C_V が T で変化しないこと，すなわち C_p は発散するけれども，C_V は発散しないことを意味している．したがって，古典理論によると

$$C_V \propto (T - T_c)^{-\alpha} \quad であれば, \quad \alpha = 0 \tag{7.5.4}$$

となるはずである．実験結果では，α は -0.2 から 0.3 の範囲にある．

Landau の古典理論の不成功を契機として臨界挙動の再検討が行われた．その結果，不一致の主な理由はゆらぎの役割にあることが明らかになった．臨界点近傍ではギブズ自由エネルギーがなだらかな極小となるため，大きな長距離ゆらぎが出現する．このゆらぎの寄与は，Kenneth Wilson によって発展させられた"繰り込み理論"によって正しく取り扱われる．この新しい理論は指数 $\alpha, \beta, \gamma, \delta$ の値を正しく予言するばかりでなく，これらの指数の間の関係も明らかにした．例えば，次のような関係が予測される．

$$\beta = \frac{2-\alpha}{1+\delta}, \qquad \gamma = \frac{(\alpha-2)(1-\delta)}{(1+\delta)} \tag{7.5.5}$$

繰り込み理論を詳しく述べることは本書の範囲を超えるので，古典理論の限界および近代理論の成果について，この程度の説明にとどめておく．

文献

1. Stanley, H. E., *Introduction to Phase Transitions and Critical Phenomena*. 1971, New York: Oxford University Press.
2. Ma, S.-K., *Modern Theory of Critical Phenomena*. 1976, New York: Addison-Wesley.
3. Pfeuty, P. and Toulouse, G., *Introduction to the Renormalization Group and Critical Phenomena*. 1977, New York: John Wiley.
4. Prigogine, I. and Defay, R., *Chemical Thermodynamics*, 4th ed. 1967, London:

Longman. p. 542.

邦訳
1. 松野孝一郎訳, 相転移と臨界現象, 東京図書, 1974
4. 妹尾 学訳, 化学熱力学 I, II, みすず書房, 1966

データ・ソース

[A] NBS table of chemical and thermodynamic properties. *J. Phys. Chem. Reference Data*, **11**, Suppl. 2 (1982).
[B] Kaye, G. W. C. and Laby, T. H., (eds) *Tables of Physical and Chemical Constants*. 1986, London: Longman.
[C] Prigogine, I. and Defay, R., *Chemical Thermodynamics*, 4th ed. 1967, London: Longman.
[D] Emsley, J., *The Elements*. 1989, Oxford: Oxford University Press.
[E] Pauling, L., *The Nature of the Chemical Bond*. 1960, Ithaca NY: Cornell University Press.
[F] Lide, D. R., (ed.), *CRC Handbook of Chemistry and Physics*, 75th ed. 1994, Ann Arbor MI: CRC Press.
[G] The web site of the National Institute for Standards and Technology, http://webbook.nist.gov.

例題

例題 7.1 CCl_4 中, 室温で非常にゆっくり進行している化学反応がある. 反応速度を必要な値にまで上げるためには, 温度を 80℃ にまで上げる必要がある. $p=1$ atm では CCl_4 の沸点は 77℃ であるので, 77℃ で沸騰しないようにするためには圧力を高くすることが必要である. CCl_4 が 85℃ で沸騰するようにするには, 圧力をいくつにすればよいか. 表 7.1 のデータを用いよ.

解 Clausius-Clapeyron の式より

$$\ln p - \ln(1.00\ \text{atm}) = \frac{30.0 \times 10^3}{8.314}\left(\frac{1}{350} - \frac{1}{358}\right) = 0.230$$

$$p = (1.00\ \text{atm}) e^{0.23} = 1.26\ \text{atm}$$

例題 7.2 混ざり合わない二つの液体 (例えば CCl_4 と CH_3OH) よりなる系はいくつの相をもつか.

解 この系は三つの相からなる. CCl_4 に富む相, CH_3OH に富む相, そして蒸気相 (CCl_4 と CH_3OH) である.

例題 7.3 蒸気と平衡にある 2 成分混合液体系の自由度を求めよ.

解 $C=2$, $P=2$ であるから, 自由度 $f=2-2+2=2$. これら二つの自由度として T と成分 1 のモル分率 x_1 を選ぶと, 液体と平衡にある蒸気相の圧力は x_1 と T により完全に決まる.

例題 7.4 弱酸 CH_3COOH の水溶液はいくつの自由度をもつか.

解 酸の解離は

$$CH_3COOH \rightleftarrows CH_3COO^- + H^+$$

成分の数は 4 (水, CH_3COOH, CH_3COO^-, H^+), 相の数は 1, 平衡にある反応が 1 つあり

$R=1$ である．ところが，CH_3COO^- と H^+ の濃度は等しいから，自由度の数 f は 1 だけ減少し，$f=C-R-P+2-1=4-1-1+2-1=3$．

問　題

7.1 ヘキサンの蒸発熱は $30.8\,kJ\,mol^{-1}$ である．$1.00\,atm$ におけるヘキサンの沸点は $68.9\,°C$ である．圧力 $0.50\,atm$ における沸点を求めよ．

7.2 大気圧は高さとともに減少する．海面からの高さ h におけるおおよその圧力は大気圧の式 $P=P_0 e^{-Mgh/RT}$ で与えられる．ここで，$M=0.0289\,kg\,mol^{-1}$，$g=9.81\,m\,s^{-2}$ である．水の蒸発のエンタルピーを $\Delta H_{vap}=40.6\,kJ\,mol^{-1}$ とし，適当な温度 T における高さ $4000\,m$ の山頂における水の沸点を求めよ．

7.3 大気圧下で，CO_2 は固体から気体に相変化（昇華）する．CO_2 の三重点は $T=216.58\,K$，$p=518.0\,kPa$ である．液体の CO_2 を得る方法を述べよ．

7.4 2 成分系で，最大いくつの相が平衡となり得るか．

7.5 次の系の自由度を求めよ．
(a) CO_2 気体と平衡にある固体 CO_2
(b) フルクトース水溶液
(c) $Fe(s)+H_2O(g) \rightleftharpoons FeO(s)+H_2(g)$

7.6 図 7.8 中の任意の点 P について，$PA+PB+PC=1$ が成り立つことを示せ．

7.7 3 成分溶液に対するモル分率の三角座標系の表示で，頂点の一つから対辺上の点を結ぶ線に沿っての移動で，第三成分の組成は変化するが，二つの成分の組成比は一定であることを示せ．

7.8 三角座標系上に次の組成を表す点を示せ．
(a) $x_A=0.2$，$x_B=0.4$，$x_C=0.4$
(b) $x_A=0.5$，$x_B=0$，$x_C=0.5$
(c) $x_A=0.3$，$x_B=0.2$，$x_C=0.5$
(d) $x_A=0$，$x_B=0$，$x_C=1.0$

7.9 式 (7.4.5) からてこの規則 (7.4.6) を導け．

7.10 van der Waals の状態式を換算変数 p_r，V_r，T_r を用いて書き表すと，臨界圧力，臨界温度，臨界体積は 1 に等しくなる．臨界等温線上で臨界点からの小さな変位 $p_r=1+\delta p$，$V_r=1+\delta V$ を考えると，δV が $(\delta p)^{1/3}$ に比例することを示せ．これは Landau の予測式 (7.5.2) に相当する．

8. 溶　　液

8.1 理想溶液と非理想溶液

　溶液の多くの性質は熱力学により説明される．例えば，溶液の沸点や凝固点の組成依存性，化合物の溶解度の温度依存性，浸透圧の濃度依存性などを説明することができる．

　まず，溶液の化学ポテンシャルを導こう．式 (5.3.5) より，化学ポテンシャルの一般式は $\mu(T, p) = \mu^0(T, p_0) + RT \ln a$ である．ここで，a は活量，μ^0 は $a=1$ で規定される標準状態の化学ポテンシャルである．理想気体混合物に対して式 (6.1.9) で示したように，モル分率 x_k を用いて $\mu_k(T, p, x_k) = \mu_k^0(T, p) + RT \ln x_k$ と書くことができる．後で示すように，多くの希薄溶液の性質はこれと同じ形の化学ポテンシャルを使って記述することができる．このことから**理想溶液**（ideal solution）を次式が成り立つ溶液として定義する．

$$\mu_k(T, p, x_k) = \mu_k^0(T, p) + RT \ln x_k \tag{8.1.1}$$

ここで $\mu_k^0(T, p)$ は x_k によらない基準状態の化学ポテンシャルである．理想気体混合物と理想溶液との類似点は，化学ポテンシャルのモル分率依存性に関する点だけであることを強調しておく．液体の化学ポテンシャルに対する一般的表現 (6.3.8) からわかるように，圧力依存性は両者でまったく異なる．

　式 (8.1.1) において，"溶媒"のモル分率 x_s がほとんど1に等しい希薄溶液であれば，溶媒の化学ポテンシャルに対する基準状態 $\mu_s^0(T, p)$ として純溶媒の化学ポテンシャル $\mu_s^*(T, p)$ をとることができる．一方，他の成分に対して $x_k \ll 1$ であり，これら少量成分に対しても式 (8.1.1) は成り立つが，通常成り立つ範囲は限定され，一般に基準状態も $\mu_k^*(T, p)$ ではない．すべての x_k の値で式 (8.1.1) が成り立つ溶液を**完全溶液**（perfect solution）という．$x_k=1$ のとき $\mu_k(T, p) = \mu_k^*(T, p)$ であるから，完全溶液に対し，すべての成分の x_k について

$$\mu_k(T, p, x_k) = \mu_k^*(T, p) + RT \ln x_k \tag{8.1.2}$$

が成り立つ．非理想溶液ではモル分率 x_k は活量 a_k でおき換えられ，活量は $a_k = \gamma_k x_k$ と書かれる．ここで γ_k は**活量係数**（activity coefficient）で，G. N. Lewis によって導入された．よって，非理想溶液の化学ポテンシャルは

$$\mu_k(T,p,x_k) = \mu_k^0(T,p) + RT\ln a_k$$
$$= \mu_k^0(T,p) + RT\ln\gamma_k x_k \quad (8.1.3)$$

と書かれる．$x_k \to 1$ のとき，$\gamma_k \to 1$ になる．

理想溶液が実現される条件について調べよう．モル分率が x_i で与えられるいくつかの成分よりなる溶液がその蒸気と平衡にある系を考える（図8.1）．平衡ではそれぞれの成分に対して液体が蒸気に変わる親和力は 0 で，二つの相で化学ポテンシャルは等しい．蒸気相の成分 i に対して理想気体近似を用いると

p_g	気体
	液体

図8.1 溶液とその蒸気の平衡

$$\mu_{i,l}^0(T,p_0) + RT\ln a_i = \mu_{i,g}^0(T,p_0) + RT\ln(p_i/p_0) \quad (8.1.4)$$

となる．ここで，添字 l, g はそれぞれ液相，蒸気相（気相）を表す．活量 a_i の物理的意味は次のように考えられる．その蒸気と平衡にある純粋な液体を考えると，$p_i = p_i^*$ は純粋な液体の飽和蒸気圧である．純粋な液体では a_i はほとんど 1 であり，$\ln a_i \approx 0$ である．よって，式 (8.1.4) は

$$\mu_{i,l}^0(T,p_0) = \mu_{i,g}^0(T,p_0) + RT\ln(p_i^*/p_0) \quad (8.1.5)$$

式 (8.1.4) から式 (8.1.5) を差し引くと

$$\underline{RT\ln a_i = RT\ln(p_i/p_i^*)} \quad \text{または} \quad a_i = \frac{p_i}{p_i^*} \quad (8.1.6)$$

すなわち，活量は純成分の蒸気圧に対する溶液のその成分の蒸気分圧の比である．よって，各成分の活量はその蒸気圧を測定することによって決定できる．

理想溶液に対して，式 (8.1.4) は

$$\mu_{i,l}^0(T,p) + RT\ln x_i = \mu_{i,g}^0(T,p_0) + RT\ln(p_i/p_0) \quad (8.1.7)$$

となる．この式から，蒸気相の各成分の分圧と溶液のモル分率との間に次の関係が成り立つことがわかる．

$$\underline{p_i = K_i x_i} \quad (8.1.8)$$
$$K_i(T,p) = p_0\exp\{[\mu_{i,l}^0(T,p) - \mu_{i,g}^0(T,p_0)]/RT\} \quad (8.1.9)$$

$K_i(T,p)$ は一般に T と p の関数として表されるが，液体の化学ポテンシャル $\mu_{i,l}^0(T,p)$ は p にほとんど影響されないことから，実質的には T のみの関数である．K_i は圧力の次元をもつ．どの成分 i に対しても，$x_i = 1$ のとき $K_i(T, p_i^*) = p_i^*$，すなわち純物質の蒸気圧に等しくなる（図8.2）．式 (8.1.9) で $p = p_0 = p_i^*$ とおくと，$\mu_{i,l}^0(T,p_i^*) - \mu_{i,g}^0(T,p_i^*) = 0$ となるからである．与えられた温度 T で，ある特定の成分（溶媒）に対して $x_s \approx 1$ であれば，圧力の変化による K_i の変化は小さいので，次の関係が成り立つ．

$$\underline{p_s = p_s^* x_s} \quad (8.1.10)$$

1870年代，François-Marie Raoult（1830～1901）は，溶媒のモル分率がほぼ 1 に等しい希薄溶液では，式 (8.1.10) の関係が成り立つことを実験的に示した．このた

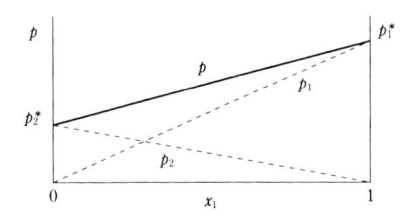

図 8.2 2 成分完全溶液の蒸気圧曲線
式 (8.1.1) がすべての成分のモル分率 x_1 について成り立つ．p_1^*, p_2^* は純物質の蒸気圧，p_1, p_2 は混合気体中の各成分の分圧，p は全蒸気圧である．

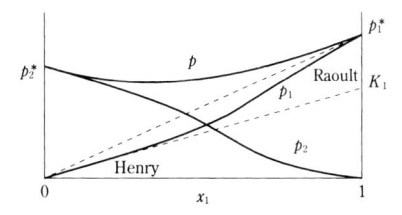

図 8.3 一般の 2 成分溶液の蒸気圧曲線
ある成分のモル分率が十分に小さいか，あるいはほとんど 1 に等しいとき，理想溶液のように振る舞う．モル分率が小さい成分は Henry の法則にしたがい，モル分率が 1 に近い成分は Raoult の法則にしたがう．p_1^*, p_2^* は純物質の蒸気圧，p_1, p_2 は混合気体中の各成分の分圧，p は全蒸気圧である．

め，式 (8.1.10) は **Raoult の法則**と呼ばれる．Raoult の法則を適用して $p_0 = p_s^*$ とおくことにより，溶媒の蒸気相の化学ポテンシャル $\mu_{s,g} = \mu_{s,g}(T, p_0) + RT\ln(p_s/p_0)$ を溶液中のモル分率と関連づけることができる．すなわち，

$$\mu_{s,l}(T, p, x_s) = \mu_{s,g}(T, p_s^*) + RT\ln x_s \tag{8.1.11}$$

溶液の少量成分に対して，$x_k \ll 1$ のとき，式 (8.1.10) は一般に成り立たないが，式 (8.1.8) は成り立つ．William Henry (1774〜1836) は気体の溶解度について次式が成り立つことを確かめた．

$$p_i = K_i x_i \quad (x_i \ll 1) \tag{8.1.12}$$

この関係は **Henry の法則**と呼ばれ，K_i を Henry 定数という．そのいくつかの値を表 8.1 に示した．Henry の法則が成り立つときには，K_i は純物質の蒸気圧には等しくない．Henry 定数のグラフ上の意味を図 8.3 に示す．(同様に，Henry の法則が成り立つ範囲で，一般に基準状態の化学ポテンシャル μ_i^0 は純物質の化学ポテンシャル

表 8.1 大気に含まれる気体の Henry 定数 (25℃)*

気体	$K/10^4$ atm	大気中の体積分率 (ppm)
$N_2(g)$	8.5	780840
$O_2(g)$	4.3	209460
$Ar(g)$	4.0	9340
$CO_2(g)$	0.16	350
$CO(g)$	5.7	−
$He(g)$	13.1	5.2
$H_2(g)$	7.8	0.5
$CH_4(g)$	4.1	1.7
$C_2H_2(g)$	0.13	

* 有機化合物の Henry 定数はデータ・ソース [F] を参照．

に等しくない).すべての成分に対して $x_i \ll 1$ のとき $K_i = p_i^*$ となるのは,完全溶液の場合だけであり,このような溶液は非常にまれである.多くの希薄溶液では多量成分(溶媒)は Raoult の法則に,少量成分(溶質)は Henry の法則にしたがう.

溶液が希薄でないとき,一般に非理想的な挙動を示し,このとき化学ポテンシャルは活量係数 γ_i を用いて表される.

$$\mu_i(T, p, x_i) = \mu_i^0(T, p) + RT \ln \gamma_i x_i \tag{8.1.13}$$

Raoult の法則や Henry の法則からのずれは γ_i で表される.非理想溶液に対して,活量係数の代わりに次式で定義される**浸透係数**(osmotic coefficient) ϕ_i を用いることもある.

$$\mu_i(T, p, x_i) = \mu_i^0(T, p) + \phi_i RT \ln x_i \tag{8.1.14}$$

次節で述べるように,浸透係数は理想溶液の浸透圧に対する実在溶液の浸透圧の比を与える.式 (8.1.13) と式 (8.1.14) より次の関係が容易に導かれる.

$$\phi_i - 1 = \frac{\ln \gamma_i}{\ln x_i} \tag{8.1.15}$$

8.2 束一的性質

理想溶液の化学ポテンシャルを用いると,溶質粒子の全モル数*のみに依存し,溶質の化学的性質にはよらない,理想溶液のいくつかの性質を導くことができる.このような性質をまとめて**束一的性質**(colligative property)という.

*例えば 0.2 M NaCl 溶液では,NaCl が Na^+ と Cl^- に解離するので,束一的濃度は 0.4 M である.

● 沸点および凝固点の変化

式 (8.1.11) を用いて溶液の沸点上昇と凝固点降下の式を導くことができる(図 8.4).7 章で述べたように,液体の蒸気圧が大気圧あるいは外圧に等しいとき ($p = p_{ext}$),液体は沸騰する.T^* を純溶媒の沸点,T を溶液の沸点とし,溶媒のモル分率を x_2,溶質のモル分率を x_1 とする.溶質は不揮発性であり,蒸気相は溶媒分子だけからなるとする.平衡で,液相と気相の溶媒の化学ポテンシャルは等しいから

$$\mu_{2,g}^*(T, p_{ext}) = \mu_{2,l}(T, p_{ext}, x_2) \tag{8.2.1}$$

式 (8.1.11) を代入して

図 8.4
不揮発性溶質を含む溶液の蒸気圧は純溶媒の蒸気圧より低い.溶液の沸点は溶質濃度が大きくなると高くなる.

$$\mu_{2,\mathrm{g}}^{*}(T, p_{\mathrm{ext}}) = \mu_{2,\mathrm{l}}^{*}(T) + RT\ln x_2 \tag{8.2.2}$$

ここで，純粋液体がその蒸気と平衡にあるときに成り立つ関係 $\mu_{2,\mathrm{l}}^{*}(T) = \mu_{2,\mathrm{g}}^{*}(T, p^*)$ を用いた．p^* は T における純粋液体の蒸気圧である．

純物質の化学ポテンシャルはモルギブズ自由エネルギー G_m に等しいから

$$\frac{\mu_{2,\mathrm{g}}^{*}(T, p_{\mathrm{ext}}) - \mu_{2,\mathrm{l}}^{*}(T)}{RT} = \frac{\Delta G_\mathrm{m}}{RT} = \frac{\Delta H_\mathrm{m} - T\Delta S_\mathrm{m}}{RT} = \ln x_2 \tag{8.2.3}$$

ここで，Δ は液相と気相の間の差を表す．一般に，ΔH_m は温度によってほとんど変化しないので，$\Delta H_\mathrm{m}(T) = \Delta H_\mathrm{m}(T^*) = \Delta H_{\mathrm{vap}}$ とおける．さらに，$\Delta S_\mathrm{m} = \Delta H_{\mathrm{vap}}/T^*$，また $x_2 = (1-x_1)$ で，溶質のモル分率に対して $x_1 \ll 1$ である．これらの関係を式 (8.2.3) に代入すると

$$\ln(1-x_1) = \frac{\Delta H_{\mathrm{vap}}}{R}\left(\frac{1}{T} - \frac{1}{T^*}\right) \tag{8.2.4}$$

差 $\Delta T = T - T^*$ が小さければ，T と T^* を含む項は $-\Delta T/T^{*2}$ で近似できる．さらに，$x_1 \ll 1$ のとき $\ln(1-x_1) \sim -x_1$ であるから，式 (8.2.4) は次のように近似することができる．

$$\Delta T = \frac{RT^{*2}x_1}{\Delta H_{\mathrm{vap}}} \tag{8.2.5}$$

この式は沸点の変化と溶質のモル分率の関係を表している．

同様に，溶液と平衡にある純粋の固体を考えることで，凝固点降下 ΔT と融解エンタルピー ΔH_{fus}，溶質のモル分率 x_1，純溶媒の凝固点 T^* の間の関係式

$$\Delta T = \frac{RT^{*2}x_1}{\Delta H_{\mathrm{fus}}} \tag{8.2.6}$$

が導かれる．沸点および凝固点の変化は，モル分率の代わりに重量モル濃度 (molality；溶媒 1 kg 中の溶質のモル数) で表すことが多い．希薄溶液ではモル分率 x_1 から質量モル濃度 m_1 への換算は容易である．M_s を溶媒の分子量とすると，溶質のモル分率は

$$x_1 = \frac{N_1}{N_1 + N_2} \approx \frac{N_1}{N_2} = M_\mathrm{s}\left(\frac{N_1}{M_\mathrm{s}N_2}\right) = M_\mathrm{s}m_1$$

である．式 (8.2.5)，(8.2.6) はしばしば次のように書かれる．

$$\Delta T = K(m_1 + m_2 + \cdots + m_s) \tag{8.2.7}$$

ここで s 種すべての溶質の重量モル濃度を明示した．定数 K は沸点の場合は**沸点上昇定数** (ebullioscopic constant)，凝固点の場合は**凝固点降下定数** (cryoscopic constant) と呼ばれる．いくつかの液体についてこれらの値を表 8.2 に示した．

● **浸透圧**

溶媒を通すが，溶質を通さない半透膜で溶液と純溶媒を隔てたとき (図 8.5(a))，

表 8.2 沸点上昇定数と凝固点降下定数

化合物	K_b (℃ kg mol^{-1})	T_b (℃)	K_f (℃ kg mol^{-1})	T_f (℃)
酢酸 CH$_3$COOH	3.07	118	3.90	16.7
アセトン (CH$_3$)$_2$CO	1.71	56.3	2.40	-95
ベンゼン C$_6$H$_6$	2.53	80.10	5.12	5.53
二硫化炭素 CS$_2$	2.37	46.5	3.8	-111.9
四塩化炭素 CCl$_4$	4.95	76.7	30	-23
ニトロベンゼン C$_6$H$_5$NO$_2$	5.26	211	6.90	5.8
フェノール C$_6$H$_5$OH	3.04	181.84	7.27	40.92
水 H$_2$O	0.51	100.0	1.86	0.0

(G. W. C. Kaye and T. H. Lady (eds), *Tables of Physical and Chemical Constants*, 1986, Longman, London)

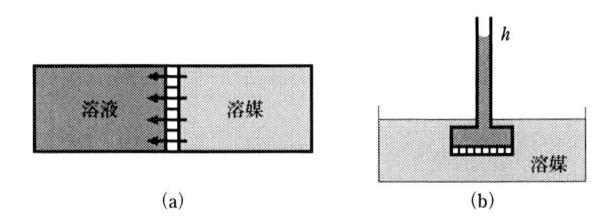

図 8.5 浸透
2室の化学ポテンシャルが等しくなるまで，純溶媒側から溶液側へ半透膜を通して溶媒が流れる．

平衡に到達するまで溶液側に溶媒が移動する．この現象は**浸透**（osmosis）と呼ばれ，18世紀の中ごろから知られ，1877年，植物学者 Pfeffer は注意深い定量的観察を行った．Jacobus Henricus van't Hoff (1852~1911) は理想気体の状態式に類似した簡単な式が測定結果を説明することを見出した．1901年，van't Hoff は熱力学と化学における貢献に対して最初のノーベル化学賞を授与された〔文献1〕．

図 8.5 に示すように，溶質を透過させない膜で溶液と純溶媒を隔てる．はじめ両相で溶媒の化学ポテンシャルは等しくない．親和力は

$$A = \mu^*(T,p) - \mu(T,p',x_2) \tag{8.2.8}$$

である．ここで x_2 は溶媒のモル分率，p' は溶液の圧力，p は純溶媒の圧力である．親和力は0でないので，溶媒側から溶液側への溶媒の流れの駆動力となる．化学ポテンシャルが等しくなったとき平衡に達し，親和力は消滅する．理想溶液に対する式 (8.1.1) を用いると，この系の親和力は

$$A = \mu^*(T,p) - \mu^*(T,p') - RT\ln x_2 \tag{8.2.9}$$

と書ける．ここで μ^0 は純溶媒の化学ポテンシャル μ^* に等しいとおいた．

$p = p'$ のとき親和力は次のように簡単な形となる．

$$A = -RT\ln x_2 \tag{8.2.10}$$

0 でない親和力により溶媒の流れが起こり，溶媒と溶液の間に圧力差が生じる．流れは親和力を 0 にするまで続く．ここで生じる圧力差を浸透圧といい，π で表す．図 8.5 (b) の実験装置では，平衡に達したとき，溶液の液面は溶媒の液面に対して高さ h まで上昇する．ρ を溶液の密度，g を重力の加速度とすると，溶液側の過剰な圧力は $\pi = h\rho g$ である．平衡では，式 (8.2.9) より

$$A = 0 = \mu^*(T, p) - \mu^*(T, p+\pi) - RT \ln x_2 \tag{8.2.11}$$

Jacobus van't Hoff (1852〜1911) (The Emilio Segrè Visual Archives of the American Institute of Physics)

となる．温度一定で化学ポテンシャルの圧力による変化は $d\mu = (\partial \mu / \partial p)_T dp = V_m dp$ で与えられる．ここで V_m は部分モル体積であるが，液体の部分モル体積は圧力によりほとんど変化せず，純溶媒のモル体積 V_m^* に等しいとおくことができる．よって

$$\mu^*(T, p+\pi) \approx \mu^*(T, p) + \int_0^\pi V_m^* dp = \mu^*(T, p) + V_m^* \pi \tag{8.2.12}$$

(近似を高めるためには，圧力 0〜π の間の V_m^* の平均値を使えばよい)．希薄溶液では $\ln x_2 = \ln(1-x_1) \approx -x_1$ であり，N_1 を溶質のモル数，N_2 を溶媒のモル数とすると，$N_2 \gg N_1$ であるから $x_1 = N_1/(N_2+N_1) \approx N_1/N_2$ で，これから $\ln x_2 \approx -N_1/N_2$ となる．この関係と式 (8.2.12) を用いると，式 (8.1.11) は次のようになる．

$$RT \frac{N_1}{N_2} = V_m^* \pi$$

$$RT N_1 = N_2 V_m^* \pi = V\pi \tag{8.2.13}$$

ここで $V = N_2 V_m^*$ はほぼ溶液の体積である（溶質の影響は無視できる）．この結果は，浸透圧 π が理想気体類似の式にしたがうことを示している．すなわち，

$$\pi = \frac{N_\text{solute} RT}{V_\text{solution}} = [S] RT \tag{8.2.14}$$

ここで，[S] は溶液のモル濃度である．これは浸透圧に対する **van't Hoff の式** である．浸透圧はあたかも溶液の体積に等しい体積を占める溶質で構成されている理想気体の圧力のようである．浸透圧を測定することにより溶質のモル数を決定することができる．よって，溶質の質量が既知であれば，分子量が求められる．大きな分子に対する半透膜が容易に入手できることから，浸透圧の測定は生体高分子の分子量の決定に使われる．

表 8.3 はショ糖水溶液について実測された浸透圧と van't Hoff の式により計算された浸透圧を示す．おおよそ 0.2 mol L^{-1} 以下の低濃度で van't Hoff の式は実験デ

表 8.3 二つの温度におけるショ糖水溶液の浸透圧に対する van't Hoff の式による計算値と測定値との比較

濃度 (mol L^{-1})	π (atm) 測定値	π (atm) 計算値	濃度 (mol L^{-1})	π (atm) 測定値	π (atm) 計算値
	$T=273$ K			$T=333$ K	
0.02922	0.65	0.655	0.098	2.72	2.68
0.05843	1.27	1.330	0.1923	5.44	5.25
0.1315	2.91	2.95	0.3701	10.87	10.11
0.2739	6.23	6.14	0.533	16.54	14.65
0.5328	14.21	11.95	0.6855	22.33	18.8
0.8766	26.80	19.70	0.8273	28.37	22.7

(I. Prigogine and R. Defay, *Chemical Thermodynamics*, 1967, Longman, London)

ータと一致する．van't Hoff の式からのずれは必ずしも溶液の理想性からのずれのためではない．van't Hoff の式を導く際，希薄溶液であることを仮定している．式 (8.2.11) と式 (8.2.12) から，浸透圧は次のように書くこともできる．

$$\pi_{\mathrm{id}} = \frac{-RT\ln x_2}{V_\mathrm{m}^*} \tag{8.2.15}$$

ここで，x_2 は溶媒のモル分率である．この浸透圧の式は理想溶液に対して成り立つことを明示するために，π_id で表した．この式は 1894 年に J. J. van Laar によって導かれた．

非理想溶液に対しては，活量係数 γ の代りに，式 (8.1.14) で定義された浸透係数 ϕ を用いることもできる．すなわち，

$$\mu(T, p, x_2) = \mu^*(T, p) + \phi RT\ln x_2 \tag{8.2.16}$$

ここで μ^* は純溶媒の化学ポテンシャルである．平衡に達したとき，浸透圧 π を生じ，親和力は 0 になるので，

$$\mu^*(T, p) = \mu^*(T, p+\pi) + \phi RT\ln x_2 \tag{8.2.17}$$

が成り立つ．前と同様の手続きで，非理想溶液の浸透圧に対して次の式が導かれる．

$$\pi = \frac{-\phi RT\ln x_2}{V_\mathrm{m}^*} \tag{8.2.18}$$

この式は 1932 年，Donnan と Guggenheim によって提出された．式 (8.2.15) と式 (8.2.18) を比較して，$\phi = \pi/\pi_\mathrm{id}$ の関係が見出される．これから ϕ に"浸透係数"の名がつけられた．親和力も浸透圧と関連づけることができる．溶液と純溶媒の圧力が等しいとき，親和力 $A = \mu^*(T, p) - \mu^*(T, p) - \phi RT\ln x_2 = -\phi RT\ln x_2$ である．これを式 (8.2.18) に代入して

$$(p_\text{solution} = p_\text{solvent} \text{ のとき}) \quad \pi = \frac{A}{V_\mathrm{m}^*} \tag{8.2.19}$$

となる．非理想溶液を扱うもう一つの方法は，実在気体のビリアルの式に類似している．この場合，浸透圧は次のように書ける．

$$\pi = [S]RT\{1+B(T)[S]+\cdots\} \tag{8.2.20}$$

ここで，$B(T)$ は温度に依存する定数である．高分子溶液（例えばポリ塩化ビニルのシクロヘキサノン溶液）の浸透圧の測定データから，$\pi/[S]$ と $[S]$ の間に良好な線形関係があることが示される．温度が高くなると B の符号は負から正に変化する．B が 0 となる温度を**シータ温度**（theta temperature）という．濃度 $[C]$ を (g/L) の単位で表すと，式 (8.2.20) は次のようになる．

$$\pi = \frac{[C]RT}{M_s}\{1+B(T)\frac{[C]}{M_s}+\cdots\} \tag{8.2.21}$$

ここで M_s は溶質の分子量である．この式が成り立てば，$[C]$ に対して $\pi/[C]$ をプロットすると直線が得られ，その切片が (RT/M_s) に等しく，これから分子量が求められ，傾きは $(B(T)RT/M_s^2)$ に等しく，これから"ビリアル係数"$B(T)$ が求められる．

8.3 溶解平衡

　溶媒への固体の**溶解度**（solubility）は温度に依存する．溶解度は固体の溶質がその溶液と平衡になっているときの溶液濃度で表され，飽和濃度に相当する．熱力学によって溶解度と温度の間の定量的関係が与えられる．固体の溶解度を考えるとき，イオン性溶液と非イオン性溶液を区別しなければならない．NaCl のようなイオン性結晶は水などの極性溶媒に溶けて，Na^+ と Cl^- のイオンを含む溶液となり，イオンは強く相互作用するから，希薄溶液においても活量はモル分率で近似することができない．一方，ショ糖水溶液やナフタレンのアセトン溶液など非イオン性溶液では，希薄溶液の活量をモル分率で近似することができる．

●非イオン性溶液

　希薄非イオン性溶液に対して理想性を仮定し，化学ポテンシャルの式 (8.1.1) を用いて熱力学的平衡を調べることができる．高濃度の溶液ではさらに詳細な理論を必要とする〔文献 2〕．液体と同様に，固体の化学ポテンシャルも圧力によりほとんど変化しないので，固体の化学ポテンシャルは実質的に温度だけの関数である．液体と平衡にある純粋な固体の化学ポテンシャルを $\mu_s^*(T)$ とすれば，式 (8.1.1) は次のようになる．

$$\mu_s^*(T) = \mu_1(T) = \mu_1^*(T) + RT\ln x_1 \tag{8.3.1}$$

ここで，μ_1 は溶液相の溶質の化学ポテンシャル，μ_1^* は液体の純溶質の化学ポテンシ

ャル，x_l は溶質のモル分率である．温度 T における融解のモルギブズ自由エネルギーを $\Delta G_\text{fus}(T) = \mu_l^* - \mu_s^*$ とすれば，式 (8.3.1) は次のようになる．

$$\ln x_l = -\frac{1}{R}\frac{\Delta G_\text{fus}}{T} \tag{8.3.2}$$

この形では，ΔG_fus はそれ自体が温度の関数であるから，溶解度の温度依存性は明示されていない．そこでこの式を温度で微分し，Gibbs-Helmholtz の式 (5.2.14) $d(\Delta G/T)/dT = -\Delta H/T^2$ を使うことにより

$$\frac{d\ln x_l}{dT} = \frac{1}{R}\frac{\Delta H_\text{fus}}{T^2} \tag{8.3.3}$$

と書くことができる．ΔH_fus は融解エンタルピーで，ΔH_fus は T によりほとんど変化しないので，この式を積分し，溶解度の温度依存性をより明確に表す式を導くことができる．

●イオン性溶液

電解質 (electrolyte) が溶解したイオン性溶液は強い静電力に支配されている．静電力がいかに強い力であるかを理解するために，10 cm 離れておかれた，二つの帯電した一辺 1 cm の立方体の銅の間に働く反発力を計算してみよう（問題 8.13）．100 万個に 1 個の割合で Cu 原子が Cu^+ になっている場合，その力は重さ 16×10^6 kg の物体を持ち上げるのに十分である．強い静電力のために，溶液中の正イオンと負イオンが分離することはほとんどない．マクロな大きさの体積中では正味の電荷がほぼ完全に 0 となるように，正電荷と負電荷は集まり，電気的に中性となる．すなわち，溶液やその他ほとんどの物体で電気的中性が高い精度で成り立つ．例えば，イオン荷数（電荷数）z_k の正および負イオンの濃度を c_k(mol/L) とすれば，単位体積中でイオン種 k のもつ電荷は $Fz_k c_k$ である．$F = eN_A$ は Faraday 定数で，電子電荷（電気素量）$e = 1.609 \times 10^{-19}$C と Avogadro 定数 N_A の積である．電気的中性は正味の電荷が 0 であることを意味するので，次の関係が成り立つ．

$$\sum Fz_k c_k = 0 \tag{8.3.4}$$

水に難溶性電解質 AgCl が溶けた系の溶解度平衡を考えよう．

$$\text{AgCl(s)} \rightleftarrows \text{Ag}^+ + \text{Cl}^- \tag{8.3.5}$$

平衡では

$$\mu_\text{AgCl} = \mu_{\text{Ag}^+} + \mu_{\text{Cl}^-} \tag{8.3.6}$$

が成り立つ．イオン系では正負のイオンは常に対になっており，化学ポテンシャル μ_{Ag^+} と μ_{Cl^-} を別々に測ることはできず，その和が測定できるだけである．エンタルピーや生成ギブズ自由エネルギーについても同様の問題がある．各イオンに対して，これら二つの量は BOX 8.1 に示したように，H^+ に基づく新しい基準状態を用いて定

義される．1対のイオンの化学ポテンシャルに対して，**平均化学ポテンシャル**（mean chemical potential）を次のように定義する．

$$\mu_{\pm} = \frac{1}{2}(\mu_{Ag^+} + \mu_{Cl^-}) \tag{8.3.7}$$

このとき式 (8.3.6) は

$$\mu_{AgCl} = 2\mu_{\pm} \tag{8.3.8}$$

となる．一般に，中性の化合物 W が ν_+ 個の正イオン A^{z_+} と ν_- 個の負イオン B^{z_-} に解離するとすると

$$W \rightleftarrows \nu_+ A^{z_+} + \nu_- B^{z_-} \tag{8.3.9}$$

ここで ν_+ と ν_- は化学量論係数である．この場合，平均化学ポテンシャルは次のように定義される．

$$\mu_{\pm} = \frac{(\nu_+ \mu_+ + \nu_- \mu_-)}{\nu_+ + \nu_-} = \frac{\mu_{salt}}{\nu_+ + \nu_-}$$

$$\mu_{salt} \equiv \nu_+ \mu_+ + \nu_- \mu_- \tag{8.3.10}$$

ここで，正イオン A^{z_+} の化学ポテンシャルを μ_+，負イオン B^{z_-} の化学ポテンシャルを μ_- と書いた．

■ **BOX 8.1　イオンの生成エンタルピーおよび生成ギブズ自由エネルギー**

イオン性溶液が形成されるとき，イオンは対となって存在するので，正イオンと負イオンの生成エンタルピーを別々に求めることは不可能である．よって，標準状態にある元素を基準とした通常の方法で生成エンタルピーを求めることはできない．そこで，すべての温度で H^+ の生成エンタルピーを 0 と定義（規約）する．すなわち

（すべての温度で）　$\Delta H_f^0[H^+(aq)] = 0$

この規約に基づいて，すべての他のイオンの ΔH_f を求めることが可能になる．例えば，温度 T における $Cl^-(aq)$ の生成エンタルピーを求めるためには，HCl の溶解エンタルピーを測定すればよい．すなわち，$\Delta H_f^0[Cl^-(aq)]$ は温度 T における溶解熱で与えられる．

$$HCl \longrightarrow H^+(aq) + Cl^-(aq)$$

表にまとめられている生成エンタルピーの値はこの規約に基づいている．

同様に，ギブズ自由エネルギーについて

（すべての温度で）　$\Delta G_f^0[H^+(aq)] = 0$

と定義（規約）する．イオン性溶液に対して重量モル濃度が慣用的に用いられることが多い．この濃度単位で，他の溶質を加えても溶質の濃度は変わらないという利点がある．濃度 1 mol/kg の理想溶液を標準状態にとって，$T = 298.15$ K における水中のイオンの生成ギブズ自由エネルギー ΔG_f^0 および生成エンタルピー ΔH_f^0 の値が表にまとめられている．この標準状態は添字 ao で示される．よって，イオンの化学ポテンシャルまたは活量は添字 ao で示される．電解質の化学ポテンシャル $\mu_{salt} \equiv \nu_+ \mu_+ + \nu_- \mu_-$，および対応する活量は添字 ai で示される．

電解質の活量係数 γ は理想溶液に対して定義される．例えば，AgCl の平均化学ポテンシャルは

$$\mu_{\pm} = \frac{1}{2}\{\mu^0_{Ag^+} + RT\ln(\gamma_{Ag^+}x_{Ag^+}) + \mu^0_{Cl^-} + RT\ln(\gamma_{Cl^-}x_{Cl^-})\}$$
$$= \mu^0_{\pm} + RT\ln\sqrt{\gamma_{Ag^+}\gamma_{Cl^-}x_{Ag^+}x_{Cl^-}} \qquad (8.3.11)$$

と書かれ，ここで $\mu^0_{\pm} = (\mu^0_{Ag^+} + \mu^0_{Cl^-})/2$ である．正イオンと負イオンの活量係数を別々に測ることはできないから，平均活量係数を次で定義する．

$$\gamma_{\pm} = (\gamma_{Ag^+}\gamma_{Cl^-})^{1/2} \qquad (8.3.12)$$

一般的には，**平均イオン活量係数**（mean ionic activity coefficient）は次のように定義される．

$$\gamma_{\pm} = (\gamma_+^{\nu_+}\gamma_-^{\nu_-})^{1/(\nu_+ + \nu_-)} \qquad (8.3.13)$$

ここで，γ_+ と γ_- は正イオンと負イオンの活量係数である．

希薄溶液の化学ポテンシャルは，モル分率の代わりに重量モル濃度 m_k（molality；溶媒 1 kg あたりの溶質のモル数）またはモル濃度 c_k（molarity；溶液 1 L あたりの溶質のモル数）で表されることが多い．電気化学では通常重量モル濃度が使われる．希薄溶液では $x_k = N_k/N_{\text{solvent}}$ であるから，異なる単位間で次の換算式が成り立つ．

$$x_k = m_k M_s, \qquad x_k = V_{ms}c_k \qquad (8.3.14)$$

ここで M_s は kg 単位で表した溶媒の分子量（モル質量），V_{ms} は L 単位で表した溶媒のモル体積である．相当する化学ポテンシャルは次のようになる．

$$\mu_k^x = \mu_k^{x0} + RT\ln\gamma_k x_k \qquad (8.3.15)$$
$$\mu_k^m = \mu_k^{x0} + RT\ln M_s + RT\ln\gamma_k m_k$$
$$= \mu_k^{m0} + RT\ln(\gamma_k m_k/m^0) \qquad (8.3.16)$$
$$\mu_k^c = \mu_k^{x0} + RT\ln V_{ms} + RT\ln\gamma_k c_k$$
$$= \mu_k^{c0} + RT\ln(\gamma_k c_k/c^0) \qquad (8.3.17)$$

それぞれの濃度単位において基準化学ポテンシャル μ_k^{m0}，μ_k^{c0} の定義は自明であろう．重量モル濃度単位で表した活量は無次元形で $a_k = \gamma_k m_k/m^0$ と書かれ，ここで m^0 は溶媒 1 kg に溶質 1 mol を溶かした標準となる濃度である．同様に，モル濃度単位で表した活量は $a_k = \gamma_k c_k/c^0$ と書かれ，ここで c^0 は溶液 1 L に溶質 1 mol を溶かした標準となる濃度である．電解質溶液では，平均化学ポテンシャル $\mu_{\pm}$ は通常重量モル濃度単位で表される．$T = 298.15$ K における水中でのイオン生成に対する ΔG_f^0 と ΔH_f^0 は，濃度 1 mol/kg の理想溶液を標準状態とした値で，これらの値が表に示されている．この標準状態は添字 ao で示される．

通常用いられる重量モル濃度単位で，式 (8.3.8) で表される AgCl の溶液平衡は次のように書ける．

8.3 溶解平衡

$$\mu^0_{AgCl} + RT\ln a_{AgCl} = 2\mu^{m0}_{\pm} + RT\ln\frac{\gamma^2_{\pm} m_{Ag^+} m_{Cl^-}}{(m^0)^2} \tag{8.3.18}$$

固体の活量はほぼ1に等しく, $a_{AgCl} \approx 1$ である. これから重量モル濃度単位で溶解の平衡定数を表すと次式のようになる.

$$K_m(T) \equiv \frac{\gamma^2_{\pm} m_{Ag^+} m_{Cl^-}}{(m^0)^2} = a_{Ag^+}a_{Cl^-} = \exp\left[\frac{\mu^0_{AgCl} - 2\mu^{m0}_{\pm}}{RT}\right] \tag{8.3.19}$$

電解質溶液の平衡定数は**溶解度積**(solubility product) K_{sp} と呼ばれる. AgCl のような難溶性電解質溶液では, 飽和濃度でも溶液濃度は非常に低く $\gamma_{\pm} \approx 1$ である. このような場合, 溶解度積 K_{sp} は

$$K_{sp} \approx m_{Ag^+} m_{Cl^-} \tag{8.3.20}$$

となる. ここで m^0 は1であり, 式には現れない.

● 活量, イオン強度, 溶解度

1923 年, Peter Debye と Erich Hückel は,(本書の範囲を超える統計力学を用いて)イオン性溶液の理論を展開し, 活量を表す式を導いた. この理論は希薄電解質溶液の性質をよく説明するので, 主要な結果を示しておこう. 活量はイオン強度 I に依存する. イオン強度は

$$I = \frac{1}{2}\sum_k z^2_k m_k \tag{8.3.21}$$

で定義される. 重量モル濃度単位でイオン k の活量係数は

$$\log_{10}\gamma_k = -Az^2_k\sqrt{I} \tag{8.3.22}$$

ここで,

$$A = \frac{N^2_A}{2.3026}\left(\frac{2\pi\rho_s}{R^3 T^3}\right)^{1/2}\left(\frac{e^2}{4\pi\varepsilon_0\varepsilon_r}\right)^{3/2} \tag{8.3.23}$$

ここで, N_A は Avogadro 定数, ρ_s は溶媒の密度, e は電気素量, $\varepsilon_0 = 8.854\times 10^{-12}$ C^{2}N^{-1}m^{-2} は真空の誘電率, ε_r は溶媒の比誘電率(水では $\varepsilon_r = 78.54$)である. $T = 298.15$ K で水中のイオンに対して $A = 0.509$ kg$^{1/2}$mol$^{-1/2}$ である. 例えば, 25 °C で希薄水溶液中のイオンの活量係数は十分な近似で

$$\log_{10}\gamma_k = -0.509\, z^2_k\sqrt{I} \tag{8.3.24}$$

と表される. Debye-Hückel 理論はイオン強度が溶解度にどのように影響するかを教えてくれる. 例として, AgCl の溶解度を調べよう. $m_{Ag^+} = m_{Cl^-} = S$ とおき, 溶解度 S を使って平衡定数 K_m を次のように書くことができる.

$$K_m(T) \equiv \gamma^2_{\pm} m_{Ag^+} m_{Cl^-} = \gamma^2_{\pm} S^2 \tag{8.3.25}$$

イオン強度は Ag$^+$ と Cl$^-$ の濃度だけでなく, 共存するすべてのイオンの濃度に依存する. 例えば硝酸 HNO$_3$ を加えると, 系内に H$^+$ と NO$_3^-$ が加わり活量係数は変化する. 一方, 式 (8.3.19) の平衡定数は T だけの関数であり, T 一定では変化しな

い．結果として，溶解度 m はイオン強度 I によって変化する．加えた硝酸の濃度は m_{HNO_3} で完全に解離するとすると，イオン強度は

$$I = (m_{Ag^+} + m_{Cl^-} + m_{H^+} + m_{NO_3^-})/2$$
$$= S + m_{HNO_3} \qquad (8.3.26)$$

である．AgCl の $\gamma_\pm$ に式 (8.3.12) を用い，式 (8.3.25) に式 (8.3.24) を代入すると，AgCl の溶解度 S と HNO_3 濃度の間に次の関係式を導くことができる．

$$\log_{10} S = \frac{1}{2} \log_{10} K_m(T) + 0.509\sqrt{S + m_{HNO_3}} \qquad (8.3.27)$$

もし $S \ll m_{HNO_3}$ であれば，上の式は次のように近似できる．

$$\log_{10} S = \frac{1}{2} \log_{10} K_m(T) + 0.509\sqrt{m_{HNO_3}} \qquad (8.3.28)$$

よって，$\sqrt{m_{HNO_3}}$ に対して $\log S$ をプロットすると直線となるはずであり，このことは実験的に確かめることができる．事実，この方法は平衡定数 K_m や活量係数の決定に用いられてきた．

8.4 混合および剰余関数

●完全溶液

化学ポテンシャルの式 $\mu_k(T, p, x_k) = \mu_k^*(T, p) + RT \ln x_k$ が，成分 k のすべての x_k の値に対して成り立つ溶液を**完全溶液**（perfect solution）という．完全溶液でモルギブズ自由エネルギーは次のようになる．

$$G_m = \sum_k x_k \mu_k = \sum_k x_k \mu_k^* + RT \sum_k x_k \ln x_k \qquad (8.4.1)$$

成分のそれぞれが独立しているとすれば，全ギブズ自由エネルギーは $G_m^* = \sum_k x_k G_{mk}^*= \sum_k x_k \mu_k^*$ となる．ここで，純物質 k のモルギブズ自由エネルギー G_{mk}^* は化学ポテンシャル μ_k^* に等しいことを用いた．このことから，溶液中で各成分が混合することによるモルギブズ自由エネルギー変化は

$$\Delta G_{mix} = RT \sum_k x_k \ln x_k \qquad (8.4.2)$$

であり，式 (8.4.1) は

$$G_m = \sum_k x_k G_{mk}^* + \Delta G_{mix} \qquad (8.4.3)$$

と書けることがわかる．モルエントロピーは $S_m = -(\partial G_m / \partial T)_p$ であるから，式 (8.4.2) と (8.4.3) より

$$S_m = \sum_k x_k S_{mk}^* + \Delta S_{mix} \qquad (8.4.4)$$

$$\Delta S_{mix} = -R \sum_k x_k \ln x_k \qquad (8.4.5)$$

となる．ここで ΔS_{mix} は混合モルエントロピーである．この式は，定温の条件で純

物質から完全溶液をつくるときの G の減少量が，$\Delta G_{\text{mix}} = -T\Delta S_{\text{mix}}$ であることを示している．さらに $\Delta G = \Delta H - T\Delta S$ であるから，温度一定で完全溶液がつくられるとき $\Delta H = 0$ である．このことは，Gibbs-Helmholtz の式 (5.2.13) を用いて確認することができる．式 (8.4.2)，(8.4.3) で与えられる G に対して，

$$H_{\text{m}} = -T^2\left(\frac{\partial}{\partial T}\frac{G_{\text{m}}}{T}\right) = \sum_k x_k H_{\text{m}k}^* \tag{8.4.6}$$

となる．すなわち，溶液のエンタルピーは純成分のエンタルピーの総和に等しく，完全溶液のエンタルピーは混合により変化しない．同様に，$V_{\text{m}} = (\partial G_{\text{m}}/\partial p)_T$ に着目して，混合によるモル体積の変化はないこと，すなわち $\Delta V_{\text{mix}} = 0$ であることが示される（問題 8.16）．さらに，$\Delta U = \Delta H - p\Delta V$ から $\Delta U_{\text{mix}} = 0$ である．したがって，完全溶液に対して，混合のモル量は次のようにまとめられる．

$$\Delta G_{\text{mix}} = RT\sum_k x_k \ln x_k \tag{8.4.7}$$

$$\Delta S_{\text{mix}} = -R\sum_k x_k \ln x_k \tag{8.4.8}$$

$$\Delta H_{\text{mix}} = 0 \tag{8.4.9}$$

$$\Delta V_{\text{mix}} = 0 \tag{8.4.10}$$

$$\Delta U_{\text{mix}} = 0 \tag{8.4.11}$$

完全溶液では，定温定圧における不可逆な混合過程はすべてエントロピー生成によるものであり，熱の吸収や放出は起こらない．

●理想溶液

モル分率の狭い範囲で希薄溶液は理想的となりうる．このとき，モルエンタルピー H_{m}，モル体積 V_{m} はそれぞれ部分モルエンタルピー $H_{\text{m}i}$，部分モル体積 $V_{\text{m}i}$ の線形関数である．すなわち

$$H_{\text{m}} = \sum_i x_i H_{\text{m}i}, \qquad V_{\text{m}} = \sum_i x_i V_{\text{m}i} \tag{8.4.12}$$

しかし，部分モルエンタルピー $H_{\text{m}i}$ は，モル分率が小さいとき純物質のモルエンタルピーに必ずしも等しくならない．部分モル体積についても同様である．一方，x_i がほとんど 1 に等しければ，$H_{\text{m}i}$ は純物質のモルエンタルピーにほぼ等しくなるはずである．よって，式 (8.4.12) が成り立つ希薄溶液は理想的振る舞いを示すが，混合エンタルピーは必ずしも 0 ではない．このことをもっとはっきりさせるために，2 成分希薄溶液（$x_1 \gg x_2$）を考えよう．それぞれの純成分のモルエンタルピーを $H_{\text{m}1}^*$ と $H_{\text{m}2}^*$ と書けば，混合前のモルエンタルピーは

$$H_{\text{m}}^* = x_1 H_{\text{m}1}^* + x_2 H_{\text{m}2}^* \tag{8.4.13}$$

混合後，主成分（$x_1 \approx 1$）に対して $H_{\text{m}1}^* = H_{\text{m}1}$ であるから，モルエンタルピーは

$$H_{\text{m}} = x_1 H_{\text{m}1}^* + x_2 H_{\text{m}2} \tag{8.4.14}$$

となる．混合エンタルピーは上の二つのエンタルピーの差であり，
$$\Delta H_{\text{mix}} = H_m - H_m^* = x_2(H_{m2} - H_{m2}^*) \qquad (8.4.15)$$
理想溶液は0でない混合エンタルピーをもちうることがこのように示される．混合の体積も同様に扱われる．

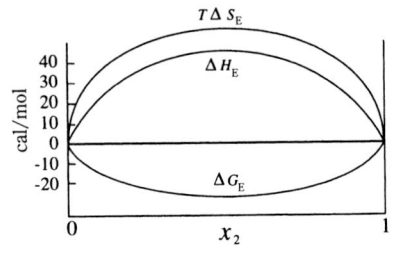

図8.6 20℃におけるn-ヘプタン（成分1）とn-ヘキサデカン（成分2）溶液のモル剰余関数

● 剰余関数

非理想溶液に対して，混合のモルギブス自由エネルギーは
$$\Delta G_{\text{mix}} = RT \sum_i x_i \ln \gamma_i x_i \qquad (8.4.16)$$
である．理想溶液と非理想溶液の混合のギブズ自由エネルギーの差は**剰余ギブズ自由エネルギー**（excess Gibbs free energy）と呼ばれ，ΔG_Eで表される．式（8.4.7）と式（8.4.16）から
$$\Delta G_E = RT \sum_i x_i \ln \gamma_i \qquad (8.4.17)$$
である．剰余エントロピーや剰余エンタルピーなどの**剰余関数**（excess function）はΔG_Eから求められる．例えば，剰余エントロピーは
$$\Delta S_E = -\left(\frac{\partial \Delta G_E}{\partial T}\right)_p = -RT \sum_i x_i \frac{\partial \ln \gamma_i}{\partial T} - R \sum_i x_i \ln \gamma_i \qquad (8.4.18)$$
同様に，剰余エンタルピーΔH_Eは
$$\Delta H_E = -T^2 \left(\frac{\partial}{\partial T} \frac{\Delta G_E}{T}\right)$$
から求められる．これらの剰余関数の値は蒸気圧や混合熱測定などの実験によって求められる（図8.6）．

● 正則溶液と無熱溶液

非理想溶液は二つの極限的な場合に分類することができる．一つの極限は**正則溶液**（regular solution）で，$\Delta G_E \approx \Delta H_E$となる場合であり，理想性からのずれはほとんど混合の剰余エンタルピーによる．$\Delta G_E = \Delta H_E - T \Delta S_E$であるから，正則溶液では$\Delta S_E \approx 0$である．さらに，$\Delta S_E = -(\partial \Delta G_E / \partial T)_p$であるから，式（8.4.18）より活量係数は次の形になる．
$$\ln \gamma_i \propto \frac{1}{T} \qquad (8.4.19)$$
2成分正則溶液の場合には，活量は$\ln \gamma_k = \alpha x_k^2 / RT$で近似的に表される．

もう一つの極限は $\Delta G_E \approx -T\Delta S_E$ が成り立つ場合で，理想性からのずれはほとんど混合の剰余エントロピーにより，$\Delta H_E \approx 0$ である．この場合

$$\Delta H_E = -T^2\left(\frac{\partial}{\partial T}\frac{\Delta G_E}{T}\right) = 0$$

であるから，式（8.4.17）より $\ln\gamma_i$ は T によらないことがわかる．このような溶液を**無熱溶液**（athermal solution）という．一般に成分分子がほぼ同じ大きさをもつが分子間力が異なる場合には，正則溶液として振る舞う．一方，モノマーとポリマーのように，成分分子の大きさは非常に異なるが，分子間力にはほとんど差がない場合，溶液は無熱溶液のように振る舞う．

8.5 共沸混合物

これまでの議論を 7 章で導入した共沸混合物に適用しよう．蒸気と平衡にある共沸混合物において，液相の組成と蒸気相の組成は等しい．ある液体混合物は圧力一定で**共沸組成**（azeotropic composition）と呼ばれる特定の組成で共沸混合物になる．二つの相間で，組成が変化することなく物質交換が起こる現象を**共沸転移**（azeotropic transformation）という．この点で，共沸現象は純物質の蒸発と似ている．このことから純物質の場合と同様の方法で，共沸混合物の活量係数を決定することができる．

2 成分共沸混合物を考えよう．8.1 節で示したように，各成分の化学ポテンシャルは $\mu_k(T,p,x_k) = \mu_k^0(T,p) + RT\ln\gamma_k x_k$ と書ける．液相と気相の成分 k の活量係数を $\gamma_{k,l}$，$\gamma_{k,g}$ とすれば，共沸転移に対して

$$\ln\left(\frac{\gamma_{k,g}}{\gamma_{k,l}}\right) = \int_{T_k^*}^{T}\frac{\Delta H_{\text{vap},k}}{RT^2}dT - \frac{1}{RT}\int_{p^*}^{p}\Delta V_{mk}^* \, dp \quad (8.5.1)$$

が導かれる（問題 8.17）．ここで，$\Delta H_{\text{vap},k}$ は成分 k の蒸発熱，ΔV_{mk}^* は純成分の液相と気相におけるモル体積の差，T^* は圧力 p^* における純成分の沸点である．一定圧力，例えば $p = p^* = 1$ atm における共沸転移を考えると，ΔH_{vap} の温度依存性は一般に小さいので

$$\ln\left(\frac{\gamma_{k,g}}{\gamma_{k,l}}\right) = \frac{-\Delta H_{\text{vap},k}}{R}\left(\frac{1}{T} - \frac{1}{T^*}\right) \quad (8.5.2)$$

理想気体近似を用いると，蒸気相の活量係数 $\gamma_{k,g}$ は 1 であり，これから液相の活量係数に対して次式が導かれる．

$$\ln\gamma_{k,l} = \frac{\Delta H_{\text{vap},k}}{R}\left(\frac{1}{T} - \frac{1}{T^*}\right) \quad (8.5.3)$$

この式により，共沸混合物の各成分について活量係数が求められ，活量係数の物理的意味が明らかにされる．共沸混合物についてより詳細は文献〔3〕を参照されたい．

文献

1. Laidler, K. J., *The World of Physical Chemistry*. 1993, Oxford: Oxford University Press.
2. Prigogine, I. and Defay, R., *Chemical Thermodynamics*, 4th ed. 1967, London: Longman.
3. Prigogine, I. *Molecular Theory of Solutions*. 1957, New York: Interscience Publishers.

邦訳
2. 妹尾 学訳, 化学熱力学 I, II, みすず書房, 1966

データ・ソース

[A] NBS Table of chemical and thermodynamic properties. *J. Phys. Chem. Reference Data*, **11**, suppl. 2 (1982).
[B] Kaye, G. W. C. and Laby, T. H. (eds.), *Tables of Physical and Chemical Constants*, 1986, London: Longman.
[C] Prigogine, I. and Defay, R., *Chemical Thermodynamics*, 1967, London: Longman.
[D] Emsley, J., *The Elements* 1989, Oxford: Oxford University Press.
[E] Pauling, L., *The Nature of the Chemical Bond*, 1960, Ithaca NY: Cornell University Press.
[F] Lide, D. R., (ed.): *CRC Handbook of Chemistry and Physics*, 75th ed. 1994, Ann Arbor MI: CRC Press.
[G] The web site of the National Institute for Standards and Technology, http://webbook.nist.gov.

例題

例題 8.1 海洋では,おおよそ 100 m の深さまで O_2 濃度は約 0.25×10^{-3} mol/L である.大気中の酸素と海水に溶解した酸素は平衡にあると仮定して,Henry の法則から計算される値と上記の測定値を比較せよ.

解 大気中の O_2 の分圧 p_{O2} は約 0.2 atm である.溶解した酸素のモル分率 x_{O2} に対して
$$p_{O2}=K_{O2}x_{O2}$$
が成り立つ.これから表 8.1 の Henry 定数を使って,
$$x_{O2}=\frac{p_{O2}}{K_{O2}}=\frac{0.21\text{ atm}}{4.3\times10^4\text{atm}}=4.8\times10^{-6}$$
すなわち,1 mol の H_2O 中に 4.8×10^{-6} mol の O_2 が溶けている.1 L の H_2O は 55.55 mol であるから,モル分率をモル濃度で表すと
$$c_{O2}=4.8\times10^{-6}\times55.55=2.7\times10^{-4}\text{mol/L}$$
である.この値は海洋中の O_2 濃度の測定値にほぼ等しい.

例題 8.2 25.0 °C で NH_3 水溶液中の NH_3 のモル分率は 0.05 である.この溶液を理想溶液と仮定し,水蒸気の分圧を計算せよ.蒸気圧の測定値は 3.40 kPa であった.これから水の活量 a と活量係数 γ を求めよ.

解 25.0 °C の純水の蒸気圧を p^* とする.Raoult の法則によると,アンモニア水溶液の蒸気圧は $p=x_{H_2O}p^*=0.95\,p^*$ で与えられる.p^* の値は次のようにして求められる.水は 1.0 atm (101.3 kPa) の下,373.15 K で沸騰するから,373.15 K における水の蒸気圧は 101.3

kPa である．Clausius-Clapeyron の式を用いると，25 °C（298.15 K）の蒸気圧は次式で求められる．

$$\ln p_1 - \ln p_2 = \frac{\Delta H_{vap}}{R}\left(\frac{1}{T_2} - \frac{1}{T_1}\right)$$

$p_2 = 1$ atm，$T_2 = 373.15$ K，$T_1 = 298.15$ K，$\Delta H_{vap} = 40.66$ kJ/mol（表 7.1）を代入すると，p_1 は

$$\ln p_1 = -3.297$$
$$p_1 = e^{-3.297} = 0.0370 \text{ atm} = 101.3 \times 0.0370 \text{ kPa} = 3.75 \text{ kPa} = p^*$$

である．よって，25 °C の純水の蒸気圧は 3.75 kPa である．水のモル分率が 0.95 のアンモニア水溶液に対して，水の蒸気圧は理想溶液を仮定して Raoult の法則から

$$p = 0.95 \times 3.75 \text{ kPa} = 3.56 \text{ kPa}$$

理想気体では活量 a はモル分率に等しく，式（8.1.6）に示されるように，一般に活量は $a = p/p^*$ である．したがって，蒸気圧の測定値が 3.40 kPa であるから，活量は

$$a_{H_2O} = 3.40/3.75 = 0.907$$

活量係数は $a_k = \gamma_k x_k$ で定義されるから，

$$\gamma_{H_2O} = a_{H_2O}/x_{H_2O} = 0.907/0.95 = 0.95$$

例題 8.3 生きた細胞は多くのイオンを溶かした水溶液を含んでおり，浸透圧は約 0.15 M の NaCl 水溶液と同じである．$T = 27$ °C における浸透圧を計算せよ．

解 浸透圧は"束一的濃度"すなわち単位体積あたりの溶質の粒子数に依存する．NaCl は Na^+ と Cl^- に電離するから，0.15 M NaCl 水溶液の束一的モル濃度は 0.30 M である．van't Hoff の式（8.2.14）を用いると，浸透圧 π は

$$\pi = RT[S] = (0.0821 \text{ L atm mol}^{-1}\text{K}^{-1})(300.0 \text{ K})(0.30 \text{ mol L}^{-1}) = 7.40 \text{ atm}$$

動物細胞を純水中に入れると，浸透により流れ込む水で約 7.4 atm の圧力が加わり，細胞は破裂する．植物の細胞壁はこの圧力に耐えるほど丈夫である．

例題 8.4 $p = 1$ atm のとき，C_2H_5OH と CCl_4 の共沸混合物の沸点は 338.1 K である．また，C_2H_5OH の蒸発熱は 38.56 kJ/mol，沸点は 351.4 K である．この共沸混合物のエタノールの活量係数を求めよ．

解 式（8.5.3）を直接用いればよい．$\Delta H_{1,vap} = 38.56$ kJ，$T = 338.1$ K，$T^* = 351.4$ K を代入すると

$$\ln \gamma_1 = \frac{38.56 \times 10^3}{8.314}\left(\frac{1}{338.1} - \frac{1}{351.4}\right) = 0.519$$

よって，$\gamma_1 = 1.68$．

問 題

8.1 式（8.1.7）から式（8.1.8）を導け．

8.2 14.0 g の NaOH を 84.0 g の H_2O に溶かすと密度は 1.114×10^3 kg/m³ になる．この溶液の二つの成分，NaOH と H_2O について，(a) モル分率，(b) 重量モル濃度，(c) モル濃度を求めよ．

8.3 大気の組成を表 8.1 に示す．

(a) N_2, O_2, CO_2 の分圧を計算せよ．
(b) Henry 定数を用いて，湖水中の N_2, O_2, CO_2 の濃度を計算せよ．

8.4 式 (8.2.4) より，溶液の沸点の小さな変化に対する式 (8.2.5) を導け．

8.5 (a) N_2 (g) の水への溶解度と血清への溶解度はほぼ等しい．血液中の N_2 濃度 (mol L^{-1}) を求めよ．
(b) 海水の密度は 1.01 g/mL である．深さ 100 m における圧力を求めよ．この深さにおいて血清中の N_2 濃度 (mol L^{-1}) を求めよ．ダイバーがあまりにも急速に浮上すると，過剰の N_2 が血液中で気泡となり，痛み，まひ，呼吸困難を引き起こすことがある．

8.6 Raoult の法則を用いて，0.5 M ショ糖水溶液の沸点を推定せよ．同様に，0.5 M NaCl 水溶液の沸点を求めよ．ただし，NaCl の 1 mol あたりの粒子数はショ糖の場合の 2 倍であることに注意せよ．Raoult の法則は溶質粒子数にのみ依存する束一性を示す．

8.7 エチレングリコール $HOCH_2CH_2OH$ は不凍液として使われる．沸点は 197 °C，凝固点は -17.4 °C である．
(a) エチレングリコールの密度を CRC ハンドブックなどから探し，エチレングリコール X mL と水 1.00 L の混合物の凝固点を与える一般式を求めよ．X の値の範囲は 0～50 とせよ．
(b) 必要な最低温度が -17.4 °C と予想される場合，水 1.00 L に最低何 mL のエチレングリコールを加える必要があるか．
(c) 1 L の水に 300 mL のエチレングリコールを加えた不凍液の沸点を求めよ．

8.8 表 8.2 を用いて，1.25 kg のニトロベンゼンに 20.0 g の尿素 $(NH_2)_2CO$ を溶かした溶液の沸点を求めよ．

8.9 未知化合物 1.89 g を 50 mL のアセトンに溶かすと，沸点が 0.64 °C 変化した．未知化合物の分子量を求めよ．アセトンの密度は 0.7851 g/mL，K_b の値は表 8.2 を参照せよ．

8.10 4.00 g のヘモグロビンを 100 mL の水に溶かした溶液の浸透圧を測定したところ，280 K で 0.0130 atm であった．(a) ヘモグロビンの分子量を求めよ．(b) 100 mL の水に 4.00 g の NaCl が溶けている．この溶液の浸透圧を求めよ．(タンパク質の分子量：フェリチトクローム c 12744，ミオグロビン 16951，リソチーム 14314，イムノグロブリン G 156000，ミオシン 570000)

8.11 海水中の各イオン濃度は次のとおりである．

イオン	Cl^-	Na^+	SO_4^{2-}	Mg^{2+}	Ca^{2+}	K^+	HCO_3^-
濃度 (M)	0.55	0.46	0.028	0.054	0.010	0.010	0.0023

このほかにも多種類の微量成分が含まれている．表のイオン組成を用いて海水の浸透圧を見積もれ．

8.12 海水の NaCl 濃度はほぼ 0.5 M である．逆浸透法では，イオンを透過しない膜に海水を通して純水を得る．このとき加えられる圧力は浸透圧より大きくなければならない．

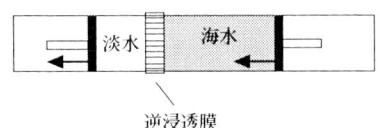

(a) 25 ℃において，逆浸透を行うために必要な最低圧力はいくらか．また，1.0 L の純水を海水から得るための仕事量を求めよ．
(b) 1 kWh の電力は約 \$0.15 である．逆浸透法により 100 L の水を海水から製造するためのエネルギーコストはいくらか．ただし，逆浸透法で純水を得る際のエネルギー効率を 50% とする．
(c) 海水から純水を得るため，ほかにどのような方法が考えられるか．

8.13 一辺が 1 cm の立方体の銅を 2 個考える．それぞれの立方体の銅で，100 万個の Cu 原子について 1 個が Cu^+ であるとする．Coulomb の法則を用い，二つの立方体の銅が 10 cm の距離に置かれたとき，この間に働く力を求めよ．

8.14 0.02 M $CaCl_2$ 水溶液のイオン強度と活量係数を求めよ．

8.15 AgCl の溶解度積は 1.77×10^{-10} である．固体の AgCl と平衡にある水溶液中の Ag^+ の濃度を計算せよ．

8.16 完全溶液に対して，混合のモル体積変化 $\Delta V_{mix}=0$ であることを示せ．

8.17 2 成分共沸混合物を考える．気相および液相における成分 2 の化学ポテンシャルは次のように与えられる．
$$\mu_{2,g}(T, p, x) = \mu_{2,g}^*(T, p) + RT \ln \gamma_{2,g} x_2$$
$$\mu_{2,l}(T, p, x) = \mu_{2,l}^*(T, p) + RT \ln \gamma_{2,l} x_2$$
μ^* は純物質の化学ポテンシャルである．二つの相のモル分率が等しいことに注意し，式 (5.3.7) から式 (8.5.1) を導け．

9. 化学変換

9.1 物質変換

物質変換は化学反応,核反応,素粒子反応により起こる."化学変換 (chemical transformation)"をこの広い意味で使う.熱力学はわれわれの日常の経験から生まれたが,その適用範囲は広く,氷の融解のような単純な変化から,ビッグバン直後の数分間の物質状態や今日の全宇宙を満たす熱放射に至るまで幅広い.

種々の温度における物質変換に注目することから始めよう.BOX 9.1 に,ビッグバン直後の数分間の温度における反応から,地球上や星間の温度における反応まで,種々の温度で起こる反応をまとめた.これら物質変換や化学反応は反応の親和力やその親和力が消滅することで特徴づけられる化学平衡と関連づけられる.

現在の宇宙では,エネルギーのほんのわずかな部分が陽子,中性子,電子となってすべての銀河系の通常の物質を形成しており,残りは約 2.8 K の温度の熱放射と中性微子(ニュートリノ)と呼ばれる粒子になっている.ニュートリノは他の粒子と非常に弱い相互作用しかもたない.星や銀河を形成している少量の物質は熱力学平衡にない.現在星のなかで起こっている反応の親和力は0ではない.星内の核反応によって,現在知られているすべての元素は水素からつくられた〔文献2~4〕.よって,星や惑星中の元素の存在比などの観測結果は,化学平衡論を用いただけでは説明できない.反応速度の知識や星や惑星の経歴が元素の存在比を理解するために必要である.

しかしながら系が熱力学平衡に達してしまえば,その経歴はもはや重要ではない.平衡に達する道筋に関係なく,平衡状態は一般的法則で記述できるからである.本章では,最初に化学反応の性質を調べ,次いで系を平衡に導く化学反応の速度とエントロピー生成との間の関係について論じる.

■ BOX 9.1 いろいろな温度における物質変換

温度 $>10^{10}$ K ビッグバン直後の数分間における温度である.この温度では,陽子と中性子の熱運動は非常に大きく,強い核力でさえこれらをつなぎ止めることはできない.電子-陽電子対の生成・消滅が自然に起こり,放射場と熱平衡にある.電子-陽電子対生成のしきい値は約 6×10^9 K である.

温度範囲 $10^9 \sim 10^7$ K　10^9 K において，核生成が始まり，核反応が起こる．星や超新星の内部の温度はだいたい 10^9 K であり，H や He から重い元素が合成される．核子（陽子および中性子）1個あたりの結合エネルギーは $(1.0 \sim 1.5) \times 10^{-12}$ J $\approx (6.0 \sim 9.0) \times 10^6$ eV の範囲にあり，$(6.0 \sim 9.0) \times 10^8$ kJ/mol に相当する*．

* 1 eV = 1.6×10^{-19} J = 96.3 kJ/mol; T = エネルギー（J/mol 単位）/R = エネルギー（J 単位）/k_B.

温度範囲 $10^6 \sim 10^4$ K　この温度範囲で，電子は核と結合し原子を形成するが，原子間の結合力は安定な分子を形成するほど強くはない．約 1.5×10^5 K で水素原子はイオン化し始める．イオン化エネルギー 13.6 eV は 1310 kJ/mol に相当する．重い原子が完全にイオン化するためにはもっと大きなエネルギーが必要である．例えば炭素原子を完全にイオン化するためには，490 eV のエネルギーが必要であり，これは 47187 kJ/mol に相当する．炭素原子は $T \approx 5 \times 10^6$ K で電子と核に完全にイオン化する．この温度範囲では，物質は核と自由電子として存在し，このような状態はプラズマと呼ばれる．

温度範囲 $10 \sim 10^4$ K　この温度範囲で化学反応が起こる．化学結合のエネルギーは 10^2 kJ/mol のオーダーで，例えば C−H 結合エネルギーは約 412 kJ/mol である．約 5×10^4 K で，化学結合は開裂し始める．水素結合のような分子間力は 10 kJ/mol のオーダーである．水の蒸発のエンタルピーは本質的に水素結合切断のエネルギーであり，約 40 kJ/mol である．

9.2　化学反応速度

　平衡へ向う化学反応について学ぶために，反応が進行しているときのエントロピー生成を明確に表すことをわれわれの目的とする．言い換えれば，エントロピー生成（d_iS/dt）を反応速度と明確に関係づける式を導きたいのである．反応速度を導入することは，Gibbs らにより定式化された古典的平衡状態の熱力学の範囲を超えるものである．
　一般に，熱力学は反応速度を特徴づけることは（反応速度は触媒の存在など多くの要因に依存するので）できないが，熱力学平衡に近い"線形領域"と呼ばれる範囲では，反応速度と親和力の間に線形の関係が成り立つことが知られている．線形関係については，後の章で詳しく論じる．化学反応速度を論じることはそれ自体一般的課題であり，"化学反応速度論"で取り扱われている．ここでは，化学反応速度論のいくつかの基礎的事項を論じておこう．
　すでに式（4.1.17）で示したように，化学反応によるエントロピー生成は次の形に書かれる．

$$\frac{d_i S}{dt} = \frac{A}{T}\frac{d\xi}{dt} \tag{9.2.1}$$

ここで ξ は 2.5 節で導入した反応進度,A は親和力である.ξ の時間微分は反応速度である.反応速度の正確な定義は BOX 9.2 に与えられている.例として次の簡単な反応を考えよう.(この反応について詳細な研究が *Science* **273** (1996) 1519 に報告されている).

$$\text{Cl(g)} + \text{H}_2\text{(g)} \rightleftarrows \text{HCl(g)} + \text{H(g)} \tag{9.2.2}$$

この反応に対する親和力 A と反応進度 ξ は

$$A = \mu_{\text{Cl}} + \mu_{\text{H}_2} - \mu_{\text{HCl}} - \mu_{\text{H}} \tag{9.2.3}$$

$$d\xi = \frac{dN_{\text{Cl}}}{-1} = \frac{dN_{\text{H}^2}}{-1} = \frac{dN_{\text{HCl}}}{1} = \frac{dN_{\text{H}}}{1} \tag{9.2.4}$$

で定義される.BOX 9.2 で説明されるように,正反応の速さは $k_f[\text{Cl}][\text{H}_2]$ で,大括弧は濃度を表し,k_f は正反応の速度定数で,温度に依存する.同様に,逆反応の速さは $k_r[\text{HCl}][\text{H}]$ である.ξ の時間微分は正反応と逆反応による正味の変化の速さである.反応の速さは一般に濃度の関数として表されるので,単位体積あたりの正味の速さを定義しておくと便利である.これを**反応速度**(reaction velocity)v で表し,

$$v = \frac{d\xi}{Vdt} = k_f[\text{Cl}][\text{H}_2] - k_r[\text{HCl}][\text{H}] \tag{9.2.5}$$

で定義する.この式が(9.2.4)と正および逆反応の速さの定義から導かれていることに注意すべきである.例えば,均一系で Cl 濃度の変化速度は $(1/V)dN_{\text{Cl}}/dt = -k_f[\text{Cl}][\text{H}_2] + k_r[\text{HCl}][\text{H}]$ である.一般に,R_f および R_r を正反応と逆反応の速さとすると,反応速度は

$$v = \frac{d\xi}{Vdt} = R_f - R_r \tag{9.2.6}$$

となる.反応速度は mol $L^{-1}s^{-1}$ の次元をもつ.

■ **BOX 9.2 反応の速さと反応速度**

反応の速さ(reaction rate)は単位体積(1 L),単位時間(1 s)あたりに起こる反応数として定義され,通常 mol $L^{-1}s^{-1}$ で表される.化学反応は衝突の結果起こるが,ほとんどの反応で衝突のほんの一部が反応に入る.各反応種に対して,単位体積あたりの衝突数は濃度に比例するので,反応の速さは濃度の積に比例する.反応の速さは反応物から生成物への変換またはその逆の変換の割合を表すものである.例えば,次の反応に対して

$$\text{Cl(g)} + \text{H}_2\text{(g)} \longrightarrow \text{HCl(g)} + \text{H(g)}$$

正反応の速さは $R_f = k_f[\text{Cl}][\text{H}_2]$,逆反応の速さは $R_r = k_r[\text{HCl}][\text{H}]$ である.k_f および

k_f はそれぞれ正反応,逆反応の速度定数を,[H] などは濃度を表す.反応では,正反応と逆反応が同時に起こる.熱力学による考察のために,**反応速度**(reaction velocity)を反応物から生成物への正味の変換を表すものとして定義する.すなわち

$$\text{反応速度 } v = R_f - R_r = k_f[\text{Cl}][\text{H}_2] - k_r[\text{HCl}][\text{H}]$$

均一系では,反応速度は反応進度で次のように表される.

$$\text{反応の速さ } v = \frac{d\xi}{Vdt} = R_f - R_r$$

ここで V は系の体積である.実際には,屈折率やスペクトル吸収など系の物性値の変化を記録することにより反応の進行を追跡するが,これは一般に反応進度 ξ の変化を測定することになる.

上の例では反応の速さと反応物の化学量論係数との間に直接の関係があるが,このことは常に成り立つわけではない.一般に,

反応 $2X+Y \longrightarrow$ 生成物 に対して,反応の速さ $= k[X]^a[Y]^b$ (9.2.7)

となる.k は温度に依存する**速度定数**(rate constant)で,指数 a と b は必ずしも整数ではない.速度は [X] に関して a 次,[Y] に関して b 次であるという.反応物の次数の総和 $(a+b)$ を**反応次数**(order of reaction)という.ある反応が実は多くの中間段階の反応を含み,各反応段階が触媒の存在に依存するなど大きく異なる速さをもつ場合には,総和の反応の反応速度は複雑な形をもつようになる.すべての中間体段階の反応が知られているとき,各段階の反応を**素反応段階**(elementary step)という.素反応段階の速さは化学量論的に簡単な関係にあり,指数は化学量論係数に等しい.例えば反応 (9.2.7) が素反応段階であれば,その速さは $k[X]^2[Y]$ となる.

多くの場合,速度定数の温度依存性は次の **Arrheniusの式**で与えられる.

$$k = k_0 e^{-E_a/RT} \quad (9.2.8)$$

この式は 1889 年,Svante Arrhenius (1859〜1927) によって提出され,多数の反応に対して成り立つことが示されている〔文献5,6〕.k_0 は**前指数因子**(preexponential factor),E_a は**活性化エネルギー**(activation energy)と呼ばれる.式 (9.2.2) の正反応 $\text{Cl} + \text{H}_2 \longrightarrow \text{HCl} + \text{H}$ に対して,$k_0 = 7.9 \times 10^{10} \text{L mol}^{-1}\text{s}^{-1}$, $E_a = 23$ kJ mol^{-1} である.Arrheniusの式は非常に有用であるが,温度変化の範囲が非常に大きいときには,Arrheniusの式の予測は不正確になる.

1930 年代,Wigner, Pelzer, Eyring, Polanyi, Evans らによって統計力学と量子力学を基礎とする新しい反応速度理論が展開された.この理論によると,反応は**遷移状態**(transition state)を経由して起こる(BOX 9.3).遷移状態の概念に基づいて,速度定数に対して次の式が導かれた.

$$k = \kappa(k_B T/h)\exp[-(\Delta H^\ddagger - T\Delta S^\ddagger)/RT]$$

$$= \kappa(k_B T/h)\exp[-\Delta G^\dagger/RT] \tag{9.2.9}$$

ここで, $k_B=1.38\times10^{-23}$ J K^{-1} は Boltzmann 定数, $h=6.626\times10^{-34}$ J s は Planck 定数, $\Delta H^\dagger$ と $\Delta S^\dagger$ は, BOX 9.3 で定義されるように, 遷移状態のエンタルピーとエントロピーである. κ は 1 のオーダーであり, 反応に固有の値である. 触媒は遷移状態の $(\Delta H^\dagger - T\Delta S^\dagger) = \Delta G^\dagger$ を低くすることで反応の速さを大きくする.

■ **BOX 9.3 Arrhenius の式と遷移状態理論**

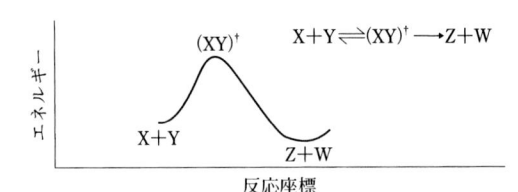

$$X+Y \rightleftharpoons (XY)^\dagger \longrightarrow Z+W$$

(エネルギー vs 反応座標のグラフ: X+Y から (XY)† を経て Z+W へ)

Arrhenius の式によると, 化学反応の速度定数は次の形で表される.

$$k = k_0 e^{-E_a/RT}$$

反応物が生成物へ変化するためには衝突が起こり, この衝突がエネルギー障壁を超えるのに十分なエネルギーをもつことが必要であることから, 上の式が説明される. 図では, 反応物から生成物への変換を, 反応する分子のエネルギーと"反応座標"の関係で表している.

遷移状態理論によると, 反応物 X と Y が**遷移状態** (XY)† を形成し, 続いて遷移状態が不可逆的に生成物へ変化する. 自由な X と Y の分子 (原子) と遷移状態のエンタルピーおよびエントロピーの差はそれぞれ $\Delta H^\dagger$ と $\Delta S^\dagger$ で表される. 遷移状態理論の主要な結論 (これは統計力学に基づいて導かれる) として, 速度定数は次の形で表される.

$$k = \kappa(k_B T/h)\exp[-(\Delta H^\dagger - T\Delta S^\dagger)/RT] = \kappa(k_B T/h)\exp(\Delta G^\dagger/RT)$$

ここで, k_B は Boltzmann 定数, h は Planck 定数, κ は 1 のオーダーの数である.

● **反応進度を用いた速度式**

反応速度は一般に実験的に決定される. すべての素反応段階を含む反応機構が明らかにされるまでには, 一般に長い詳細な研究が必要である. 反応速度則がわかれば, 濃度の時間変化は速度式を積分することで得られる. 速度式は一般に連結した微分方程式である. 例えば, 次の素反応に対して

$$X \underset{k_r}{\overset{k_f}{\rightleftharpoons}} 2Y \tag{9.2.10}$$

反応物の濃度は次の微分方程式で定められる.

$$-\frac{1}{V}\frac{d\xi}{dt} = \frac{d[X]}{dt} = -k_f[X] + k_r[Y]^2 \tag{9.2.11}$$

9.2 化学反応速度

$$2\frac{1}{V}\frac{d\xi}{dt} = \frac{d[Y]}{dt} = 2k_f[X] - 2k_r[Y]^2 \tag{9.2.12}$$

$V=1$ とおいても，式の一般性が失われることはない．これら二つの式は独立ではない．事実，すべての独立な反応に対してただ一つの独立変数 ξ が存在する．$t=0$ において $\xi(0)=0$，濃度を $[X]_0$，$[Y]_0$ とし，$d\xi=-d[X]$，$2d\xi=d[Y]$ を用いると，$[X]=[X]_0-\xi$，$[Y]=[Y]_0+2\xi$ が容易に得られる．これらの式を式 (9.2.11) に代入すると

$$\frac{d\xi}{dt} = k_f([X]_0-\xi) - k_r([Y]_0+2\xi)^2 \tag{9.2.13}$$

が得られる．この方程式の解 $\xi(t)$ を用いて，後に 9.5 節で示すように，エントロピー生成を求めることができる．これらの，あるいはもっと複雑な系の微分方程式は Mathematica や Maple などのソフトウェアを用いてコンピューターによる数値計算で解くことができる．Mathematica コードの例を付 9.1 に示す．

多数の反応を同時に考慮しなければならないとき，各独立反応に一つの ξ が対応し，それを ξ_k で表すと，全系の挙動は ξ_k に関する連立微分方程式で記述することができる．簡単な場合には解析的な方法で解が得られるが，複雑な反応の場合はコンピューターを使って数値解を得ることができる．

■ **BOX 9.4 素反応**

反応物と生成物の濃度を時間の関数として表す式を得るためには，式 (9.2.11) や式 (9.2.12) などの微分方程式を解かなければならない．一般に，解析解を得ることは簡単な反応の場合にのみ可能である．複雑な反応では，コンピューターを用いて数値解を求める．濃度と時間の関係が解析的に得られる例として，二つの素反応を次に示す．

一次反応（first-order reaction）　分解反応 X → 生成物に対して，逆反応の速度が非常に小さく無視される場合，反応速度を表す微分方程式は

$$\frac{d[X]}{dt} = -k_f[X]$$

であり，これは容易に解けて

$$[X] = [X]_0 e^{-k_f t}$$

となる．$[X]_0$ は $t=0$ における X の濃度である．これはよく知られた指数減衰の式で，与えられた時間の間に $[X]$ は同じ割合で減少する．とくに，最初の $[X]$ が半分に減少する時間を**半減期**（half-life）と呼び，$t_{1/2}$ で表す．$t_{1/2}$ のとき，$[X]=[X]_0/2$ であるから

$$t_{1/2} = \frac{\ln 2}{k_f} = \frac{0.6931}{k_f}$$

が成り立つ．

二次反応(second-order reaction) 素反応 $2\text{X} \rightarrow$ 生成物に対して,逆反応が無視できれば,速度式は

$$\frac{d[\text{X}]}{dt} = -k_\text{f}[\text{X}]^2$$

となる.変形して積分することにより

$$\int_{[\text{X}]_0}^{[\text{X}]} \frac{d[\text{X}]}{[\text{X}]^2} = -\int_0^t k_\text{f} dt$$

$t=0$ で $[\text{X}]_0$ として,任意の時間 t における $[\text{X}]$ を表す次の式が得られる.

$$\frac{1}{[\text{X}]} - \frac{1}{[\text{X}]_0} = k_\text{f} t$$

● 反応の速さと活量

　反応の速さは一般に濃度を用いて表されるが,活量を用いても同様に表すことができる.事実,以下の節で示すように,反応の速さを活量を用いて表すことによって,親和力を反応の速さとより容易に関連づけることができる.例えば,素反応

$$\text{X} + \text{Y} \rightleftarrows 2\text{W} \tag{9.2.14}$$

に対して,正反応の速さ R_f および逆反応の速さ R_r は

$$R_\text{f} = k_\text{f} a_\text{X} a_\text{Y}, \qquad R_\text{r} = k_\text{r} a_\text{W}^2 \tag{9.2.15}$$

と書くことができる.式(9.1.15)の速度定数 k_f と k_r の次元は mol L^{-1}s^{-1} であり,それぞれの値と次元は,濃度を使って R_f と R_r を表した場合と異なる(問題9.8).

　反応の速さは活量に依存し,濃度だけで特徴づけることはできないことが実験によって示される.例えば,温度と反応物の濃度を一定としても,イオン反応の速度は溶液のイオン強度により変わることがよく知られている.これは塩効果と呼ばれる.この反応速度の変化は活量の変化によるものである.ところが反応速度を濃度で表し,イオン強度による活量の変化の効果は速度定数に含めることが一般的となっている.すなわち,反応の速さを濃度で表し,速度定数をイオン強度の関数と考える.一方,速さを活量で表せば,速度定数はイオン強度に無関係となるはずである.イオン強度の変化により速さが変化するのは,活量がイオン強度により変化するからである.

9.3 化学平衡と質量作用の法則

　本節では化学平衡を詳細に検討しよう.平衡では圧力と温度は均一であり,さらに親和力と対応する反応速度は消滅する.次の反応

$$\text{X} + \text{Y} \rightleftarrows 2\text{Z} \tag{9.3.1}$$

が平衡にあれば

9.3 化学平衡と質量作用の法則

$$A = \mu_X + \mu_Y - 2\mu_Z = 0, \qquad \frac{d\xi}{dt} = 0 \qquad (9.3.2)$$

または

$$\mu_X + \mu_Y = 2\mu_Z \qquad (9.3.3)$$

である．"熱力学力"の親和力 A が 0 になる条件は，対応する"熱力学流束"である反応速度 $d\xi/dt$ も 0 になることを意味する．$A=0$ の条件は，平衡状態で式 (9.3.3) のように反応物と生成物の化学ポテンシャルの"化学量論的総和"が等しいことを意味している．この結果は任意の化学反応に一般化することができる．すなわち，化学反応

$$a_1 A_1 + a_2 A_2 + a_3 A_3 + \cdots + a_n A_n \rightleftarrows b_1 B_1 + b_2 B_2 + b_3 B_3 + \cdots + b_m B_m \qquad (9.3.4)$$

(a_k は反応物 A_k の化学量論係数，b_k は生成物 B_k の化学量論係数) に対して，化学平衡の条件は

$$a_1 \mu_{A1} + a_2 \mu_{A2} + a_3 \mu_{A3} + \cdots + a_n \mu_{An} = b_1 \mu_{B1} + b_2 \mu_{B2} + b_3 \mu_{B3} + \cdots + b_m \mu_{Bm} \qquad (9.3.5)$$

である．このような化学ポテンシャルの式は相転移，化学反応，核反応，素粒子反応など，すべての反応に対して成り立つ．温度差により熱流が駆動され，ついには温度差が消えるように，親和力によって化学反応が進行し，ついには親和力が消滅する．

式 (9.3.3) または式 (9.3.5) のような数学的条件式の物理的意味を明らかにするために，化学ポテンシャルを実験的に測定できる量で表そう．式 (5.3.5) に示したように，化学ポテンシャルは一般に

$$\mu_k(T, p) = \mu_k^0(T) + RT \ln a_k \qquad (9.3.6)$$

で表される．a_k は活量，$\mu_k^0 = \Delta G_f^0[k]$ は標準モル生成ギブズ自由エネルギーで (BOX 5.1)，種々の化合物に対する値は表にまとめられている．気体，液体，固体について，活量に対して次の経験式が知られている．

・理想気体：$a_k = (p_k/p_0)$，p_k は成分 k の分圧．
・実在気体：6.2 節で示したように，活量は式 (6.2.30) を用いて導かれる．
・純固体および純液体：$a_k \approx 1$．
・溶液：$a_k \approx \gamma_k x_k$．γ_k は活量係数，x_k はモル分率．

理想溶液では $\gamma_k = 1$ である．非理想溶液では γ_k は溶液の種類に応じていろいろな方法で求められる．化学ポテンシャルは $\mu_k^0(T)$ を適宜再定義することにより濃度を用いて表すこともできる．

このようにして，平衡の条件 (9.3.3) を式 (9.3.6) を用いて実験的に測定できる活量を用いて表すことができる．

$$\mu_X^0(T) + RT \ln a_{X,\text{eq}} + \mu_Y^0(T) + RT \ln a_{Y,\text{eq}} = 2[\mu_Z^0(T) + RT \ln a_{Z,\text{eq}}] \qquad (9.3.7)$$

ここで平衡における活量を添字 eq で示す．この式は

$$\frac{a_{Z,eq}^2}{a_{X,eq}a_{Y,eq}} = \exp\left[\frac{\mu_X^0(T) + \mu_Y^0(T) - 2\mu_Z^0(T)}{RT}\right] \equiv K(T) \quad (9.3.8)$$

と書き直すことができる．上式で定義された $K(T)$ は**平衡定数**（equilibrium constant）と呼ばれる．平衡定数は T のみの関数であり，このことは熱力学における重要な結論である．これは**質量作用の法則**（law of mass action）と呼ばれる．表にまとめて示されているモル生成ギブズ自由エネルギー $\Delta G_f^0[k] = \mu_k^0$ を用いて，**反応のギブズ自由エネルギー** ΔG_{rxn}^0 を次のように定義しておくと便利である．

$$\Delta G_{rxn}^0 = 2\Delta G_f^0[Z] - \Delta G_f^0[X] - \Delta G_f^0[Y] \quad (9.3.9)$$

このとき，平衡定数は

$$K(T) = \exp[-\Delta G_{rxn}^0/RT] = \exp[-(\Delta H_{rxn}^0 - T\Delta S_{rxn}^0)/RT] \quad (9.3.10)$$

と書ける．ΔH_{rxn}^0 および ΔS_{rxn}^0 はそれぞれ反応エンタルピーおよび反応エントロピーである．式 (9.3.6) の活量は分圧 p_k またはモル分率 x_k で表すことができる．もし式 (9.3.1) が理想気体の反応であれば，$a_k = p_k/p_0$ である．$p_0 = 1$ bar とし，p_k を bar 単位で表すと，平衡定数は次のようになる．

$$\frac{p_{Z,eq}^2}{p_{X,eq}p_{Y,eq}} = K_p(T) = \exp[-\Delta G_{rxn}^0/RT] \quad (9.3.11)$$

与えられた温度で，化学反応 (9.3.1) は不可逆的に平衡状態に向かって進行し，平衡状態で初期分圧に無関係に分圧は式 (9.3.11) の関係を満たす．これは質量作用の法則の一つの表現であり，K_p は分圧で表された平衡定数である．理想混合気体では $p_k = (N_k/V)RT = [k]RT$ （R の単位は bar L mol^{-1}K^{-1}）であるから，質量作用の法則は反応物と生成物の濃度を使って表すこともできる．

$$\frac{[Z]_{eq}^2}{[X]_{eq}[Y]_{eq}} = K_c(T) \quad (9.3.12)$$

K_c は濃度で表された平衡定数である．一般に，反応 $aX + bY \rightleftarrows cZ$ に対して $K_c = (RT)^\alpha K_p$ が成り立つ．ここで $\alpha = a+b-c$ である（問題 9.11）．反応 (9.3.1) の場合，α は 0 となる．

反応物の一つが純液体または純固体であれば，平衡定数はそれらの"濃度"項を含まない．次の反応を考えよう．

$$O_2(g) + 2C(s) \rightleftarrows 2CO(g) \quad (9.3.13)$$

固相で $a_{C(s)} \approx 1$ であるから，この場合の平衡定数は

$$\frac{a_{CO,eq}^2}{a_{O_2,eq}a_{C,eq}^2} = \frac{p_{CO,eq}^2}{p_{O_2,eq}} = K_p(T) \quad (9.3.14)$$

と書かれる．表にまとめられた $\Delta G_f^0[k]$ の値を用いて，式 (9.3.9) と式 (9.3.10) から平衡定数 $K(T)$ を計算することができる．活量が分圧で表されるときには K_p が求められる．いくつかの例を BOX 9.5 に示す．

■ BOX 9.5 平衡定数

 平衡化学熱力学の基本的結果は，平衡定数 $K(T)$ は温度だけの関数であり，反応の標準ギブズ自由エネルギー ΔG_{rxn}^0 で表されることである．すなわち，式 (9.3.9), (9.3.10) より

$$K(T) = \exp[-\Delta G_{rxn}^0/RT]$$

例えば，反応 $O_2(g) + 2C(s) \rightleftarrows 2CO(g)$ に対して，平衡定数は表に示されている ΔG_f^0 の値を用いて，次のように求めることができる．

$$\Delta G_{rxn}^0 = 2\Delta G_f^0[CO] - 2\Delta G_f^0[C] - \Delta G_f^0[O_2]$$
$$= -2(137.2)\,\text{kJ mol}^{-1} - 2(0) - (0) = -274.4\,\text{kJ mol}^{-1}$$

この値から $K(T) = \exp[-\Delta G_{rxn}^0/RT]$ の関係を用いて，$T = 298.15\,\text{K}$ における $K(T)$ の値が次のように求められる．

$$K(T) = \exp[-\Delta G_{rxn}^0/RT]$$
$$= \exp[274.4 \times 10^3/(8.314 \times 298.15)] = 1.18 \times 10^{48}$$

同様に，反応 $CO(g) + 2H_2(g) \rightleftarrows CH_3OH(g)$ に対して

$$\Delta G_{rxn}^0 = \Delta G_f^0[CH_3OH] - \Delta G_f^0[CO] - 2\Delta G_f^0[H_2]$$
$$= -161.96\,\text{kJ mol}^{-1} - (-137.2\,\text{kJ mol}^{-1}) - 2(0)$$
$$= -24.76\,\text{kJ mol}^{-1}$$

$T = 298.15\,\text{K}$ における平衡定数は

$$K(T) = \exp[-\Delta G_{rxn}^0/RT]$$
$$= \exp[24.76 \times 10^3/(8.314 \times 298.15)] = 2.18 \times 10^4$$

● 平衡定数と速度定数の間の関係

 化学平衡はまたすべての反応で正反応の速さと逆反応の速さが等しい状態として表すことができる．素反応 $X + Y \rightleftarrows 2Z$ に対して，反応の速さを活量を用いて表せば，平衡状態では

$$k_f a_X a_Y = k_r a_Z^2 \tag{9.3.15}$$

が成り立つ．理論的見地からは，平衡状態は濃度でなく，活量と直接関係づけられるので，反応の速さを濃度より活量を用いて書き表すほうがよい．

 式 (9.3.15) と平衡定数 (9.3.8) を比較して，次の関係が得られる．

$$K(T) = \frac{a_{Z,eq}^2}{a_{X,eq} a_{Y,eq}} = \frac{k_f}{k_r} \tag{9.3.16}$$

よって，速度を活量で表すと，平衡定数はまた速度定数 k_r および k_f と関係づけられる．$K(T) = a_{Z,eq}^2/(a_{X,eq} a_{Y,eq})$ は反応速度が式 (9.3.15) の形をもたなくても成り立つが，$K(T) = (k_f/k_r)$ は式 (9.3.15) が成り立つ場合にのみ成立することに注意する必要がある．活量と平衡定数の間の関係は純粋に熱力学法則から導かれるものであり，正反応と逆反応の速さに直接関係しない．

● van't Hoff の式

式 (9.3.10) を用いて，平衡定数 $K(T)$ の温度変化と反応エンタルピー ΔH_{rxn} を関係づけることができる．式 (9.3.10) から

$$\frac{d\ln K(T)}{dT} = -\frac{d}{dT}\frac{\Delta G^0_{\mathrm{rxn}}}{RT} \tag{9.3.17}$$

Gibbs-Helmholtz の式 (5.2.14) $\partial(\Delta G/T)/\partial T = -\Delta H/T^2$ を適用して，ΔG の温度変化を ΔH と関係づけることができる．

$$\frac{d\ln K(T)}{dT} = \frac{\Delta H^0_{\mathrm{rxn}}}{RT^2} \tag{9.3.18}$$

これは **van't Hoff の式**と呼ばれる．一般に，反応熱 ΔH_{rxn} は温度により大きく変化せずほぼ一定とみなせる．よって，式 (9.3.18) を積分して

$$\ln K(T) = \frac{-\Delta H^0_{\mathrm{rxn}}}{RT} + C \tag{9.3.19}$$

実験的に，種々の温度で平衡定数 $K(T)$ を求め，$\ln K(T)$ を $(1/T)$ に対してプロットすると，式 (9.3.19) にしたがって傾きが $(-\Delta H^0_{\mathrm{rxn}}/R)$ の直線となる．この方法によって $\Delta H^0_{\mathrm{rxn}}$ の値が求められる．

● 平衡からの摂動に対する応答：Le Chatelier-Braun の原理

系がその平衡状態から摂動を受けたとき，系は新しい平衡状態へ向って緩和する．1888 年，Le Chatelier と Braun は簡単な原理により，平衡状態からの摂動に対する応答の方向を予測することができることを示した．Le Chatelier は次のように述べている．

「化学平衡にある系で，平衡を支配する因子の一つが変化を受けたとき，もしその変化だけが起こったときにその因子が受ける変化とは逆の方向に，補償的な変化が起こる」．

この原理を説明するために，次の反応が平衡状態にある場合を考えよう．

$$\mathrm{N_2 + 3\,H_2 \rightleftharpoons 2\,NH_3}$$

この反応で反応物が生成物へ変換されると，反応系の全モル数が減少する．これは温度一定では圧力の減少をもたらす．今，平衡状態にある系の圧力を突然上昇させると，系はより多くの $\mathrm{NH_3}$ を生成する方向に変化し，圧力を低下させる．すなわち，系が受けた摂動を打ち消す方向に補償的な変化が起こり，新しい平衡状態はより多くの $\mathrm{NH_3}$ を含むようになる．同様に，反応が発熱反応であれば，系に熱が加えられたとき，反応は逆へ進み生成物は反応物へ変換されて，温度上昇を打ち消す方向に変化が起こる．この原理は，"緩和定理（theorem of moderation）"と呼ばれるより一般的な理論の一つの特別な場合である．この定理は文献〔7〕に述べられている．

9.4 詳細釣合いの原理

化学平衡の状態および一般に熱力学平衡状態で成り立つ二，三の重要な性質がある．詳細釣合いの原理はその一つである．

すでに示したように，与えられた反応について，その平衡状態は反応の化学量論的関係だけに依存し，実際の反応機構にはよらない．例えば反応 $X+Y \rightleftarrows 2Z$ で，正反応および逆反応の反応の速さがそれぞれ

$$R_\mathrm{f} = k_\mathrm{f} a_\mathrm{X} a_\mathrm{Y}, \qquad R_\mathrm{r} = k_\mathrm{r} a_\mathrm{Z}^2 \tag{9.4.1}$$

で与えられれば，平衡で成り立つ関係 $a_\mathrm{Z}^2 / a_\mathrm{X} a_\mathrm{Y} = K(T)$ は，正反応と逆反応の間の釣合いを表していると解釈することができる．すなわち，次の釣合い

$$R_\mathrm{f} = k_\mathrm{f} a_\mathrm{X} a_\mathrm{Y} = R_\mathrm{r} = k_\mathrm{r} a_\mathrm{Z}^2$$

が成り立てば，

$$\frac{a_\mathrm{Z}^2}{a_\mathrm{X} a_\mathrm{Y}} = K(T) = \frac{k_\mathrm{f}}{k_\mathrm{r}} \tag{9.4.2}$$

である．ところで，平衡の法則 $a_\mathrm{Z}^2 / a_\mathrm{X} a_\mathrm{Y} = K(T)$ を導くために，反応の動力学的機構について何の仮定もする必要はなかった．たとえ総括反応 $X+Y \rightleftarrows 2Z$ が複雑な素反応段階を含むことがあったとしても，式 (9.4.2) はなお成り立つ．このことは**詳細釣合いの原理**（principle of detailed balance）によって解釈することができる．詳細釣合いの原理は次のように述べられる．

「平衡状態では，すべての素過程はその逆の素過程と正確に釣り合っている」．
詳細釣合いの原理は反応機構に関係なく，$a_\mathrm{Z}^2 / a_\mathrm{X} a_\mathrm{Y} = K(T)$ が成り立つことを意味している．このことを次の例で調べてみよう．次の二つの素反応段階よりなる反応を考える．

$$\text{(a)} \quad X+X \rightleftarrows W \tag{9.4.3}$$
$$\text{(b)} \quad W+Y \rightleftarrows 2Z+X \tag{9.4.4}$$

総括反応は $X+Y \rightleftarrows 2Z$ である．詳細釣合いの原理によると，平衡では

$$\frac{a_\mathrm{W}}{a_\mathrm{X}^2} = \frac{k_\mathrm{fa}}{k_\mathrm{ra}} \equiv K_\mathrm{a}, \qquad \frac{a_\mathrm{Z}^2 a_\mathrm{X}}{a_\mathrm{W} a_\mathrm{Y}} = \frac{k_\mathrm{fb}}{k_\mathrm{rb}} \equiv K_\mathrm{b} \tag{9.4.5}$$

が成り立つ．添字 a, b はそれぞれ素反応 (9.4.3) および (9.4.4) を表す．平衡に対する熱力学の式 $a_\mathrm{Z}^2 / a_\mathrm{X} a_\mathrm{Y} = K(T)$ は，これら二つの式の積として得られる．

$$\frac{a_\mathrm{W} a_\mathrm{Z}^2 a_\mathrm{X}}{a_\mathrm{X}^2 a_\mathrm{W} a_\mathrm{Y}} = \frac{a_\mathrm{Z}^2}{a_\mathrm{X} a_\mathrm{Y}} = K_\mathrm{a} K_\mathrm{b} = K \tag{9.4.6}$$

この導出から，式 (9.4.6) は総括反応がこれ以外の素反応段階よりなる場合であっても成り立つことが明らかである．

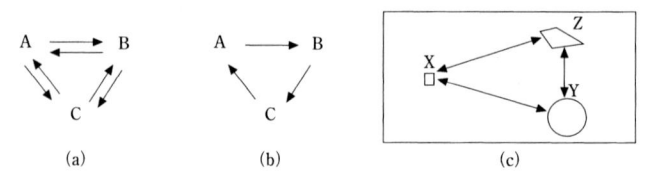

図 9.1 詳細釣合いの原理
(a) 互いに変換する物質 A, B, C の間に成り立つ平衡は，それぞれ一対の物質間に成り立つ詳細釣合いの結果である．(b) ある物質から他の物質への変換によっても同様に濃度を一定に保つことができるが，これは平衡状態ではない．(c) 詳細釣合いの原理はより普遍的な妥当性をもつ．系の任意の二つの領域間の物質やエネルギーの交換は詳細に釣り合っている．例えば領域 X から領域 Y へ運ばれている物質量は逆の過程と正確に釣り合っている．

詳細釣合いの原理はより広い一般性をもっている．例えば，平衡にある系の任意の二つの素体積間の物質やエネルギーの交換に対しても成り立つ．素体積 X から素体積 Y に輸送される物質あるいはエネルギーの量は，素体積 Y から素体積 X に輸送される物質あるいはエネルギーの量と正確に釣り合っている（図9.1）．同じことが，素体積 Y と Z あるいは X と Z の間でも成り立つ．この形の釣合いの重要な結果として，系から素体積の一つ，例えば Z を取り除いたり孤立化させても，X または Y の状態，およびそれらの素体積間の相互作用は変わらないということがある．このことは，素体積の間に長距離相関が働いていないということと同義である．後の章で論じるが，散逸構造形成へ転移する非平衡系では詳細釣合いの原理はもはや成り立たない．その結果，系のある部分の素体積を除去したり孤立化させると，その他の部分の素体積の状態が変化する．このような状況を系は長距離相関をもつという．このことは，例えば熱平衡にある炭素化合物を含む水滴と，熱力学平衡から遠く離れ組織化された状態にある生きた細胞とを比較すれば明らかである．水滴から小部分を取り除いても水滴の他の部分の状態は変化しないが，生きた細胞から小部分でも取り除くと細胞の他の部分に重大な影響を及ぼすことがある．

9.5 化学反応によるエントロピー生成

前節までに導いた式を用いて，エントロピー生成速度を反応速度と関連づけることができる．式 (4.1.17) より化学反応によるエントロピー生成速度は

$$\frac{d_iS}{dt} = \frac{A}{T}\frac{d\xi}{dt} \geq 0 \tag{9.5.1}$$

である．われわれの目的は，エントロピー生成が反応速度を用いて書き表されるように，親和力 A を反応速度と関連づけることである．次の反応を考える．

$$X + Y \rightleftharpoons 2Z \tag{9.5.2}$$

これを素反応とすると、正反応と逆反応の速さに対して
$$R_f = k_f a_X a_Y \qquad R_r = k_r a_Z^2 \tag{9.5.3}$$
平衡では正反応と逆反応の速さが等しくなるので、
$$K(T) = \frac{k_f}{k_r} \tag{9.5.4}$$
が成り立つ。反応速度は正反応と逆反応の反応の速さの差であり、また反応速度は ξ を用いて表されるので（式 (9.2.6)）、
$$\frac{1}{V}\frac{d\xi}{dt} = R_f(\xi) - R_r(\xi) \tag{9.5.5}$$
反応速度を時間の関数として求めるためには、この微分方程式を解かなければならない。例を以下に示す。

次のように親和力を反応の速さに関係づけることができる。定義により、反応 (9.5.2) の親和力は
$$\begin{aligned} A &= \mu_X + \mu_Y - 2\mu_Z \\ &= \mu_X^0(T) + RT\ln a_X + \mu_Y^0(T) + RT\ln a_Y - 2[\mu_Z^0(T) + RT\ln a_Z] \\ &= [\mu_X^0(T) + \mu_Y^0(T) - 2\mu_Z^0(T)] + RT\ln a_X + RT\ln a_Y - 2RT\ln a_Z \end{aligned} \tag{9.5.6}$$
であり、$[\mu_X^0(T) + \mu_Y^0(T) - 2\mu_Z^0(T)] = \Delta G_{rxn}^0 = RT\ln K(T)$（式 (9.3.10)）の関係があるから、この式は次のように書かれる。
$$A = RT\ln K(T) + RT\ln\left(\frac{a_X a_Y}{a_Z^2}\right) \tag{9.5.7}$$
これは親和力を表す式の一つである。平衡では $A=0$ である。A を反応の速さに関係づけるために、式 (9.5.4) を用いると、式 (9.5.7) は
$$A = RT\ln\left(\frac{k_f}{k_r}\right) + RT\ln\left(\frac{a_X a_Y}{a_Z^2}\right) = RT\ln\left(\frac{k_f a_X a_Y}{k_r a_Z^2}\right) \tag{9.5.8}$$
式 (9.5.3) を式 (9.5.8) に代入して、目的とする次の関係式を得ることができる。
$$\underline{A = RT\ln\frac{R_f}{R_r}} \tag{9.5.9}$$
素反応の速さは化学量論係数に直接関連しているので、明らかにこの式は任意の素反応に対して成り立つ。さて、式 (9.5.5) と式 (9.5.9) をエントロピー生成の式 (9.5.1) に代入して次の式が得られる。
$$\frac{1}{V}\frac{d_iS}{dt} = \frac{1}{V}\frac{A}{T}\frac{d\xi}{dt} = R(R_f - R_r)\ln\frac{R_f}{R_r} \geq 0 \tag{9.5.10}$$
これは単位体積あたりのエントロピー生成を反応の速さに関係づける式である（R は気体定数であることに注意）。第二法則の要請により、この式の右辺は正であり、$R_f > R_r$ または $R_f < R_r$ のどちらであってもこの関係は成り立つ。留意すべきもう一つの点として、式 (9.5.10) で正反応および逆反応の速さ R_f と R_r は反応物の濃度、

分圧,あるいはその他の変数で表してもよいということであり,式 (9.5.3) の場合のように反応の速さを必ずしも活量で表す必要はない.

上の式はいくつかの同時反応に一般化することができる.各反応を添字 k で区別する.単位体積あたりのエントロピー生成は各反応によって生成するエントロピーの和であり,

$$\frac{1}{V}\frac{d_i S}{dt} = \frac{1}{V}\sum_k \frac{A_k}{T}\frac{d\xi_k}{dt} = R\sum_k (R_{kf} - R_{kr})\ln(R_{kf}/R_{kr}) \geq 0 \qquad (9.5.11)$$

となる.ここで R_{kf} と R_{kr} は k 番目の正反応と逆反応の速さである.この式は反応の速さを用いてエントロピー生成を求めるために有用であるが,反応の速さが化学量論的に特定されている素反応に対してのみ成り立つという制約がある.しかし,すべての反応は究極的には素反応の組み合わせで表せるので,このことは重要な制約ではない.詳しい反応機構が知られていれば,エントロピー生成の式をこれらの化学反応に対して書くことができるのである.

● 反応例

不可逆化学反応によるエントロピー生成の例として,次の簡単な反応を考える.

$$L \underset{k}{\overset{k}{\rightleftarrows}} D \qquad (9.5.12)$$

この反応は鏡像構造をもつ光学異性体間の変換,すなわち"ラセミ化反応"を表す.鏡像と重なり合わない分子はキラルであるといわれ,この二つの鏡像構造をもつ分子は互いにエナンチオマーと呼ばれる.[L] と [D] をキラルな分子の二つのエナンチオマーの濃度とする.$t=0$ で,$[L]=L_0$,$[D]=D_0$,$\xi(0)=0$ とすると,次の関係が成り立つ.

$$\frac{d[L]}{-1} = \frac{d[D]}{+1} = \frac{d\xi}{V} \qquad (9.5.13)$$

$$[L] = L_0 - (\xi/V), \qquad [D] = D_0 + (\xi/V) \qquad (9.5.14)$$

式 (9.5.13) を積分し初期条件を用いて式 (9.5.14) が得られる.便宜上,$V=1$ とおいて計算し,その後で再び因子 V を入れる.ラセミ化反応は一次の素反応とみなせるので,正反応と逆反応の速さは

$$R_f = k[L] = k(L_0 - \xi), \qquad R_r = k[D] = k(D_0 + \xi) \qquad (9.5.15)$$

となる.対称性から,正反応と逆反応の速度定数は等しくなる.さらに式 (9.5.15) と式 (9.5.9) から,親和力は与えられた初期濃度に対して状態変数 ξ の関数であることがわかる.

エントロピー生成を時間の関数として求めるために,R_f と R_r を時間の関数として求めなければならない.そのためには,この反応の速さを定義する次の微分方程式を解かなければならない.

9.5 化学反応によるエントロピー生成

$$\frac{d\xi}{dt} = R_f - R_r = k(L_0 - \xi) - k(D_0 + \xi)$$

$$= 2k\left[\frac{(L_0 - D_0)}{2} - \xi\right] \tag{9.5.16}$$

この一次微分方程式は，$x = [(1/2)(L_0 - D_0) - \xi]$ とおくと，$dx/dt = -2kx$ と簡単化され，容易に解くことができる．解は

$$\xi(t) = \frac{(L_0 - D_0)}{2}[1 - e^{-2kt}] \tag{9.5.17}$$

である．速さ (9.5.15) は式 (9.5.17) を用い，時間の関数として次のように書ける．

$$R_f = \frac{(L_0 + D_0)}{2} + \frac{(L_0 - D_0)}{2} e^{-2kt} \tag{9.5.18}$$

$$R_r = \frac{(L_0 + D_0)}{2} - \frac{(L_0 - D_0)}{2} e^{-2kt} \tag{9.5.19}$$

よってエントロピー生成 (9.5.10) も時間の関数として次のように書ける．

$$\frac{1}{V}\frac{d_i S}{dt} = R[k(L_0 - D_0)e^{-2kt}]\ln\left\{\frac{(L_0 + D_0) + (L_0 - D_0)e^{-2kt}}{(L_0 + D_0) - (L_0 - D_0)e^{-2kt}}\right\} \tag{9.5.20}$$

$t \to \infty$ で系は平衡に達する．そのとき

$$\xi_{eq} = \frac{L_0 - D_0}{2}, \qquad [L]_{eq} = [D]_{eq} = \frac{L_0 + D_0}{2} \tag{9.5.21}$$

が成り立つ．ギブズ自由エネルギーおよび親和力は状態関数であり，5章の式 (5.1.12) より $A = -(\partial G/\partial \xi)_{P,T}$ である．ξ が平衡値 ξ_{eq} に到達すると，ギブズ自由エネルギーは最小値に達し，親和力は0になる（図9.2）．

より複雑な反応のエントロピー生成は，最新の計算ソフトウェアを用い数値解として求めることができる．上述の例のMathematicaコードを付9.1に示す．読者には，もっと複雑な反応系のコードを書いてみることを勧める．

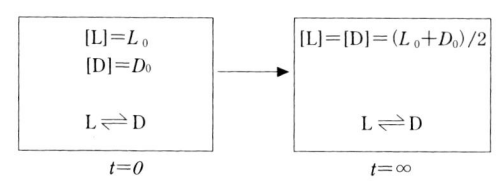

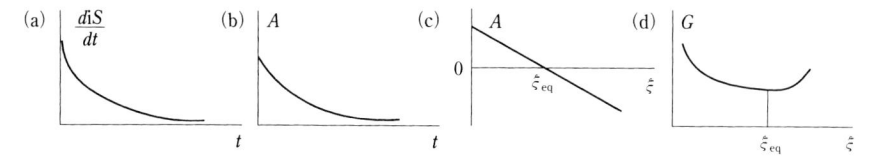

図9.2 エナンチオマーのラセミ化反応の例
(a) と (b) はエントロピー生成および A の時間変化を示し，(c) と (d) は状態関数 A と G の ξ 依存性を示す．

付9.1 Mathematica コード

速度式の数値解は Mathematica の命令 NDSolve を使って求めることができる．簡単な速度式の解法例を次に示す．

●コード A：一次反応 X⟶（生成物）を解く Mathematica コード

```
(*Linear Kinetics*)
k = 0.12;
Soln1 = NDSolve[{X'[t] == -k*X[t], X[0] == 2.0}, X, {t, 0, 10}]
```

解は補間関数として与えられ，次の命令を使って解をグラフに表すことができる．

```
Plot[Evaluate[X[t]/.Soln1],{t,0,10}]
```

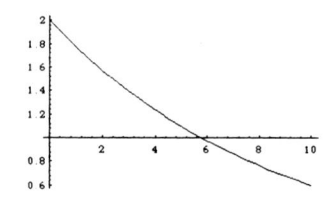

●コード B：反応 X＋2Y ⇌ 2Z を解く Mathematica コード

```
(*Reaction X + 2Y → 2Z*)
kf = 0.5; kr = 0.05;
Soln2 = NDSolve[{X'[t] == -kf*X[t]*(Y[t]∧2) + kr*Z[t]∧2,
                 Y'[t] == 2*(-kf*X[t]*(Y[t]∧2) + kr*Z[t]∧2),
                 Z'[t] == 2*(kf*X[t]*(Y[t]∧2) - kr*Z[t]∧2),
                 X[0] == 2.0, Y[0] == 3.0, Z[0] == 0.0},
                {X, Y, Z}, {t, 0, 3}]
```

解は補間関数として与えられ，次の命令を使って解をグラフに表すことができる．

```
Plot[Evaluate[{X[t],Y[t],Z[t]}/.Soln2],{t,0,3}]
```

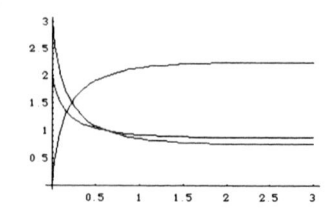

●コード C：ラセミ化反応 L ⇌ D とそのエントロピー生成を表す Mathematica コード

付 9.1 Mathematica コード

```
(*Racemization Kinetics : L === D*)
kf = 1.0; kr = 1.0;
Soln3 = NDSolve[{XL'[t] == -kf*XL[t] + kr*XD[t],
         XD'[t] == -kr*XD[t] + kf*XL[t],
         XL[0] == 2.0, XD[0] == 0.001},
         {XL, XD}, {t, 0, 3}]
```

解は補間関数として与えられる.式 $(1/V)(d_iS/dt) = R(R_f - R_r)\ln(R_f/R_r)$ を用いることにより,エントロピー生成の時間関数が数値解として求まる.Mathematica では関数 log は ln の意味で使われることに注意.

```
(*Calculation of entropy production ''Sigma'' *)
R = 8.314;
sigma = R*(kf*XD[t] - kf*XL[t])*Log[(kf*XD[t])/(kf*XL[t])];
Plot[Evaluate[sigma/.Soln3],{t,0,0.5}]
```

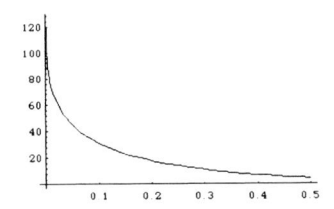

文　献

1. Weinberg, S., *The First Three Minutes*. New York: Bantam.
2. Taylor, R. J., *The Origin of the Chemical Elements*. 1975, London: Wykeham Publications.
3. Norman, E. B., *J. Chem. Ed.*, **71** (1994) 813–820.
4. Clayton, D. D., *Principles of Stellar Evolution and Nucleosynthesis*. 1983, Chicago: University of Chicago Press.
5. Laidler, K. J., *The World of Physical Chemistry*. 1993, Oxford: Oxford University Press.
6. Laidler, K. J., *J. Chem. Ed.*, **61** (1984) 494–498.
7. Prigogine, I. and Defay, R., *Chemical Thermodynamics*, 4th ed. 1967, London: Longman.

　邦訳
　7. 妹尾　学訳,化学熱力学 I, II, みすず書房, 1966

データ・ソース

[A] NBS table of chemical and thermodynamic properties. *J. Phys. Chem. Reference Data*, **11**, suppl. 2 (1982).
[B] G. W. C. Kaye and T. H. Laby (eds) *Tables of Physical and Chemical Constants*. 1986, London: Longman.
[C] I. Prigogine and R. Defay, *Chemical Thermodynamics*, 4th ed. 1967, London: Longman.
[D] J. Emsley, *The Elements*, 1989, Oxford: Oxford University Press.

- [E] L. Pauling, *The Nature of the Chemical Bond*. 1960, Ithaca NY: Cornell University Press.
- [F] D. R. Lide (ed.), *CRC Handbook of Chemistry and Physics* 75th ed. 1994, Ann Arbor MI: CRC Press.
- [G] The web site of the National Institute for Standards and Technology, http://webbook.nist.gov.

例 題

例題 9.1 温度 T において，熱光子の平均エネルギー $h\nu$ はだいたい kT に等しい．2章で論じたように，光子のエネルギーが電子-陽電子対の静止エネルギー $2mc^2$ より大きい高温で，電子-陽電子対は自然に生成する．m は電子の質量である．電子-陽電子対の生成が起こる温度を計算せよ．

解 対生成のためには

$$h\nu = kT = 2mc^2 = (2\times 9.10\times 10^{-31}\text{kg})(3.0\times 10^8\text{m s}^{-1})^2 = 1.6\times 10^{-13}\text{J}$$

よって，相当する温度は

$$T = (1.64\times 10^{-13}\text{J})/(1.38\times 10^{-23}\text{JK}^{-1}) = 1.19\times 10^{10}\text{K}$$

例題 9.2 二次反応 $2\text{X} \rightarrow$ 生成物を考える．速度式は $d[\text{X}]/dt = -k_f[\text{X}]^2$ である．
(a) この反応の半減期 $t_{1/2}$ は $[\text{X}]$ の初期値に依存し，$1/([\text{X}]_0 k_f)$ に等しいことを示せ．
(b) $k_f = 2.3\times 10^{-1}\text{mol}^{-1}\text{L s}^{-1}$ とし，$t = 60.0\text{ s}$ における $[\text{X}]$ の値を求めよ．初期濃度を $[\text{X}]_0 = 0.50\text{ mol L}^{-1}$ とせよ．

解 (a) BOX 9.4 に示されたように，速度式の解は

$$\frac{1}{[\text{X}]} - \frac{1}{[\text{X}]_0} = k_f t$$

である．両辺に $[\text{X}]_0$ を乗じて

$$\frac{[\text{X}]_0}{[\text{X}]} = 1 + [\text{X}]_0 k_f t$$

$t = t_{1/2}$ において，$[\text{X}]_0/[\text{X}] = 2$ であるから，$t_{1/2} = 1/([X]_0 k_f)$ となる．
(b) 初濃度 $[\text{X}]_0 = 0.50\text{ mol L}^{-1}$，$k_f = 0.23\text{ mol}^{-1}\text{L s}^{-1}$，$t = 60.0\text{ s}$ を代入して

$$\frac{1}{[\text{X}]} - \frac{1}{0.50} = 0.23\times 60\text{ mol}^{-1}\text{ L}$$

$[\text{X}]$ について解き，$[\text{X}] = 0.063\text{ mol L}^{-1}$．

例題 9.3 水の解離反応 $\text{H}_2\text{O} \rightleftarrows \text{OH}^- + \text{H}^+$ に対して，反応エンタルピーは $\Delta H_{\text{rxn}} = 55.84$ kJ である．25 °C で平衡定数 $K = 1.00\times 10^{-14}$，pH 7.0 として，50 °C の pH を求めよ．

解 温度 T_1 における $K(T_1)$ が与えられると，van't Hoff の式 (9.3.19) より

$$\ln K(T_1) - \ln K(T_2) = \frac{-\Delta H_{\text{rxn}}}{R}\left[\frac{1}{T_1} - \frac{1}{T_2}\right]$$

である．この例では，50 °C の K は次のようになる．

$$\ln K = \ln(1.0\times 10^{-14}) + \frac{55.84\times 10^3}{8.314}\left[\frac{1}{298} - \frac{1}{323}\right] = -30.49$$

これから，50 °C における K の値は $\exp(-30.49) = 5.73\times 10^{-14}$．平衡定数は $K = [\text{OH}^-][\text{H}^+]$，また $[\text{H}^+] = [\text{OH}^-]$ であるから

$$\mathrm{pH} = -\log[\mathrm{H^+}] = -\log[\sqrt{\mathrm{K}}] = -\frac{1}{2}\log[5.73\times 10^{-14}] = 6.62$$

問 題

9.1 分子の平均運動エネルギーがほぼ結合エネルギーに等しいとき,分子間の衝突で結合の切断が起こる.分子の平均運動エネルギーはほぼ $3RT/2$ に等しい.
(a) C−H 結合エネルギーは約 414 kJ mol^{-1} である.メタンの C−H 結合が切断する温度は約何度か.
(b) 核子の中性子と陽子の平均結合エネルギーはそれぞれ $(6.0-9.0)\times 10^6$ eV および $(6.0-9.0)\times 10^8$ kJ mol^{-1} の範囲である.核反応が起こる温度を推定せよ.

9.2 反応 $\mathrm{Cl} + \mathrm{H_2} \longrightarrow \mathrm{HCl} + \mathrm{H}$ について,活性化エネルギー $E_\mathrm{a} = 23.0$ kJ mol^{-1},前指数因子 $k_0 = 7.9\times 10^{10}$ mol^{-1}L s^{-1} である.$T = 300.0$ K における速度定数を求めよ.$[\mathrm{Cl}] = 1.5\times 10^{-4}$ mol L^{-1},$[\mathrm{H_2}] = 1.0\times 10^{-5}$ mol L^{-1} として,$T = 350.0$ K における反応の速さを求めよ.

9.3 各温度における酸性溶媒中の尿素の分解反応の速度定数は次のように求められている.

温度 (°C)	50	55	60	65	70
速度定数 k(s^{-1})	2.29×10^{-8}	4.63×10^{-8}	9.52×10^{-8}	1.87×10^{-7}	3.72×10^{-7}

(a) Arrhenius プロットを用いて,活性化エネルギー E_a と前指数因子 k_0 を求めよ.
(b) 遷移状態理論を適用し,$\ln(k/T)$ を $1/T$ に対してプロットして遷移状態の $\Delta H^\ddagger$,$\Delta S^\ddagger$ を求めよ.

9.4 次の反応式で表されるトリフェニルメチルラジカル Ph$_3$C・の二量化反応を考える.
$$\mathrm{A} \rightleftharpoons 2\,\mathrm{B}$$
正および逆反応の速度定数は $k_\mathrm{f} = 0.406$ s^{-1},$k_\mathrm{r} = 3.83\times 10^2$ mol^{-1}L s^{-1} である.この反応は素反応であり,また $t = 0$ における A と B の初期値は $[\mathrm{A}]_0 = 0.041$ mol L^{-1},$[\mathrm{B}]_0 = 0.015$ mol L^{-1} とする.
(a) $t = 0$ における反応速度を求めよ.
(b) $t = 0$ で $\xi = 0$,また平衡における反応進度を ξ_eq とする.A と B の平衡濃度を $[\mathrm{A}]_0$,$[\mathrm{B}]_0$,ξ_eq を使って表せ.
(c) 四次方程式を近似的に解き,ξ_eq および A, B の平衡濃度を求めよ (Maple を使うとよい).

9.5 (a) 次の反応
$$\mathrm{X} + \mathrm{Y} \rightleftharpoons 2\,\mathrm{Z}$$
について X, Y, Z の濃度に関する速度式を書け.
(b) 反応進度 ξ を用いて速度式を書け.
(c) 平衡では $\xi = \xi_\mathrm{eq}$ である.初濃度 $[\mathrm{X}]_0$,$[\mathrm{Y}]_0$,$[\mathrm{Z}]_0$ と ξ_eq を使って平衡濃度を書き表せ.

9.6 放射性元素の崩壊は一次反応である.任意の時刻 t における放射性の核の数を N と

すると，$dN/dt = -kN$ が成り立つ．炭素14は半減期5730年の放射性元素である．k の値を求めよ．この過程で温度により k は変化するであろうか．

9.7 こおろぎが鳴く振動速度は温度に依存する．振動速度の対数を $(1/T)$ に対してプロットすると，Arrhenius の式にしたがうことが観察された (K. J. Laidler, *J. Chem. Ed.*, **49** (1972) 343)．この観察結果はどのように説明されるであろうか．

9.8 気相反応 $X + Y \rightleftarrows 2Z$ を考える．濃度 $[X], [Y], [Z]$ および活量を用いて反応速度式を書き下せ．二つの反応速度式の速度定数の間に成り立つ関係を求めよ．

9.9 CO_2 は水に溶けて炭酸 H_2CO_3 を生じる．（これにより自然の雨はわずかに酸性となる．）$25.0\,°C$ における反応 $H_2CO_3 \rightleftarrows HCO_3^- + H^+$ の平衡定数 K_a は $pK_a = 6.63$ である．また，反応エンタルピーは $\Delta H_{rxn} = 7.66\,kJ\,mol^{-1}$ である．$25\,°C$ および $35\,°C$ における pH を計算せよ．

9.10 $\mu^0(T_0, p_0) = \Delta G_f^0$ の表を用いて，$T = 298.15\,K$ における次の反応の平衡定数を求めよ．
 (i) $2\,NO_2(g) \rightleftarrows N_2O_4(g)$
 (ii) $2\,CO(g) + O_2(g) \rightleftarrows 2\,CO_2(g)$
 (iii) $N_2(g) + O_2(g) \rightleftarrows 2\,NO(g)$

9.11 $aX + bY \rightleftarrows cZ$ の反応に対して，平衡定数 K_c と K_p の間に $K_c = (RT)^\alpha K_p$ の関係が成り立つことを示せ．なお，$\alpha = a + b - c$ である．

9.12 アンモニアは次の反応で合成される．
$$N_2(g) + 3\,H_2(g) \rightleftarrows 2\,NH_3(g)$$
(i) 熱力学関数値の表を使い，$25\,°C$ におけるこの反応の平衡定数を計算せよ．
(ii) 反応エンタルピー ΔH_{rxn} は温度によりほとんど変化しないとして，van't Hoff の式を用いて ΔG_{rxn} の値と $400\,°C$ における平衡定数を求めよ．

9.13 2-ブテンには *cis* 体と *trans* 体の二つの異性体がある．次の反応
$$cis\text{-}2\text{-}ブテン \rightleftarrows trans\text{-}2\text{-}ブテン$$
に対して $\Delta G_{rxn}^0 = -2.4\,kJ\,mol^{-1}$ である．$T = 298.15\,K$ におけるこの反応の平衡定数を計算せよ．全量が $2.5\,mol$ のブテン気体について，理想気体を仮定して平衡における各異性体のモル数を求めよ．

9.14 触媒を用いることによって，反応の親和力は変化するか．

9.15 反応 $X + 2Y \rightleftarrows 2Z$ に対して，式 (9.5.11) を用いて反応の速さを含むエントロピー生成の式を書き下せ．

10. 場と内部自由度

化学ポテンシャルの多面性

化学ポテンシャルの概念は非常に一般的であり，温度が明確に定義されているかぎり，ほとんどすべての物質変化に適用することができる．すでに化学反応の熱力学平衡に対する条件から質量作用の法則が導かれることを示した．本章では，拡散，電気化学反応，電場内での極性分子の緩和などの現象が，化学ポテンシャルと親和力に関係づけられる"化学転移"とみなすことができることを示そう．

10.1 場における化学ポテンシャル

前章で取り扱った化学ポテンシャルの式は，電気化学反応や重力場など外部場内の系に拡張することができる．場が存在すると，エネルギー変化を考慮するとき，場に由来するエネルギーも考慮しなければならない．その結果，成分物質のエネルギーは位置に依存するようになる．

簡単な系から始めよう．電位 ϕ_1 の位置から ϕ_2 の位置へ電荷をもつ化学種（イオン）が輸送される系を考える．簡単化のために，この系はそれぞれの電位が明確に定義されている二つの部分から構成され，系全体は閉じているとする（図 10.1）．系は二つの相からなり，化学種の輸送 dN_k は"化学反応"とみなすことができる．相当する変化進度 $d\xi_k$ は次のように与えられる．

$$-dN_{1k} = dN_{2k} = d\xi_k \tag{10.1.1}$$

ここで，dN_{1k}，dN_{2k} はそれぞれ各相内のモル数の変化である．これらのイオンの輸送によるエネルギーの変化は

$$dU = TdS - pdV + F\phi_1\sum_k z_k dN_{1k} + F\phi_2\sum_k z_k dN_{2k} + \sum_k \mu_{1k} dN_{1k} + \sum_k \mu_{2k} dN_{2k} \tag{10.1.2}$$

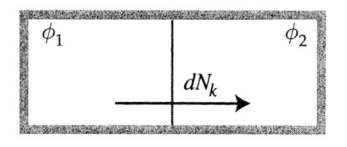

図 10.1 電場の存在する簡単な熱力学系
二つの部分から構成され，一方の電位は ϕ_1，他方の電位は ϕ_2 である．2相系のように振る舞い，イオンが一方から他方へ移動し，やがて電気化学ポテンシャルが等しくなる．

で与えられる．ここで z_k はイオン k の電荷数，F は Faraday 定数（$F=eN_A=9.6485\times10^4\mathrm{C\,mol^{-1}}$，$e$ は電気素量，N_A は Avogadro 定数）である．式 (10.1.1) を用いて，エントロピー変化 dS は

$$TdS = dU + pdV - \sum_k[(F\phi_2 z_k + \mu_{2k}) - (F\phi_1 z_k + \mu_{1k})]d\xi_k \tag{10.1.3}$$

と書ける．これから，場の電位 ϕ を導入することは化学ポテンシャルに新たな項を加えることと等価であることがわかる．このことは化学ポテンシャルの定義を場を含むように拡張できることを意味している．1929 年，Guggenheim によって次式で定義される**電気化学ポテンシャル**（electrochemical potential）$\tilde{\mu}$ が導入された〔文献 1〕．

$$\tilde{\mu}_k = \mu_k + Fz_k\phi \tag{10.1.4}$$

明らかに，この定式化はポテンシャルで特徴づけられるあらゆる場に拡張することができる．場のポテンシャルを ψ とすれば，成分 k の 1 mol あたりの相互作用エネルギーは $\tau_k\psi$ と書くことができる．結合係数 τ_k は，電場に対しては $\tau_k = Fz_k$，重力場に対しては $\tau_k = M_k$（モル質量）である．一般に，場のポテンシャル ψ を含む化学ポテンシャルは次のように定義される．

$$\tilde{\mu}_k = \mu_k + \tau_k\psi \tag{10.1.5}$$

通常の化学反応と同様に，電気化学反応に対する親和力 $\tilde{A}_k$ は

$$\tilde{A}_k = \tilde{\mu}_1 - \tilde{\mu}_2 = [(F\phi_1 z_k + \mu_{1k}) - (F\phi_2 z_k + \mu_{2k})] \tag{10.1.6}$$

で定義される．ある電位から他の電位への荷電粒子の移動によるエントロピー増加は

$$d_iS = \sum_k \frac{\tilde{A}_k}{T}d\xi_k \tag{10.1.7}$$

である．平衡では

$$\tilde{A}_k = 0, \quad \text{または} \quad \mu_{1k} - \mu_{2k} = -z_k F(\phi_1 - \phi_2) \tag{10.1.8}$$

であり，平衡電気化学の基本式は式 (10.1.8) から導かれる．

　静電力は非常に強く，電解質溶液中の電荷密度のわずかな変化で生じる電場によってもイオン間に非常に強い力を生じるので，ほとんどの場合，正と負のイオンの濃度は等しく，正味の電荷密度が実質的にゼロとなり，**電気的中性**（electroneutrality）が高い精度で維持される．典型的な電気化学セルでは，電極間にかかる電位差のほとんどは電極近傍に現れ，全電位差のうちのわずかな部分が溶液部分にあるにすぎない．溶液は十分な精度で電気的に中性と近似することができる．結果として，溶液内では加えられた電場による正と負の電荷の分離は起こらず，ほとんど濃度勾配をつくることはない．

　一方，ずっと弱い重力場の場合には，外部場により濃度勾配がつくり出される．重力場に対しては，結合係数 τ_k はモル質量 M_k であり，均一な重力場にある気体に対して $\psi = gh$ である．ここで g は重力場の強度，h は高さである．式 (10.1.5) により

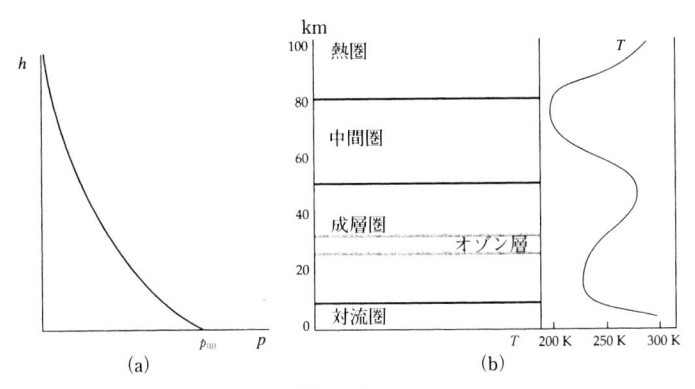

図 10.2
(a) 重力場の寄与を含む化学ポテンシャルの概念から，温度 T が均一な熱平衡状態で，よく知られた大気圧の式が導かれる．(b) 地球の大気の実際の状況は熱平衡にはなく，温度は高さによって変化する．

$$\mu_k(h) = \mu_k(0) - M_k g h \tag{10.1.9}$$

理想気体混合物に対して，$\mu_k(h) = \mu_k^0 + RT\ln[p_k(h)/p_0]$ を式 (10.1.9) に代入して，よく知られた**大気圧の式** (barometric formula) が得られる．

$$p_k(h) = p_k(0)e^{-M_k g h/RT} \tag{10.1.10}$$

この式は温度 T が均一，すなわち系は熱平衡にあると仮定して導かれることを注意しておく．実際には地球の大気の温度は均一ではない．実際には，図 10.2 (b) に示すように，おおよそ 220 K から 300 K の範囲で変化する．

● **連続系におけるエントロピー生成**

場にある熱力学系を考えるとき，熱力学場の連続変化を考慮しなければならないことがある．この場合，$\tilde{\mu}$ は位置の関数であり，エントロピーはエントロピー密度 $s(r)$ を用いて表さなければならない．エントロピー密度は単位体積あたりのエントロピーで位置 r に依存する．簡単化のため，一次元系，すなわち x 方向に沿ってのみエントロピーやその他の変数が変化する系を考えよう．$s(x)$ は単位長さあたりのエントロピー密度である．温度は系内で一定とする．このとき，素領域 $x \sim x+\delta$ におけるエントロピーは $s(x)\delta$ に等しい（図 10.3）．また，この素領域内の親和力は次

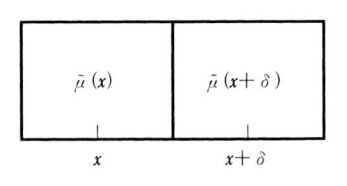

図 10.3
連続系のエントロピー生成に対する式は距離 δ だけ離れた隣接する二つのセルを考えることにより導かれる．x と $x+\delta$ の間の領域内のエントロピーは $s(x)\delta$ に等しい．親和力は化学ポテンシャルの差で与えられ，$\tilde{A} = \tilde{\mu}(x) - \tilde{\mu}(x+\delta) = -(\partial\tilde{\mu}/\partial x)\delta$ となる．

のように書ける．

$$\widetilde{A} = \tilde{\mu}(x) - \tilde{\mu}(x+\delta) = \tilde{\mu}(x) - \left(\tilde{\mu}(x) + \frac{\partial \tilde{\mu}}{\partial x}\delta\right) = -\frac{\partial \tilde{\mu}}{\partial x}\delta \qquad (10.1.11)$$

この素領域における反応速度 $d\xi_k/dt$ は，成分 k の粒子の流れ，すなわち粒子流 k で，これを J_{Nk} で表す．そのとき，この素領域に対して式 (10.1.7) を書き下すと

$$\frac{d_i S(x)\delta}{dt} = \sum_k \frac{\widetilde{A}_k}{T} \frac{d\xi_k}{dt} = -\sum_k \frac{1}{T}\left(\frac{\partial \tilde{\mu}_k}{\partial x}\right)\delta \frac{d\xi_k}{dt} \qquad (10.1.12)$$

を得る．この式で $J_{Nk} \equiv d\xi_k/dt$ とおき，単位長さあたりの粒子流によるエントロピー生成の式が得られる．

$$\frac{d_i S(x)}{dt} = -\sum_k \frac{1}{T}\left(\frac{\partial \tilde{\mu}_k}{\partial x}\right) J_{Nk} \qquad (10.1.13)$$

● **Ohm の法則と電気伝導によるエントロピー生成**

式 (10.1.13) の意味を理解するために，導体中の電子の流れを考えよう．電子密度および温度が均一な導体中では，電子の化学ポテンシャル（温度と電子密度の関数である）は一定である．したがって，電気化学ポテンシャルの微分は

$$\frac{\partial \tilde{\mu}_e}{\partial x} = \frac{\partial}{\partial x}(\mu_e - Fe\phi) = -\frac{\partial}{\partial x}(Fe\phi) \qquad (10.1.14)$$

となる．電場は $E = -\partial\phi/\partial x$，電流は $I = -eFJ_e$ であり，式 (10.1.14) を式 (10.1.13) に代入し，次のエントロピー生成の式が得られる．

$$\frac{d_i S}{dt} = \frac{eF}{T}\left(\frac{\partial \phi}{\partial x}\right) J_e = \frac{EI}{T} \qquad (10.1.15)$$

電場は単位長さあたりの電位の変化であるから，E を導体の全体の長さ L にわたって積分すると，導体にかかる電位差 V に等しくなる．よって，$x=0$ から $x=L$ までの全エントロピー生成は次のように与えられる．

$$\frac{d_i S}{dt} = \int_0^L \left(\frac{d_i s}{dt}\right) dx = \int_0^L \frac{EI}{T} dx = \frac{VI}{T} \qquad (10.1.16)$$

さて，電位差と電流の積 VI は単位時間あたりの発熱量であり，単位時間あたりの**オーム熱**（ohmic heat）と呼ばれる．抵抗体中を電流が流れる過程は不可逆過程であり，電気エネルギーは熱へ変換され散逸される．よって，$VI = dQ/dt$ と書くことができて，

$$\frac{d_i S}{dt} = \frac{VI}{T} = \frac{1}{T}\frac{dQ}{dt} \qquad (10.1.17)$$

が得られる．この式は，エントロピー生成が単位時間あたりに散逸される熱を温度で割った量に等しいことを示す．

3章で，それぞれの不可逆過程によるエントロピー生成は熱力学力とそれによる流れの積であり，式 (3.4.7) と書くことができることを述べた．ここでは流れは電流

であり，対応する力は V/T である．さて，系が熱力学平衡に近づくと，一般に流れが力に比例するようになる．よって，熱力学的考察に基づいて，次の結論が導かれる．

$$I = L_e \frac{V}{T} \tag{10.1.18}$$

ここで L_e は流れの力に対する比例定数で，**線形現象論係数**（linear phenomenological coefficient）と呼ばれる．式（10.1.18）のような関係式は，線形非平衡熱力学の基本式であり，16章で詳しく論じる．さて，抵抗を R として

$$L_e = \frac{T}{R} \tag{10.1.19}$$

と書くと，式（10.1.18）はよく知られた **Ohm の法則** $V = IR$ である．この例は，熱力学力と流れの間の線形関係がエントロピー生成の式から導かれることを示しており，多くの場合，これらの線形関係は Ohm の法則のように経験的に見出された関係と一致する．10.3 節では，拡散によるエントロピー生成を考察し，Fick の拡散法則と呼ばれるもう一つの経験的に見出された法則を導く．近代的な熱力学によって，多くの現象論法則を一つの統一された定式にまとめて表すことが可能となったのである．

10.2 膜と電気化学電池

●膜電位

半透膜で隔てられた系の平衡において膜の両側に圧力差（浸透圧）が生じたように，一方のイオンを透過し，それと符号の異なる他方のイオンを透過しない膜で隔てられたイオン系の平衡において，膜を隔てて電位差が生じる．例として，濃度が異なる二つの KCl 水溶液を膜で仕切っている場合を考える（図 10.4）．膜は K^+ を透過するが，Cl^- を透過しないとする．膜の両側の K^+ の濃度は等しくないので，K^+ は高濃度側から低濃度側へ流れようとする．このような K^+ の流れは，反対荷電のイオン Cl^- の流れを伴わなければ，K^+ の流れに抗する電位差を生じる．膜の両側の電気化学ポテンシャルが等しくなったところで平衡となり，イオンの流れは停止する．膜の両側を α と β で表すと，K^+ の平衡は

$$\tilde{\mu}_{K^+}^\alpha = \tilde{\mu}_{K^+}^\beta \tag{10.2.1}$$

のとき成り立つ．a_k を活量，z_k をイオン電荷数（K^+ では $+1$）とすると，イオン k の電気化学ポテンシャルは $\tilde{\mu}_k = \mu_k + z_k F\phi = \mu_k^0 + RT\ln a_k + z_k F\phi$ で与えられるので，式（10.2.1）は次のようになる．

$$\mu_{K^+}^0 + RT\ln a_{K^+}^\alpha + F\phi^\alpha = \mu_{K^+}^0 + RT\ln a_{K^+}^\beta + F\phi^\beta \tag{10.2.2}$$

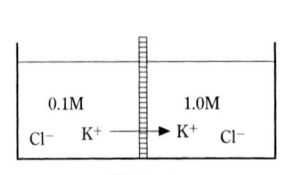

図 10.4
K^+ を通すが Cl^- を通さない膜で，異なる濃度の KCl 水溶液を仕切ると，膜を隔てて電位差（膜電位）が発生する．平衡状態で，濃度差による K^+ の流れは膜電位による反対方向の流れと釣り合う．

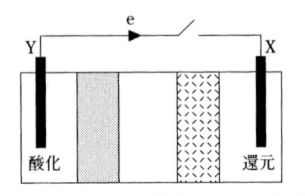

図 10.5 多くの相から構成される電気化学電池
両側の電極における半反応により起電力が発生する．電極反応は
$$X + ne^- \longrightarrow X_{red} \quad \text{"還元"（右）}$$
$$Y \longrightarrow Y_{ox} + ne^- \quad \text{"酸化"（左）}$$
回路を閉じると，電池内の化学反応によって起電力を生じ，これが電流を流す．電池図では，還元反応を右側に置く．
電極 |Y|…|…|…|X| 電極

この式から，膜を隔てる電位差は

$$\phi^\alpha - \phi^\beta = \frac{RT}{F}\ln\frac{a_{K^+}^\beta}{a_{K^+}^\alpha} \tag{10.2.3}$$

となる．これを**膜電位**（membrane potential）という．8 章で述べたように，電気化学では一般に重量モル濃度が使われる．最も簡単な近似では，活量係数を 1 として，活量を重量モル濃度 m_{K^+} で置き換える．このとき，膜電位は $(\phi^\alpha - \phi^\beta) = (RT/F)\ln(m_{K^+}^\beta / m_{K^+}^\alpha)$ で与えられる．

● **電気化学親和力と起電力**

電気化学電池では，電極での電子移動反応によって起電力（electromotive force: EMF）が発生する．図 10.5 に示すように，電気化学電池は一般に二つの電極を分ける種々の相をもつ．全反応および系内を流れる電流によるエントロピー生成を考慮することにより，電気化学親和力と起電力の間の関係を導くことができる．電気化学電池で，一般に二つの電極での反応は次のように書くことができる．

$$X + ne^- \longrightarrow X_{red} \quad \text{"還元反応"} \tag{10.2.4}$$
$$Y \longrightarrow Y_{ox} + ne^- \quad \text{"酸化反応"} \tag{10.2.5}$$

各反応は**半反応**（half-reaction）と呼ばれ，全反応は

$$X + Y \longrightarrow X_{red} + Y_{ox} \tag{10.2.6}$$

である．例えば，次の両電極での半反応

$$Cu^{2+} + 2e^- \longrightarrow Cu(s)$$
$$Zn(s) \longrightarrow Zn^{2+} + 2e^-$$

によって，全反応は

$$Cu^{2+} + Zn(s) \longrightarrow Zn^{2+} + Cu(s)$$

となる．(すなわち，電極として亜鉛と銅を $CuSO_4$ 水溶液に入れると，亜鉛は溶解し銅が析出する)．

電極での反応は実際には上に示したよりもっと複雑かもしれないが，主要な考え方は同じである．一方の電極で電子は電極から溶液側へ移動し，他方の電極では，電子は溶液側から電極へ移動する．電気化学電池を図示する際に，還元半反応を右側に置くことが慣例となっている．すなわち，電池図の右側では電極から電子が供給され反応物は還元される．

二つの電極での反応は異なる電位で起こるから，電気化学電池を熱力学によって定式化するために，電気化学親和力を用いる．$\widetilde{A}$ を電気化学親和力，ξ を反応進度とすると，エントロピー生成は

$$\frac{d_i S}{dt} = \frac{\widetilde{A}}{T} \frac{d\xi}{dt} \tag{10.2.7}$$

である．

反応物 X の各 1 mol の反応により n mol の電子が移動するとすれば，$d\xi/dt$ で定義される反応速度と電流 I (単位時間あたりに移動する電荷の量) との間の関係は

$$I = nF \frac{d\xi}{dt} \tag{10.2.8}$$

と書かれる．ここで F は Faraday 定数である．式 (10.2.8) を式 (10.2.7) に代入して

$$\frac{d_i S}{dt} = \frac{1}{T} \frac{\widetilde{A}}{nF} I \tag{10.2.9}$$

が得られる．この式を式 (10.1.17) と比較して，電気化学親和力と電池の起電力 V との間の次の関係が導かれる．

$$V = \frac{\widetilde{A}}{nF} \tag{10.2.10}$$

ここで n は酸化還元反応で移動する電子の数である．与えられた $\widetilde{A}$ に対して，移動する電子の数が多いほど起電力は小さくなる．

電極反応 (10.2.4) と (10.2.5) に対して，親和力は化学ポテンシャルを用いてより明確に書き表すことができる．

(右側) $X + ne^- \longrightarrow X_{red}$, $\widetilde{A}^R = (\mu_X^R + n\mu_e^R - nF\phi^R) - \mu_{X_{red}}^R$ (10.2.11)

(左側) $Y \longrightarrow Y_{ox} + ne^-$, $\widetilde{A}^L = \mu_Y^L - (n\mu_e^L - nF\phi^L + \mu_{Y_{ox}}^L)$ (10.2.12)

ここで添字 R および L は右側および左側の電極を示す．例えば左側電極で電子の電気化学親和力は $\widetilde{\mu}_e = \mu_e^L - F\phi^L$ と書かれるので，二つの親和力の和である全電気化学親和力 $\widetilde{A}$ は次のようになる．

$$\widetilde{A} = \widetilde{A}^R + \widetilde{A}^L = (\mu_X^R + \mu_Y^L - \mu_{X_{red}}^R - \mu_{Y_{ox}}^L) + n(\mu_e^R - \mu_e^L) - nF(\phi^R - \phi^L) \tag{10.2.13}$$

二つの電極が同じであれば，$\mu_e^R = \mu_e^L$ であり，このとき違いは電位 ϕ だけである．式 (10.2.10) を用いると，起電力は次のようになる．

$$V = \frac{\widetilde{A}}{nF} = \frac{1}{nF}(\mu_X^R + \mu_Y^L - \mu_{Xred}^R - \mu_{Yox}^L) - (\phi^R - \phi^L) \tag{10.2.14}$$

さて，二つの電極を短絡し回路を閉じると，電位 ϕ^R と ϕ^L は等しくなり，電流 $I = nF(d\xi/dt)$ は電極での反応速度 $d\xi/dt$ だけによって決まる．このような状況において，親和力に相当する電圧は次のようになる．

$$V = \frac{1}{nF}(\mu_X^R + \mu_Y^L - \mu_{Xred}^R - \mu_{Yox}^L) \tag{10.2.15}$$

この式のもう一つの解釈は，V を系を平衡にもってくるために必要な外部電圧と考えることである．この場合，加えられた電圧は反応に抗して働き，電流を0にする．すなわち外部電圧 $\phi^R - \phi^L$ は電流0の条件，$\widetilde{A} = 0$ に相当する．外部電圧は半透膜平衡における浸透圧に類似している．

反応物と生成物に対する化学ポテンシャルの一般式 $\mu_k = \mu_k^0 + RT\ln a_k$ を使って，電池の起電力を活量で表しておくともっと便利である．式 (10.2.15) は次のように書ける．

$$V = V_0 - \frac{RT}{nF}\ln\left(\frac{a_{Xred}^R a_{Yox}^L}{a_X^R a_Y^L}\right) \tag{10.2.16}$$

ここで

$$V_0 = \frac{1}{nF}(\mu_X^{R0} + \mu_Y^{L0} - \mu_{Xred}^{R0} - \mu_{Yox}^{L0}) = \frac{-\Delta G_{rxn}^0}{nF} \tag{10.2.17}$$

式 (10.2.16) は電池の起電力と反応物の活量を関連づける式であり，**Nernst の式**と呼ばれる．平衡では，期待どおり V は 0 であり，電気化学反応の平衡定数は

$$\ln K = \frac{-\Delta G_{rxn}^0}{RT} = \frac{nFV_0}{RT} \tag{10.2.18}$$

と書くことができる．

■ BOX 10.1　電気化学電池と電池図

　外部電流が流れているとき，電池内部に補償する電流が流れていなければならない．これにはいろいろの仕組がある．そのため，多くの型の電気化学電池がある．電極は実験条件に合い，望ましくない副反応を起こさないようなものを選ぶ必要がある．電気化学電池には**塩橋** (salt bridge) や**液絡** (liquid junction) をもつものもある．

　液絡　異なる2種の液体を多孔性隔膜などを隔てて接触させるとき，これを液絡という．液絡の両側でイオン濃度は一般に等しくないから，イオンの拡散流が起こる．異なるイオンの拡散速度が等しくなければ，液絡を横切って電位差が発生する．このような電位差を**液間電位** (liquid junction potential) という．液間電位は塩橋を使うことで小さくすることができる．塩橋内では正および負イオンの流れがほぼ等しい．

10.2 膜と電気化学電池

塩橋 よく使われる塩橋はKCl水溶液を含む寒天ゲルである．この媒体中でK^+とCl^-の移動速度はほとんど等しい．

電池図 電池図 (cell diagram) は次の規約にしたがって書かれる．
・還元は右側の電極で起こる．
・相の境界は | で表す．固体電極と溶液の界面などである．
・液絡は ⋮ で表す．$CuSO_4$水溶液と$CuCl$水溶液を仕切る多孔性隔膜などである．
・塩橋は ‖ で表す．KCl寒天ゲルなどである．
例えば，図10.6の電池は次の電池図で表される．
$$Zn(s)|Zn^{2+}\|H^+|Pt(s)$$

● ガルバニ電池と電解セル

化学反応により電位差を生み出す装置を**ガルバニ電池** (galvanic cell) という．逆に，外部電圧によって化学反応が引き起こされる場合，この装置を**電解セル** (electrolytic cell) と呼ぶ．

簡単な反応系を考えよう．Znは酸と反応しH_2を発生する（図10.6）．この反応は単純な電子移動反応である．

$$Zn(s) + 2H^+ \longrightarrow Zn^{2+} + H_2(g) \tag{10.2.19}$$

電子がある原子から他の原子へ移動するのは電位差のためである．上の反応で電子がZn原子からH^+に移動しているが，これは電子がよりポテンシャルエネルギーの低いところに動くためである．そこで，興味深い可能性が生じる．電子移動が導線を通

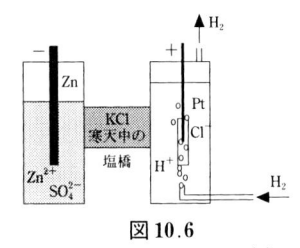

図10.6
反応 $Zn(s) + 2H^+ \longrightarrow Zn^{2+} + H_2(g)$ によるガルバニ電池．二つの電極室は塩橋でつながれる．塩橋は液間電位を発生することなく電流を流すことができる．

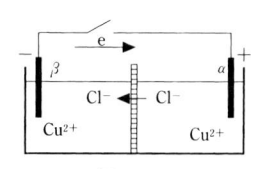

図10.7
濃度差によって起電力が発生する．Cl^-を通すがCu^{2+}を通さない膜で2室を仕切る．濃度差によりCl^-がαからβへ拡散によって流れる．このとき各室に銅極を設置し，回路を閉じると，反対方向への電子の流れによって結果的にCu^{2+}はαからβへ輸送されたことになる．この電子の流れは式 (10.2.21) で与えられる起電力によって起こる．

してのみ起こるように，反応物（酸化体と還元体）を一つの装置内に入れておけば，化学親和力によって電流が流れるような状況をつくることができる．このような装置がガルバニ電池である．逆に，外部から電位差を加えて電子移動反応を逆に進めることができる．この場合が電解セルである．

ガルバニ電池で発生する起電力は Nernst の式で与えられる．例えば式（10.2.19）の反応による電池の起電力は

$$V = V_0 - \frac{RT}{2F}\ln\left(\frac{a_{H_2}a_{Zn^{2+}}}{a_{Zn}a_{H^+}^2}\right) \quad (10.2.20)$$

● 濃淡電池

濃度差により生じる親和力によっても起電力を生じる．$CuCl_2$ 水溶液の濃度差による濃淡電池の例を図 10.7 に示す．この装置の膜は Cl^- を通すが Cu^{2+} を透過しない．二つの銅電極を膜で仕切られた 2 室 α と β に入れる．$CuCl_2$ 濃度は α 室のほうが高いとすると，濃度差により Cl^- が α 室から β 室へ流れ，これによって電位差が発生する．二つの銅極を導線でつないでおくと，この電位差によって β 室の銅電極から α 室の銅電極へ電子が流れる．このとき，β 室では Cu がイオン化し Cu^{2+} を生成（酸化）し，α 室では Cu^{2+} が Cu 原子に還元され析出する．結果として α 室から β 室への Cu^{2+} の移動であり，系は電子の流れによって平衡へ向かうことになる．濃淡電池では"反応物"と"生成物"の標準状態は同じであるから $V_0=0$ であり，両者の差は活量（希薄溶液ではほとんど重量モル濃度に等しい）のみにあるので，Nernst の式から次のようになる．

$$V = -\frac{RT}{2F}\ln\left(\frac{a_{Cu^{2+}}^\beta}{a_{Cu^{2+}}^\alpha}\right) \quad (10.2.21)$$

● 標準電極電位

平衡定数の計算に生成ギブズ自由エネルギーの表が利用されるように，"標準電極電位"を表にまとめておくと，電気化学反応の平衡定数の算出に役立つ．そのため水素-白金電極，$H^+|Pt$，を基準に選び，その電位を 0 と規約し，各電極反応の標準電極電位を定める．すなわち，白金電極での電極反応 $H^+ + e^- \longrightarrow (1/2)H_2(g)$ を基準とし，他のすべての電極反応による電位はこの基準電極に対する電圧で表す．標準電極電位は，$T=298.15K$ ですべての反応物と生成物の活量が 1 に等しいときの電極電位である．種々の電池の起電力は，相当する標準電極電位の和をとることによって求められる．このようにして求められる電位はすべての反応物の活量が 1 に等しい場合の値であり，Nernst の式から電池の標準起電力は V_0 に等しい．

例題 10.3 に，標準電極電位を用いて平衡定数を計算する方法を示す．表 10.1 によ

表10.1 標準電極電位*

電極反応	V_0/V	電極
$\frac{1}{3}Au^{3+}+e^- \longrightarrow \frac{1}{3}Au$	1.50	$Au^{3+}|Au$
$\frac{1}{2}Cl_2(g)+e^- \longrightarrow Cl^-$	1.360	$Cl^-|Cl_2(g)|Pt$
$Ag^++e^- \longrightarrow Ag(s)$	0.799	$Ag^+|Ag$
$Cu^++e^- \longrightarrow Cu(s)$	0.521	$Cu^+|Cu$
$\frac{1}{2}Cu^{2+}+e^- \longrightarrow \frac{1}{2}Cu(s)$	0.339	$Cu^{2+}|Cu$
$AgCl+e^- \longrightarrow Ag+Cl^-$	0.222	$Cl^-|AgCl(s)|Ag$
$Cu^{2+}+e^- \longrightarrow Cu^+$	0.153	$Cu^{2+}, Cu^+|Pt$
$H^++e^- \longrightarrow \frac{1}{2}H_2(g)$	0.0	$H^+|H_2|Pt$
$\frac{1}{2}Pb^{2+}+e^- \longrightarrow \frac{1}{2}Pb(s)$	-1.126	$Pb^{2+}|Pb(s)$
$\frac{1}{2}Sn^{2+}+e^- \longrightarrow \frac{1}{2}Sn(s)$	-0.140	$Sn^{2+}|Sn(s)$
$\frac{1}{2}Ni^{2+}+e^- \longrightarrow \frac{1}{2}Ni(s)$	-0.250	$Ni^{2+}|Ni(S)$
$\frac{1}{2}Cd^{2+}+e^- \longrightarrow \frac{1}{2}Cd(s)$	-0.402	$Cd^+|Cd(S)$
$\frac{1}{2}Zn^{2+}+e^- \longrightarrow \frac{1}{2}Zn(s)$	-0.763	$Zn^{2+}|Zn(s)$
$Na^++e^- \longrightarrow Na(s)$	-2.714	$Na^+|Na(s)$
$Li^++e^- \longrightarrow Li(s)$	-3.045	$Li^+|Li(s)$

*反応が逆向きであれば V_0 の符号も逆である.

く用いられる標準電極電位を示す.表の標準電極電位を用いるとき,反応が逆方向に進む場合は,V_0 の符号を逆にするよう注意が必要である.

10.3 拡　　散

4.3節で,高濃度領域から低濃度領域への粒子の流れは化学ポテンシャルの差により起こることを知った.温度が等しい二つの部分からなる不連続系に対して,それぞれの部分の化学ポテンシャルを μ_1 と μ_2,モル数を N_1 と N_2 とすると,変化の程度は次のように表される.

$$-dN_1 = dN_2 = d\xi \tag{10.3.1}$$

化学ポテンシャルに差があることによるエントロピー生成は

$$d_iS = -\frac{\mu_2-\mu_1}{T}d\xi = \frac{A}{T}d\xi > 0 \tag{10.3.2}$$

である.第二法則によりエントロピー生成は常に正であり,粒子は高い化学ポテンシャル領域から低い化学ポテンシャル領域へ運ばれることを示す.これが化学ポテンシャルの高い領域から低い領域への粒子の拡散であり,多くの場合,高濃度から低濃度

への成分の流れである．平衡で濃度は等しくなる．しかし，あらゆる場合にそうなるとは限らない．例えば，液体がその蒸気と平衡にある場合や，気体が重力場で平衡に達しているとき，化学ポテンシャルは等しくなるが，濃度は等しくならない．物質の流れを引き起こす熱力学力は化学ポテンシャルを等しくするのであり，濃度を等しくしようとするのではない．

●連続系における拡散と Fick の法則

10.1節（図10.3）の一般的な場の場合と同じように，式（10.3.2）を連続系を記述するように一般化することができる．化学ポテンシャルが，一方向，例えば x 方向に変化する系を考えよう．また T は均一であり，位置によって変わらないとする．このとき式（10.1.13）と同様に，拡散に対して

$$\frac{d_i s(x)}{dt} = -\sum_k \frac{1}{T}\left(\frac{\partial \mu_k}{\partial x}\right) J_{Nk} \tag{10.3.3}$$

と書くことができる．簡単化のために単一成分 k の流れを考える．

$$\frac{d_i s(x)}{dt} = -\frac{1}{T}\left(\frac{\partial \mu_k}{\partial x}\right) J_{Nk} \tag{10.3.4}$$

エントロピー生成は熱力学流れ J_{Nk} と流れを引き起こす力 $-(1/T)(\partial \mu_k/\partial x)$ の積で与えられる．熱力学力と対応する流れが特定されれば，この二つを関連づけることができる．平衡近傍で流れは力に比例するとおくことができるので，今の場合，力-流れの線形関係を

$$J_{Nk} = -L_k \frac{1}{T}\left(\frac{\partial \mu_k}{\partial x}\right) \tag{10.3.5}$$

と書くことができる．比例定数 L_k は拡散流に対する線形現象論係数である．式（8.1.1）より，理想流体混合物の化学ポテンシャルは $\mu_k(T, p, x_k) = \mu_k^0(T, p) + RT\ln x_k$ である．ここで x_k は単位体積あたりの k のモル分率であり，一般的には位置の関数である．n_{tot} を全モル数密度，n_k を成分 k のモル数密度とすると，モル分率は $x_k = n_k/n_{tot}$ である．拡散による n_{tot} の変化は無視できるとすると，$\partial \ln x_k/\partial x = \partial \ln n_k/\partial x$ である．このとき，式（10.3.5）に $\mu_k(T, p, x_k) = \mu_k^0(T, p) + RT\ln x_k$ を代入し，拡散流 J_{Nk} と濃度の間に次の熱力学関係式が導かれる．

$$J_{Nk} = -L_k R \frac{1}{n_k}\left(\frac{\partial n_k}{\partial x}\right) \tag{10.3.6}$$

拡散に関する経験則は **Fick の法則**である．Fick の法則によると

$$J_{Nk} = -D_k\left(\frac{\partial n_k}{\partial x}\right) \tag{10.3.7}$$

である．ここで D_k は成分 k の拡散係数であり，気体と液体の拡散係数の典型的な値を表10.2に示しておく．明らかに

10.3 拡　　散

表10.2 気体および液体中の分子の拡散係数*

系	$D\,(\mathrm{m^2 s^{-1}})$
空気中における拡散係数 ($p=101.325\,\mathrm{kPa}$, $T=298.15\,\mathrm{K}$)	
CH_4	0.106×10^{-4}
Ar	0.148×10^{-4}
CO_2	0.160×10^{-4}
CO	0.208×10^{-4}
H_2O	0.242×10^{-4}
He	0.580×10^{-4}
H_2	0.627×10^{-4}
水溶液中における拡散係数 ($T=298.15\,\mathrm{K}$)	
ショ糖	0.52×10^{-9}
ぶどう糖	0.67×10^{-9}
アラニン	0.91×10^{-9}
エチレングリコール	1.16×10^{-9}
エタノール	1.24×10^{-9}
アセトン	1.28×10^{-9}

* さらに広範なデータはデータ・ソース [F] 参照.

$$D_k = \frac{L_k R}{n_k} \qquad (10.3.8)$$

とおくと，式 (10.3.7) と式 (10.3.6) は等しくなる．これは熱力学現象論係数 L_k と拡散係数の間に成り立つ関係である．16章で拡散についてさらに詳細に検討し，非平衡熱力学の現代理論を適用することによって，ある化学種の拡散が他の化学種の拡散にどのように影響するかについて論じる．

重要な点は，熱力学関係式 (10.3.5) はあらゆる場合に成り立つが，"Fick の法則"(10.3.7) は必ずしも成り立たないということである．例えば液体がその蒸気と平衡にある場合，化学ポテンシャルは均一で，$(\partial \mu_k/\partial x)=0$ であるから，式 (10.3.5) より $J_{Nk}=0$ となる．一方，蒸気-液体界面では $(\partial n_k/\partial x)\neq 0$ であるから，式 (10.3.7) は $J_{Nk}=0$ を導かない．一般に，式 (10.3.5) を $J_{Nk}=-(L_k/T)(\partial \mu_k/\partial n_k)(\partial n_k/\partial x)$ と書くことにより，$(\partial n_k/\partial x)>0$ のとき，$(\partial \mu_k/\partial n_k)$ の符号に依存して J_{Nk} は正にも負にもなることがわかる．よって，$(\partial \mu_k/\partial n_k)>0$ のとき，流れは低濃度側へ向かうが，$(\partial \mu_k/\partial n_k)<0$ のときには，流れは高濃度側へ向かうことになる．後者の状況は，2成分混合物が2相に分離する場合に起こる．このとき，各成分は低濃度領域から高濃度領域へ向かって流れる．後の章で調べることとなるが，$(\partial \mu_k/\partial n_k)<0$ のとき系は"不安定"である．

●拡散方程式

化学反応がない場合，モル密度 $n_k(x,t)$ の時間変化は流れ J_{Nk} によるものである．

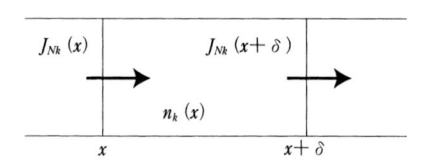

図 10.8
化学反応がないとき，位置 x にある大きさ δ のセル内のモル数の変化は，流入，流出する流れ J_{Nk} の差，すなわち正味の流れに等しい．セル内のモル数は $n_k\delta$，セルへの正味の流れは $J_{Nk}(x) - J_{Nk}(x+\delta) = -(\partial J_{Nk}/\partial x)\delta$ で，これから，式 (10.3.10) が導かれる．

図 10.8 に示すように，位置 x に大きさ δ の小さなセルを考える．このセル中のモル数を $n_k(x, t)\delta$ とすると，モル数の変化速度は $\partial(n_k(x, t)\delta)/\partial t$ で与えられる．この変化は正味の流れの結果であり，セルへ流入するモル数とセルから流出するモル数の差である．すなわち，セルへの正味の流れは

$$J_{Nk}(x) - J_{Nk}(x+\delta) = J_{Nk}(x) - \left(J_{Nk}(x) + \frac{\partial J_{Nk}}{\partial x}\delta\right) = -\frac{\partial J_{Nk}}{\partial x}\delta \qquad (10.3.9)$$

で与えられる．正味の流れをモル数の変化と等しくおくと，次の式が得られる．

$$\frac{\partial n_k(x, t)}{\partial t} = -\frac{\partial J_{Nk}}{\partial x} \qquad (10.3.10)$$

Fick の法則 (10.3.7) を用いて，この式を次のように書くことができる．

$$\frac{\partial n_k(x, t)}{\partial t} = D_k \frac{\partial^2 n_k(x, t)}{\partial^2 x} \qquad (10.3.11)$$

この偏微分方程式は成分 k に対する**拡散方程式** (diffusion equation) である．この式は均一系で成り立つ．拡散は濃度差を打ち消すように起こり，系全体にわたって濃度を等しくしようとする．ただし，一般に熱力学力は化学ポテンシャルを等しくするように働き，濃度を等しくしようとするのではないことを心に刻んでおくべきであろう．

● Stokes-Einstein の関係

Fick の法則は濃度勾配による拡散流を与える．場が存在すると，場の強度に比例する流れも現れる．例えば電場 $\mathbf{E}$ の存在で，電荷 ez_k をもつイオンは力 $ez_k|\mathbf{E}|$ に比例する速度で移動する．電場による力 $F_{\text{field}} = ez_k|\mathbf{E}|$ はイオンを加速して移動速度を大きくするが，一方，粘性力または摩擦力がイオンの運動に抗するように働き，イオンの速度に比例して大きくなり，やがて F_{field} と釣り合うようになる．イオンが速度 v で動くとき，粘性力は $\gamma_k v$ で与えられる．ここで γ_k は摩擦係数である．二つの力が釣り合うとき，$\gamma_k v = F_{\text{field}}$ となる．ここで，v はイオンの**終端速度** (terminal velocity) または**ドリフト速度** (drift velocity) で，

$$v = \frac{F_{\text{field}}}{\gamma_k} \qquad (10.3.12)$$

10.3 拡散

となる．単位面積を横切るイオン数は濃度 n_k に比例するから，このイオン移動による電流密度は

$$I = vn_k = \frac{ez_k}{\gamma_k} n_k |\mathbf{E}| = -\Gamma_k n_k \frac{\partial \phi}{\partial x} \tag{10.3.13}$$

となる．ここで，定数 $\Gamma_k = ez_k/\gamma_k$ は**イオン移動度**（ionic mobility）と呼ばれる．同様に，大気中または流体中を自由落下する質量 m_k の粒子はやがて終端速度 $v = m_k g/\gamma_k$ に達する．ここで g は重力の加速度である．これらを一般化して，任意の一般的ポテンシャル ψ に対して，成分 k の移動度は次式で定義される．

$$J_{\text{field}} = -\Gamma_k n_k \frac{\partial \psi}{\partial x} \tag{10.3.14}$$

非平衡熱力学の線形現象論法則により，移動度 Γ_k と拡散係数 D_k の間の一般的関係式が次のように導かれる．ポテンシャル ψ をもつ場の化学ポテンシャルは $\tilde{\mu}_k = \mu_k + \tau_k \psi$（式 (10.1.5)）で与えられる．ここで $\tau_k \psi$ は場による 1 mol あたりの相互作用エネルギーである．最も簡単な理想系で近似すると，化学ポテンシャルはモル分率 $x_k = n_k/n_{\text{tot}}$ を用いて表され

$$\tilde{\mu}_k = \mu_k^0 + RT \ln x_k + \tau_k \psi \tag{10.3.15}$$

となる．この化学ポテンシャルの勾配が熱力学流れを引き起こす．すなわち，

$$J_{Nk} = -L_k \frac{1}{T}\left(\frac{\partial \tilde{\mu}_k}{\partial x}\right) = -\frac{L_k}{T}\left(\frac{RT}{n_k}\frac{\partial n_k}{\partial x} + \tau_k \frac{\partial \psi}{\partial x}\right) \tag{10.3.16}$$

ここで $(\partial \ln x_k/\partial x) = (\partial \ln n_k/\partial x)$ の関係を用いた．この式で右辺第一項は拡散流であり，第二項は場による流れである．この式を Fick の法則 (10.3.7) および移動度の定義の式 (10.3.13) と比較すると

$$\frac{L_k R}{n_k} = D_k, \qquad \frac{L_k \tau_k}{T} = \Gamma_k n_k \tag{10.3.17}$$

となる．これら二つの関係式から次の拡散係数 D_k と移動度 Γ_k の間の一般的関係式

$$\frac{\Gamma_k}{D_k} = \frac{\tau_k}{RT} \tag{10.3.18}$$

が導かれる．この一般式は Einstein により導かれたので，しばしば **Einstein の関係**と呼ばれる．イオン系に対しては，10.1 節で述べたように，$\tau_k = Fz_k = eN_A z_k$，かつ $\Gamma_k = ez_k/\gamma_k$ である．$R = k_B N_A$ であるから，式 (10.3.18) はイオン移動度 Γ_k に対して

$$\frac{\Gamma_k}{D_k} = \frac{ez_k}{\gamma_k D_k} = \frac{Fz_k}{RT} = \frac{ez_k}{k_B T} \tag{10.3.19}$$

となる．この式から，拡散係数 D_k と分子またはイオン k の摩擦係数 γ_k との間の次の一般的関係式が導かれる．

$$D_k = \frac{k_B T}{\gamma_k} \tag{10.3.20}$$

これは **Stokes-Einstein の関係**と呼ばれる．

10.4 内部自由度に対する化学ポテンシャル

化学ポテンシャルの概念は，極性分子の外部場に対する配向（図 10.9）や流れによる巨大分子の変形など〔文献 2〕のような，分子の内部自由度の変換に対しても拡張することができる．そのためには，位置 x などの"外部座標"を定義するのと同じように，内部座標 θ を定義することが必要である．本節では，電場に対する電気双極子の配向について考えることとする．図 10.9 に示すように，θ を電場の方向と双極子の間の角とする．さらに，位置の関数として濃度を定義するのと同じように，θ の関数として濃度 $n(\theta)$ を定義する．外部場内の化学ポテンシャルが位置と場のポテンシャルの関数であるように，いまの場合，成分 k の化学ポテンシャルは θ の関数であり，次のように書ける．

$$\tilde{\mu}_k(\theta, T) = \mu_k(\theta, T) + g_k \phi(\theta) \tag{10.4.1}$$

ここで $g_k\phi(\theta)$ は電場と双極子の間のモルあたりの相互作用エネルギーを表す．モルあたりの双極子モーメントを $\boldsymbol{p}_k$，電場を $\boldsymbol{E}$ とすると

$$g_k \phi(\theta) = -|\boldsymbol{p}_k||\boldsymbol{E}|\cos\theta \tag{10.4.2}$$

濃度 $n_k(\theta)$，エントロピー密度 $s(\theta)$，θ 空間における"流れ"などの量は θ の関数として定義される．実際には球座標を用い，このとき素体積は $\sin\theta d\theta d\phi$ に等しいので，次の定義を使う（図 10.10）．

$s(\theta)\sin\theta d\theta =$ 内部座標が θ と $\theta+d\theta$ の間の分子のエントロピー

$n_k(\theta)\sin\theta d\theta =$ 内部座標が θ と $\theta+d\theta$ の間の分子のモル数

$J_\theta \sin\theta d\theta =$ 単位時間に配向が θ から $\theta+d\theta$ へ変化する分子のモル数

簡単のために単位体積を考え，ただ 1 種類の化学種のみよりなるとし，添字 k を落

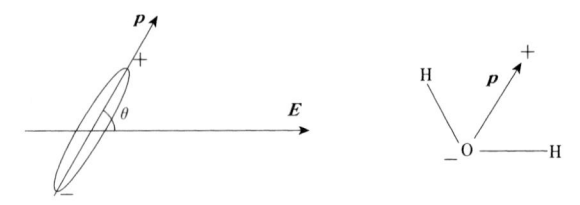

図 10.9
電場 $\boldsymbol{E}$ に対して極性分子の配向 θ の場合，内部自由度について化学ポテンシャル $\mu(\theta)$ を定義することができる．電気双極子モーメント $\boldsymbol{p}$ で表すと，電場 $\boldsymbol{E}$ 中の電気双極子のエネルギーは $-pE$ で与えられる．水分子は双極子モーメントをもつ分子の例であり，酸素原子は負の電荷をもつ傾向が強いため，分子内で電荷の偏りが生じて電気双極子モーメントを生じる．

10.4 内部自由度に対する化学ポテンシャル

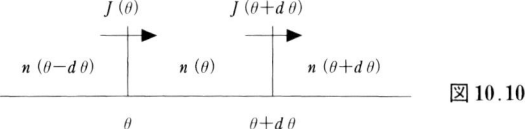

図 10.10 連続内部自由度に対する反応スキーム

とす.

これらの定義から，10.1 節で与えた位置 x に関する式は，形式的に x を θ で置き換えることにより，θ の式に変換されることが明らかである．したがって，式 (10.1.13) に類似した次の式が導かれる．

$$\frac{d_i s(\theta)}{dt} = -\frac{1}{T}\left(\frac{\partial \tilde{\mu}(\theta)}{\partial \theta}\right) J_N(\theta) > 0 \tag{10.4.3}$$

式 (10.4.3) において

$$\tilde{A}(\theta) = -\frac{\partial \tilde{\mu}(\theta)}{\partial \theta} \tag{10.4.4}$$

を"反応" $n(\theta) \to n(\theta+d\theta)$ の親和力，$\xi(\theta)$ を相当する反応進度とみなすことができる．反応速度 $J_N(\theta) = d\xi(\theta)/dt$ は単位時間に θ から $\theta+d\theta$ へ変化する分子数である（図 10.10）．これらの定義より，エントロピー生成速度は次のように書くことができる．

$$\frac{d_i s(\theta)}{dt} = -\frac{1}{T}\left(\frac{\partial \tilde{\mu}(\theta)}{\partial \theta}\right)\frac{d\xi(\theta)}{dt} > 0 \tag{10.4.5}$$

θ のような内部座標をもつ系に対して，全エントロピー変化速度は

$$\begin{aligned}\frac{dS}{dt} &= \frac{1}{T}\frac{dU}{dt} + \frac{p}{T}\frac{dV}{dt} - \frac{1}{T}\int_\theta \frac{\partial \mu(\theta)}{\partial \theta}\frac{d\xi(\theta)}{dt}d\theta \\ &= \frac{1}{T}\frac{dU}{dt} + \frac{p}{T}\frac{dV}{dt} - \frac{1}{T}\int_\theta \frac{\partial \mu(\theta)}{\partial \theta} J_N(\theta)d\theta\end{aligned} \tag{10.4.6}$$

で与えられる．全エントロピー生成速度に対して，第二法則より

$$\frac{d_i S}{dt} = -\frac{1}{T}\int_\theta \frac{\partial \mu(\theta)}{\partial \theta} J_N(\theta)d\theta > 0 \tag{10.4.7}$$

が成り立つ．この式では，第二法則が式 (10.4.5) よりも限定された形で表されている．系が平衡に到達すると，親和力は 0 となり

$$\tilde{A}(\theta) = -\frac{\partial [\mu(\theta)+g\phi(\theta)]}{\partial \theta} = 0 \tag{10.4.8}$$

となる．より明確に化学ポテンシャルを書くと，平衡で次の関係が成り立つことが示される．

$$\tilde{\mu}(\theta) = \mu^0(T) + RT \ln a(\theta) + g\phi(\theta) = C \tag{10.4.9}$$

ここで C は定数，$a(\theta)$ は電場 E に対して配向 θ の分子の活量である（図 10.9）．電場がない場合には，すべての配向は同等であるから μ^0 は θ に依存しない．理想混

合物では活量はモル分率で近似できるので，内部自由度 θ のそれぞれの値に対して一つの化学種を想定すると，活量を $a(\theta) = n(\theta)/n_{\text{tot}}$ で表すことができる．ここで n_{tot} は双極子の全数である．このとき簡単な計算で，平衡で

$$n(\theta) = n_{\text{tot}} F(T) e^{-g\phi(\theta)/RT} = n_{\text{tot}} F(T) e^{-|\boldsymbol{p}||\boldsymbol{E}|\cos(\theta)/RT} \tag{10.4.10}$$

が成り立つことを示すことができる．ここで $F(T)$ は T の関数であり，$\mu^0(\theta, T)$ と C で表される（問題 10.8）．また，ここで式 (10.4.2) を用いた．なお $F(T)$ は $\int_0^\pi n(\theta) \sin\theta d\theta = n_{\text{tot}}$ を満たさなければならない．

●電気双極子の緩和に関する Debye の式

$n(\theta)$ が変化するのは流れ $J_N(\theta)$ のみによるので，図 10.10 に示した拡散の場合に類似した状況である．前に述べたのと同じように，球座標系で次の量を定義しておく．

$n_k(\theta) \sin\theta d\theta =$ 内部座標が θ と $\theta + d\theta$ の間にある分子のモル数

$J_\theta \sin\theta d\theta =$ 単位時間あたりに配向が θ から $\theta + d\theta$ へ変化する分子のモル数

これらの定義から，双極子の保存の式は次のように書ける．

$$\frac{\partial n(\theta)\sin\theta}{\partial t} = -\frac{\partial J_N(\theta)\sin\theta}{\partial \theta} \tag{10.4.11}$$

拡散の場合と同じように，エントロピー生成の式 (10.4.3) を考慮することによって，流れ $J_N(\theta)$ に対応する力を $-(1/T)(\partial\tilde{\mu}(\theta)/\partial\theta)$ と考えることができる．系が平衡近傍にあるとき，流れと力の間の線形関係を次のように書くことができる．

$$J_N(\theta) = -\frac{L_\theta}{T}\left(\frac{\partial\tilde{\mu}(\theta)}{\partial\theta}\right) \tag{10.4.12}$$

ここで L_θ は線形現象論係数である．理想混合系の近似で

$$\mu(\theta) = \mu^0(T) + RT\ln[n(\theta)/n_{\text{tot}}] - |\boldsymbol{p}||\boldsymbol{E}|\cos\theta \tag{10.4.13}$$

式 (10.4.13) を式 (10.4.12) に代入して

$$J_N(\theta) = -\frac{L_\theta R}{n(\theta)}\left(\frac{\partial n(\theta)}{\partial \theta}\right) + \frac{L_\theta}{T}|\boldsymbol{p}||\boldsymbol{E}|\frac{\partial}{\partial\theta}\cos\theta \tag{10.4.14}$$

通常の拡散との類似性から，θ 空間における回転拡散を定義することができる．このとき，式 (10.4.14) は Fick の法則に相当する．回転拡散係数 D_θ は

$$D_\theta = \frac{L_\theta R}{n(\theta)} \tag{10.4.15}$$

で定義される．これを用いると，式 (10.4.14) で与えられる流れ $J_N(\theta)$ は

$$J_N(\theta) = -D_\theta\frac{\partial n(\theta)}{\partial \theta} - \left[\frac{D_\theta}{RT}|\boldsymbol{p}||\boldsymbol{E}|\sin\theta\right]n(\theta) \tag{10.4.16}$$

と書かれる．最後に，この式を式 (10.4.11) に代入して次式が導かれる．

$$\frac{\partial n(\theta)}{\partial t} = \frac{1}{\sin\theta}\frac{\partial}{\partial\theta}\sin\theta\left\{D_\theta\frac{\partial n(\theta)}{\partial\theta} + \left[\frac{D_\theta}{RT}|\boldsymbol{p}||\boldsymbol{E}|\sin\theta\right]n(\theta)\right\} \qquad (10.4.17)$$

これは電場内の双極子の緩和に関する **Debye の式** で，振動電場内での双極子の緩和の解析に使われてきた．

文 献

1. Guggenheim, E.A., *Modern Thermodynamics*. 1933, London: Methuen.
2. Prigogine, I. and Mazur, P., *Physica*, **19** (1953) 241.

データ・ソース

[A] NBS table of chemical and thermodynamic properties. *J. Phys. Chem. Reference Data*, **11**, Suppl. 2 (1982).
[B] G. W. C. Kaye and Laby, T. H. (eds), *Tables of Physical and Chemical Constants*. 1986, London: Longman.
[C] I. Prigogine and Defay, R., *Chemical thermodynamics*, 4th ed. 1967, London: Longman.
[D] J. Emsley, *The Elements*. 1989, Oxford: Oxford University Press.
[E] L. Pauling, *The Nature of the Chemical Bond*. 1960, Ithaca NY: Cornell University Press.
[F] D. R. Lide (ed.), *CRC Handbook of Chemistry and Physics*, 75th ed. 1994, Ann Arbor MI: CRC Press.
[G] The web site of the National Institute for Standards and Technology, http://webbook.nist.gov.

例 題

例題 10.1 大気圧の式を使って，高度 3.0 km における圧力を見積もれ．大気の温度は均一ではないので平衡ではないが，平均温度 $T=270.0$ K を仮定せよ．

解 高度 h の圧力は大気圧の式 $p(h)=p(0)e^{-Mgh/RT}$ を用いて計算される．大気の78%は N_2 であるから，N_2 のモル質量を M に代入する．高度 3.0 km の圧力は

$$p(3\text{ km})=(1\text{ atm})\exp\left[-\frac{(9.8\text{ m s}^{-2})(28.0\times10^{-3}\text{kg mol}^{-1})(3.0\times10^3\text{m})}{(8.314\text{ J K}^{-1}\text{mol}^{-1})(270\text{ K})}\right]$$

$$=(1\text{ atm})\exp(-0.366)=0.69\text{ atm}$$

例題 10.2 図 10.4 に示された系の膜電位を計算せよ（$T=298.15$ K）．

解 膜を隔てての電位差は

$$V=\phi^\alpha-\phi^\beta=\frac{RT}{F}\ln\frac{1.0}{0.1}=0.0257\ln 10=0.0592\text{ V}$$

例題 10.3 図 10.6 に示した電池の起電力を求めよ．さらに，反応 $Zn(s)+2H^+\longrightarrow H_2(g)+Zn^{2+}$ の平衡定数を計算せよ．

解 二つの電極反応に分けると，

$$2H^++2e^-\longrightarrow H_2(g) \qquad 0.0\text{ V}$$
$$Zn(s)\longrightarrow Zn^{2+}+2e^- \qquad +0.763\text{ V}$$

全電位差は $V_0=0\text{ V}+0.763\text{ V}=0.763\text{ V}$．平衡定数は

$$K = \exp(2FV_0/RT) = \exp\left[\frac{2 \times 9.648 \times 10^4 \times 0.763}{8.314 \times 298.15}\right] = 6.215 \times 10^{25}$$

問題

10.1 理想気体の化学ポテンシャル (10.1.9) を用いて大気圧の式 (10.1.10) を導け．大気圧の式を使って，海抜 2.50 km における水の沸点を求めよ．平均温度 $T = 270$ K とせよ．

10.2 110 V で 2.0 A の電流が流れているヒータコイルがある．ヒータの温度が 200 ℃ のとき，エントロピー生成速度を求めよ．

10.3 表 10.1 の標準電極電位を用いて，次の電気化学反応の 25.0 ℃ における平衡定数を求めよ．
(i) $Cl_2(g) + 2 Li(s) \longrightarrow 2 Li^+ + 2 Cl^-$
(ii) $Cd(s) + Cu^{2+} \longrightarrow Cd^{2+} + Cu(s)$
(iii) $2 Ag(s) + Cl_2(g) \longrightarrow 2 Ag^+ + 2 Cl^-$
(iv) $2 Na(s) + Cl_2(g) \longrightarrow 2 Na^+ + 2 Cl^-$

10.4 反応 $Ag(s) + Fe^{3+} + Br^- \longrightarrow AgBr(s) + Fe^{2+}$ が平衡に達していないとき，これを用いて起電力を得ることができる．この電池の酸化と還元に相当する "半電池" 反応は次のとおりである．

$$Ag(s) + Br^- \longrightarrow AgBr(s) + e^- \qquad V_0 = -0.071 \text{ V}$$
$$Fe^{3+} + e^- \longrightarrow Fe^{2+} \qquad V_0 = 0.771 \text{ V}$$

(a) この反応に対する V_0 を求めよ．
(b) $T = 298.15$ K において，次の活量の値を使って起電力を決定せよ．
$$a_{Fe^{3+}} = 0.98, \quad a_{Br^-} = 0.30, \quad a_{Fe^{2+}} = 0.01$$
(c) 0.0 ℃ のときの起電力を求めよ．

10.5 神経細胞内部の K^+ 濃度は外部の濃度より非常に高い．細胞内外の電位差が 90 mV のとき系が平衡にあるとして，細胞内外の K^+ 濃度の比を求めよ．

10.6 拡散方程式 (10.3.11) の解が
$$n(x) = \frac{n(0)}{2\sqrt{\pi Dt}} e^{-x^2/4Dt}$$
であることを示せ．Mathematica または Maple を用いて，表 10.2 中に示した気体の一つを選び，上式を t に対して図示せよ．なお，$n(0) = 1$ とする．このグラフは気体が与えられた時間内にどこまで拡散するかを教えてくれる．拡散係数 D が与えられたとき，時間 t の間に分子が拡散する距離を見積もる簡単な式を導け．

10.7 大気の分布 $n(x) = n(0) e^{-Mgx/RT}$ に対する拡散流束を計算せよ．

10.8 双極子の配向に対する式 (10.4.9) と理想的活量 $a(\theta) = n(\theta)/n_{tot}$ を用い，平衡の式 (10.4.10) を導け．関数 $F(T)$ を μ^0 と C を用いて表す式を求めよ．

10.9 水の電気双極子モーメントは 6.14×10^{-30} C m である．10.0 V m^{-1} の電場内で，電場方向に対して $10° < \theta < 20°$ の方向をとる分子の割合を求めよ．$T = 298$ K とせよ．

11. 放射の熱力学

はじめに

　物質と相互作用している電磁波は温度が明確に定まった熱平衡状態に達する．この電磁波放射の状態は**熱放射**（thermal radiation）と呼ばれているが，初期の文献では熱輻射（heat radiation）とも呼ばれた．現在，われわれの宇宙は温度約 2.8 K の熱放射で満たされている．

　直接接触していない物体間で熱が放射により伝わることは古くから知られており，熱輻射と呼ばれていた．電荷の運動により電磁波が発生することが発見されると，熱輻射は電磁波放射の一形態であるという考えが，Gustav Kirchhoff（1824~1887），Ludwig Boltzmann（1844~1906），Josef Stefan（1835~1893），Wilhelm Wien（1864~1928）らの研究によって徐々に明らかになり，熱力学の立場からの研究も行われるようになった〔文献 1〕．

11.1 熱放射のエネルギー密度と強度

　放射はエネルギー密度 u と強度 I で表される．エネルギー密度 u は単位体積あたりのエネルギー，強度 I は素面積 $d\sigma$ の法線方向に対して θ の角をなす立体角 $d\Omega$ からの放射により $d\sigma$ に入るエネルギー $I\cos\theta d\Omega d\sigma$ として定義される（図 11.1）〔文献 1〕．

　放射エネルギー密度 u および放射強度 I は特定の振動数に対して定義することもできる．

$u(\nu)d\nu$ ＝振動数範囲 $\nu \sim \nu+d\nu$ の放射エネルギー密度

$I(\nu)d\nu$ ＝振動数範囲 $\nu \sim \nu+d\nu$ の放射強度

これら二つの量の間には簡単な関係がある〔文献 1〕．

$$u(\nu) = \frac{4\pi I(\nu)}{c} \tag{11.1.1}$$

ここで c は光の速度である．この関係は電磁放射ばかりでなく，速度 c のエネルギー流に対して一般に成り立つ．

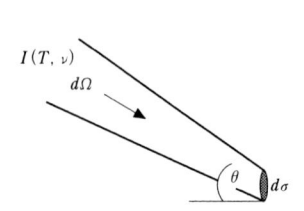

図 11.1 放射強度 $I(T,\nu)$ の定義

立体角 $d\Omega$ から素面積 $d\sigma$ へ入射するエネルギー流束は $I(T,\nu)\cos\theta d\Omega d\sigma$ である.ここで θ は $d\sigma$ の法線と入射光のなす角である.

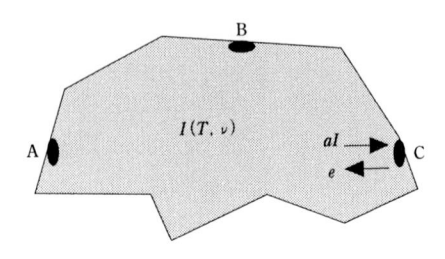

図 11.2

Kirchhoff の法則は,放出率 $e_k(T,\nu)$ と吸収率 $a_k(T,\nu)$ の比が物質 k によらず,放射強度 $I(T,\nu)$ に等しいことを述べる.これは,種々の物質 A, B, C と平衡にある熱放射を考察することにより導かれる.平衡では,物質 k の素面積がすべての角度で吸収する全エネルギー $\pi I(T,\nu)a_k(T,\nu)$ は放出するエネルギー $\pi e_k(T,\nu)$ に等しくなければならないので,$I(T,\nu)a_k(T,\nu) = e_k(T,\nu)$.そして,熱放射強度 I は物質の種類によらないので,$e_k(T,\nu)/a_k(T,\nu) = I(T,\nu)$ は物質の種類によらず,温度 T と振動数 ν のみの関数である.

Gustav Kirchhoff (1824~1887) (The E. F. Smith Collection, Van Pelt-Dietrich Library, University of Pennsylvania)

Max Planck (1858~1947) (The Emilio Segrè Visual Archives of the American Institute of Physics)

　Gustav Kirchhoff が見出したように,同時にいくつかの物質と熱平衡にある熱放射の状態は,ある物質を新たに加えたり取り去っても変化しない.すなわち,熱放射の $I(\nu)$ や $u(\nu)$ は温度 T だけの関数であり,平衡にある物質には無関係である.

　放射と熱平衡にある物体は継続的に放射を放出・吸収している.物体 k の**放出率**(emissivity) $e_k(T,\nu)d\nu$ は,温度 T,振動数範囲 $\nu \sim \nu + d\nu$ で物体により放出される放射強度として,**吸収率**(absorptivity) $a_k(T,\nu)d\nu$ は,温度 T,振動数範囲 ν

~$\nu+d\nu$ で入射強度 $I(\nu)$ のうち吸収される割合として定義される．放出と吸収のエネルギーバランスを考えることによって，Kirchhoff は物質 k の放出率と吸収率の比は物質の種類によらず，放射強度 $I(T,\nu)$ に等しいと結論した（図 11.2）．すなわち，

$$\frac{e_k(T,\nu)}{a_k(T,\nu)}=I(T,\nu) \tag{11.1.2}$$

この一般的関係は **Kirchhoff の法則** と呼ばれる．完全に放射を吸収する物体では $a_k(T,\nu)=1$ であり，このような物体を**黒体**（blackbody）と呼び，その放出率は強度 $I(T,\nu)$ に等しい．

19世紀の終わり，古典熱力学は $u(T,\nu)$ や $I(T,\nu)$ の正確な関数形を決定するという難問に直面していた．当時知られていた原理に基づいて導かれた式はどれも $u(T,\nu)$ の測定結果と一致しなかった．この根本的な問題を解決したのは Max Planck（1858~1947）である．Planck は量子仮説を導入して物理学に革命を起こした．量子仮説は，物体が放出し吸収する放射エネルギーは不連続な束，すなわち"量子（quanta）"よりなると主張する．この量子仮説に基づき，Planck は次の式を導き，この式が観測される振動数分布をよく説明することを見出した．

$$u(T,\nu)=\frac{8\pi h\nu^3}{c^3}\frac{1}{(e^{h\nu/k_B T}-1)} \tag{11.1.3}$$

ここで $h=6.626\times 10^{-34}$ Js は Planck 定数，$k_B=1.381\times 10^{-23}$ JK^{-1} は Boltzmann 定数である．この Planck の式の導出には統計力学が必要であり〔文献3〕，本書では行わない．ここでの目的は放射の熱力学的側面である．熱放射の全エネルギーは

$$u(T)=\int_0^\infty u(T,\nu)d\nu \tag{11.1.4}$$

で与えられるが，古典電磁気学を用いて得られる関数 $u(T,\nu)$ を代入して積分すると，全エネルギー密度 $u(T)$ は無限大に発散してしまう．ところが，Planck の式 (11.1.3) を用いると $u(T)$ は有限な値を与える．

■ **BOX 11.1 光子気体の圧力**

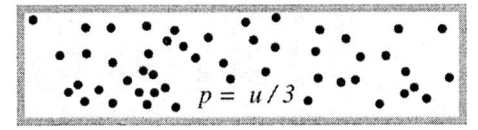

$p=u/3$

$n(\nu)$ を振動数 ν の光子数とすると，光子の運動量は $h\nu/c$ で与えられる．壁面上の圧力は光子の衝突によるものである．光子が衝突し反射されるとき，壁に運動量 $2p$ を与える．光子はランダムに運動しているから，任意の瞬間に光子の 1/6 が問題の壁方向に動いている．よって，1秒間に壁面の単位面積に衝突する光子数は $n(\nu)c/6$ である．1秒間に単位面積に与えられる全運動量が圧力に等しいので，

$$p(\nu)=\left(\frac{n(\nu)c}{6}\right)\frac{2h\nu}{c}=\frac{n(\nu)h\nu}{3}$$

さて，エネルギー密度は $u(\nu)=n(\nu)/h\nu$ であるから，次の結果が導かれる．

$$p(\nu)=\frac{u(\nu)}{3}$$

より厳密には，光子のすべての方向の運動量を考慮する必要があるが，結果は同じである．すべての振動数 ν について積分すると

$$p=\int_0^\infty p(\nu)d\nu=\int_0^\infty \frac{u(\nu)}{3}d\nu=\frac{u}{3}$$

となる．同様な方法により，理想気体に対して $p=2u/3$ が導かれる．ここで，$u=n(mv^2/2)$ で，v は気体分子の平均速度である．

11.2 状態式

古典電磁気学によっても，物質と相互作用してエネルギーや運動量を頒ちあう場は，それ自身エネルギーや運動量を運ばなければならないことは明らかである．電磁気学に関するほとんどの教科書は，電磁場のエネルギーや運動量に対する古典的理論式を扱っている．放射の熱力学的側面を理解するためには，熱放射による圧力およびその温度との関係を表す状態式が必要になる．

古典的電気力学によると，放射による圧力は次式でエネルギー密度 u と関係づけられる〔文献 1〕．

$$p=\frac{u}{3} \tag{11.2.1}$$

この関係式は，放射が容器の壁面で反射されるとき，放射によって与えられる力についての純粋に力学的考察から導かれる．式 (11.2.1) はもともと古典電気力学を用いて導かれたのであるが，放射は光子気体であると考えることにより容易に導くことができる (BOX 11.1)．この状態式と熱力学の公式を使うことにより次の結論が導かれる．すなわち，エネルギー密度 $u(T)$，したがって $I(T)$ は温度の 4 乗に比例する．この結果は Josef Stefan と Ludwig Boltzmann により導かれ，**Stefan-Boltzmann の法則**と呼ばれている．熱放射のエネルギー密度 $u(T)=\int u(T,\nu)d\nu$ は温度だけの関数であり，体積によらないことから，体積 V 内の全エネルギーは

$$U=Vu(T) \tag{11.2.2}$$

である．

熱放射は光子の気体であるが，理想気体とは異なる．例えば，温度一定で体積が膨張すると，全エネルギーは増大する（理想気体では不変である）．体積が増加する際，系の温度を一定に保つために供給されなければならない "熱" が系に入る熱放射である．この熱はエネルギー密度を一定に保つ．この熱の流れによるエントロピー変化は

$$d_eS = \frac{dQ}{T} = \frac{dU + pdV}{T} \tag{11.2.3}$$

で与えられる．このように系のエントロピーが与えられると，すべての熱力学の式が導かれる．例えば，Helmholtz の式 (5.2.11)

$$\left(\frac{\partial U}{\partial V}\right)_T = T^2\left(\frac{\partial}{\partial T}\left(\frac{p}{T}\right)\right)_V \tag{11.2.4}$$

を考えよう．式 (11.2.2) と状態式 $p=u/3$ を用いると

$$4u(T) = T\left(\frac{\partial u}{\partial T}\right) \tag{11.2.5}$$

となる．この式を積分して，Stefan-Boltzmann の法則が得られる．

$$u(T) = \beta T^4 \tag{11.2.6}$$

ここで β は定数である．温度 T の黒体により放出される放射強度の測定から $\beta = 7.56 \times 10^{-16}\,\mathrm{Jm^{-3}K^{-4}}$ が求められている．

式 (11.2.6) を用いて，圧力 $p=u/3$ を温度の関数として表すことができる．すなわち，

$$p(T) = \beta T^4/3 \tag{11.2.7}$$

式 (11.2.6) と式 (11.2.7) は熱放射に対する状態式である．温度が $10^3\,\mathrm{K}$ 程度より低ければ放射の圧力は小さいが，星の温度になると放射圧は非常に大きくなる．星の内部では温度が $10^7\,\mathrm{K}$ になることがあり，この温度では放射圧は $2.52 \times 10^{12}\,\mathrm{Pa} \approx 2 \times 10^7\,\mathrm{atm}$ に達する．

11.3 エントロピーと断熱過程

熱放射において，エントロピー変化はすべて熱流の結果である．すなわち，

$$dS = d_eS = \frac{dU + pdV}{T} \tag{11.3.1}$$

である．U が V と T の関数であることを考慮して，この式を

$$dS = \frac{1}{T}\left[\left(\frac{\partial U}{\partial V}\right)_T + p\right]dV + \frac{1}{T}\left(\frac{\partial U}{\partial T}\right)_V dT \tag{11.3.2}$$

と書くことができる．$U = Vu = V\beta T^4$ および $p = \beta T^4/3$ であり，式 (11.3.2) は

$$dS = \frac{4}{3}\beta T^3 dV + 4\beta V T^2 dT \tag{11.3.3}$$

となる．この式より，T および V に関する S の微分は次のように与えられる．

$$\left(\frac{\partial S}{\partial V}\right)_T = \frac{4}{3}\beta T^3, \quad \left(\frac{\partial S}{\partial T}\right)_V = 4\beta V T^2 \tag{11.3.4}$$

これらの式を積分し，$T=0$，$V=0$ で $S=0$ とおくことにより，容易に次式が導かれる（問題 11.3）．

$$S=\frac{4}{3}\beta VT^3 \qquad (11.3.5)$$

エントロピーに対する式 (11.3.5) と状態式 (11.2.6) および (11.2.7) が基本式であり,熱放射に関するすべての熱力学量はこれらの式から導かれる.これまで述べてきた他の熱力学系と異なる点は,温度 T が熱放射のすべての熱力学量を定めるために必要十分な変数であることである.エネルギー密度 $u(T)$, エントロピー密度 $s(T)=S(T)/V$ やその他のすべての熱力学量が T だけで完全に決まる.S や U に対する式は化学ポテンシャルを含む項をもたない.熱放射,すなわち光子気体の粒子的性質を考えるときには,光子の化学ポテンシャルは 0 としなければならない.このことについては 11.5 節で論じる.

断熱過程ではエントロピーは一定に保たれる.エントロピーに対する式 (11.3.5) より,断熱過程における体積と温度の間の関係が直ちに導かれる.すなわち,

$$VT^3 = 一定 \qquad (11.3.6)$$

宇宙を満たしている放射は現在約 2.8 K である.宇宙の膨張による放射への影響は断熱過程により見積もることができる.(不可逆過程によりエントロピーが生み出されるため,宇宙の進化の過程で全エントロピーは増加するが,この不可逆過程によるエントロピー増加は小さい).式 (11.3.6) と現在の温度 T を用いて,現在の宇宙の体積より小さい体積をもつときの温度を計算することができる.このように熱力学は宇宙の体積と宇宙を満たす熱放射の温度との関係を与える.

11.4 Wien の定理

19 世紀末,最も注目された問題の一つはエネルギー密度 $u(T,\nu)$ の振動数依存性であった.Wilhelm Wien (1864~1928) は $u(T,\nu)$ を求める企てにおいて重要な貢献をした.すなわち,Wien は熱力学法則の微視的結果という問題を解析するための方法を開発した.かれは熱放射の断熱圧縮について考察することから始めた.このような圧縮は系を熱平衡に保つが,温度は $VT^3 = 一定$ (式 (11.3.6)) にしたがって変化する.微視的レベルで,圧縮するピストンとの相互作用によって振動数 ν が ν' に変化することを明らかにした.この振動数変化は温度の変化に相当することから,$u(T,\nu)$ が ν, T によってどのように変化するかを明らかにした〔文献 1〕.Wien が得た結論は次の関数形である.

$$u(T,\nu) = \nu^3 f(\nu/T) \qquad (11.4.1)$$

すなわち $u(T,\nu)$ は比 (ν/T) の関数 $f(\nu/T)$ と ν^3 との積で与えられる.この結論は熱力学の法則から導かれた.式 (11.4.1) を **Wien の定理**と呼ぶ.式 (11.4.1) が Planck の式 (11.1.3) と一致していることに注意しておく.

温度 T で測定されるエネルギー密度 $u(T,\nu)$ がある ν の値で最大値をもつことが実験的に見出された．$u(T,\nu)$ が最大になる振動数 ν を $\nu_{\max}$ とすると，$u(T,\nu)$ は比 (ν/T) の関数であるから，$u(T,\nu)$ が最大となる ν は比 (ν/T) の値だけに依存する．よって，最大点ではすべての温度で比 $(\nu_{\max}/T)$ は同じ値をもつ．すなわち，

$$\frac{T}{\nu_{\max}} = \text{一定} \tag{11.4.2}$$

である．あるいは $\nu_{\max} = c/\lambda_{\max}$ であるから，$T\lambda_{\max}$ は一定である．この値は Planck の式から求められ，

$$T\lambda_{\max} = 2.8979 \times 10^{-3} \text{m K} \tag{11.4.3}$$

である．式 (11.4.2) と式 (11.4.3) は **Wien の変位則** (displacement law) と呼ばれている．

Wien の方法は一般的であり，理想気体などにも適用することができる．ここでの目的は，エネルギー密度 u を速度 v と温度 T の関数として求めることである．その結果 $u(T,v) = v^4 f(v^2/T)$ が得られる〔文献 2〕．この結果は，熱力学から速度分布が (v^2/T) の関数であることが導かれることを示している．このように，熱力学は系の微視的側面についても教えてくれる．

古典論的に導かれた熱放射に対する $u(T,\nu)$ の式は，実験結果と一致しないばかりでなく，$u(T,\nu)$ をすべての振動数 $\nu(0\sim\infty)$ について積分すると無限大に発散してしまう．この問題を解決するために，1901 年に Planck が量子仮説を導入したことは，現在ではよく知られている．

11.5 熱放射に対する化学ポテンシャル

熱放射に対する状態式は

$$p = \frac{u}{3}, \qquad u = \beta T^4 \tag{11.5.1}$$

である．ここで u はエネルギー密度，p は圧力である．

容器中のすべての粒子を取り除いたとき，古典的には真空と考えられるが，実は空虚ではなく，容器の壁の温度の熱放射で満たされている．次に示すような意味で熱と熱放射の間に区別はない．熱浴と接し熱放射で満たされた体積を考え（図 11.3），体積が大きくなると，系の温度 T，したがってエネルギー密度 u は熱浴から系への熱の流れにより一定に保たれる．この場合，系に流れ込む熱は熱放射である．

粒子像の観点からは，熱放射は光子から構成されており，これを**熱光子** (thermal photon) と呼ぼう．理想気体の場合と異なり，熱光子の全数は保存されず，等温体

積変化によって変化する．熱浴との間の熱光子の流れによる全エネルギー $U=uV$ の変化は，熱の流れと解釈されなければならない．よって，熱放射に対しても

$$dU = dQ - pdV = TdS - pdV \tag{11.5.2}$$

が成り立つ．この式は系内の光子数が変化しても成り立つ．この式を Gibbs によって導入された式 $dU = TdS - pdV + \mu dN$ と比較すると，化学ポテンシャル $\mu=0$ と結論される．$\mu=0$ の状態は分圧または粒子密度が温度だけの関数という状態である．実際，化学ポテンシャルの式 $\mu_k = \mu_k^0(T) + RT\ln(p_k/p_0)$ で $\mu_k=0$ とおくと，分圧 p_k は T だけの関数となることがわかる．

● **放射と平衡にある 2 準位原子**

熱放射の化学ポテンシャルが 0 であるという上の結果を用いて，Einstein が自発放射と誘導放射の速度比を解析するために用いた 2 準位原子と黒体放射との相互作用の問題を，幾分異なる見方で解析することができる．A と A* をそれぞれ二つの準位にある原子の状態，γ_{th} を熱光子とすれば，自発発光および誘導発光をそれぞれ次のように表すことができる．

$$A^* \rightleftarrows A + \gamma_{th} \tag{11.5.3}$$

$$A^* + \gamma_{th} \rightleftarrows A + 2\gamma_{th} \tag{11.5.4}$$

化学平衡の立場からは，上の二つの反応は同等である．化学平衡の条件は

$$\mu_{A^*} = \mu_A + \mu_\gamma \tag{11.5.5}$$

であるが，$\mu_\gamma=0$ であるから $\mu_{A^*} = \mu_A$ である．9 章で述べたように，化学ポテンシャルの式 $\mu_k = \mu_k^0(T) + RT\ln(p_k/p_0)$ を用い，濃度が分圧に比例することから，質量作用の法則は次式で表される．

$$\frac{[A]}{[A^*]} = K(T) \tag{11.5.6}$$

一方，反応 (11.5.3) と (11.5.4) を素反応とみなすと

$$\frac{[A][\gamma_{th}]}{[A^*]} = K'(T) \tag{11.5.7}$$

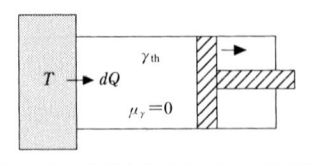

図11.3 熱浴と接触している熱放射系に出入りするエネルギーは熱放射である．光子数は変化するが $dU = dQ - pdV$ は成り立つ．

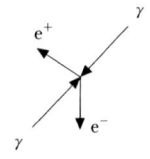

図11.4 熱光子による粒子-反粒子対の生成

と書ける．しかし，$[\gamma]$ は温度だけの関数であるから，平衡定数の定義に含めて，$K(T)=K'(T)/[\gamma_{\text{th}}]$ と定義し直すことができる．このようにして熱力学で導かれた式 (11.5.6) を再び見出すことができる．

同様に，任意の発熱反応，例えば

$$\text{A}+\text{B} \rightleftarrows 2\text{C}+\text{熱} \tag{11.5.8}$$

を熱光子の考えを使って

$$\text{A}+\text{B} \rightleftarrows 2\text{C}+\gamma_{\text{th}} \tag{11.5.9}$$

と書くことができる．この反応式に対する平衡の条件は

$$\mu_{\text{A}}+\mu_{\text{B}}=2\mu_{\text{C}}+\mu_\gamma \tag{11.5.10}$$

である．しかし，$\mu_\gamma=0$ であるから，この場合にも 9 章で導かれた化学平衡の条件式が得られる．この反応に対しても，式 (11.5.7) に類似した $K'(T)$ が定義される．

11.6 物質，放射，およびゼロ化学ポテンシャル

粒子-反粒子対の生成消滅の場合と同じように，粒子と放射の相互変換を考えると，熱光子の化学ポテンシャルはいっそう重要な意味をもつ（図 11.4）．電子-陽電子対と平衡にある熱光子を考えよう．

$$2\gamma \rightleftarrows \text{e}^+ + \text{e}^- \tag{11.6.1}$$

熱平衡状態で

$$\mu_{\text{e}^+}+\mu_{\text{e}^-}=2\mu_\gamma \tag{11.6.2}$$

対称性から，$\mu_{\text{e}^+}=\mu_{\text{e}^-}$ とおくことができる．また，$\mu_\gamma=0$ であるから，熱放射により創成される粒子-反粒子対に対して，$\mu_{\text{e}^+}=\mu_{\text{e}^-}=0$ が結論される．

$\mu=0$ の物質状態について考察を深めることは興味深い．簡単な場合として，理想気体混合物で $\mu=0$ を考える．このとき，

$$\begin{aligned}\mu_k &= \frac{U_k-TS_k+p_kV}{N_k} \\ &= \frac{N_k\left(\frac{3}{2}RT+W_k\right)-N_kRT\left[\frac{3}{2}T\ln T+\ln(V/N_k)+s_0\right]+N_kRT}{N_k}=0\end{aligned} \tag{11.6.3}$$

ここで理想気体の状態式 $p_kV=N_kRT$ のほかに，理想気体混合物の成分 k に対する内部エネルギー $U_k=N_k\left(\frac{3}{2}RT+W_k\right)$，およびエントロピー $S_k=TN_kR\left[\frac{3}{2}T\ln T+\ln(V/N_k)+s_0\right]$ の式を用いた．2 章と 3 章で述べたように，相対性理論により $W_k=M_kc^2$ である．M_k は理想気体分子 1 mol の静止質量である．さらに量子論によりエントロピー定数 s_0 が決まる．式 (11.6.3) を用いると，粒子密度 (N_k/V) は次のよ

うに書ける.

$$\frac{N_k}{V} = Q_k(T) e^{(\mu_k - M_k c^2)/RT} \tag{11.6.4}$$

ここで，$Q_k(T)$ は温度だけの関数（理想気体の統計力学で分配関数に相当する）である．粒子対創成過程が熱平衡にあれば $\mu=0$ であり，そのとき熱粒子密度は次式で与えられる．

$$\left(\frac{N_k}{V}\right)_{\text{th}} = Q_k(T) e^{-M_k c^2/RT} \tag{11.6.5}$$

相当する分圧は次のようになる．

$$p_{k,\text{th}} = RTQ_k(T) e^{-M_k c^2/RT} \tag{11.6.6}$$

これらの式の物理的意味は次のように理解される．エネルギー $h\nu$ の光子が電磁場の励起子であるように，現代の場理論によれば，エネルギー $E = \sqrt{m^2 c^4 + p^2 c^2}$ の粒子は量子場の励起子である．非相対論的前提によれば $E \approx mc^2 + p^2/2m$ である．Boltzmann の原理によると，エネルギー E の励起子の出現確率 $P(E)$ は

$$P(E) \propto \rho(E) e^{-E/k_B T} = \rho(E) e^{-[mc^2 + (p^2/2m)]/k_B T} \tag{11.6.7}$$

で与えられる．ここで $\rho(E)$ はエネルギー E の状態密度である．これらの励起子を古典 Boltzmann 統計で近似すると，質量 m の粒子密度は式 (11.6.7) を全運動量 p にわたって積分することで得られる．積分して $M_k = N_A m_k$ とおくと，式 (11.6.5) が得られる．すなわち，式 (11.6.5) と式 (11.6.6) は温度 T の量子場の熱励起により自発的に出現する粒子の密度と分圧を与える．$\mu=0$ が成り立つ状態では，熱放射と物質の区別はない．熱光子の場合と同様に，粒子密度は温度だけで完全に決まる．

通常の温度では，この熱粒子密度は極端に小さい．しかしながら，量子場理論が $\mu=0$ の状態の熱力学的重要性を明らかにしたことは興味深い．それはまさに物質が到達する熱平衡状態である．実際，物体は宇宙の初期ではそのような状態にあった．物体が放射と熱平衡にとどまっているならば，現在の宇宙の温度では，式 (11.6.5) またはその修正式で表されるように，陽子と電子の密度は実質的に 0 となるはずである．しかし，実際にはこれらの粒子がそれぞれ現在の温度で存在していることは，非平衡状態にあることを意味している．宇宙の進化という特別な事情の結果，物体はすべて放射に変換されることなく，放射と非平衡の状態にとどまっている．

式 (11.6.4) より，化学ポテンシャルに 0 以外の値を割り当てることは，その温度における粒子密度を定めることである．**化学ポテンシャルの絶対ゼロ**の意味を十分に理解したので，化学ポテンシャルを

$$\mu_k = RT \ln\left(\frac{p_k}{p_{k,\text{th}}}\right) \tag{11.6.8}$$

と書くことができる．ここで $p_{k,\text{th}}$ は上で定義された熱圧力である．原理的に，この

化学ポテンシャルスケールを採用することができる．

文 献

1. Planck, M., *Theory of Heat Radiation*. (*History of Modern Physics*, Vol. 11), 1988, Washington, DC, Am. Inst. of Physics.
2. Kondepudi, D. K., *Foundations of Physics*, **17** (1987) 713–722.
3. Reichl, L. E., A Modern Course in Statistical Physics, 2nd ed. 1998, New York: Wiley.

例 題

例題 11.1 状態式を用い，6000 K における熱放射のエネルギー密度と圧力を計算せよ（太陽からの放射の温度はだいたい 6000 K である）．また，$T=10^7$ K における圧力を計算せよ．

解 エネルギー密度は Stefan-Boltzmann の法則（11.2.6）で与えられ，$u=\beta T^4$ である．ここで，$\beta=7.56\times 10^{-16}$ J m^{-3} K^{-4}．これから，$T=6000$ K におけるエネルギー密度および圧力は

$$u=7.56\times 10^{-16} \text{J m}^{-3} \text{K}^{-4}(6000 \text{ K})^4=0.98 \text{ J m}^{-3}$$
$$p=u/3=(0.98/3) \text{J m}^{-3}=0.33 \text{ Pa} \approx 3\times 10^{-6} \text{atm}$$

$T=10^7$ K では

$$u=7.56\times 10^{-16} \text{J m}^{-3} \text{K}^{-4}(10^7 \text{K})^4=7.56\times 10^{12} \text{J m}^{-3}$$
$$p=u/3=2.52\times 10^{12} \text{Pa}=2.5\times 10^7 \text{atm}$$

問 題

11.1 式（11.2.1）と式（11.2.2）を Helmholtz の式（11.2.4）に代入して式（11.2.5）を導け．

11.2 Planck の式（11.1.3）を式（11.1.4）の $u(\nu, T)$ に代入し，Stefan–Boltzmann の法則（11.2.6）と Stefan-Boltzmann 定数 β を与える式を導け．

11.3 式（11.3.4）から式（11.3.5）が導けることを示せ．

11.4 宇宙進化の初期に，宇宙は高温の熱放射で満たされていた．宇宙が断熱的に膨張するにつれて，放射の温度は低下した．現在の温度 $T=2.8$ K を用いて，$T=10^{10}$ K のときの宇宙の体積に対する現在の体積の比を求めよ．

11.5 $T=6000$ K に対する Planck のエネルギー分布 $u(\nu)$ を図示せよ（太陽の熱放射では $\lambda_{max}=483$ nm である）．太陽の表面温度が 10000 K であるとして，λ_{max} を求めよ．

11.6 振動数 ν の関数として表された Planck の式（11.1.3）を波長 λ の関数として表せ．

11.7 地球の平均表面温度を約 288 K とし，熱放射として放射されるエネルギーの全量を求めよ．地球の全エネルギーはほぼ一定であるから，地球が吸収する太陽放射は放射されるエネルギーに等しい．太陽の放射の温度を 6000 K として，地球表面における全エントロピー生成を求めよ．

III
ゆらぎと安定性

LES FLUCTUATIONS ET LA STABILITÉ

12. Gibbsの安定性理論

12.1 古典的安定性理論

分子のランダムな運動によって，温度，濃度，部分モル体積などすべての熱力学量のゆらぎ (fluctuation) が引き起こされる．さらに，外界との相互作用によって，系の状態はたえず摂動 (perturbation) を受ける．平衡状態はこれらゆらぎや摂動を受けても安定にとどまらなければならない．本章では，エネルギー U, 体積 V, モル数 N_k が一定に保たれる孤立系について安定性理論を展開する．安定性理論は，熱容量のようなある物理量は一定の符号をもたねばならないことを結論する．これは Gibbs により展開された安定性理論の導入部となる．13章でこの安定性理論の初歩的な応用について述べる．14章では，ゆらぎによるエントロピー生成に基づいて，より一般的な安定性およびゆらぎの理論を提出する．この理論は非平衡系を含む広い範囲の系に適用可能である．

孤立系において，平衡ではエントロピーは極大値をもつので，どのようなゆらぎもエントロピーを減少させるのみである．ゆらぎに応答して，エントロピーを生成する不可逆過程が自発的に起こり，系を元の平衡状態に引き戻す．すなわち，ゆらぎはエントロピーの減少を招くので，平衡状態はどのようなゆらぎに対しても安定である．逆に，もしゆらぎが成長するならば，そのような系は平衡状態にはない．温度，体積などのゆらぎは δT, δV などで表される．系のエントロピーはこれらの量の関数である．一般にエントロピーはこれらの量のべき級数に展開できる．すなわち，

$$S = S_{eq} + \delta S + \frac{1}{2}\delta^2 S + \cdots \tag{12.1.1}$$

この展開で，δS は δT, δV などを含む一次の項，$\delta^2 S$ は $(\delta T)^2$, $(\delta V)^2$ などを含む二次の項である．これらの記号の内容は以下の例で明らかになるであろう．また，後で改めて示すように，エントロピーは平衡で極大値をもつので，一次の項は消える．エントロピー変化は二次以上の項によるが，支配的な寄与は二次の項 $\delta^2 S$ による．

さて，U, V, N_k が一定に保たれる孤立系で，温度，体積，モル数，それぞれの量のゆらぎに関連する安定性の条件を調べよう．

12.2 熱安定性

温度のゆらぎに対して，一般性を失わないかぎりで単純な状況を考えてみよう．ゆらぎが系内の小さい部分 1 で起こるとする（図 12.1）．ゆらぎによってその部分 1 から残りの部分 2 へエネルギー δU の流れが起こり，部分系 1 に濃度の小さいゆらぎが生じる．系の全エントロピーは

$$S = S_1 + S_2 \tag{12.2.1}$$

で与えられ，部分系 1 のエントロピー S_1 は U_1, V_1 などの関数であり，部分系 2 のエントロピー S_2 は U_2, V_2 などの関数である．S をその平衡値 S_{eq} のまわりの Taylor 級数で表せば，平衡値からのエントロピー変化 ΔS は次のように書ける．

$$S - S_{eq} = \Delta S = \left(\frac{\partial S_1}{\partial U_1}\right)\delta U_1 + \left(\frac{\partial S_2}{\partial U_2}\right)\delta U_2 + \left(\frac{\partial^2 S_1}{\partial U_1^2}\right)\frac{(\delta U_1)^2}{2} + \left(\frac{\partial^2 S_2}{\partial U_2^2}\right)\frac{(\delta U_2)^2}{2} + \cdots \tag{12.2.2}$$

ここですべての微分は平衡状態でとる．

系の全エネルギーは一定に保たれるので，$\delta U_1 = -\delta U_2 = \delta U$，$(\partial S/\partial U)_{V,N} = 1/T$ を用いて，式 (12.2.2) は

$$\Delta S = \left(\frac{1}{T_1} - \frac{1}{T_2}\right)\delta U + \left[\frac{\partial}{\partial U_1}\left(\frac{1}{T_1}\right) + \frac{\partial}{\partial U_2}\left(\frac{1}{T_2}\right)\right]\frac{(\delta U)^2}{2} + \cdots \tag{12.2.3}$$

ここで，右辺第一項および第二項はそれぞれエントロピーの一次変分 δS および二次変分 $\delta^2 S$ にあたり，ゆらぎ δU を用いて次のように表すことができる．

$$\delta S = \left(\frac{1}{T_1} - \frac{1}{T_2}\right)\delta U \tag{12.2.4}$$

$$\frac{1}{2}\delta^2 S = \left[\frac{\partial}{\partial U_1}\left(\frac{1}{T_1}\right) + \frac{\partial}{\partial U_2}\left(\frac{1}{T_2}\right)\right]\frac{(\delta U)^2}{2} \tag{12.2.5}$$

平衡ではすべての熱力学力は消えなければならないので，全系は同じ温度になる．よって，$T_1 = T_2$ で，エントロピーの一次変分 $\delta S = 0$ となる．（逆に，平衡でエントロピーは極大値をとることを前提とすれば，一次変分が 0 となり，$T_1 = T_2$ が結論され

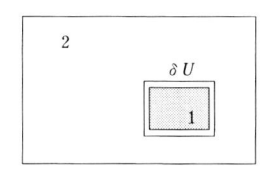

図 12.1 平衡状態における熱的ゆらぎ
ゆらぎにより部分 1 から部分 2 へのエネルギー δU の流れがあり，その結果温度変化 δT を生じる場合を考える．

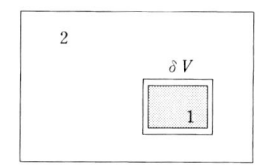

図 12.2 N, V 一定の系における体積のゆらぎ

る).よって,平衡状態におけるゆらぎによるエントロピー変化は二次変分 $\delta^2 S$ による.(Taylor 展開でより高次の項は無視できる).平衡で S は極大値をとるので,ゆらぎはただエントロピーを減少させるのみで,$\delta^2 S<0$ であり,そのためエントロピーを増大させる自発的な不可逆過程によって,系は平衡状態に引き戻される.

式 (12.2.5) を系の物理的変数で表し,安定性の条件が何を意味するのか調べよう.まず,V 一定で

$$\frac{\partial}{\partial U}\left(\frac{1}{T}\right) = -\frac{1}{T^2}\frac{\partial T}{\partial U} = -\frac{1}{T^2}\frac{1}{C_V N} \tag{12.2.6}$$

ここで C_V は定積モル熱容量である.また,部分系 1 の温度変化を δT とすると,$\delta U_1 = C_{V_1}\delta T$ となる.ここで $C_{V_1} = C_V N_1$ は部分系 1 の熱容量である.同様に,$C_{V_2} = C_V N_2$ は部分系 2 の熱容量である.式 (12.2.5) で部分系 1, 2 に対して式 (12.2.6) を用いると,$\delta U = C_{V_1}(\delta T)$ とおき,すべての微分を平衡状態においてとり,$T_1 = T_2 = T$ とおけることに注意して,次の関係を得る.

$$\frac{1}{2}\delta^2 S = -\frac{C_{V_1}(\delta T)^2}{2T^2}\left(1+\frac{C_{V_1}}{C_{V_2}}\right) \tag{12.2.7}$$

部分系 1 は部分系 2 に比し十分小さいので,$C_{V_1} \ll C_{V_2}$ であり,上式括弧内の第二項は無視できる.熱容量に関与するモル数 N_1 は任意であるので,C_V はモル熱容量ではなく熱容量とみなせる.よって,

$$\frac{1}{2}\delta^2 S = -\frac{C_V(\delta T)^2}{2T^2} < 0 \tag{12.2.8}$$

この条件は $C_V > 0$ のときに満たされる.すなわち,定積熱容量が正であれば,平衡状態は熱的ゆらぎに対して安定である.逆に,もし熱容量が負であれば,系は安定平衡にはない.

12.3 力学的安定性

次に,N 一定に保たれるときの部分系の体積(モル体積)のゆらぎに対する系の安定性の問題に進む.前節と同様に系を二つの部分系に分け(図 12.2),部分系 1, 2 にそれぞれ小さい体積変化 $\delta V_1, \delta V_2$ が起こるとすると,系の全体積は一定に保たれるので,$\delta V_1 = -\delta V_2 = \delta V$.このゆらぎに伴うエントロピー変化を計算するために,U の代わりに V を用いて,式 (12.2.3) と類似の式を導くことができる.$(\partial S/\partial V)_{U,N} = p/T$ の関係を用いて,前節と同様に計算を進め次の関係が得られる(問題 12.2).

$$\delta S = \left(\frac{p_1}{T_1} - \frac{p_2}{T_2}\right)\delta V \tag{12.3.1}$$

$$\frac{1}{2}\delta^2 S = \left[\frac{\partial}{\partial V_1}\left(\frac{p_1}{T_1}\right) + \frac{\partial}{\partial V_2}\left(\frac{p_2}{T_2}\right)\right]\frac{(\delta V)^2}{2} \tag{12.3.2}$$

微分は平衡状態でとられるので，$p_1/T_1 = p_2/T_2 = p/T$．また S は平衡において極大値をとるので，一次変分は $\delta S = 0$ である．安定性の条件の物理的意味を明らかにするために，二次変分を等温圧縮率を用いて書き換える．等温圧縮率 κ_T は，$\kappa_T = -(1/V)(\partial V/\partial p)_T$ で定義される．V のゆらぎの間，T は一定に保たれるとする．これらの前提の下で，式 (12.3.2) は次のように書き換えられる．

$$\delta^2 S = -\frac{1}{T\kappa_T}\frac{(\delta V)^2}{V_1}\left(1 + \frac{V_1}{V_2}\right) \tag{12.3.3}$$

部分系 2 は部分系 1 より十分に大きいとすると（$V_2 \gg V_1$），上式は簡単化され，安定性の条件は次のようになる．

$$\delta^2 S = -\frac{1}{T\kappa_T}\frac{(\delta V)^2}{V} < 0 \tag{12.3.4}$$

ここで任意の体積 V_1 の代わりに V を用いた．この条件は $\kappa_T > 0$ のとき成り立つ．すなわち，等温圧縮率が正であれば，平衡状態は体積のゆらぎ（力学的ゆらぎ）に対して安定である．逆に，$\kappa_T < 0$ であれば，系は不安定な非平衡状態にある．

12.4　モル数のゆらぎに対する安定性

系の各成分のモル数のゆらぎは，化学反応および拡散などの輸送現象によって起こる．それぞれの場合を別々に扱おう．

●化学的安定性

化学反応に関するゆらぎは平衡点のまわりの反応進度 ξ のゆらぎである．ゆらぎ $\delta\xi$ によるエントロピー変化は

$$S - S_{eq} = \Delta S = \delta S + \frac{1}{2}\delta^2 S = \left(\frac{\partial S}{\partial \xi}\right)_{U,V} + \frac{1}{2}\left(\frac{\partial^2 S}{\partial \xi^2}\right)_{U,V}(\delta\xi)^2 \tag{12.4.1}$$

4 章で導いた $(\partial S/\partial \xi)_{U,V} = A/T$ を用いて，式 (12.4.1) は次のように書ける．

$$\Delta S = \delta S + \frac{1}{2}\delta^2 S = \left(\frac{A}{T}\right)_{eq}\delta\xi + \frac{1}{2T}\left(\frac{\partial A}{\partial \xi}\right)_{eq}(\delta\xi)^2 \tag{12.4.2}$$

T は一定に保たれる．この式の右辺第一項，第二項がそれぞれエントロピーの一次変分，二次変分を表す．平衡で化学親和力 $A = 0$ であり，この場合も $\delta S = 0$ である．よって平衡状態の安定性は二次変分 $\delta^2 S$ が負であることを要請する．すなわち

$$\frac{1}{2}\delta^2 S = \frac{1}{2T}\left(\frac{\partial A}{\partial \xi}\right)_{eq}(\delta\xi)^2 < 0 \tag{12.4.3}$$

$T > 0$ であるので，平衡状態の安定性の条件は，

$$\left(\frac{\partial A}{\partial \xi}\right)_{eq} < 0 \tag{12.4.4}$$

二つ以上の反応が同時に進行するとき，条件 (12.4.3) は次のように一般化される

〔文献1, 2〕.

$$\frac{1}{2}\delta^2 S = \sum_{i,j}\frac{1}{2T}\left(\frac{\partial A_i}{\partial \xi_j}\right)_{eq}\delta\xi_i\delta\xi_j < 0 \tag{12.4.5}$$

なお，式 (12.4.4) は，9.3 節で論じた Le Chatelier-Braun の原理を導くのに用いられる．

● **拡散によるゆらぎに対する安定性**

これまで考えてきたモル数のゆらぎは化学反応によるものであった．モル数のゆらぎは系のある部分 1 と他の部分 2 の間の物質の交換によっても起こる（図 12.3）．エネルギーの交換の場合と同じように，二つの部分 1, 2 よりなる系の全エントロピー S の変化は，

$$S = S_1 + S_2 \tag{12.4.6}$$

$$S - S_{eq} = \Delta S = \sum_k \left[\left(\frac{\partial S_1}{\partial N_{1k}}\right)\delta N_{1k} + \left(\frac{\partial S_2}{\partial N_{2k}}\right)\delta N_{2k}\right]$$
$$+ \sum_{i,j}\left[\left(\frac{\partial^2 S_1}{\partial N_{1i}\partial N_{1j}}\right)\frac{\delta N_{1i}\delta N_{1j}}{2} + \left(\frac{\partial^2 S_2}{\partial N_{2i}\partial N_{2j}}\right)\frac{\delta N_{2i}\delta N_{2j}}{2}\right] + \cdots$$
$$\tag{12.4.7}$$

ここで，$\delta N_{1k} = -\delta N_{2k} = \delta N_k$, $(\partial S/\partial N_k) = -\mu_k/T$ などの関係を用いて，式 (12.4.7) を一次変分と二次変分に区別して書くと，

$$\Delta S = \delta S + \frac{\delta^2 S}{2} = \sum_k\left(\frac{\mu_{2k}}{T} - \frac{\mu_{1k}}{T}\right)\delta N_k - \sum_{i,j}\left[\frac{\partial}{\partial N_j}\left(\frac{\mu_{1i}}{T}\right) + \frac{\partial}{\partial N_j}\left(\frac{\mu_{2i}}{T}\right)\right]\frac{\delta N_i \delta N_j}{2} \tag{12.4.8}$$

前と同じように，微分は平衡状態でとられるので，二つの部分での化学ポテンシャルは等しくなければならない．よって，一次変分は消える．さらに部分系 1 は 2 に比して十分小さいとすれば，部分系 2 の N_k の変化に伴う化学ポテンシャルの変化は部分系 1 の相当する変化に比べて十分小さいので，

$$\left[\frac{\partial}{\partial N_j}\left(\frac{\mu_{1i}}{T}\right)\right] \gg \left[\frac{\partial}{\partial N_j}\left(\frac{\mu_{2i}}{T}\right)\right] \tag{12.4.9}$$

よって，モル数のゆらぎが起こるとき，平衡状態の安定性の条件は，

$$\delta^2 S = -\sum_{i,j}\left[\frac{\partial}{\partial N_j}\left(\frac{\mu_{1i}}{T}\right)\right]\delta N_i\delta N_j < 0 \tag{12.4.10}$$

実際には，この条件は一般性があり，化学反応に対しても同様に適用することがで

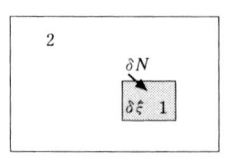

図 12.3 モル数のゆらぎは化学反応や二つの部分系間の物質の交換によって起こる．ゆらぎに伴うエントロピー変化が負であれば，平衡状態は安定である．

きて，$\delta N_k = \nu_k \delta \xi$（$\nu_k$は化学量論係数）とおいて，式（12.4.5）を導くことができる（問題 12.5）．よって，拡散に対して安定な系は化学反応に対しても安定である．これは **Duhem-Jougeut の定理**〔文献 3, 4〕と呼ばれる．この定理のより詳細な議論および安定性理論の他の多くの側面については文献〔2〕に述べられている．

以上の結果をまとめて，熱，体積およびモル数のゆらぎに対する平衡状態の安定性を規定する一般化条件は，式（12.2.8），（12.3.4），（12.4.10）をつなげて次のように表される．

$$\delta^2 S = -\frac{C_V(\delta T)^2}{T^2} - \frac{1}{T\kappa_T}\frac{(\delta V)^2}{V} - \sum_{i,j}\left[\frac{\partial}{\partial N_j}\left(\frac{\mu_i}{T}\right)\right]\delta N_i \delta N_j < 0 \quad (12.4.11)$$

ここで C_V は任意の体積 V と化学ポテンシャル μ_i をもつ系の熱容量である．上の関係を U, V, N_k が一定の系について，S を U, V, N_k の関数として導いたが，この関係はより一般的な条件で成り立ち，p, T の一方あるいは両方が一定に保たれる系についても同様に成り立つ．相当する結果は，エンタルピー H，ヘルムホルツ自由エネルギー F，ギブズ自由エネルギー G を用いて表現することもできる．事実，広い範囲の条件でも成り立つより一般化した安定性理論は，エントロピー生成 $d_i S$ に基づいて展開することができる．このアプローチは 14 章で述べる．Gibbs の安定性理論は，T 一定のようなよく定義された境界条件においてのみ成り立つが，14 章で述べる理論は，このような条件には依存せず，系内の不可逆過程に対する考察に基づくものである．

文 献

1. Glansdorff, P. and Prigogine, I., *Thermodynamics of Structure Stability and Fluctuations.* 1971, New York: Wiley.
2. Prigogine, I. and Defay, *Chemical Thermodynamics*, 4th ed. 1954, London: Longman.
3. Jouguet, E., Notes de mécanique chimique. *J. Ecole Polytech. (Paris) Ser. 2*, **21** (1921) 61.
4. Duhem, P., *Traité élémentaire de Mécanique Chimique, 4 Vols.* 1899, Paris: Gauthiers-Villars.

邦訳
2. 妹尾　学訳，化学熱力学 I, II，みすず書房，1966

問 題

12.1 $T = 300$ K で平衡にある理想気体に対して，体積 $V = 1.0 \times 10^{-6}$ mL 内の温度のゆらぎ $\delta T = 1.0 \times 10^{-3}$ K によるエントロピー変化を算出せよ．

12.2 N 一定の系での体積のゆらぎによるエントロピーの一次および二次変分に対する式（12.3.1），（12.3.2）を誘導せよ．

12.3 化学反応に対する安定性に関する条件式（12.4.4）の物理的意味を説明せよ．

12.4 式（12.4.9）で，モル数の変化は化学反応によるとして式（12.4.5）を導け．

13. 臨界現象と配置熱容量

はじめに

本章では，気-液転移の臨界現象や2成分混合系の相分離現象への安定性理論のいくつかの応用について考える．与えられた圧力や温度が変化するとき，系は不安定になり，他の状態へ変化することがある．例えば，2成分液体混合系（例えばヘキサンとニトロベンゼン混合系）の温度を変化させたとき，混合系は不安定となり，その組成に変化を生じ，混合系はそれぞれ一方の成分に富む2相に分離する．18章，19章では，平衡から遠く離れた系では，安定性を失うことによって種々の複雑な非平衡状態を生じることをみるであろう．また，内部転移を起こす系が急速な温度変化にどのように応答するかに注目しよう．これから**配置熱容量**（configurational heat capacity）の概念が導かれる．

13.1 安定性と臨界現象

7章で，純粋物質の臨界現象について簡潔に述べた．臨界温度以上の温度では，圧力に関係なく気体状態と液体状態との間に区別はない．一方，臨界温度以下では，低圧では気体状態にあるが，圧力を高くすると液体が生成し始めるようになる．この転移を安定性の観点から理解することができる．

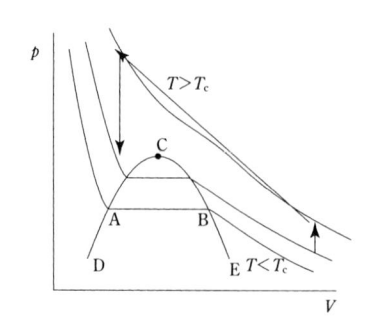

図13.1 純物質の臨界挙動
温度一定の条件で，臨界温度以下では体積を減少させると領域ABで気相から液相への相転移が起こり，この領域では2相が共存する．一連の等温線に対する領域ABの外包線はECDとなる．臨界温度 T_c 以上では，このような相転移は起こらない．気体はだんだんと濃密になり，気体と液体との間の区別がなくなる．矢印で示した経路にしたがって変化すると，相転移を起こすことなく気相から液相へ移すことができる．

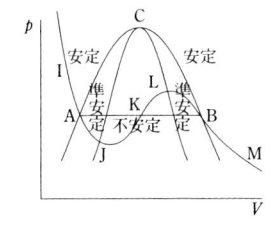

図 13.2 気-液相転移に対する安定, 準安定, 不安定領域
領域 JKL では, $(\partial p/\partial V)_T > 0$ であり, 系は不安定である.

　図 13.1 で矢印で示したように, 臨界温度以上では気体状態から液体状態へ連続的に移ることができる. このことははじめ James Thompson によって注目され, 彼はまた, 図 13.2 で曲線 IAJKLBM で示されるように, 臨界点以下の等温線も連続であることを示唆した. この示唆は van der Waals によって追求され, 1 章で紹介したように, van der Waals の状態式は実際に Thompson の曲線を再現した. しかし, 図 13.2 の JKL の範囲は現実に出現させることはできない. この範囲は不安定領域で, 力学的に安定でないからである. 12.3 節で, 等温圧縮率が正 $\kappa_T \equiv (-1/V)(\partial V/\partial p) > 0$ のとき, 力学的安定性が保証されることを示した. 図 13.2 で, 条件

$$\left(\frac{\partial p}{\partial V}\right)_T < 0 \tag{13.1.1}$$

が成り立つときのみ, 系は安定であることを意味する. この条件は IA そして BM の範囲, および臨界温度以上のすべての等温線に対して満たされ, これらの領域は安定領域である. しかし, JKL の範囲では, $(\partial p/\partial V)_T > 0$ となり, この範囲にある状態は不安定である. 系の体積が一定に保たれるならば, 圧力のゆらぎは, 初期状態に依存して蒸気を凝結させたり, あるいは液体を蒸発させたりして, 系は液体と蒸気が共存する AB 上の点に落ち着く. 7.4 節で示したように, 気相および液相にある物質の量は"てこの規則"によって与えられる.

　図 13.2 の BL の範囲では, 系は過飽和蒸気であり, 核生成が起これば, 凝結し始める. この範囲は**準安定状態** (metastable state) である. 同様に, 範囲 AJ は過熱液体であり, 蒸気相の核ができれば急速に蒸発する. 図 13.2 に, 安定, 準安定, 不安定の各領域を示した. 最後に, 臨界点 C では p の V に対する一次および二次微分はともに 0 になる. よって, 安定性はより高次の微分の符号で定められる. 臨界点における安定な力学的平衡に対して,

$$\left(\frac{\partial p}{\partial V}\right)_{T_c} = 0, \quad \left(\frac{\partial^2 p}{\partial V^2}\right)_{T_c} = 0, \quad \left(\frac{\partial^3 p}{\partial V^3}\right)_{T_c} < 0 \tag{13.1.2}$$

の関係が成り立ち, これは屈曲点である. 不等式 $(\partial^3 p/\partial V^3) < 0$ は $\delta^2 S$ より高次の項を考慮することによって導かれる.

13.2 2成分溶液における安定性および臨界現象

溶液では，温度によって種々の成分が別々の相へ析出することがある．ここでは単純化のため2成分溶液のみ扱う．ここで起こる現象は気-液転移における臨界現象に類似であり，温度の一方の範囲では系は一つの均一相（溶液）にあるが，他方の範囲では系は不安定となり，2成分は二つの相へ分離する．これら二つの温度範囲を分ける**臨界温度**（critical temperature）は混合系の組成に依存し，次の例で示すように3通りの仕方で起こる．

大気圧の下，n-ヘキサン-ニトロベンゼン系は19℃以上の温度ではすべての割合で均一に混ざり合う．19℃以下で系は二つの明確な相へ分離し，一方の相はニトロベンゼンに富み，他方の相は n-ヘキサンに富む．この場合の相図を図13.3 (a) に示す．約10℃で，一方の相のニトロベンゼンのモル分率は0.18，他方の相で0.70である．温度が上昇し，$T = T_c$で2液相の組成は同一となる．この点Cを**臨界溶解温度**（critical solution point, consolute point）といい，その位置は圧力に依存する．この例のように臨界温度以上で2成分がすべての割合で混ざり合う場合，**上の臨界溶解温度**という．これに対し図13.3 (b) に示すように，臨界温度 T_c 以下で2成分がすべての割合で混ざり合う場合がある．これを**下の臨界溶解温度**といい，例としてジエチルアミン-水系などがある．上と下両方の臨界溶解温度をもつ2成分系もあり，例として図13.3 (c) に示すm-トルイジン-グリセロール系がある．

安定性の観点から2成分混合系における相分離について考えよう．系が2成分の拡散に関して不安定になったとき，すなわち2成分への分離がエントロピーの増大を生じるならば，相分離が起こる．そのとき，ある部分で拡散によるモル数のゆらぎが成長し，その結果として2成分の分離が起こる．12.4節でみたように，成分拡散に対する安定性の条件は，

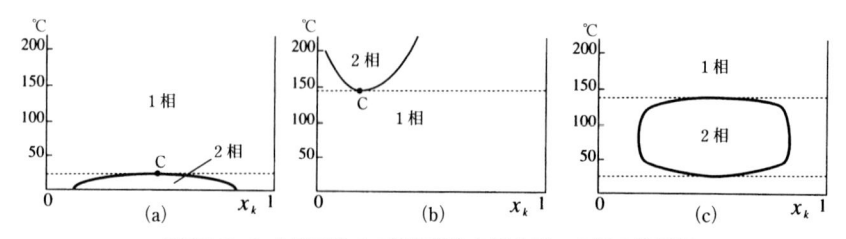

図13.3 2成分溶液での臨界現象を示す三つの型の状態図
(a) ヘキサン-ニトロベンゼン系，(b) ジエチルアミン-水系，(c) m-トルイジン-グリセロール系．

13.2　2成分溶液における安定性および臨界現象

$$\delta^2 S = -\sum_{i,k} \frac{\partial}{\partial N_k}\left(\frac{\mu_i}{T}\right)\delta N_k \delta N_i < 0 \tag{13.2.1}$$

T 一定の2成分系に対して，上式は次のように書ける．

$$\mu_{11}(\delta N_1)^2 + \mu_{22}(\delta N_2)^2 + \mu_{21}(\delta N_1)(\delta N_2) + \mu_{12}(\delta N_1)(\delta N_2) > 0 \tag{13.2.2}$$

ここで，

$$\mu_{11} = \frac{\partial \mu_1}{\partial N_1}, \quad \mu_{22} = \frac{\partial \mu_2}{\partial N_2}, \quad \mu_{21} = \frac{\partial \mu_2}{\partial N_1}, \quad \mu_{12} = \frac{\partial \mu_1}{\partial N_2} \tag{13.2.3}$$

条件 (13.2.2) は，要素 μ_{ij} をもつ行列が正値であるという表現と数学的に同等である．また，次の関係

$$\mu_{21} = \frac{\partial \mu_2}{\partial N_1} = \frac{\partial}{\partial N_1}\frac{\partial G}{\partial N_2} = \frac{\partial}{\partial N_2}\frac{\partial G}{\partial N_1} = \mu_{12} \tag{13.2.4}$$

が成り立つので，行列は対称である．よって，系の安定性は，対称行列

$$\begin{vmatrix} \mu_{11} & \mu_{12} \\ \mu_{21} & \mu_{22} \end{vmatrix} \tag{13.2.5}$$

が正の定値であるならば保証される．式 (13.2.5) の行列が正値であるための必要十分条件は，

$$\mu_{11} > 0, \quad \mu_{22} > 0, \quad (\mu_{11}\mu_{22} - \mu_{21}\mu_{12}) > 0 \tag{13.2.6}$$

である．これらの条件が満たされないならば，式 (13.2.2) は満たされず，系は不安定となる．式 (13.2.4), (13.2.6) は $\mu_{12} = \mu_{21} < 0$ を意味することを注意しておく．

化学ポテンシャルに対して明瞭な表現があるとき，条件 (13.2.6) は成分の活量係数に関係づけることができる．Hildebrand および Fowler と Guggenheim によって研究された**厳密正則溶液**（strictly regular solution）の場合がそれにあたる．この型の溶液では二つの成分間に強い相互作用が働き，化学ポテンシャルは次の形をとる．

$$\mu_1(T, p, x_1, x_2) = \mu_1^0(T, p) + RT\ln x_1 + \alpha x_2^2 \tag{13.2.7}$$
$$\mu_2(T, p, x_1, x_2) = \mu_2^0(T, p) + RT\ln x_2 + \alpha x_1^2 \tag{13.2.8}$$

ここで，

$$x_1 = \frac{N_1}{N_1 + N_2}, \quad x_2 = \frac{N_2}{N_1 + N_2} \tag{13.2.9}$$

はモル分率である．係数 α は，同種（成分1あるいは2）の2分子間と異種（成分1と成分2）の2分子間の相互作用エネルギーの差に関係する．完全溶液では $\alpha \to 0$ となる．これらの表現から，活量係数 γ_1, γ_2 は，

$$RT\ln\gamma_1 = \alpha x_2^2, \quad RT\ln\gamma_2 = \alpha x_1^2$$

となる．この系に安定性条件 (13.2.6) を適用すると，条件 $\mu_{11} = \partial\mu_1/\partial N_1 > 0$ は，

$$\frac{RT}{2\alpha} - x_1(1-x_1) > 0 \tag{13.2.10}$$

となる（問題 13.5）．ほぼ完全溶液では $\alpha \to 0$ なので，この不等式は常に満たされ

る．

　ある濃度 x_1 において，$(R/2\alpha)$ が正であれば，十分高い温度ではこの条件は満たされるが，温度が低くなると満たされなくなる．$x_1(1-x_1)$ の最大値は 0.25 である．よって，$(RT/2\alpha)$ が 0.25 より小さいとき，不等式 (13.2.10) が成り立たなくなる x_1 の範囲があるはずである．このとき系は不安定とな

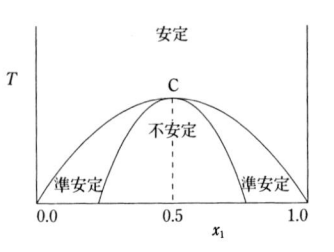

図 13.4　厳密正則溶液に対する相図

り，2 相に分離する．この場合には上の臨界溶解温度が出現する．式 (13.2.10) から，モル分率と系が不安定になる温度との関係は

$$\frac{RT_c}{2\alpha} - x_1(1-x_1) = 0 \qquad (13.2.11)$$

となる．x_1 の関数として T_c をプロットすると，図 13.4 のようになる．T_c の極大値は $x_1 = 0.5$ で起こる．すなわち，臨界温度および臨界モル分率は，

$$(x_1)_c = 0.5, \qquad T_c = \frac{\alpha}{2R} \qquad (13.2.12)$$

式 $T = (2\alpha/R)x_1(1-x_1)$ が準安定領域と不安定領域との境界を与える．安定領域と準安定領域との境界は 2 相の共存曲線で，2 相の化学ポテンシャル μ_1 と μ_2 が等しいとおいて導かれる．これは問題として残しておく．

13.3　配置熱容量

　化学反応系の熱力学的状態は，p, T に加えて反応進度 ξ で特徴づけられる．このような系では，熱容量は温度の変化による ξ の変化も含む．例として，2 種の異性体として存在する化合物を考えよう．異性体間の転移の反応進度は変数 ξ で表される．このような系が熱を吸収すると，p, T ばかりでなく ξ の変化も起こり，異性体間の転移に関して新しい平衡状態に移る．系が反応進度 ξ に関して平衡であれば，相当する力である化学親和力が $A = 0$ である．さて，交換される熱は $dQ = dU + pdV = dH - Vdp$ であるので，次のように書ける．

$$dQ = \{h_{T,\xi} - V\}dp + C_{p,\xi}dT + h_{T,p}d\xi \qquad (13.3.1)$$

ここで

$$h_{T,\xi} = \left(\frac{\partial H}{\partial p}\right)_{T,\xi}, \qquad C_{p,\xi} = \left(\frac{\partial H}{\partial T}\right)_{p,\xi}, \qquad h_{T,p} = \left(\frac{\partial H}{\partial \xi}\right)_{T,p} \qquad (13.3.2)$$

圧力一定で，熱容量 $C'_p = C_p N$ は，

$$C'_p = \left(\frac{dQ}{dT}\right)_p = C_{p,\xi} + h_{T,p}\left(\frac{d\xi}{dT}\right)_p \qquad (13.3.3)$$

と書ける．平衡転移に対して，次の関係が成り立つ（問題 13.6）．

$$\left(\frac{\partial \xi}{\partial T}\right)_{p,A=0} = -\frac{h_{T,p}}{T\left(\frac{\partial A}{\partial \xi}\right)_{T,p}} \tag{13.3.4}$$

式（13.3.4）を式（13.3.3）へ代入し，系は熱を受け取る過程で常に平衡にあるとして次の結果が導かれる．

$$C'_{p,A=0} = C_{p,\xi} - T\left(\frac{\partial A}{\partial \xi}\right)_{T,p}\left(\frac{\partial \xi}{\partial T}\right)^2_{p,A=0} \tag{13.3.5}$$

12.4 節で示したように，系が化学反応に関して安定である条件は $(\partial A/\partial \xi)<0$ である．よって式（13.3.5）の右辺第二項は正である．$C_{p,\xi}$ は一定組成（ξ 一定）のときの熱容量である．ξ で示される組成の緩和が非常に遅い場合がある．このような場合，通常の条件では一定組成の熱容量が測定される．このことから次の結論が導かれる．

「一定組成における熱容量は，熱を吸収する過程で，ξ に関して常に平衡にある条件で測定される熱容量よりも小さい」．

式（13.3.3）の右辺第二項の $h_{T,p}(d\xi/dT)_p$ は，配置へ緩和することによる熱容量で，**配置熱容量**（configurational heat capacity）と呼ばれる．配置熱容量は，過冷却液体となるグリセリンのような系で観測される．これらの分子は振動するが，液体状態の場合のように自由回転しない．この制限された運動は秤動（libration）と呼ばれる．温度が上昇するとともに，より多くの分子が回転し始める．この系で変数 ξ は秤動-回転転移に対する反応進度である．グリセリンでは，秤動-回転の転移速度がかなり遅いガラス状態（vitreous state）と呼ばれる状態がある．このような系を急速に加熱すると，平衡には到達せず，このとき測定される熱容量は $C_{p,\xi}$ となり，系が常に平衡に達するようにゆっくりと加熱したときに測定される熱容量より小さい値を示す．

参考図書

- Hildebrandt, J. M., Prausnitz J. M. and Scott R. L., *Regular and Related Solutions*. 1970, New York: Van Nostrand Reinhold.
- Van Ness, H. C. and Abbott M. M., *Classical Thermodynamics of Nonelectrolyte Solutions*. 1982, New York: McGraw-Hill.
- Prigogine, I. and Defay R., *Chemical Thermodynamics*, 4th ed. 1967, London: Longman.

問題

13.1 p, T 一定における Gibbs-Duhem の式 $\sum N_k d\mu_k = 0$，および，$(\partial \mu_k/\partial N_k)_{p,T} = (\partial \mu_i/\partial N_k)_{p,T}$，$d\mu_k = \sum_i (\partial \mu_k/\partial N_i)_{p,T} dN_i$ を用いて，次の関係を導け．

$$\sum_i \left(\frac{\partial \mu_h}{\partial N_i}\right)_{p,T} N_i = 0$$

この関係は，$\mu_{hi} = (\partial \mu_h/\partial N_i)$ を要素とする行列式の値が 0 であることを意味する．したがって，行列 (13.2.5) の固有値の一つは 0 である．

13.2 もし $[2\times 2]$ の行列 (13.2.5) が負の固有値をもてば，不等式 (13.2.2) は成り立たないことを示せ．

13.3 行列 (13.2.5) が正の固有値をもつとき，$\mu_{11}>0$, $\mu_{22}>0$ であることを示せ．

13.4 2 成分厳密正則溶液で，二つの相が対称的，すなわち二つの相で主成分のモル分率が等しい場合について，2 相で化学ポテンシャルが等しいとおいて共存曲線を描け．

13.5 式 (13.2.7), (13.2.9) を用いて，条件 $\mu_{11} = \partial \mu_1/\partial N_1 > 0$ から式 (13.2.10) を導け．

13.6 平衡転移に対して，転移に沿って $A(\xi, p, T) = 0$ が成り立つとして，次の関係が成り立つことを示せ．

$$\left(\frac{\partial \xi}{\partial T}\right)_{p, A=0} = -\frac{h_{T,p}}{T\left(\dfrac{\partial A}{\partial \xi}\right)_{T,p}}$$

14. エントロピー生成に基づく安定性とゆらぎ

14.1 安定性とエントロピー生成

　12章で，U, V, N が一定の孤立系におけるゆらぎを考え，平衡状態の安定性に対する条件を導いた．実際には，これらの条件はより一般的な適用範囲をもち，系に他の型の境界条件が課せられていても成り立つ．例えば，U, V 一定の条件の代わりに，T, V 一定，p, S 一定，あるいは T, p 一定の系を考えよう．安定性条件が広い一般性をもつ主要な理由は，この条件がすべての自発的過程に対して $d_iS > 0$ であるという事実に基づいているからである．5章で述べたように，上にあげたそれぞれ1対の変数を一定に保つとき，それぞれ対応する熱力学ポテンシャル F, H, G が極小になる．それぞれの場合，次のように表される．

$$dF = -Td_iS \leq 0 \quad (T, V, N_k = 一定) \quad (14.1.1)$$
$$dG = -Td_iS \leq 0 \quad (T, p, N_k = 一定) \quad (14.1.2)$$
$$dH = -Td_iS \leq 0 \quad (S, p, N_k = 一定) \quad (14.1.3)$$

これらの関係によって，ゆらぎによる熱力学ポテンシャル変化 $\Delta F, \Delta G, \Delta H$ をエントロピー生成 $\Delta_i S$ と関係づけることができる．系は結果として，$\Delta_i S < 0$ となるすべてのゆらぎに対して安定である．$\Delta_i S < 0$ であれば，不可逆過程による系の自発的発展はありえないからである．上の関係から，系がゆらぎに対して安定な条件，$\Delta F > 0$，$\Delta G > 0$，$\Delta H > 0$ によって，それぞれの系の平衡状態の安定性を特徴づけることができることがわかる．平衡状態のゆらぎに対しては，これらの条件は二次変分を用いてより明確な形で書くことができる．すなわち，$\delta^2 F > 0$，$\delta^2 G > 0$，$\delta^2 H > 0$ で，これらはまたこれらのポテンシャルの二次微分係数を用いても表すことができる．このようにして得られる安定性条件は，12章で求められた結果と一致する．

　自発過程においてエントロピー生成が正であることに基づく安定性理論は，古典的な Gibbs-Duhem の安定性理論〔文献1,2〕よりも一般性が大きい．Gibbs-Duhem の理論は式 (14.1.1)〜(14.1.3) で表される束縛条件と対応する熱力学ポテンシャルに限られるからである．さらに，エントロピー生成に基づく安定性理論は，非平衡状態の安定性条件を導くためにも用いられる．

　このより一般的なアプローチで，まずゆらぎに関連するエントロピー生成 $\Delta_i S$ に

対する表現を求めなければならない.もし $\Delta_\mathrm{i} S<0$ であれば,系はゆらぎに対して安定である.3 章で,不可逆過程によるエントロピー生成は,一般に次の二次形式をとることを示した.

$$\frac{d_\mathrm{i} S}{dt}=\sum_k F_k \frac{dX_k}{dt}=\sum_k F_k J_k \tag{14.1.4}$$

ここで,F_k は熱力学力 (thermodynamic force),そして dX_k/dt は熱力学流れ (thermodynamic flow) あるいは流束 (current, flux) で,J_k で表す.熱力学力は,温度,圧力,化学ポテンシャルの不均一性があるときに生じる.平衡状態を E,ゆらぎにより駆動された状態を F で表せば,ゆらぎによるエントロピー生成は,

$$\Delta_\mathrm{i} S=\int_\mathrm{E}^\mathrm{F} d_\mathrm{i} S=\int_\mathrm{E}^\mathrm{F} \sum_k F_k dX_k \tag{14.1.5}$$

で表される.本節では,いくつかの簡単な場合について $\Delta_\mathrm{i} S$ を求め,より一般的な理論は非平衡状態の安定性について考える後の章にまわす.

● 化学的安定性

化学反応におけるゆらぎに関するエントロピーを考えよう.この場合のゆらぎは反応進度の変化 $\delta\xi$ で表される(図 14.1).4 章で,化学反応によるエントロピー生成は,

$$d_\mathrm{i} S=\frac{A}{T} d\xi \tag{14.1.6}$$

で与えられることを示した.平衡で化学親和力 $A_\mathrm{eq}=0$ である.反応進度の平衡状態からの小さい変化 $\alpha=\xi-\xi_\mathrm{eq}$ に対して,親和力は近似的に,

$$A=A_\mathrm{eq}+\left(\frac{\partial A}{\partial \xi}\right)_\mathrm{eq}\alpha=\left(\frac{\partial A}{\partial \xi}\right)_\mathrm{eq}\alpha \tag{14.1.7}$$

と書け,よってゆらぎに対するエントロピー生成 $\Delta_\mathrm{i} S$ は

$$\Delta_\mathrm{i} S=\int_0^{\delta\xi} d_\mathrm{i} S=\int_0^{\delta\xi} \frac{A}{T} d\xi=\frac{1}{T}\int_0^{\delta\xi}\left(\frac{\partial A}{\partial \xi}\right)_\mathrm{eq}\alpha d\alpha=\left(\frac{\partial A}{\partial \xi}\right)_\mathrm{eq}\frac{(\delta\xi)^2}{2T} \tag{14.1.8}$$

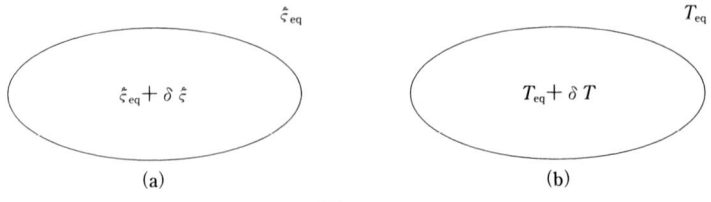

図 14.1
(a) 反応の進行に伴う局所的ゆらぎ.このゆらぎによるエントロピー変化は式 (14.1.6) で表わされる.(b) 温度の局所的ゆらぎ.これによるエントロピー変化は式 (14.1.10) で表わされる.

14.1 安定性とエントロピー生成

ここで $d\xi = d\alpha$ を用いた。よって、安定性条件 $\Delta_{\mathrm{I}} S < 0$ は、

$$\Delta_{\mathrm{I}} S = \left(\frac{\partial A}{\partial \xi}\right)_{\mathrm{eq}} \frac{(\delta\xi)^2}{2T} < 0 \tag{14.1.9a}$$

これは式 (12.4.3) に等しい。r 種の化学反応が起こる系に対しては、

$$\Delta_{\mathrm{I}} S = \sum_{i,j}^{r} \frac{1}{2T} \left(\frac{\partial A_i}{\partial \xi_j}\right)_{\mathrm{eq}} \delta\xi_i \delta\xi_j < 0 \tag{14.1.9b}$$

この条件は、ただ自発過程に対して $\Delta_{\mathrm{I}} S > 0$ になるということのみを用いて導かれたことに注意してほしい。したがって、この結果は系に課せられた境界条件に依存しない。

●熱的安定性

第二の例として、熱的ゆらぎに対する安定性を考えよう。問題になる局部領域の温度を $T_{\mathrm{eq}} + \alpha$ とする。T_{eq} は平衡温度、α は小さい偏りである。3章で、熱の流れによるエントロピー生成は、

$$\frac{d_{\mathrm{I}} S}{dt} = \left(\frac{1}{T_{\mathrm{eq}} + \alpha} - \frac{1}{T_{\mathrm{eq}}}\right) \frac{dQ}{dt} = -\frac{\alpha}{T_{\mathrm{eq}}^2} \frac{dQ}{dt} \tag{14.1.10}$$

で与えられることを示した。温度の小さい変化に対して、$dQ = C_V d\alpha$ と書ける。ここで C_V は体積一定における熱容量である*。このとき温度変化 δT に対して、

$$\Delta_{\mathrm{I}} S = \int_0^{\delta T} d_{\mathrm{I}} S = \int_0^{\delta T} -\frac{C_V}{T_{\mathrm{eq}}^2} \alpha d\alpha = -\frac{C_V}{T_{\mathrm{eq}}^2} \frac{(\delta T)^2}{2} \tag{14.1.11}$$

安定性条件は次のように表される。

$$\Delta_{\mathrm{I}} S = -\frac{C_V}{T_{\mathrm{eq}}^2} \frac{(\delta T)^2}{2} < 0 \tag{14.1.12}$$

これは条件 (12.2.8) と同等である。この条件は、$C_V > 0$ のときに満たされる。

* 記号の簡約化のため、これまで C_V をモル熱容量を表すのに用いてきたが、ここでは系の熱容量を表すのに用いる。

このようにして、安定性の一般的熱力学理論をエントロピー生成に基づいて定式化することができる。一般に

$$\Delta_{\mathrm{I}} S = \int_{\mathrm{E}}^{\mathrm{F}} d_{\mathrm{I}} S = \int_{\mathrm{E}}^{\mathrm{F}} \sum_k F_k dX_k$$
$$= -\frac{C_V (\delta T)^2}{2T^2} - \frac{1}{T\kappa_T} \frac{(\delta V)^2}{2V} - \sum_{i,j} \left(\frac{\partial}{\partial N_j} \frac{\mu_i}{T}\right) \frac{\delta N_i \delta N_j}{2} < 0 \tag{14.1.13}$$

と書ける。12章で述べた理論が示すように、エントロピー項はゆらぎ $\delta T, \delta V, \delta N_k$ について二次の項である。

式 (14.1.13) において、独立変数は T, V, N である。次のより一般的な表現を式 (14.1.13) から導くことができる。

$$\Delta_{\mathrm{I}} S = \frac{\delta^2 S}{2} = -\frac{1}{2T} \left[\delta T \delta S - \delta p \delta V + \sum_i \delta\mu_i \delta N_i\right] < 0 \tag{14.1.14}$$

式 (14.1.13) の第一項で $C_V\delta T/T=\delta Q/T=\delta S$，第二項で $\delta V/\kappa_T V=-\delta p$，そして第三項で $\sum(\partial\mu_i/\partial N_j)dN_j=\delta\mu_i$ を用いて，式 (14.1.13) から容易に式 (14.1.14) を導くことができる．

エントロピー生成がゆらぎについて二次式で表されるということは，力 F_k と流束 J_k が平衡で消滅するという事実に由来する．平衡の近くでゆらぎに関連する力と流束はそれぞれ δF_k および $\delta J_k=(dX_k/dt)$ と書けるので，エントロピー生成は次の形になる．

$$\frac{d\Delta_{\mathrm{I}}S}{dt}=\frac{d_{\mathrm{I}}S}{dt}=\sum_k\delta F_k\delta J_k=\sum_k F_kJ_k>0 \qquad (14.1.15)$$

これから，平衡状態におけるゆらぎによるエントロピー変化に対する主要な寄与は，二次式の形であり，これを $\Delta_{\mathrm{I}}S$ の代わりに $\delta^2S/2$ を用いて明記することができる．すなわち，式 (14.1.14) および (14.1.15) を次のように書くことができる．

$$\delta^2S<0, \qquad \frac{1}{2}\frac{d\delta^2S}{dt}=\sum_k\delta F_k\delta J_k>0 \qquad (14.1.16)$$

第二の式は第二法則を表す．これら二つの式は，平衡状態の安定性の本質を表している．すなわち，ゆらぎはエントロピーを減少させ，一方，不可逆過程によって系ははじめの状態に戻る．これらの式は，17 章および 18 章で論じる Lyapunov によるより一般的な安定性理論の特別な場合に相当する．

14.2　ゆらぎの熱力学理論

●確率分布

前節で，ゆらぎに直面したときの熱力学状態の安定性を論じた．しかし，この理論ではある大きさのゆらぎに対する確率を求めることはできない．確かに，熱力学量のゆらぎは巨視的な系においては臨界点近傍を除いて非常に小さいが，これらのゆらぎを熱力学量に関係づけ，それらが重要になる条件を明らかにする理論があることが望ましい．

力学の領域である物体の微視的挙動と熱力学による巨視的理論の間の関係を理解する努力のなかで，Ludwig Boltzmann (1844～1906) はエントロピーと確率を結びつける著名な関係式を導いた (BOX 3.1)．

$$S=k_{\mathrm{B}}\ln W \qquad (14.2.1)$$

ここで，k_{B} は Boltzmann 定数 $k_{\mathrm{B}}=1.38\times10^{-23}\mathrm{J\,K}^{-1}$，$W$ は巨視的熱力学状態に相当する微視的状態の数で，(Max Planck の示唆により) **熱力学的確率** (thermodynamic probability) と呼ばれる．W は通常の確率とは異なり，1 より大きい数，実際には非常に大きい数である．Boltzmann は熱力学に確率の概念を導入した

のであるが，これは議論の多い概念であり，その真の意味は不安定な動力学系の近代理論によってのみ理解されるものである〔文献3〕．

Albert Einstein（1879～1955）は，Boltzmann の考えを逆に用いて，熱力学量のゆらぎの確率に対する表式を提案した．Boltzmann は熱力学的エントロピーを導くのに"巨視的"確率を用いたが，Einstein は次の式によって，ゆらぎの確率を求めるために熱力学的エントロピーを用いた．

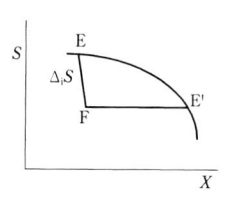

図 14.2 ゆらぎに伴うエントロピー変化 ΔS

エントロピー S は熱力学変数 X の関数として示されている．基準となる平衡状態を E で示す．ゆらぎによりエントロピーは減少し，系は点 F に移る．このゆらぎによるエントロピー変化 ΔS は，系が元の平衡状態へ緩和するときに生成するエントロピー $\Delta_i S$ を計算して求められる．$\Delta_i S$ を用いない古典的定式化では，状態 F と同じエントロピーをもつ平衡状態 E′ を定め，平衡経路 E′E に沿う可逆経路を想定することによってエントロピー変化を求める．

$$P(\Delta S) = Z e^{\Delta S / k_B} \tag{14.2.2}$$

ここで，ΔS は平衡状態からのゆらぎに関するエントロピー変化で，Z はすべての確率の和を 1 に等しくする規格化定数である．式（14.2.1）と式（14.2.2）は数学的には密接な関係があるが，概念的には一方は他方の逆であることに注意する必要がある．式（14.2.1）では，状態の確率が基本的な量であり，エントロピーはこれから導かれるが，式（14.2.2）では，熱力学で定義されるエントロピーが基本量であり，ゆらぎの確率はこれから導かれる．熱力学的エントロピーはまたゆらぎの確率を与える．

ゆらぎの確率を得るために，それに関連するエントロピー変化を求めなければならない（図 14.2）．基本的な問題はゆらぎ $\delta T, \delta p$ などを用いて ΔS を求めることであるが，これはすでに前節でなされている．式（14.1.13）からゆらぎに関連するエントロピーは，

$$\Delta S = -\frac{C_V (\delta T)^2}{2T^2} - \frac{1}{2T\kappa_T}\frac{(\delta V)^2}{V} - \sum_{i,j}\left(\frac{\partial}{\partial N_j}\frac{\mu_i}{T}\right)\frac{\delta N_i \delta N_j}{2} \tag{14.2.3}$$

この式は，化学ポテンシャルの微分をモル数で表すことによってより明瞭になる．理想気体の場合には，成分 k の化学ポテンシャルは

$$\mu_k = \mu_k^0(T) + RT \ln(p_k/p_0)$$
$$= \mu_k^0(T) + RT \ln(N_k RT / V p_0) \tag{14.2.4}$$

で与えられる（p_0 は標準圧力で通常 1 bar）ので，これを式（14.2.3）に代入して，

$$\Delta S = -\frac{C_V (\delta T)^2}{2T^2} - \frac{1}{T\kappa_T}\frac{(\delta V)^2}{2V} - \sum_i \frac{R(\delta N_i)^2}{2N_i} \tag{14.2.5}$$

ここで C_V は理想気体混合物の熱容量である．この式で N_i はモルを表す．これに

Avogadro 定数 N_A を乗じて,分子数 $\tilde{N}_i$ に直すことができる ($k_B N_A = R$). 同じ表現は,$\mu_k = \mu_{k0}(T) + RT\ln x_k$ (x_k はモル分率) で与えられる理想系に対しても導かれる (問題 14.2). さて,Einstein の式 (14.2.2) を用いて,$T, V, \tilde{N}_i$ のゆらぎの確率は次のようになる.

$$P(\delta T, \delta V, \delta \tilde{N}_i) = Z\exp(\Delta S/k_B)$$

$$= Z\exp\left[-\frac{C_V(\delta T)^2}{2k_B T^2} - \frac{1}{2k_B T\kappa_T}\frac{(\delta V)^2}{V} - \sum_i \frac{(\delta \tilde{N}_i)^2}{2\tilde{N}_i}\right] \quad (14.2.6)$$

この表現で,規格化因子 Z は次で定義される.

$$\frac{1}{Z} = \iiint P(x,y,z)dxdydz \quad (14.2.7)$$

確率分布は独立変数 $\delta T, \delta V, \delta \tilde{N}_k$ のそれぞれについて Gauss 型である.Gauss 分布の積分は次で与えられる.

$$\int_{-\infty}^{\infty} e^{-x^2/a}dx = \sqrt{\pi a} \quad (14.2.8)$$

これらの式で,確率はあらわに書かれ,ゆらぎの根二乗値を求めることができる (問題 14.3). 確率分布のより一般的な形は,式 (14.1.14) でゆらぎによるエントロピー変化を変数の対の積で表現して求められる.

$$P = Z\exp\left[\frac{\delta^2 S}{2k_B}\right] = Z\exp\left[\frac{-1}{2k_B T}(\delta T\delta S - \delta p\delta V + \sum_k \delta\mu_k\delta N_k)\right] \quad (14.2.9)$$

独立変数 Y_k のそれぞれの組に対して,式 (14.2.9) は,Y_k のゆらぎを用いて δT,δS などを表現することにより,これらの変数のゆらぎに対する確率分布を求めるために用いられる.記号の簡略化のために,独立変数 Y_k のそれぞれの平衡値からのはずれを α_k で表すと,一般に $\delta^2 S$ は α_k の二次関数になる.

$$\frac{\delta^2 S}{2} = -\frac{1}{2}\sum_{i,j} g_{ij}\alpha_i\alpha_j \quad (14.2.10)$$

ここで g_{ij} は適当な係数である.負の符号は $\delta^2 S$ が負の量であることを強調するために導入したものである.単一の α に対して

$$P(\alpha) = \sqrt{(g/2\pi k_B)}\exp(-g\alpha^2/2k_B)$$

より一般的な場合には,相当する確率分布は次のように書ける.

$$P(\alpha_1, \alpha_2, \cdots, \alpha_m) = \sqrt{\frac{\det[\mathbf{g}]}{(2\pi k_B)^m}}\exp\left[-\frac{1}{2k_B}\sum_{i,j=1}^{m} g_{ij}\alpha_i\alpha_j\right] \quad (14.2.11)$$

ここで $\det[\mathbf{g}]$ は行列 g_{ij} の行列式である.本節の残りで,16 章で非平衡熱力学における基本的な関係である Onsager の相反定理を導くために用いるいくつかの重要な一般的な結果を求めておこう.

●平均値および相関

一般的に一組の変数 α_k に対する確率分布が与えられていれば，平均値および一対の変数の間の相関を求めることができる．変数 α_k の関数 $f(\alpha_1, \alpha_2, \cdots, \alpha_m)$ の平均値を $\langle f \rangle$ で表し，これは次のように求められる．

$$\langle f \rangle = \int f(\alpha_1, \alpha_2, \cdots, \alpha_m) P(\alpha_1, \alpha_2, \cdots, \alpha_m) d\alpha_1 d\alpha_2 \cdots d\alpha_m \tag{14.2.12}$$

二つの変数 f と g の間の相関は，

$$\langle fg \rangle = \int f(\alpha_1, \alpha_2, \cdots, \alpha_m) g(\alpha_1, \alpha_2, \cdots, \alpha_m) P(\alpha_1, \alpha_2, \cdots, \alpha_m) d\alpha_1 d\alpha_2 \cdots d\alpha_m \tag{14.2.13}$$

で定義される．相関 $\langle \alpha_i \alpha_j \rangle$ の一般式を求める前に，必要な他の相関関数を計算しておこう．

先に，平衡からの小さなゆらぎに関連するエントロピー生成 (14.1.15) が次のように書けることを示した．

$$\frac{d\Delta_{\mathrm{i}}S}{dt} = \frac{1}{2}\frac{d\delta^2 S}{dt} = \sum_k F_k J_k \tag{14.2.14}$$

ここで F_k は，流束 $J_k = dX_k/dt$ を導く熱力学力であり，平衡では 0 になる．エントロピー変化に対する一般化二次式 (14.2.10) の時間微分を計算すると，

$$\frac{d\delta^2 S}{dt} = -\sum_{i,j} g_{ij}\alpha_i \frac{d\alpha_j}{dt} \tag{14.2.15}$$

となる．微分 $d\alpha_j/dt$ を（平衡に近い δJ_j と同じように）"熱力学流れ"とみれば，式 (14.2.14) と式 (14.2.15) の比較によって，

$$F_j \equiv -\sum_i g_{ij}\alpha_i \tag{14.2.16}$$

は相当する熱力学力となる．さらに，確率分布 (14.2.11) が Gauss 型であることから，次の関係が得られる．

$$F_i = k_{\mathrm{B}} \frac{\partial \ln P}{\partial \alpha_i} \tag{14.2.17}$$

はじめに次の関係を示そう．

$$\langle F_i \alpha_j \rangle = -k_{\mathrm{B}} \delta_{ij} \tag{14.2.18}$$

ここで δ_{ij} は Kronecker のデルタで，$i \neq j$ で $\delta_{ij}=0$, $i=j$ で $\delta_{ij}=1$ である．式 (14.2.18) は，それぞれのゆらぎは相当する力とは相関するが，他の力とは相関しないことを示す．定義により，

$$\langle F_i \alpha_j \rangle = \int F_i \alpha_j P d\alpha_1 d\alpha_2 \cdots d\alpha_m$$

式 (14.2.17) を用いて，この積分は次のように書ける．

$$\langle F_i \alpha_j \rangle = \int k_{\mathrm{B}} \left(\frac{\partial \ln P}{\partial \alpha_i} \right) \alpha_j P d\alpha_1 d\alpha_2 \cdots d\alpha_m$$

$$= \int k_{\mathrm{B}} \left(\frac{\partial P}{\partial \alpha_i} \right) \alpha_j d\alpha_1 d\alpha_2 \cdots d\alpha_m$$

対ごとに積分して，

$$\langle F_i\alpha_j\rangle = k_B P\alpha_j\Big|_{-\infty}^{+\infty} - k_B\int\left(\frac{\partial \alpha_j}{\partial \alpha_i}\right)Pd\alpha_1 d\alpha_2\cdots d\alpha_m$$

第一項は，$\lim_{\alpha\to\pm\infty}\alpha_j P(\alpha_j)=0$ なので消える．第二項は，$i\ne j$ では消え，$i=j$ では $-k_B$ になる．よって，結果の式 (14.2.18) が得られる．

また，次の一般的結果も有用である．式 (14.2.16) を (14.2.18) へ代入して，
$$\langle F_i\alpha_j\rangle = \left\langle -\sum_k g_{ik}\alpha_k\alpha_j\right\rangle = -\sum_k g_{ik}\langle\alpha_k\alpha_j\rangle = -k_B\delta_{ij}$$

これは次のように簡単化される．
$$\sum_k g_{ik}\langle\alpha_k\alpha_j\rangle = k_B\delta_{ij} \tag{14.2.19}$$

これは行列 $\langle\alpha_k\alpha_j\rangle/k_B$ が行列 g_{ik} の逆行列であることを意味する．
$$\langle\alpha_i\alpha_j\rangle = k_B(g^{-1})_{ij} \tag{14.2.20}$$

とくに興味ある結果は，m 個の独立変数 α_i に関連するエントロピーのゆらぎの平均値の場合で，
$$\langle\Delta_l S\rangle = \left\langle -\frac{1}{2}\sum_{i,j=1}^m g_{ij}\alpha_i\alpha_j\right\rangle = -\frac{1}{2}\sum_{i,j=1}^m g_{ij}\langle\alpha_i\alpha_j\rangle = -\frac{k_B}{2}\sum_{i,j=1}^m g_{ij}(g^{-1})_{ji}$$
$$= -\frac{k_B}{2}\sum_{i=1}^m \delta_{ii} = -\frac{mk_B}{2} \tag{14.2.21}$$

よって，m 個の独立変数によるエントロピーゆらぎの平均値は，次の簡単な式で与えられることがわかる．
$$\langle\Delta_l S\rangle = -\frac{mk_B}{2} \tag{14.2.22}$$

エントロピーに寄与するそれぞれの独立な過程は，平衡においてゆらぎ $-k_B/2$ を受ける．この結果は，各自由度が平均エネルギー $k_B T/2$ をもつという，統計力学の等分配法則に類似の関係である．

簡単な例として，r 種の化学反応によるエントロピーゆらぎを考えよう．式 (14.1.19) で示されるように，
$$\Delta_l S_{\text{chem}} = \sum_{i,j}^r \frac{1}{2T}\left(\frac{\partial A_i}{\partial \xi_j}\right)_{\text{eq}}\delta\xi_i\delta\xi_j = -\frac{1}{2}\sum_{i,j}^r g_{ij}\delta\xi_i\delta\xi_j \tag{14.2.23}$$

ここで $g_{ij} = -(1/T)(\partial A_i/\partial \xi_j)_{\text{eq}}$ の関係を用いた．一般的な結果 (14.2.22) から，r 種の化学反応によるエントロピーゆらぎの平均値は
$$\langle\Delta_l S_{\text{chem}}\rangle = -r\frac{k_B}{2} \tag{14.2.24}$$

であることがわかる．これは ξ のゆらぎがどのようにエントロピーを減少させるかを示す．16章で，Onsager の相反定理を導くのに式 (14.2.16)，(14.2.20) を用いる．

文 献

1. Gibbs, J. W., *The Scientific Papers of J. Willard Gibbs, Vol. 1: Thermodynamics*, A. N.

Editor (ed.). 1961, New York: Dover.
2. Callen, H. B., *Thermodynamics'* 2nd ed. 1985, New York: John Wiley.
3. Petrosky, T., and Prigogine, I., *Chaos, Solitons and Fractals*, **7** (1996), 441–497.

問 題

14.1 二次の変化量 $\delta^2 F$ を考慮して，N_k, V 一定のときの熱的ゆらぎに関する安定性の条件を導け．

14.2 理想系に対して次の関係を導け．
$$\Delta_i S = -\frac{C_V(\delta T)^2}{2T^2} - \frac{1}{T\kappa_T}\frac{(\delta V)^2}{2V} - \sum_i \frac{R(\delta N_i)^2}{\partial N_i}$$
ただし理想系では $\mu_k = \mu_k^0(T) + RT\ln x_k$ が成り立つ．

14.3 (a) 式 (14.2.6) に対する規格化定数 Z を計算せよ．
(b) 一つの変数のゆらぎ δT に対する確率 $P(\delta T)$ を求めよ．
(c) ゆらぎの二乗の平均値を，$\int_{-\infty}^{\infty}(\delta T)^2 P(\delta T)d(\delta T)$ によって求めよ．

14.4 式 (14.2.11) から式 (14.2.17) を導け．

14.5 温度 T，圧力 $p=1\,\text{atm}$ の理想気体を考える．この理想気体は 2 成分 A, B よりなり，相互変化 A $\rightleftarrows$ B に関して平衡にあるとする．素体積 δV のなかで，エントロピーを k_B だけ変化させるために，どれだけの分子が A から B へ変化しなければならないかを計算せよ．このとき，式 (14.2.24) が期待されるゆらぎの大きさを与える．

IV

線形非平衡熱力学

HORS DE L'ÉQUILIBRE : LE RÉGIME LINÉAIRE

15. 非平衡熱力学：基礎

15.1 局所平衡

　すでに強調したように，われわれは熱力学平衡にはない世界に住んでいる．宇宙を満たす2.8 Kの熱放射は銀河系の物体と熱平衡にはない．もっと小さいスケールでも，地球およびその大気圏，生物圏，そして大洋はすべて，太陽からの一定のエネルギーの流れのために非平衡状態にある．実験室においても，ほとんどの時間でわれわれは熱力学平衡にない系が示す現象に出会い，むしろ平衡系は例外である．

　それでもなお，平衡状態を記述する熱力学は非常に重要であり，かつきわめて有用である．これはほとんどすべての系が局部的には熱力学平衡にあるからである．ほとんどすべての巨視系において，体積要素 ΔV のすべてに対して温度や他の熱力学変数を有意に定めることができる．ほとんどの状況において，"平衡熱力学の関係が体積要素に割当てられる熱力学変数に対して成り立つ" と考えることができる．これが**局所平衡**（local eguilibrium）の概念である．以下にこの局所平衡の概念を精確なものにするが，これができれば，すべての熱力学示強変数 T, p, μ が位置 $\mathbf{x}$ および時間 t の関数になるという理論が得られる．すなわち，

$$T = T(\mathbf{x}, t), \qquad p = p(\mathbf{x}, t), \qquad \mu = \mu(\mathbf{x}, t)$$

示量変数は密度量，s, u, n_k などに置き変えられる．

$$s(\mathbf{x}, t) = 単位体積あたりのエントロピー$$
$$u(\mathbf{x}, t) = 単位体積あたりのエネルギー$$
$$n_k(\mathbf{x}, t) = 単位体積あたりの反応物 k のモル数$$

（ある場合には，示量変数を単位質量あたりのエントロピー，エネルギー，体積などに置き換えることもある）．このとき，Gibbsの関係 $dU = TdS - pdV + \sum_k \mu_k dN_k$ は小さな体積要素に対して成り立つとすることができる．$U = uV$, $S = sV$ を用いて，密度量に対して，

$$\left(\frac{\partial u}{\partial s}\right)_{n_k} = T, \qquad Tds = du - \sum_k \mu_k dn_k \qquad (15.1.2)$$

などの関係が，すべての位置 $\mathbf{x}$ および時間 t において成り立つ（問題15.1）．これらの式で，s, u, n_k が密度量なので，体積は現れない．全系は T, μ などのそれぞれの

15.1 局所平衡

値で特徴づけられ，互いに相互作用する部分系の集まりとみなすことができる．

局所平衡を正しい仮定とする物理的条件を考えよう．はじめに温度の概念を考えなければならない．統計力学から，温度は分子の速度分布がMaxwell的のときよく定義されることがわかる．**Maxwellの速度分布**（distribution of velocities）にしたがうと，分子が速度$\mathbf{v}$をもつ確率は，次式で与えられる．

$$P(\mathbf{v})d^3\mathbf{v} = \left(\frac{\beta}{\pi}\right)^{3/2} e^{-\beta v^2} d^3\mathbf{v} \tag{15.1.3}$$

$$\beta = \frac{m}{2k_B T} \tag{15.1.4}$$

温度は式（15.1.4）の関係により定められる．ここでmは分子の質量，k_BはBoltzmann定数である．実際には，ただ非常に極端な条件でのみ，Maxwell分布からの有意の差が生じる．はじめ異なる速度分布をとっていても，分子衝突により急速にMaxwell分布になる．分子動力学のコンピューターシミュレーションによって，Maxwell分布は分子衝突間の平均時間（圧力1 atmの気体で約10^{-8}s）の10倍より短い時間のうちに達成されることが示されている〔文献1〕．したがって，Maxwell分布から系を大きく乱すような物理過程は非常に迅速である必要がある．局所平衡の仮定に関する詳細な統計力学的議論は〔文献2〕でなされている．

化学反応はとくに興味深い．ほとんどすべての化学反応で分子衝突の非常に小さい割合のみが化学反応を起こす．化学反応を導く分子間衝突は**反応性衝突**（reactive collision）と呼ばれる．圧力1 atmの気体で衝突頻度はL（リットル），秒あたり10^{31}回である．もしほとんどすべての衝突が化学反応を起こすとすれば，反応速度は10^8 mol L^{-1} s^{-1}のオーダとなるはずである．このように速い反応はきわめてまれで，ほとんどの反応はこれより数オーダ低い．すなわち，反応性衝突の間で系は急速に平衡へ緩和し，化学反応によるエネルギー変化を再分配する．いい換えれば，化学反応によるMaxwell分布からの摂動は，温度が少し変化するが，Maxwell分布に急速に緩和する．よって，化学反応のタイムスケールで，温度は局所的によく定義される．（非常に強い発熱反応の場合，Maxwell分布からの小さいずれによる反応速度論の補正が理論的に与えられている〔文献3~6〕．その結果は最近のコンピューターを用いる分子動力学シミュレーションの結果とよく一致する〔文献7〕）．

次に，エントロピーやエネルギーのような熱力学量が位置の関数と考えられる意味について考えよう．12, 14章でみたように，すべての熱力学量はゆらぎを受けている．熱力学量Yのゆらぎの大きさ（根平均二乗rms値）δYがYに比較して十分に小さいときにのみ，熱力学量Yの値を小さい体積要素ΔVに対して有意に割りふることができる．明らかに，ΔVがあまりにも小さければ，この条件は満たされない．式（14.2.6）から，考えている体積内の粒子数を$\tilde{N}$とすれば，そのゆらぎのrmsは

$\delta \tilde{N} = \tilde{N}^{1/2}$ となる.例えば理想気体を考えると,$N = \tilde{N}/N_A = (p/RT)\Delta V$ となり,与えられた ΔV に対してゆらぎの相対値 $\delta \tilde{N}/\tilde{N} = 1/\tilde{N}^{1/2}$ を求めることができる.ΔV がどの程度のものであるかを理解するために,$p = 1$ atm,$T = 298$ K にある気体を考え,体積 $\Delta V = (1 \mu m)^3 = 10^{-15}$ L のなかの粒子数 $\tilde{N}$ のゆらぎを計算すると,$\delta \tilde{N}/\tilde{N} \approx 4 \times 10^{-7}$ となる.液体や固体では,$\delta \tilde{N}/\tilde{N}$ の値はもっと小さな値になるであろう.よって,μm のオーダの大きさの体積にモル密度を割り当てることは意味のあることである.同じことはその他の熱力学量に対しても一般に成り立つ.体積 ΔV にある数密度を割り当てるとき,その数密度はほとんど均一である.すなわち,μm のスケールでの位置による数密度の変化は非常に小さく,ほとんど完全に均一とみなされ,これがほとんどの巨視系が満たす条件となる.この結果は,局所平衡に基づく理論が広い範囲の巨視系に適用できることを保証する.

●**拡張熱力学**

上の取り扱いで,熱力学量は系内の勾配に依存しないこと,すなわちエントロピー s は温度 T およびモル密度 n_k の関数であり,それらの勾配にはよらないことを,暗黙のうちに仮定している.しかし,流れは組織化のレベルを表す.これは非平衡系での局所エントロピーは平衡エントロピーより小さくなり得ることを意味している.最近,発展している**拡張熱力学**(extended thermodynamics)の定式化において,勾配が基本形式として含まれており,局所エントロピーに対して流れによる補正がなされている.ここではこのより進んだ公式化については論じない.拡張熱力学についての詳細な説明については最近の文献〔8〜11〕を参照してほしい.拡張熱力学は衝撃波のように大きい勾配のある系に応用できる.われわれが出合うほとんどすべての系に対しては,局所平衡に基づく熱力学が優れた妥当性をもつ.

15.2 局所エントロピー生成

前節で述べたように,熱力学第二法則は局所的性格をもつ法則でなければならない.系を r 個の部分に分けるとき,

$$d_i S = d_i S^1 + d_i S^2 + \cdots + d_i S^r \geq 0 \quad (15.2.1)$$

であるばかりでなく,k 番目の部分のエントロピー生成に対して,

$$d_i S^k \geq 0 \quad (15.2.2)$$

がすべての k について成り立たなければならない.明らかに,この陳述,すなわちすべての部分において不可逆過程によるエントロピー生成は正であるということは,孤立系のエントロピーは増大するか不変にとどまるかであるという,第二法則の古典的陳述よりも強い*.そして,式 (15.2.2) で述べられる第二法則では,系が孤立し

ていることは必要ないことを注意しておく．これは境界条件にかかわらず，すべての系に対して成り立つ．

* 第一法則および第二法則について一般的にいえることは，この二つの法則は局所法則であるということである．事実，相対性原理と両立し，観測者の運動状態に関係なく真であるためには，これらの法則は局所的でなければならない．エネルギー保存およびエントロピー生成の非局所的法則は，同時性の概念は相対的であるので，認められない．ある系で有限の距離だけ離れている二つの部分を考えよう．もしこれらの二つの部分でエネルギー変化 δu_1, δu_2 が，$\delta u_1 + \delta u_2 = 0$ となるように，ある基準座標系で同時に起こるならば，エネルギーは保存される．しかし，この基準座標系に対して動いている他の座標系でみれば，二つのエネルギー変化は同時に起こることはないであろう．よって，一方の変化と他方の変化が起こる間の時間では，エネルギー保存法則は成り立たないことになる．同様に，空間的に離れている二つの部分でのエントロピー変化 δS_1, δS_2 は独立に正でなければならない．両方の和が正であるように，一方の減少と他方の増大が同時に起こることは認められないからである．

連結系におけるエントロピーの局所的増大は，エントロピー密度 $s(\mathbf{x}, t)$ を用いて定義することができる．すでに示したように，全エントロピー変化 $dS = d_iS + d_eS$ に対して，$d_iS \geq 0$ である．局所エントロピー生成 $\sigma(\mathbf{x}, t)$ を次のように定義する．

$$\sigma(\mathbf{x}, t) \equiv \frac{d_is}{dt} \geq 0 \tag{15.2.3}$$

$$\frac{d_iS}{dt} = \int_V \sigma(\mathbf{x}, t)\, dV \tag{15.2.4}$$

非平衡熱力学は，明確に定義され，実験的に検討することのできる不可逆過程に対する局所エントロピー生成 σ の明確な表現に基づいて展開される．この表現を導くことを始める前に，まずエネルギーおよび濃度の釣合いの式に対する明確な局所的表現を求めておこう．

■ **BOX 15.1　微分形式の釣合いの式**

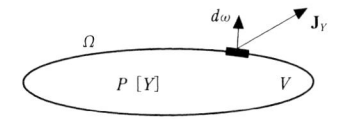

量 Y を考え，その密度を y で表す．体積 V 内での Y の量の変化は，体積 V への Y の正味の流入量とその体積内での Y の生成量の和である．$\mathbf{J}_Y$ を流れ密度（単位時間に $\mathbf{J}_Y$ に垂直な単位面積を通る流れ）とすれば，この流れによる Y の変化は $\int_\Omega \mathbf{J}_Y \cdot d\boldsymbol{\omega}$ になる．ここで $d\boldsymbol{\omega}$ は上図に示したように，体積 V を囲む面積要素を表すベクトルであり，$d\boldsymbol{\omega}$ の大きさは要素の面積に等しく，その方向はその面積要素に垂直で外側へ向かう．また，$P[Y]$ を単位時間，単位体積あたりに生成する Y の量とすれば，生成による Y の量の変化は $\int_V P[Y]\, dV$ となる．よって，考えている体積内での Y の変

化に対する釣合いの式は，

$$\int_V \left(\frac{\partial Y}{\partial t}\right) dV = \int_V P[Y] dV - \int_\Omega \mathbf{J}_Y \cdot d\boldsymbol{\omega}$$

となる．第二項の負号は $d\boldsymbol{\omega}$ が外側を向くことによる．

ベクトル場 $\mathbf{J}$ に対するガウスの定理

$$\int_\omega \mathbf{J} \cdot d\boldsymbol{\omega} = \int_V (\nabla \cdot \mathbf{J}) dV$$

を $\mathbf{J}_Y$ の面積分に適用して，

$$\int_V \left(\frac{\partial Y}{\partial t}\right) dV = \int_V P[Y] dV - \int_V (\nabla \cdot \mathbf{J}_Y) dV$$

この関係はどのような体積に対しても成り立つはずであり，被積分量を等しいとおくことができる．よって，Y の釣合いの式は微分形式で次のように得られる．

$$\frac{\partial Y}{\partial t} + \nabla \cdot \mathbf{J}_Y = P[Y]$$

15.3 濃度に対する釣合いの式

モル数を用いた釣合いの式は，BOX 5.1 に示した一般的釣合いの式を用いて容易に導くことができる．単位体積あたりのモル数 n_k の変化は，拡散や対流のような過程による粒子の輸送 $d_e n_k$ と，化学反応による生成 $d_i n_k$ により，全変化は，$dn_k = d_e n_k + d_i n_k$ となる．時間 t，位置 $\mathbf{x}$ における成分 k の流れ速度を $\mathbf{v}_k(\mathbf{x}, t)$ とすれば，釣合いの式は次のように書ける．

$$\frac{\partial n_k}{\partial t} = \frac{\partial_e n_k}{\partial t} + \frac{\partial_i n_k}{\partial t} = -\nabla \cdot (n_k \mathbf{v}_k) + P[n_k] \tag{15.3.1}$$

ここで $P[n_k]$ は化学反応による単位時間，単位体積あたりの成分 k の生成量で，正にも負にもなりうる．9章で述べたように，与えられた反応で反応体 k の化学量論係数を ν_k とすると，単位時間，単位体積あたり生成する k のモル数は $\nu_k (1/V)(d\xi/dt)$ となる．ξ は反応進度である．いくつかの反応が並列して起こるとき，添字 j でそれらを区別する．j 番目の反応の速度は，

$$v_j = \frac{1}{V} \frac{d\xi_j}{dt} \tag{15.3.2}$$

反応速度 v_j は，9章で論じたように，実験的に決められる法則で特性づけられる．以上の関係を用いて，成分 k の生成量は反応速度 v_j および相当する化学量論係数 ν_{jk} で表される．すなわち，

$$P[n_k] \equiv \sum_j \nu_{jk} v_j \tag{15.3.3}$$

よって，モル数の釣合いの式は次のように書ける．

$$\frac{\partial n_k}{\partial t} = \frac{\partial_e n_k}{\partial t} + \frac{\partial_i n_k}{\partial t} = -\nabla \cdot n_k \mathbf{v}_k + \sum_j \nu_{jk} v_j \tag{15.3.4}$$

対流は重心（質量中心）の流れであり，一方，重心に対する流れは，対流とは別の拡散などの輸送を説明する．重心の速度 $\mathbf{v}$ は，

$$\mathbf{v} \equiv \frac{\sum_k M_k n_k \mathbf{v}_k}{\sum_k M_k n_k} \tag{15.3.5}$$

で与えられる．ここで M_k は成分 k のモル質量である．成分 k の拡散流 $\mathbf{J}_k$ は，

$$\mathbf{J}_k = n_k (\mathbf{v}_k - \mathbf{v}) \tag{15.3.6}$$

で定義される*．

*超流体の熱力学では 2 成分の運動を別々に扱うのがより便利である．また，平均体積速度に対する拡散流も用いられる．平均体積速度は式（15.3.5）で M_k を比体積で置き換えることにより定義される．

流れの対流の部分と拡散流の部分は，式（15.3.4）に式（15.3.6）を用いて明確に表される．

$$\frac{\partial n_k}{\partial t} = -\nabla \cdot \mathbf{J}_k - \nabla \cdot (n_k \mathbf{v}) + \sum_j \nu_{jk} v_j \tag{15.3.7}$$

定義から，非対流性の拡散流 $\mathbf{J}_k$ は次の関係を満たす．

$$\sum_k M_k \mathbf{J}_k = 0 \tag{15.3.8}$$

すなわち，拡散流によって重心の流れを生じることはない．よって $\mathbf{J}_k$ のすべてが独立ではない．16 章で異なる流れの間の連結を考えるとき，このことを用いる．また，$d_e n_k$，$d_i n_k$ の定義から，次のようになる．

$$\frac{\partial_e n_k}{\partial t} = -\nabla \cdot \mathbf{J}_k - \nabla \cdot (n_k \mathbf{v}), \qquad \frac{\partial_i n_k}{\partial t} = \sum_j \nu_{jk} v_j \tag{15.3.9}$$

対流のないとき，流れはすべて $\mathbf{J}_k$ であり，そのとき，

$$\frac{\partial n_k}{\partial t} = -\nabla \cdot \mathbf{J}_k + \sum_j \nu_{jk} v_j \tag{15.3.10}$$

静電場のような外力場が働いているとき，$\mathbf{J}_k$ が場に依存する部分をもつことがある．外力場がないとき，$\mathbf{J}_k$ はすべて拡散による．18，19 章で，平衡から遠く離れた条件での拡散-反応系を少し詳しく論じる．

15.4 開放系におけるエネルギーの保存

2 章で，エネルギーの概念およびその保存についての基礎を説明した．そして保存の法則が局所的性格のものであることを示した．この局所的法則を種々の形で書くことができる．全エネルギー密度 e は運動エネルギーと内部エネルギーの和であり，

$$e = \frac{1}{2} \sum_k (M_k n_k) \mathbf{v}_k^2 + u \tag{15.4.1}$$

ここで $(M_k n_k)$ は単位体積あたりの質量，$\mathbf{v}_k$ は成分 k の速度である．式 (15.4.1) は内部エネルギー u の定義と考えることができる．これは全体の運動に関与しないエネルギーである．式 (15.3.5) で定義される質量中心速度 $\mathbf{v}$ (これはまた重心速度とも呼ばれる) を用いて，式 (15.4.1) は次のように書き換えられる．

$$e = \frac{\rho}{2}\mathbf{v}^2 + \frac{1}{2}\sum_k (M_k n_k)(\mathbf{v}_k - \mathbf{v})^2 + u \tag{15.4.2}$$

ここで ρ は密度で，$\rho = \sum_k M_k n_k$ である．右辺第二項はしばしば**拡散の運動エネルギー** (kinetic energy of diffusion) と呼ばれる〔文献 12〕．よって，全エネルギー密度は，対流および拡散の運動エネルギーと内部エネルギー密度の和である．別の定式化では，最後の二つの項の和を内部エネルギーと定義することがある〔文献 12〕．この場合には内部エネルギーは拡散の運動エネルギーを含むことになる．

外力場が存在するときには，相互作用エネルギー $\sum_k \tau_k n_k \psi$ を考慮しなければならない．τ_k は結合定数，ψ はポテンシャルである．このエネルギーは，式 (15.4.1) で付加項として導入するか〔文献 12〕，あるいは内部エネルギーの定義に含まれているとして扱われる．2 章および 10 章で用いた定式化では，この相互作用エネルギーは内部エネルギー u の定義に含まれている．

エネルギーは保存されるので，釣合いの式で生成項はない．よって，エネルギー保存に対する微分形式は形式的に次のようになる．

$$\frac{\partial e}{\partial t} + \nabla \cdot \mathbf{J}_e = 0 \tag{15.4.3}$$

ここで $\mathbf{J}_e$ はエネルギー流れ密度 (流束) である．この表現を系で起こる過程を用いてより明確な形で表すために，はじめに u の変化に注目する．u は T および n_k の関数であるので，エネルギー密度 $u(T, n_k)$ の変化は，

$$du = \left(\frac{\partial u}{\partial T}\right)_{n_k} dT + \sum_k \left(\frac{\partial u}{\partial n_k}\right)_T dn_k = c_V dT + \sum_k u_k dn_k \tag{15.4.4}$$

ここで $u_k \equiv (\partial u / \partial n_k)_T$ は成分 k の部分モルエネルギー，c_V は単位体積あたりの定積熱容量である．内部エネルギー密度の時間変化は，

$$\frac{\partial u}{\partial t} = c_V \frac{\partial T}{\partial t} + \sum_k u_k \frac{\partial n_k}{\partial t} \tag{15.4.5}$$

モル数の釣合いの式 (15.3.10) を用いて，この式を次のように書き換えることができる．

$$\frac{\partial u}{\partial t} = c_V \frac{\partial T}{\partial t} + \sum_{j,k} u_k \nu_{jk} v_j - \sum_k u_k \nabla \cdot \mathbf{J}_k \tag{15.4.6}$$

右辺第二項にみられる量 $\sum_k u_k \nu_{jk} = \sum_k (\partial u / \partial n_k)_T \nu_{jk}$ は T 一定で，化学反応による単位体積あたりの内部エネルギー変化であり，これは温度，体積一定における反応 j の反応熱であり，$(r_{V,T})_j$ で表す．発熱反応では $(r_{V,T})_j$ は負である．さらに，式

15.4 開放系におけるエネルギーの保存

(15.4.6) を保存の式 (15.4.3) に関係づけるため，恒等的な関係 $u_k \nabla \cdot \mathbf{J}_k = \nabla \cdot (u_k \mathbf{J}_k) - \mathbf{J}_k \cdot (\nabla u_k)$ を用いて，式 (15.4.6) を書き換えると，

$$\frac{\partial u}{\partial t} = c_V \frac{\partial T}{\partial t} + \sum_j (r_{V,T})_j v_j + \sum_k \mathbf{J}_k \cdot (\nabla u_k) - \sum_k \nabla \cdot (u_k \mathbf{J}_k) \tag{15.4.7}$$

式 (15.4.2)，(15.4.7) を用いて，エネルギー保存の式 (15.4.3) はより明確に次のように書き直される．

$$\frac{\partial e}{\partial t} = c_V \frac{\partial T}{\partial t} + \sum_j (r_{V,T})_j v_j + \sum_k \mathbf{J}_k \cdot (\nabla u_k) - \sum_k \nabla \cdot (u_k \mathbf{J}_k) + \frac{\partial}{\partial t}(\mathrm{KE}) = -\nabla \cdot \mathbf{J}_e \tag{15.4.8}$$

ここで (KE) は対流および拡散に関する運動エネルギーで，

$$(\mathrm{KE}) \equiv \frac{\rho}{2} \mathbf{v}^2 + \frac{1}{2} \sum_k M_k n_k (\mathbf{v}_k - \mathbf{v})^2 \tag{15.4.9}$$

さて，ここで**熱流** $\mathbf{J}_q$ を次式で定義すると，

$$-\nabla \cdot \mathbf{J}_q \equiv c_V \frac{\partial T}{\partial t} + \sum_j (r_{V,T})_j v_j + \sum_k \mathbf{J}_k \cdot (\nabla u_k) + \frac{\partial}{\partial t}(\mathrm{KE}) \tag{15.4.10}$$

式 (15.4.10) を式 (15.4.8) に入れて，エネルギー流 $\mathbf{J}_e$ は次式のようになる．

$$\mathbf{J}_e = \mathbf{J}_q + \sum_k u_k \mathbf{J}_k \tag{15.4.11}$$

熱流の定義 (15.4.10) によって，内部エネルギーおよび温度を変化させる過程を物理的に適切に解釈できるようになる．式 (15.4.10) へ式 (15.4.7) を代入して，

$$-\nabla \cdot \mathbf{J}_q = \frac{\partial u}{\partial t} + \nabla \cdot \left(\sum_k u_k \mathbf{J}_k \right) + \frac{\partial}{\partial t}(\mathrm{KE})$$

これは次のように書き換えられる．

$$\frac{\partial u}{\partial t} + \nabla \cdot \mathbf{J}_u = -\frac{\partial}{\partial t}(\mathrm{KE}) \tag{15.4.12}$$

ここで

$$\mathbf{J}_u = \sum_k u_k \mathbf{J}_k + \mathbf{J}_q \tag{15.4.13}$$

式 (15.4.12) は内部エネルギーの釣合いの式である．この式は，内部エネルギーが内部エネルギー流 $\mathbf{J}_u$ と式 (15.4.12) の右辺で示される生成項で表されることを示す．生成項は運動エネルギーの散逸による．また，式 (15.4.12) は，内部エネルギー密度 u の変化は熱流 $\mathbf{J}_q$，物質流 $u_k \mathbf{J}_k$，および運動エネルギーの散逸よりなることを示している．運動エネルギーの散逸は流体の粘性力に関係づけられる．

熱流の定義 (15.4.10) はまた温度の変化の式を与える．すなわち，

$$c_V \frac{\partial T}{\partial t} + \nabla \cdot \mathbf{J}_q = \sigma_{\mathrm{heat}} \tag{15.4.14}$$

$$\sigma_{\mathrm{heat}} = -\sum_j (r_{V,T})_j v_j - \sum_k \mathbf{J}_k \cdot (\nabla u_k) - \frac{\partial}{\partial t}(\mathrm{KE}) \tag{15.4.15}$$

式 (15.4.14) は Fourier の熱伝導の式の拡張であり，熱生成の項 σ_{heat} を加えたもの

である．∇u_k の項

$$\nabla u_k = \sum_i (\partial u_k/\partial n_i)\nabla n_i + (\partial u_k/\partial T)\nabla T$$

に注目することは有用である．理想系で温度勾配のないとき，部分モルエネルギー u_k は n_k に依存しないので，∇u_k は 0 になる．非理想系でモル密度が変化するとき，これは分子間相互作用により生成あるいは吸収される熱を表している．以下の章では，対流をもつ系は扱わず，また拡散の運動エネルギーがほぼ一定で，$\partial(KE)/\partial t = 0$ となる状況のみを考えることにする．

熱流 $\mathbf{J}_q$ の定義 (15.4.10) は，熱流を定義する多くの等価な方法のうちの一つである．それぞれの物理的条件および測定される実験量によって，種々の $\mathbf{J}_q$ の定義が用いられる．この問題についての詳細な議論は文献〔12〕にある．もちろん，種々の $\mathbf{J}_q$ の定義はすべて同じ物理的結果を導く．

外力場が働くとき，すでに 10 章で述べたように，相互作用エネルギー $\sum_k \tau_k n_k \psi$ を u に加えなければならない．すなわち，

$$u(T, n_k) = u^0(T, n_k) + \sum_k n_k \tau_k \psi \tag{15.4.16}$$

ここで $u^0(T, n_k)$ は外力場のないときのエネルギー密度である．電場の場合には，結合定数 $\tau_k = Fz_k$（F は Faraday 定数，z_k は電荷数），ポテンシャル ψ は電位 ϕ になる．重力場の場合には，$\tau_k = M_k$（M_k はモル質量），ψ は重力ポテンシャルになる．u の時間微分に対して，式 (15.4.5) の代わりに，次のように書ける．

$$\frac{\partial u}{\partial t} = c_V \frac{\partial T}{\partial t} + \sum_k (u_k^0 + \tau_k \psi) \frac{\partial n_k}{dt} \tag{15.4.17}$$

ここで $u_k^0 \equiv (\partial u^0/\partial n_k)_T$ である．式 (15.4.17) は，ただ項 u_k が $(u_k^0 + \tau_k \psi)$ で置き換えられたという点だけで式 (15.4.5) と異なる．このことは $\mathbf{J}_q$ および $\mathbf{J}_e$ に対する相当する表現が，単に u_k を $(u_k^0 + \tau_k \psi)$ で置き換えることによって得られることを示している．このようにして，保存の式

$$\frac{\partial e}{\partial t} + \nabla \cdot \mathbf{J}_e^\psi = 0 \tag{15.4.18}$$

ここで

$$\mathbf{J}_e^\psi = \mathbf{J}_q + \sum_k (u_k^0 + \tau_k \psi) \mathbf{J}_k \tag{15.4.19}$$

が導かれる．この場合，熱流は

$$-\nabla \cdot \mathbf{J}_q \equiv c_V \frac{\partial T}{\partial t} + \sum_j (r_{V,T})_j v_j + \sum_k \mathbf{J}_k \cdot (\nabla u_k) + \frac{\partial}{\partial t}(KE) + \sum_k \tau_k \mathbf{J}_k \cdot \nabla \psi \tag{15.4.20}$$

で定義される．式 (15.4.20) と式 (15.4.10) を比較することにより次のことがわかる．右辺最後の項で，$\nabla \psi$ は場の強さの符号を変えたもので与えられ，例えば電場の場合には，$-\mathbf{I} \cdot \mathbf{E}$ となる．ここで $\mathbf{E} = -\nabla \psi$ は電場の強さ，$\mathbf{I} = \sum_k \tau_k \mathbf{J}_k$ は電流で，$\mathbf{I} \cdot \mathbf{E}$ は電流により生じる Ohm 熱である．このとき u の釣合いの式は，式 (15.4.12)

の代わりに，

$$\frac{\partial u}{\partial t}+\nabla\cdot\mathbf{J}_u=-\frac{\partial}{\partial t}(\mathrm{KE})+\mathbf{I}\cdot\mathbf{E} \tag{15.4.21}$$

ここで，$\mathbf{J}_u=\sum_k u_k^0 \mathbf{J}_k+\mathbf{J}_q$ である．同様に，式 (15.4.14) は，熱生成として Ohm 熱による項を含めて次のようになる．

$$c_V\frac{\partial T}{\partial t}+\nabla\cdot\mathbf{J}_q=\sigma_\mathrm{heat} \tag{15.4.22}$$

$$\sigma_\mathrm{heat}=-\sum_j(r_{V,T})_j v_j-\sum_k \mathbf{J}_k\cdot(\nabla u_k)-\frac{\partial}{\partial t}(\mathrm{KE})+\mathbf{I}\cdot\mathbf{E} \tag{15.4.23}$$

本書では，拡散の運動エネルギーが小さく，力学平衡にある系のみを扱う．

15.5 エントロピーの釣合いの式

エントロピーの釣合いの式は，エネルギーの保存およびモル数の釣合いの式を用いて導くことができる．その結果はエントロピー生成 σ およびエントロピー流 $\mathbf{J}_s$ に対する明快な表現を与える．エントロピー生成は熱伝導，拡散，化学反応など，不可逆過程に関係づけることができる．エントロピー釣合いの式は形式的に次のように書ける．

$$\frac{\partial s}{\partial t}+\nabla\cdot\mathbf{J}_s=\sigma \tag{15.5.1}$$

$\mathbf{J}_s$ および σ に対する明確な表現を得るには，次のように進める．簡単化のため，対流や拡散による運動エネルギーの散逸のない，また外力場の働いていない系を考える．Gibbs の式

$$Tds=du-\sum\mu_k dn_k$$

から，

$$\frac{\partial s}{\partial t}=\frac{1}{T}\frac{\partial u}{\partial t}-\sum_k\frac{\mu_k}{T}\frac{\partial n_k}{\partial t} \tag{15.5.2}$$

ここでモル数の釣合いの式 (15.3.10) および内部エネルギーの釣合いの式 (15.4.12) を用い，$\partial(\mathrm{KE})/\partial t=0$ とおくと，式 (15.5.2) は次のように書ける．

$$\frac{\partial s}{\partial t}=-\frac{1}{T}\nabla\cdot\mathbf{J}_u+\sum_k\frac{\mu_k}{T}\nabla\cdot\mathbf{J}_k-\sum_{k,j}\frac{\mu_k}{T}\nu_{jk}v_j \tag{15.5.3}$$

この式は以下の整理を行って式 (15.5.1) の形にまとめることができる．まず，反応 j の親和力

$$A_j=-\sum_k\mu_k\nu_{jk} \tag{15.5.4}$$

で定義し，また，g をあるスカラー関数，$\mathbf{J}$ をあるベクトルとすると，

$$\nabla\cdot(g\mathbf{J})=\mathbf{J}\cdot(\nabla g)+g(\nabla\cdot\mathbf{J}) \tag{15.5.5}$$

これらの関係を用いて式 (15.5.3) を書き換え，エントロピー釣合いの式に対して次

の表現が得られる．

$$\frac{\partial s}{\partial t}+\nabla\cdot\left(\frac{\mathbf{J}_u}{T}-\sum_k\frac{\mu_k\mathbf{J}_k}{T}\right)=\mathbf{J}_u\cdot\nabla\frac{1}{T}-\sum_k\mathbf{J}_k\cdot\nabla\frac{\mu_k}{T}+\sum_j\frac{A_jv_j}{T} \quad (15.5.6)$$

この式と式 (15.5.1) を比較することによって，

$$\mathbf{J}_s=\frac{\mathbf{J}_u}{T}-\sum_k\frac{\mu_k\mathbf{J}_k}{T} \quad (15.5.7)$$

$$\sigma=\mathbf{J}_u\cdot\nabla\frac{1}{T}-\sum_k\mathbf{J}_k\cdot\nabla\frac{\mu_k}{T}+\sum_j\frac{A_jv_j}{T}\geq 0 \quad (15.5.8)$$

ここで第二法則 $\sigma\geq 0$ を強調のため示した．

熱流に関する関係 $\mathbf{J}_u=\mathbf{J}_q+\sum u_k\mathbf{J}_k$ を用い，また関係 $u_k=\mu_k+Ts_k$（問題15.3）を用いて，エントロピー流 $\mathbf{J}_s$ を次のように書くことができる．

$$\mathbf{J}_s=\frac{\mathbf{J}_q}{T}+\sum_k\frac{u_k-\mu_k}{T}\mathbf{J}_k=\frac{\mathbf{J}_q}{T}+\sum_k s_k\mathbf{J}_k \quad (15.5.9)$$

ここで $s_k=(\partial s/\partial n_k)_T$ は成分 k の部分モルエントロピーである．エネルギー流の場合と同じように，エントロピー流も熱流と物質流による二つの部分よりなる．

ポテンシャル ψ をもつ外力場が働くとき，Gibbs の式

$$Tds=du-\sum_k\mu_k dn_k-\sum_k\tau_k\psi dn_k$$

から，

$$T\frac{\partial s}{\partial t}=\frac{\partial u}{\partial t}-\sum_k(\mu_k+\tau_k\psi)\frac{\partial n_k}{\partial t} \quad (15.5.10)$$

式 (15.5.2) と式 (15.5.10) を比較すると，ただ一つの差は化学ポテンシャル μ_k が $(\mu_k+\tau_k\psi)$ で置き換えられていることであることがわかる．したがって，エントロピー流 (15.5.7) およびエントロピー生成 (15.5.8) はそれぞれ次のようになる．

$$\mathbf{J}_s=\frac{\mathbf{J}_k^\psi}{T}-\sum_k\frac{\tau_k\psi+\mu_k}{T}\mathbf{J}_k \quad (15.5.11)$$

$$\sigma=\mathbf{J}_u\cdot\nabla\left(\frac{1}{T}\right)-\sum_k\mathbf{J}_k\cdot\nabla\left(\frac{\mu_k}{T}\right)+\frac{\mathbf{I}\cdot(-\nabla\psi)}{T}+\sum_j\frac{A_jv_j}{T} \quad (15.5.12)$$

ここで，$\mathbf{J}_u=\mathbf{J}_q+\sum u_k^0\mathbf{J}_k$（$u_k^0$ は外力場のないときの部分モルエネルギー），および $\mathbf{I}=\sum\tau_k\mathbf{J}_k$ である．静電場 $\mathbf{E}$ に対して，$-\nabla\psi=\mathbf{E}$，そして $\mathbf{I}$ は電流になる．

表15.1 熱力学力と熱力学流れ

	力 F_a	流れ（流束）J_a
熱伝導	$\nabla\frac{1}{T}$	エネルギー流 $\mathbf{J}_u$
拡散	$-\nabla\frac{\mu_k}{T}$	拡散流 $\mathbf{J}_k$
電気伝導	$\frac{-\nabla\phi}{T}=\frac{\mathbf{E}}{T}$	イオン流 $\mathbf{I}_k$
化学反応	$\frac{A_j}{T}$	反応速度 $v_j=\frac{1}{V}\frac{d\xi_j}{dt}$

エントロピー生成に対する式 (15.5.12) は非平衡熱力学における基本式である．エントロピー生成 σ は力 F_α と流れ J_α の二次形式となる．

$$\sigma = \sum_\alpha F_\alpha J_\alpha \tag{15.5.13}$$

この式によって，熱力学力およびそれにより駆動される流れが定義される．例えば，力 $\nabla(1/T)$ が流れ $\mathbf{J}_u$ を駆動し，化学親和力 A_j/T が速度 v_j の化学反応を駆動する．これらの力および対応する流れを表 15.1 にまとめて示した．σ を不変に保つ変換および σ を表現する別の形式について付 15.1 で論じる．

付15.1 エントロピー生成

● σ を不変に保つ変換

エントロピー生成 σ はある変換においては不変である．例えば次の定理がある〔文献 13〕．すなわち，力学平衡において，σ は次の変換

$$\mathbf{J}_k \longrightarrow \mathbf{J}'_k = \mathbf{J}_k + \mathbf{V} n_k \tag{A 15.1.1}$$

においては不変である．$\mathbf{J}_k$ は物質流，n_k は成分 k の濃度，$\mathbf{V}$ は任意の速度である．この定理は，系のすべての成分に対して均一なドリフト速度が加わる場合には，エントロピー生成は不変にとどまることを意味する．

この定理を証明するために，はじめに力学平衡において化学ポテンシャルが満たさなければならない関係を導く．成分 k に働く力を $n_k \mathbf{f}_k$ とすると，力学平衡において，

$$\sum_k n_k \mathbf{f}_k - \nabla p = 0 \tag{A 15.1.2}$$

この条件は Gibbs-Duhem の式を用いて化学ポテンシャルで次のように書ける．

$$s dT - dp + \sum_k n_k d\mu_k = 0 \tag{A 15.1.3}$$

等温条件 ($dT = 0$) で，

$$dp = (\nabla p) \cdot d\mathbf{r}, \qquad d\mu_k = (\nabla \mu_k) \cdot d\mathbf{r} \tag{A 15.1.4}$$

であるので，式 (A 15.1.4) を式 (A 15.1.3) に代入して，

$$\nabla p = \sum_k n_k \nabla \mu_k \tag{A 15.1.5}$$

この関係を用いて，式 (A 15.1.2) は化学ポテンシャルを用いて次のように書ける．

$$\sum_k (n_k \mathbf{f}_k - n_k \nabla \mu_k) = 0 \tag{A 15.1.6}$$

この結果を用いて，変換 (A 15.1.1) によってエントロピー生成 σ が不変であることを次のように説明することができる．等温条件で成分 k に働くモルあたりの外力 $\mathbf{f}_k$ が存在するとき，単位体積あたりのエントロピー生成 (15.5.12) は，$\mathbf{f}_k = -\tau_k \nabla \psi$ を用いて，次の簡単な形に書ける．

$$\sigma = \sum_k \frac{\mathbf{J}_k}{T} \cdot (\mathbf{f}_k - \nabla \mu_k) \tag{A 15.1.7}$$

変換 (A 15.1.1) は,$\mathbf{J}_k=\mathbf{J}'_k-\mathbf{V}n_k$ を意味する.これを式 (A 15.1.7) に代入して,エントロピー生成は次のようになる.

$$\sigma=\sum_k\frac{\mathbf{J}'_k}{T}\cdot(\mathbf{f}_k-\nabla\mu_k)-\mathbf{V}\cdot\sum_k(n_k\mathbf{f}_k-n_k\nabla\mu_k) \qquad (A\ 15.1.8)$$

力学平衡の条件 (A 15.1.6) によって,右辺第二項の和は 0 となる.よって不変性の定理が導かれ,変換 $\mathbf{J}_k \longrightarrow \mathbf{J}'_k=\mathbf{J}_k+\mathbf{V}n_k$ に対して,

$$\sigma=\sum_k\frac{\mathbf{J}_k}{T}\cdot(\mathbf{f}_k-\nabla\mu_k)=\sum_k\frac{\mathbf{J}'_k}{T}\cdot(\mathbf{f}_k-\nabla\mu_k) \qquad (A\ 15.1.9)$$

となる.

●エントロピー生成に対する別の表現

熱流 $\mathbf{J}_q$ の異なる定義を用いると,σ の表現はいくらか違ってくる.初歩的な例として,$\mathbf{J}_q$ を $\mathbf{J}_u$ であると定義すると,力 $\nabla(1/T)$ に関する流れは熱流となる.σ の別の表現は,物質流 $\mathbf{J}_k$ に関する力を $-\nabla(\mu_k/T)$ ではなく $-\nabla\mu_k$ とするとき得られる.$(1/T)$ の勾配から μ_k の勾配を分離することによって,式 (15.5.12) は次のようになる.

$$\sigma=\mathbf{J}'_u\cdot\nabla\frac{1}{T}-\sum_k\frac{\mathbf{J}_k\cdot\nabla\mu_k}{T}+\sum_k\frac{\mathbf{I}_k\cdot(-\nabla\psi)}{T}+\sum_j\frac{A_jv_j}{T} \qquad (A\ 15.1.10\ a)$$

ここで,

$$\mathbf{J}'_u=\mathbf{J}_u-\sum_k\mu_k\mathbf{J}_k=\mathbf{J}_q+\sum_k(u_k^0-\mu_k)\mathbf{J}_k=\mathbf{J}_q+\sum_k Ts_k\mathbf{J}_k \qquad (A\ 15.1.10\ b)$$

濃度勾配が T 一定で現れるとき,この表現を T 一定での μ の勾配を用いて書いておくと有用である.このために,次の関係

$$\frac{\partial\mu_k}{\partial x}=\left(\frac{\partial\mu_k}{\partial T}\right)_{n_k}\frac{\partial T}{\partial x}+\sum_k\left(\frac{\partial\mu_k}{\partial n_k}\right)_T\frac{\partial n_k}{\partial x}$$

に注目し,同じ関係は y, z 方向についても成り立つので,

$$\nabla\mu_k=\frac{\partial\mu_k}{\partial T}\nabla T+(\nabla\mu_k)_T \qquad (A\ 15.1.11)$$

ここで,$(\nabla\mu_k)_T=\sum(\partial\mu_k/\partial n_k)_T\nabla n_k$.この関係を用いて,

$$\nabla\frac{\mu_k}{T}=\left[\mu_k-T\left(\frac{\partial\mu_k}{\partial T}\right)\right]\nabla\frac{1}{T}+\frac{(\nabla\mu_k)_T}{T}$$
$$=u_k^0\nabla\frac{1}{T}+\frac{(\nabla\mu_k)_T}{T} \qquad (A\ 15.1.12)$$

ここで次の関係 (問題 15.2) を用いた.

$$u_k^0\equiv(\partial u^0/\partial n_k)_T=\mu_k+Ts_k=\mu_k-T(\partial\mu/\partial T)_{n_k}$$

式 (A 15.1.12) を式 (15.5.12) に代入して次式が得られる.

$$\sigma=\mathbf{J}_q\cdot\nabla\frac{1}{T}-\sum_k\frac{\mathbf{J}_k\cdot(\nabla\mu_k)_T}{T}+\sum_k\frac{\mathbf{I}_k\cdot(-\nabla\psi)}{T}+\sum_j\frac{A_jv_j}{T} \qquad (A\ 15.1.13)$$

ここで用いた熱流と de Groot, Mazur の古典的教科書〔文献 12〕で用いられた熱流との間に, 次の関係がある. $\mathbf{J}_u = \mathbf{J}_q^{DM}$, $\mathbf{J}_q = \mathbf{J}_q'^{DM}$ (DM は de Groot と Mazur が用いた熱流を示す).

文 献

1. Alder, B. J. and Wainright, T., in *Transport Processes in Statistical Mechanics*, 1958. New York: Interscience.
2. Prigogine, I., *Physica*, **15** (1949), 272–284.
3. Prigogine, I. and Xhrouet, E., *Physica*, **XV** (1949), 913.
4. Prigogine, I. and Mahieu, M., *Physica*, **XVI** (1950), 51.
5. Present, R. D., *J. Chem. Phys.*, **31** (1959), 747.
6. Ross, J. and Mazur, P., *J. Chem. Phys.*, **35** (1961), 19.
7. Baras, F. and Malek-Mansour, M., *Physica A*, **188** (1992), 253–276.
8. Jou, D., *Extended Irreversible Thermodynamics*, 1993, New York: Springer-Verlag.
9. Jou, D., *Extended Irreversible Thermodynamics*, 1996, New York, Berlin: Springer-Verlag.
10. Müller, I. and Ruggeri, T., *Extended Thermodynamics*. 1993, New York: Springer-Verlag.
11. Salamon, P. and Sieniutycz, S. (eds), *Extended Thermodynamic Systems*, 1992, New York: Taylor & Francis.
12. de Groot, S. R. and Mazur, P., *Non-Equilibrium Thermodynamics*, 1969, Amsterdam: North Holland.
13. Prigogine, I., *Etude Thermodynamique des Processus Irreversibles*, 1947, Liège: Desoer.

問 題

15.1 小さな体積要素 V に対して Gibbs の関係 $dU = TdS - pdV + \sum_k \mu_k dN_k$ が成立するとして, $Tds = du - \sum_k \mu_k dn_k$ が成り立つことを示せ. ただし, $s = S/V$, $u = U/V$, $n_k = N_k/V$ である.

15.2 (a) ヘルムホルツ自由エネルギー密度 f および Maxwell の関係を用いて, 次の関係を導け.

$$u_k \equiv \left(\frac{\partial u}{\partial n_k}\right)_T = \mu_k + Ts_k = \mu_k - T\left(\frac{\partial \mu_k}{\partial T}\right)_{n_k}$$

ただし, $s_k = (\partial s/\partial n_k)_T$
(b) 場(強さ ψ) の存在で, $u = u^0 + \sum_k \tau_k n_k \psi$ である. このとき,

$$f_k = \mu_k + \tau_k \psi$$

$$u_k^0 \equiv \left(\frac{\partial u^0}{\partial n_k}\right)_T = \mu_k + Ts_k = \mu_k - T\left(\frac{\partial \mu_k}{\partial T}\right)_{n_k}$$

を示せ.

15.3 エネルギー保存の法則 (15.4.3) およびモル数の釣合いの式 (15.3.10) を用いて, 式 (15.4.11) で定義される流れがエネルギー保存の式 (15.4.8) を満たすことを示せ.

15.4 式 (15.4.16), (15.4.17) から式 (15.4.18), (15.4.19) を導け.

15.5 式 (15.5.12) から式 (A 15.1.10 a), (A 15.1.10 b) を導け.

16. 非平衡熱力学：線形領域

16.1 線形現象論法則

　系が平衡に近いとき，力と流れの間の線形関係に基づく一般理論を定式化することができる．前章で，単位体積あたりのエントロピー生成は次の形

$$\sigma = \sum_k F_k J_k \tag{16.1.1}$$

で書かれることを示した．ここで F_k は力（例えば $1/T$ の勾配），J_k は流れ（例えば熱流）である．力は流れを駆動し，例えば $(1/T)$ の勾配が有限の値をとるとき，これにより熱流が引き起こされる．平衡では，すべての力および対応する流れは消える．すなわち，流れ J_k は力 F_k の関数であり，$F_k=0$ のとき，$J_k=0$ となる．力がその平衡値の 0 から少しはずれているとき，流れは力の線形関数となることが期待される．（このことは，言葉を換えれば，流れが力の解析的関数で与えられるということである）．すなわち，平衡に近いとき，力と流れとの間に次の関係が成り立つことが期待される．

$$J_k = \sum_j L_{kj} F_j \tag{16.1.2}$$

ここで L_{kj} は定数で，**現象論係数**（phenomenological coefficient）と呼ばれる．式 (16.1.2) は，例えば $(1/T)$ の勾配のような力が熱流だけでなく，物質流や電流など他の流れをも駆動すること，すなわち交差効果（cross effect）を示していることに注意してほしい．熱電効果はこのような交差効果の例で，温度勾配は熱流だけでな

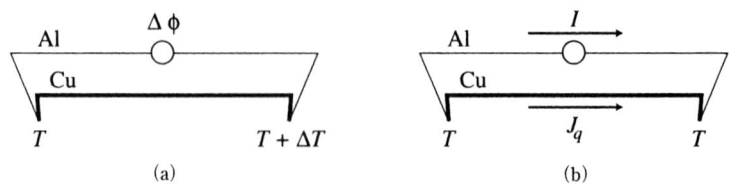

図 16.1
熱電効果は熱力学力と流れの間の交差効果である．(a) Seebeck 効果では，2 種の異なる金属線の両端を接続し，二つの接点を異なる温度に保つ．その結果，起電力 EMF が生じる．EMF は試料によって異なるが，通常温度差 1 K あたり 10^{-5} V の程度である．(b) Peltier 効果では，二つの接点を同じ温度に保つと，電流が系を流れ，電流は熱流を駆動する．Peltier の熱流は一般に電流 1 A あたり 10^{-5} J s^{-1} の程度である〔文献 1〕．

く電流をも駆動する（図 16.1）．もう一つの例は交差拡散で，ある成分の濃度勾配がその成分ばかりでなく他の成分の拡散流をも駆動する．このような交差効果は，ここで述べる不可逆過程熱力学による定式化がなされるずっと以前から知られていた．それぞれの交差効果は個々の問題として扱われ，統一された問題として把握されることはなかった．例えば，熱電現象は 1850 年代に研究され，William Thomson（Kelvin 卿）〔文献 2〕は観測される Seebeck 効果および Peltier 効果（図 16.1）に対して理論的根拠を与えた．(Kelvin の考え方は後に誤りを含むことが明らかになった)．その他の交差効果も 19 世紀に見出され研究されてきた．

交差効果を無視して，十分に確立された現象論法則には次のようなものがある．

$$\text{Fourier の熱伝導法則：} \quad \mathbf{J}_q = -\kappa \nabla T(x) \tag{16.1.3}$$

$$\text{Fick の拡散法則：} \quad \mathbf{J}_k = -D_k \nabla n_k(x) \tag{16.1.4}$$

$$\text{Ohm の電気伝導法則：} \quad I = \frac{V}{R} \tag{16.1.5a}$$

$$\text{Ohm の法則の別の形：} \quad \mathbf{I} = \frac{\mathbf{E}}{\rho} \tag{16.1.5b}$$

これらの式で，κ は熱伝導率，D_k は成分 k の拡散係数，n_k は成分 k の濃度である．また Ohm の法則は通常（16.1.5a）のように表され，I は電流，R は抵抗，V は電圧であるが，式（16.1.5b）のようにも表され，$\mathbf{I}$ は電流密度，$\mathbf{E}$ は電場強度，ρ は抵抗率（単位長さ，単位断面積あたりの抵抗）である．他の量は表 15.1 で定義されている．

一般的な関係（16.1.2）の一例として，図 16.1 に示した熱電現象について考えよう．交差効果も含めて熱電現象を表す式は

$$\mathbf{J}_q = L_{qq} \nabla \left(\frac{1}{T} \right) + L_{qe} \frac{\mathbf{E}}{T} \tag{16.1.6}$$

$$\mathbf{I}_e = L_{ee} \frac{\mathbf{E}}{T} + L_{eq} \nabla \left(\frac{1}{T} \right) \tag{16.1.7}$$

である．L_{qq}, L_{qe} などは式（16.1.2）の L_{ij} に相当する．これらの係数は種々の伝導体に対して実験的に測定される．後の節でこれらの例について詳細に論じよう．

現象論法則および種々の流れの間の交差効果は個々に研究され，1930 年代になって定式化が進められるまで，統一的な理論はなかった．統一理論の第一歩は，エントロピー生成と現象論法則を関係づけることである．線形現象論法則（16.1.2）が成り立つ条件の下で，エントロピー生成（16.1.1）は次の二次形式をとる．

$$\sigma = \sum_{jk} L_{jk} F_j F_k > 0 \tag{16.1.8}$$

ここで F_k は正または負の値をとりうる．条件（16.1.8）を満たす行列 L_{jk} は正定値といわれる．正定値の行列の性質は十分に調べられており，例えば二元の行列 L_{ij} は次の条件

$$L_{11}>0, \qquad L_{22}>0, \qquad (L_{12}+L_{21})^2 < 4L_{11}L_{22} \qquad (16.1.9)$$

を満たすときにのみ正定値である（問題16.1）．一般に正定値の行列の対角要素は正でなければならない．さらに，行列 L_{ij} が正定値であるために必要十分な条件は，その行列式および行や列を除いて得られるより低次の行列式がすべて正でなければならないことである．よって，第二法則にしたがって，固有係数（proper coefficient）L_{kk} は正でなければならず，一方，交差係数（cross coefficient）$L_{ik}(i \neq k)$ は正，負どちらもとりうる．さらに次節で述べるように，交差係数 L_{jk} は Onsager の相反関係 $L_{jk}=L_{kj}$ を満たさなければならない．エントロピー生成の正値および Onsager の関係が，線形非平衡熱力学の基礎となる．

16.2 Onsager の相反関係と対称性原理

交差効果に関連する相反関係 $L_{ij}=L_{ji}$ は，すでに19世紀に William Thomson（Kelvin 卿）やその他の人々によって気づかれていた．しかし，相反関係の以前の説明は，確実な基礎をもたず熱力学的推理に基づくもので，このため，W. Thomson らは相反定理を単なる推論とみなしていた．この関係に対して十分な基礎をもつ理論は1931年，Lars Onsager（1903～1976）によって与えられた．Onsager の理論は，平衡系に対して成り立つ詳細釣合いあるいは微視的可逆性の原理（principle of detailed balance or microscopic reversibility）に基づいている．

詳細釣合いあるいは微視的可逆性の原理は，14.2節で論じた平衡ゆらぎの一般的熱力学理論を用いて定式化される．そこでの主要な結果は次のようにまとめられる．
・ゆらぎ α_i に関連づけられるエントロピー $\Delta_i S$ は次のように書ける．

$$\Delta_i S = -\frac{1}{2}\sum_{i,j}g_{ij}\alpha_j\alpha_i = \frac{1}{2}\sum_i F_i \alpha_i \qquad (16.2.1)$$

ここで，

Lars Onsager (1903～1976) (The Emilio Segrè Visual Archives of the American Institute of Physics)

16.2 Onsager の相反関係と対称性原理

$$F_k = \frac{\partial \Delta_l S}{\partial \alpha_k} = -\sum_j g_{kj}\alpha_j \qquad (16.2.2)$$

は熱力学流れ $d\alpha_k/dt$ に共役な熱力学力である．

・Einstein の式（14.2.2）にしたがって，ゆらぎに関連づけられるエントロピーから次のゆらぎに対する確率分布が導かれる．

$$P(\alpha_1, \alpha_2, \cdots, \alpha_m) = Z\exp(\Delta_l S/k_B) = Z\exp\left[-\frac{1}{2}\sum_{i,j}g_{ij}\alpha_i\alpha_j\right] \qquad (16.2.3)$$

ここで k_B は Boltzmann 定数，Z は規格化定数である．

・14.2 節で述べたように，確率分布 (16.2.3) を用いて，F_i と α_j を結びつける次の式が導かれる．

$$\langle F_i\alpha_j\rangle = -k_B\delta_{ij} \qquad (16.2.4)$$

$$\langle \alpha_i\alpha_j\rangle = k_B(g^{-1})_{ij} \qquad (16.2.5)$$

ここで $(g^{-1})_{ij}$ は g_{ij} の逆行列である．

これらは相反定理 $L_{ik} = L_{ki}$ を導くために必要なゆらぎの理論の基本的な結果である．

● Onsager の相反関係

はじめに，線形現象論法則が成り立つとき，平衡からの偏り α_k は線形法則

$$J_k = \frac{d\alpha_k}{dt} = \sum_j L_{kj}F_j \qquad (16.2.6\,\text{a})$$

にしたがって減衰すると仮定する．これは式（16.2.2）によって次のようにも書ける．

$$J_k = \frac{d\alpha_k}{dt} = -\sum_{j,i}L_{kj}g_{ji}\alpha_i = \sum_i M_{ki}\alpha_i \qquad (16.2.6\,\text{b})$$

ここで行列 M_{ki} は行列 L_{kj} と g_{ji} の積である．式（16.2.6 a）と式（16.2.6 b）が等価であることは，通常式（16.2.6 b）で書かれる流れに対する現象式が，流れは力 F_k の一次関数であることを示す式（16.2.6 a）に変換できることを示している．

次に示すように，詳細釣合いの原理にしたがって，流れ $(d\alpha_k/dt)$ に対する α_i の効果は，流れ $(d\alpha_i/dt)$ に対する α_k の効果と同じである．この条件は α_i と $(d\alpha_k/dt)$ との間の相関 $\langle\alpha_i d\alpha_k/dt\rangle$ を用いて次のように表される．

$$\left\langle\alpha_i\frac{d\alpha_k}{dt}\right\rangle = \left\langle\alpha_k\frac{d\alpha_i}{dt}\right\rangle \qquad (16.2.7)$$

ある意味でこの相関は変数 α_i に依存する流れ $(d\alpha_k/dt)$ の部分のみを取り出している．式（16.2.7）の妥当性を認めれば，式（16.2.6 a）から相反関係が直接に導かれる．すなわち，式（16.2.6 a）に α_i を乗じ平均をとって，

$$\left\langle \alpha_i \frac{d\alpha_k}{dt} \right\rangle = \sum_j L_{kj} \langle \alpha_i F_j \rangle = -k_B \sum_j L_{kj} \delta_{ij} = -k_B L_{ki} \tag{16.2.8}$$

ここで $\langle F_i \alpha_j \rangle = -k_B \delta_{ij}$ の関係を用いた. 同様に,

$$\left\langle \alpha_k \frac{d\alpha_i}{dt} \right\rangle = \sum_j L_{ij} \langle \alpha_k F_j \rangle = -k_B \sum_j L_{ij} \delta_{kj} = -k_B L_{ik} \tag{16.2.9}$$

式 (16.2.7) が成り立てば, 直ちに **Onsager の相反定理** (reciprocal theorem)

$$L_{ki} = L_{ik} \tag{16.2.10}$$

に達する. ただし, 磁場 **B** の存在するとき, L_{ij} は **B** の関数となり, この場合, 相反関係は $L_{ki}(\mathbf{B}) = L_{ik}(-\mathbf{B})$ の形をとる. ここで当然, 式 (16.2.7) は何故成り立つのかという疑問に導かれる. Onsager はこの関係は微視的可逆性のゆえに正しいと考えた. Onsager によると, 微視的可逆性は,

「2 種の配置 A と B の間の遷移は, 与えられた時間 τ の間で A → B と B → A の両方向で等しい頻度で起こる」

という主張である.

この主張は, 9 章で論じた詳細釣合いの原理と同じである. この原理にしたがうと, もし時刻 t で α_i が値 $\alpha_i(t)$ をもち, 時刻 $t+\tau$ で相関する変数 α_k が値 $\alpha_k(t+\tau)$ をもつならば, そのとき時間を反転させた遷移は等しい頻度で起こる. このことは次のように表される.

$$\langle \alpha_i(t) \alpha_k(t+\tau) \rangle = \langle \alpha_k(t) \alpha_i(t+\tau) \rangle \tag{16.2.11}$$

式 (16.2.11) は, τ を $-\tau$ で置き換えても不変であることに注意する. この等式と

$$\frac{d\alpha_k}{dt} \approx \frac{\alpha_k(t+\tau) - \alpha_k(t)}{\tau}$$

から

$$\left\langle \alpha_i \frac{d\alpha_k}{dt} \right\rangle = \left\langle \alpha_i(t) \left\{ \frac{\alpha_k(t+\tau) - \alpha_k(t)}{\tau} \right\} \right\rangle = \frac{1}{\tau} \langle \alpha_i(t) \alpha_k(t+\tau) - \alpha_i(t) \alpha_k(t) \rangle \tag{16.2.12}$$

$$\left\langle \alpha_k \frac{d\alpha_i}{dt} \right\rangle = \left\langle \alpha_k(t) \left\{ \frac{\alpha_i(t+\tau) - \alpha_i(t)}{\tau} \right\} \right\rangle = \frac{1}{\tau} \langle \alpha_k(t) \alpha_i(t+\tau) - \alpha_k(t) \alpha_i(t) \rangle \tag{16.2.13}$$

となることから, 関係式 (16.2.7) が導かれる. すなわち, 関係 $\langle \alpha_i(t) \alpha_k(t+\tau) \rangle = \langle \alpha_k(t) \alpha_i(t+\tau) \rangle$ を用い, 式 (16.2.12), (16.2.13) で $\langle \alpha_i(t) \alpha_k(t) \rangle = \langle \alpha_k(t) \alpha_i(t) \rangle$ という事実を用いれば, 式 (16.2.7) が得られる.

すなわち, 詳細釣合いあるいは微視的可逆性の原理は $\langle \alpha_i(t) \alpha_k(t+\tau) \rangle = \langle \alpha_k(t) \alpha_i(t+\tau) \rangle$ で表され, これから相反関係 $L_{ij} = L_{ji}$ が導かれることがわかる.

●対称性原理

力と流れは一般に結合しているが，可能な結合は一般的な対称性原理により制限を受ける．この原理は，もともと熱力学とは関係のない形で Pierre Curie〔文献 4〕によって述べられたもので，「巨視的原因はそれが生み出す結果よりも低いかあるいは等しい対称性をもつ」と述べられる．これは Prigogine〔文献 5〕によって非平衡熱力学に導入され，対称性に基づいて力と流れの間の結合の可能性を消去する目的に利用された．これは **Curie の原理** と呼ばれることもあるが，ここでは **対称性原理** (symmetry principle) と呼ぶ．例えば，化学反応のような，高い等方性の対称性をもつスカラ量の熱力学力は，方向性をもつより低い対称性をもつ熱伝導を駆動することはできない．熱輸送と化学反応のある系を考えよう．エントロピー生成は，

$$\sigma = \mathbf{J}_q \cdot \nabla\left(\frac{1}{T}\right) + \frac{A}{T} v \tag{16.2.14}$$

これから次の一般的な線形現象論法則が導かれる．

$$\mathbf{J}_q = L_{qq} \nabla\left(\frac{1}{T}\right) + L_{qc} \frac{A}{T} \tag{16.2.15}$$

$$v = L_{cc} \frac{A}{T} + L_{cq} \nabla\left(\frac{1}{T}\right) \tag{16.2.16}$$

対称性原理にしたがうと，スカラ性の化学反応は，等方性と均質性の高い対称性をもつので，方向性をもち異方性の熱流を生起させることはできない．この原理は，スカラ性の原因はベクトル性の結果を生じることはできないということもできる．したがって，$L_{qc}=0$ である．さらに相反定理から，$L_{qc}=L_{cq}=0$ である．一般に，異なるテンソル性（スカラ，ベクトルおよびより高次のテンソル）の不可逆過程は互いに結合することはない．

対称性原理から，スカラ，ベクトルおよびテンソル過程のエントロピー生成はそれぞれ正でなければならない．上の例では，

$$\mathbf{J}_q \cdot \nabla\left(\frac{1}{T}\right) \geq 0, \qquad \frac{A}{T} v \geq 0 \tag{16.2.17}$$

（なお各相における化学反応によるエントロピー生成は，別々に正でなければならない）．このように対称性原理は不可逆過程の結合およびエントロピー生成に対してある制限を加える．

以下の節で，Onsager の相反定理の実験的意義を説明するために，いくつかの交差効果を詳細に検討しよう．

16.3 熱電現象

前節までに述べた理論の第一の例として，導線中の熱流 $\mathbf{J}_q$ と電流 $\mathbf{I}_e$ を含む熱電効

果を考えよう．これら二つの不可逆過程による単位体積あたりのエントロピー生成およびこれに関する線形現象論法則は次のとおりである．

$$\sigma = \mathbf{J}_q \cdot \nabla\left(\frac{1}{T}\right) + \frac{\mathbf{I}_e \cdot \mathbf{E}}{T} \tag{16.3.1}$$

$$\mathbf{J}_q = L_{qq}\nabla\left(\frac{1}{T}\right) + L_{qe}\frac{\mathbf{E}}{T} \tag{16.3.2}$$

$$\mathbf{I}_e = L_{ee}\frac{\mathbf{E}}{T} + L_{eq}\nabla\left(\frac{1}{T}\right) \tag{16.3.3}$$

ここで $\mathbf{E}$ は電場である．導線のような一次元系では，$\mathbf{J}_q, \mathbf{I}_e$ のベクトル性は重要でなく，ともにスカラ量として扱うことができる．係数 L_{qq}, L_{ee} を熱伝導率 κ，電気抵抗 R と関連づけるため，一次元系に対して式 (16.3.2), (16.3.3) を次のように書く．

$$J_q = -\frac{1}{T^2}L_{qq}\frac{\partial T}{\partial x} + L_{qe}\frac{E}{T} \tag{16.3.4}$$

$$I_e = L_{ee}\frac{E}{T} - \frac{1}{T^2}L_{eq}\frac{\partial T}{\partial x} \tag{16.3.5}$$

Fourier の熱伝導の法則 (16.1.3) は，電場 $E=0$ のときに成り立つ．式 (16.3.4) を Fourier の法則 (16.1.3) と比較して，次の関係が得られる．

$$\kappa = \frac{L_{qq}}{T^2} \tag{16.3.6}$$

ここで，**平衡に近い線形領域**（near-equilibrium linear region）の意味するところをより精確に述べることができる．それは係数 L_{qq}, L_{ee} などが定数として取り扱えることを意味する．$T(x)$ は位置の関数であるので，このことは厳密には正しくない．このことは，系の一端から他端までの T の変化が平均の T に比して小さいという近似でのみ正しい．平均温度を T_{avg} とすると，この条件は，すべての x に対して $|T(x) - T_{\text{avg}}|/T_{\text{avg}} \ll 1$ となる．このとき，$T^2 \approx T_{\text{avg}}^2$ となり，κT^2 の代わりに κT_{avg}^2 を用いることができる．

L_{ee} と電気抵抗 R の関係を見出すために，l を系の長さとして起電力 EMF が $V = -\Delta\phi = \int_0^l E dx$ と書けることに注意する．電流 I_e は x によらない．温度一定 $\partial T/\partial x = 0$ では，電流はすべて電位差による．系の全長にわたって式 (16.3.5) を積分して，

$$\int_0^l I_e dx = \frac{L_{ee}}{T}\int_0^l E dx, \qquad I_e l = \frac{L_{ee}}{T}V \tag{16.3.7}$$

この式と Ohm の法則 (16.1.5 a) を比較して，

$$L_{ee} = \frac{T}{(R/l)} = \frac{T}{r} \tag{16.3.8}$$

ここで r は単位長あたりの抵抗である．式 (16.1.5 b) で述べたように，Ohm の法則はまた一般的に次のようにも書ける．

$$\mathbf{I} = \frac{\mathbf{E}}{\rho} \tag{16.3.9}$$

ここで ρ は比抵抗で，$\mathbf{I}$ は電流密度，$\mathbf{E}$ は電場の強さである．式 (16.3.5) を式 (16.3.9) と比較して，次の一般的関係が得られる．

$$L_{ee} = \frac{T}{\rho} \tag{16.3.10}$$

すなわち，一次元系では比抵抗 ρ は単位長あたりの抵抗 r に等しい．

● Seebeck 効果

交差係数 L_{qe}, L_{eq} もまた実験的に測定される量に関係づけられる．Seebeck 効果 (BOX 16.1) では，異なる金属の二つの接合部の間の温度差によって起電力 EMF を生じる．この起電力は電流 0 の条件で測られる．この系に対して式 (16.3.4), (16.3.5) が用いられる．式 (16.3.5) で $I_e = 0$ とおいて，

$$0 = L_{ee} ET - L_{eq} \frac{\partial T}{\partial x} \tag{16.3.11}$$

この式を積分して，温度差 ΔT とこれによる起電力 $\Delta \phi = -\int E dx$ との間の関係を求めることができる．ΔT が小さく，$\int TE dx \approx T \int E dx = -T \Delta \phi$ と近似できるとして，次の関係が得られる．

$$L_{eq} = -L_{ee} T \left(\frac{\Delta \phi}{\Delta T} \right)_{I=0} \tag{16.3.12}$$

実験的に比 $-(\Delta \phi / \Delta T)_{I=0}$ が測定され，**熱起電力**（thermoelectric power）と呼ばれる．典型的な値を表 16.1 に示す．その符号は正であったり負であったりする．式 (16.3.12) を用いて係数 L_{eq} を測定値と関係づけることができる．

● Peltier 効果

Peltier 効果では，二つの接合部を同じ一定温度に保ち，系を通して電流 I を流す (BOX 16.1). このとき一方の接合部から他方の接合部へ熱が流れる．一方の接合部から熱を除くことによって二つの接合部の温度を等しく保つと，定常的な熱流 J_q が維持される．この条件で比

$$\Pi = \frac{J_q}{I_e} \tag{16.3.13}$$

が測定され，**Peltier 熱**と呼ばれる．Π / T の典型的な値を表 16.1 に示す．現象論係数 L_{qe} は次のように Peltier 熱と関係づけられる．二つの接合部の間の温度差はないので，$\partial T / \partial x = 0$，よって式 (16.3.4), (16.3.5) は次のようになる．

$$J_q = L_{qe} \frac{E}{T} \tag{16.3.14}$$

$$I_e = L_{ee}\frac{E}{T} \tag{16.3.15}$$

これらの式の比をとり，式 (16.3.8), (16.3.12) を用いると，

$$L_{qe} = \Pi L_{ee} = \Pi\frac{T}{(R/l)} = \Pi\frac{T}{r} \tag{16.3.16}$$

このようにして，現象論係数 L_{qe}, L_{eq} を交差効果の測定値と関係づけることができる．

線形現象論係数のすべてを実験的に測定される量で表し，次に相反関係に注目する．相反関係は

$$L_{qe} = L_{eq} \tag{16.3.17}$$

で表される．L_{eq} に対して式 (16.3.12)，L_{qe} に対して式 (16.3.16) を用いて，

$$-L_{ee}T\left(\frac{\Delta\phi}{\Delta T}\right) = \Pi L_{ee}, \quad -\left(\frac{\Delta\phi}{\Delta T}\right) = \frac{\Pi}{T} \tag{16.3.18}$$

いくつかの系についてこの予測が正しいことを示す実験データを表16.1に示す．

■ BOX 16.1 熱電現象における Onsager の相反関係

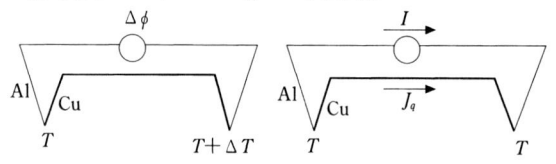

seebeck 効果
$-\Delta\phi/\Delta T$

Peltier 効果
$\Pi = J_q/I$

表 16.1 Onsager の相反関係を検証する実験結果*

熱電対	T (℃)	Π/T (μVK^{-1})	$-\Delta\phi/\Delta T$ (μVK^{-1})	L_{qe}/L_{eq}
Cu-Al	15.8	2.4	3.1	0.77
Cu-Ni	0	18.5	20.0	0.930
Cu-Ni	14	20.2	20.7	0.976
Cu-Fe	0	−10.16	−10.15	1.000
Cu-Bi	20	−71	−66	1.08
Fe-Ni	16	33.1	31.2	1.06
Fe-Hg	18.4	16.72	16.66	1.004

*より広範なデータは文献〔1〕にある．

16.4 拡　　散

線形非平衡熱力学の理論を拡散過程に適用してみよう．複数の化学種が同時に拡散

表 16.2 溶融ケイ酸塩において交差効果を示す Fick の拡散係数*

T (K)	D_{11} (m²s⁻¹)	D_{12} (m²s⁻¹)	D_{21} (m²s⁻¹)	D_{22} (m²s⁻¹)
1723	$(6.8\pm0.3)\times10^{-11}$	$(-2.0\pm0.5)\times10^{-11}$	$(-3.3\pm0.5)\times10^{-11}$	$(4.1\pm0.7)\times10^{-11}$
1773	$(1.0\pm0.1)\times10^{-10}$	$(-2.8\pm0.8)\times10^{-11}$	$(-4.2\pm0.8)\times10^{-11}$	$(7.3\pm0.4)\times10^{-11}$
1823	$(1.8\pm0.2)\times10^{-10}$	$(-4.6\pm0.6)\times10^{-11}$	$(-6.4\pm0.5)\times10^{-11}$	$(1.5\pm0.1)\times10^{-10}$

*ケイ酸塩組成は重量で CaO 40%, Al_2O_3 20%, SiO 40%〔文献 6,7〕.

するとき,ある化学種の流れが他の化学種の流れに影響する.すなわち,拡散する化学種の間で交差効果を生じる.いくつかの化学種の同時拡散に対する単位体積あたりのエントロピー生成は,

$$\sigma = -\sum_k \mathbf{J}_k \cdot \nabla\left(\frac{\mu_k}{T}\right) \tag{16.4.1}$$

ここで $\mathbf{J}_k$ は化学種 k の物質流,μ_k は化学ポテンシャルである.等温の条件で相当する線形法則は,

$$\mathbf{J}_i = -\sum_k \frac{L_{ik}}{T} \nabla \mu_k \tag{16.4.2}$$

はじめに,線形現象論係数 L_{ik} を実験的に測定される拡散係数 D_{ij} に関係づける.等温条件での同時拡散に対して,一般化 Fick の法則は次のように書ける.

$$\mathbf{J}_i = -\sum_k D_{ik} \nabla n_k(\mathbf{x}) \tag{16.4.3}$$

$n_k(\mathbf{x})$ は位置 $\mathbf{x}$ での成分 k の濃度である.例として,種々の温度における溶融ケイ酸塩溶液 CaO-Al_2O_3-SiO_2 系の拡散係数 D_{ij} を表 16.2 に示す〔文献 6,7〕.(気体および液体物質の拡散係数は 10 章で示されている).2 成分系について考えよう.Gibbs-Duhem の定理から,各成分の化学ポテンシャル,よって力 $-\nabla(\mu_k/T)$ のすべては独立でない.すなわち,T, p 一定の 2 成分系に対して

$$n_1 d\mu_1 + n_2 d\mu_2 = 0 \tag{16.4.4}$$

任意の $d\mathbf{r}$ に対して $d\mu_k = d\mathbf{r}\cdot\nabla\mu_k$ であるので,式 (16.4.4) から化学ポテンシャル勾配の間の関係,

$$n_1 \nabla\mu_1 + n_2 \nabla\mu_2 = 0 \tag{16.4.5}$$

が導かれる.この関係は熱力学力のすべてが独立ではないことを示す.したがって,すべての流れ $\mathbf{J}_k$ も独立でない.ほとんどの物理的状況で,流れの間の関係は"体積流のない条件"〔文献1〕で表現するのが便利である.2 成分系に対して,この条件は次のように表される.

$$\mathbf{J}_1 v_1 + \mathbf{J}_2 v_2 = 0 \tag{16.4.6}$$

ここで v_k は部分モル体積である.記号を簡単化するため,部分モル体積に対して $V_{m,k}$ の代わりに v_k を用いる.この式は拡散流が体積変化を生じないことを述べている(図 16.2).

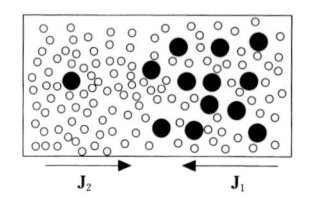

図 16.2 2 成分系における拡散
ほとんどの物理的状況で，拡散による成分の流れが体積変化を生じることはない．

式 (16.4.5) から，等温条件での拡散によるエントロピー生成は次のように書ける（問題 16.4）．

$$\sigma = -\frac{1}{T}\left(\mathbf{J}_1 - \frac{n_1}{n_2}\mathbf{J}_2\right) \cdot \nabla \mu_1 \tag{16.4.7}$$

（付 15.1 に示すように，一定の体積流があっても，σ は変わらない）．さて，体積流のない条件 (16.4.6) を用いて，エントロピー生成の式は次のように書ける．

$$\sigma = -\frac{1}{T}\left(1 + \frac{v_1 n_1}{v_2 n_2}\right)\mathbf{J}_1 \cdot \nabla \mu_1 \tag{16.4.8}$$

式 (16.4.8) で，流れ $\mathbf{J}_1$ と共役する力を関係づける線形現象論法則は，

$$\mathbf{J}_1 = -L_{11}\frac{1}{T}\left(1 + \frac{v_1 n_1}{v_2 n_2}\right)\nabla \mu_1 \tag{16.4.9}$$

この式を $\nabla \mu_1 = (\partial \mu_1 / \partial n_1) \cdot \nabla n_1$ の関係を用いて，Fick の法則 $\mathbf{J}_1 = -D_1 \nabla n_1$ と関係づけることができる．すなわち，

$$\mathbf{J}_1 = -L_{11}\frac{1}{T}\left(1 + \frac{v_1 n_1}{v_2 n_2}\right)\left(\frac{\partial \mu_1}{\partial n_1}\right)\nabla n_1 = -D_1 \nabla n_1 \tag{16.4.10}$$

と書けるので，これから現象論係数 L_{11} と拡散係数の間の関係は，

$$L_{11} = \frac{D_1 T}{\left(1 + \frac{v_1 n_1}{v_2 n_2}\right)\left(\frac{\partial \mu_1}{\partial n_1}\right)} \tag{16.4.11}$$

溶液中の溶質の拡散の場合，n_2 は溶媒のモル密度，n_1 は溶質のモル密度である．希薄理想溶液に対して，$\mu_1 = \mu_0(p, T) + RT \ln x_1$. ここで，$n_1 \ll n_2$ のとき $x_1 = n_1/(n_1 + n_2) \approx n_1/n_2$，の関係を用いると，$L_{11}$ と D_1 との関係は次のように簡単になる．

$$L_{11} = \frac{D_1 n_1}{R} \tag{16.4.12}$$

これは 10 章で示した通常の拡散係数と相当する現象論係数の間の関係である．

Onsager の相反定理を検証するためには，少なくとも 3 成分を必要とする．3 成分等温拡散系に対して，単位体積あたりのエントロピー生成は，

$$\sigma = -\frac{\mathbf{J}_1}{T} \cdot \nabla \mu_1 - \frac{\mathbf{J}_2}{T} \cdot \nabla \mu_2 - \frac{\mathbf{J}_3}{T} \cdot \nabla \mu_3 \tag{16.4.13}$$

3 成分系に対して，Gibbs-Duhem の式および体積流のない条件はそれぞれ次のようになる．

16.4 拡　　散

$$n_1\nabla\mu_1 + n_2\nabla\mu_2 + n_3\nabla\mu_3 = 0 \tag{16.4.14}$$

$$\mathbf{J}_1 v_1 + \mathbf{J}_2 v_2 + \mathbf{J}_3 v_3 = 0 \tag{16.4.15}$$

添字 3 は溶媒を，1,2 は溶質を示し，溶質の拡散における交差効果を考えよう．式 (16.4.14)，(16.4.15) を用いてエントロピー生成の式から $\mathbf{J}_3$, μ_3 を消去することができる．そのときエントロピー生成は二つの溶質に関する変数のみで表すことができる（問題 16.5）．

$$\sigma = \mathbf{F}_1 \cdot \mathbf{J}_1 + \mathbf{F}_2 \cdot \mathbf{J}_2 \tag{16.4.16}$$

ここで熱力学力 $\mathbf{F}_1, \mathbf{F}_2$ は次のように表される．

$$\mathbf{F}_1 = -\frac{1}{T}\left[\nabla\mu_1 + \frac{n_1 v_1}{n_3 v_3}\nabla\mu_1 + \frac{n_2 v_1}{n_3 v_3}\nabla\mu_2\right] \tag{16.4.17}$$

$$\mathbf{F}_2 = -\frac{1}{T}\left[\nabla\mu_2 + \frac{n_2 v_2}{n_3 v_3}\nabla\mu_2 + \frac{n_1 v_2}{n_3 v_3}\nabla\mu_1\right] \tag{16.4.18}$$

相当する現象論法則は次のようになる．

$$\mathbf{J}_1 = L_{11}\mathbf{F}_1 + L_{12}\mathbf{F}_2 \tag{16.4.19}$$

$$\mathbf{J}_2 = L_{21}\mathbf{F}_1 + L_{22}\mathbf{F}_2 \tag{16.4.20}$$

相反関係を検証するために，現象論係数 L_{ik} を一般化 Fick の法則

$$\mathbf{J}_1 = -D_{11}\nabla n_1 - D_{12}\nabla n_2 \tag{16.4.21}$$

$$\mathbf{J}_2 = -D_{21}\nabla n_1 - D_{22}\nabla n_2 \tag{16.4.22}$$

で測定される拡散係数 D_{ik} と関係づけることが必要である．$\mathbf{J}_2 = 0$ のとき，n_1 の濃度勾配による一定の $\mathbf{J}_1$ は n_2 の濃度勾配を生じる．流れおよび濃度勾配はただ一次元の方向，例えば x に沿うとしよう．このときすべての勾配は x に関する微分に相当する．（以下の計算はそのまま三次元に拡張することができる）．力 F_k を二つの拡散成分の濃度勾配を用いて表すことができる．化学ポテンシャル μ_k は n_k の関数であり，

$$\frac{\partial\mu_1}{\partial x} = \frac{\partial\mu_1}{\partial n_1}\frac{\partial n_1}{\partial x} + \frac{\partial\mu_1}{\partial n_2}\frac{\partial n_2}{\partial x} \tag{16.4.23}$$

同様の関係を μ_2 の勾配に対しても書くことができる．式 (16.4.17)，(16.4.18) にこれらの関係を用いて，式 (16.4.19)，(16.4.20) にこれらを代入して，流れ $\mathbf{J}_k$ を n_k の勾配を用いて書くことができる．二，三の計算（問題 16.6）の結果，拡散係数と線形現象論係数の間の次の関係が得られる．

$$L_{11} = \frac{dD_{11} - bD_{12}}{ad - bc}, \quad L_{12} = \frac{aD_{12} - cD_{11}}{ad - bc} \tag{16.4.24}$$

$$L_{21} = \frac{dD_{21} - bD_{22}}{ad - bc}, \quad L_{22} = \frac{aD_{22} - cD_{21}}{ad - bc} \tag{16.4.25}$$

ここで，

表 16.3 溶融ケイ酸塩における交差拡散の実験結果と Onsager の相反関係の検証〔文献 1, 6, 7〕

系	$D_{11}(\text{m}^2\text{s}^{-1})$	$D_{12}(\text{m}^2\text{s}^{-1})$	$D_{21}(\text{m}^2\text{s}^{-1})$	$D_{22}(\text{m}^2\text{s}^{-1})$	L_{12}/L_{21}	$T(\text{K})$
$\text{CaO-Al}_2\text{O}_3\text{-SiO}_2$	6.8×10^{-11}	-2.0×10^{-11}	-3.3×10^{-11}	4.1×10^{-11}	1.46 ± 0.44	1723
$\text{CaO-Al}_2\text{O}_3\text{-SiO}_2$	1.0×10^{-10}	-2.8×10^{-11}	-4.2×10^{-11}	7.3×10^{-11}	1.46 ± 0.44	1773
$\text{CaO-Al}_2\text{O}_3\text{-SiO}_2$	1.8×10^{-10}	-4.6×10^{-11}	-6.4×10^{-11}	1.5×10^{-10}	1.29 ± 0.36	1823

表 16.4 トルエン-クロロベンゼン-ブロモベンゼン系における拡散係数の実測値（30℃）と Onsager の相反関係の検証〔文献 8〕

X_1^*	X_2^*	$D_{11}/10^9(\text{m}^2\text{s}^{-1})$	$D_{12}/10^{-9}(\text{m}^2\text{s}^{-1})$	$D_{21}/10^{-9}(\text{m}^2\text{s}^{-1})$	$D_{22}/10^{-9}(\text{m}^2\text{s}^{-1})$	L_{12}/L_{21}
0.25	0.50	1.848	-0.063	-0.052	1.797	1.052
0.26	0.03	1.570	-0.077	-0.012	1.606	0.980
0.70	0.15	2.132	0.051	-0.071	2.062	0.942
0.15	0.70	1.853	0.049	-0.068	1.841	0.915

* X_1：トルエンのモル分率, X_2：クロロベンゼンのモル分率

$$a=\left(1+\frac{n_1v_1}{n_3v_3}\right)\left(\frac{\partial\mu_1}{\partial n_1}\right)+\frac{n_2v_1}{n_3v_3}\left(\frac{\partial\mu_2}{\partial n_1}\right), \quad b=\left(1+\frac{n_2v_2}{n_3v_3}\right)\left(\frac{\partial\mu_2}{\partial n_1}\right)+\frac{n_2v_2}{n_3v_3}\left(\frac{\partial\mu_1}{\partial n_1}\right)$$
(16.4.26)

$$c=\left(1+\frac{n_1v_1}{n_3v_3}\right)\left(\frac{\partial\mu_1}{\partial n_2}\right)+\frac{n_2v_1}{n_3v_3}\left(\frac{\partial\mu_2}{\partial n_2}\right), \quad d=\left(1+\frac{n_2v_2}{n_3v_3}\right)\left(\frac{\partial\mu_2}{\partial n_2}\right)+\frac{n_2v_2}{n_3v_3}\left(\frac{\partial\mu_1}{\partial n_2}\right)$$
(16.4.27)

これらの関係は行列表現でよりコンパクトに書くことができる（問題 16.7）．これらの関係から相反関係 $L_{12}=L_{21}$ が次のことを意味することを容易に示すことができる．

$$aD_{12}+bD_{22}=cD_{11}+dD_{21} \tag{16.4.28}$$

いくつかの3成分系に対する実験結果を表 16.3, 16.4 に示した．化学ポテンシャルと濃度の間の関係は正確に知られていないことが多く，また拡散係数の正確な測定はしばしば困難である．それにもかかわらず，実験誤差の範囲内で相反関係は十分よく成立していることがわかる．

16.5 化学反応

本節では，化学反応の問題において線形現象論法則がもつ意味を考えよう．詳細釣合いあるいは微視的可逆性の原理はすべての素反応段階の前向きの速さが逆向きの速さと釣り合うという条件で導入され，この定式化において Onsager の相反性は当然の帰結である．平衡においてそれぞれの素反応段階の正および逆過程が釣り合うとすれば，反応速度に関してそれ以外の関係は導けない．したがって，ここでの主要な仕事は Onsager の係数 L_{ij} と実験的に決定できる反応速度と関係づけることである．

ここでの定式化では Onsager の相反関係は自動的に成り立つはずである．

化学反応によるエントロピー生成は

$$\sigma = \sum_k \frac{A_k}{T}\left(\frac{d\xi_k}{dt}\right) = \sum_k \frac{A_k}{T} v_k \tag{16.5.1}$$

ここで v_k は反応 k の速度である．ここで反応速度は単位体積あたりと定義される．この場合，熱力学力は $F_k = A_k/T$，流れは $J_k = v_k$ である．9章で示したように，素反応段階とみなされる化学反応 k に対して，前向きおよび逆向きの速さを R_{kf}, R_{kr} とすると，反応速度 v_k および化学親和力 A_k は次のように書ける．

$$v_k = R_{kf} - R_{kr} \tag{16.5.2}$$

$$A_k = RT \ln\left(\frac{R_{kf}}{R_{kr}}\right) \tag{16.5.3}$$

式（16.5.2）に式（16.5.3）を入れて，速度 v_k は次のように書ける．

$$v_k = R_{kf}(1 - e^{-A_k/RT}) \tag{16.5.4}$$

これは熱力学平衡に近い線形現象論法則を論じるのに有用な関係である．式（16.5.4）は素反応に対してのみ成り立つことを記憶にとどめておくことが重要である．式（16.5.3）は詳細釣合いあるいは微視的可逆性の原理に基づいている．$A_k \to \infty$ の極限では，前向きの反応のみが起こる．

式（16.5.4）は，R_{kf} の項が定式化されていないので，親和力 A_k の関数として反応速度 v_k を与えるという式にはなっていない．速度と親和力とを関係づける一般的な熱力学的表現はない．反応速度は触媒の存在など，多くの非熱力学的な要因にも依存する．（触媒は平衡状態には何の影響も与えず，また前向きおよび逆向きの速さに同じ因子で変化させるので，化学親和力を変えることもない）．熱力学平衡に近い条件で，親和力と反応速度の間に一般化線形関係が成り立つはずである．この意味で，線形現象論法則は次の形をとる．

$$v_k = \sum_j L_{kj} \frac{A_j}{T} \tag{16.5.5}$$

係数 L_{kj} は，次に示すように実験による反応速度などの測定値と関係づけることができる．

● 単純反応

はじめに，単一の素反応段階よりなる単純反応を考えよう．式（16.5.4）は次のようになる．

$$v = R_f(1 - e^{-A/RT}) \tag{16.5.6}$$

平衡では，$A = 0$ である．前向き反応の速さの平衡値を $R_{f,eq}$ で表す．平衡からずれると，A は 0 でない値をもつ．平衡に近い条件は，

$$\frac{A}{RT} \ll 1 \tag{16.5.7}$$

で表される．A が RT に比して十分に小さいとき $R_f = R_{f,eq} + \Delta R_f$ とおくと，式(16.5.6)を展開して，v と A の間の線形関係

$$v = R_{f,eq}\frac{A}{RT} \tag{16.5.8}$$

を導くことができる．式(16.5.8)を現象論法則 $v = LA/T$ と比較して，次の関係が得られる．

$$L = \frac{R_{f,eq}}{R} = \frac{R_{r,eq}}{R} \tag{16.5.9}$$

最後の関係は，素反応過程の前向きと逆向きの反応の速さが平衡で等しくなるという事実から導かれる．

● 複合反応

系が多くの反応種や反応よりなるとき，反応のすべては独立でない．例として次の反応系を考えよう．

$$O_2(g) + 2C(s) \rightleftarrows 2CO(g) \tag{16.5.10}$$
$$O_2(g) + 2CO(g) \rightleftarrows 2CO_2(g) \tag{16.5.11}$$
$$2O_2(g) + 2C(s) \rightleftarrows 2CO_2(g) \tag{16.5.12}$$

第三の反応は上の二つの反応の和である．したがって，三つの反応のすべては独立でない．熱力学的には，このことは第三の反応の親和力ははじめの二つの反応の親和力の和として書けることを意味する．すでに4章で，複合反応の親和力は構成する反応の親和力の和であることを示した．現象論的関係は独立な熱力学力で表されるので，ただ独立な反応の親和力のみが用いられるべきである．また一般性を失うことなく，素反応の親和力のみを用いることができる．すべての反応は素反応に還元することができるからである．

系内のすべての化学反応が独立であれば，平衡近くでそれぞれの反応速度 v_k は相当する親和力のみに依存し，平衡反応速度は式(16.5.8)のように表される．交差項はない．一般的な定式化では，化学反応に対する交差項は，反応の全数が独立反応の数に等しくないときに現れる．このときいくつかの親和力は他の親和力の線形関数で表される．例として，単純化のため，しかし一般性を失わずに，次の一分子反応の簡単な組を考える．

$$W \rightleftarrows X \qquad R_{1f}, \quad R_{1r} \qquad A_1 \qquad v_1 \tag{16.5.13 a}$$
$$X \rightleftarrows Y \qquad R_{2f}, \quad R_{2r} \qquad A_2 \qquad v_2 \tag{16.5.13 b}$$
$$W \rightleftarrows Y \qquad R_{3f}, \quad R_{3r} \qquad A_3 \qquad v_3 \tag{16.5.13 c}$$

添字 f, r はそれぞれ前向きおよび逆向き反応を示す．この三つの反応のうち二つの反応のみが独立である．第三の反応は他の二つの反応の和で表され，次の関係がある．

$$A_1 + A_2 = A_3 \tag{16.5.14}$$

これらの反応による単位体積あたりのエントロピー生成は，

$$\sigma = v_1 \frac{A_1}{T} + v_2 \frac{A_2}{T} + v_3 \frac{A_3}{T} \tag{16.5.15}$$

親和力の間の関係 (16.5.14) を用いて，σ は二つの独立な親和力 A_1, A_2 を用いて書くことができる．

$$\sigma = (v_1 + v_3) \frac{A_1}{T} + (v_2 + v_3) \frac{A_2}{T}$$

$$= v_1' \frac{A_1}{T} + v_2' \frac{A_2}{T} > 0 \tag{16.5.16}$$

ここで，$v_1' = v_1 + v_3,\ v_2' = v_2 + v_3$ である．これら独立な速度と親和力を用いて，線形現象論法則は

$$v_1' = L_{11} \frac{A_1}{T} + L_{12} \frac{A_2}{T} \tag{16.5.17}$$

$$v_2' = L_{21} \frac{A_1}{T} + L_{22} \frac{A_2}{T} \tag{16.5.18}$$

と書ける．現象論係数 L_{ik} と測定量の反応速度との間の関係は，速度 v_k と親和力 A_k の間の一般的関係 (16.5.4) を用いて求めることができる．例えば，平衡近くで，$A_k/RT \ll 1$，v_1' は次のように書ける．

$$v_1' = v_1 + v_3 = R_{1f}(1 - e^{-A_1/RT}) + R_{3f}(1 - e^{-A_3/RT})$$

$$\approx R_{1f,eq} \frac{A_1}{RT} + R_{3f,eq} \frac{A_3}{RT} = \left(\frac{R_{1f,eq} + R_{3f,eq}}{R} \right) \frac{A_1}{T} + \frac{R_{3f,eq}}{R} \frac{A_2}{T} \tag{16.5.19}$$

ここで平衡近くで，$R_{kf} \approx R_{kf,eq}$（平衡での正反応の速さ）の関係を用いた．式 (16.5.19) と式 (16.5.17) を比較して

$$L_{11} = \left(\frac{R_{1f,eq} + R_{3f,eq}}{R} \right), \qquad L_{12} = \frac{R_{3f,eq}}{R} \tag{16.5.20}$$

同様にして，

$$L_{22} = \left(\frac{R_{2f,eq} + R_{3f,eq}}{R} \right), \qquad L_{21} = \frac{R_{3f,eq}}{R} \tag{16.5.21}$$

このように現象論係数 L_{ik} を平衡における反応の速さに関係づけることによって，$L_{12} = L_{21}$ が成り立つことが確かめられる．詳細釣合いあるいは微視的可逆性の原理は，$R_{3f} = R_{3r} = R_{3f,eq}$ の関係を通して導入されているので，Onsager の相反関係が成り立つのは当然である．

● σ の他の表現

以上の考察から，エントロピー生成は A_1, A_2 の代わりに A_2, A_3 で表すこともできることがわかる．エントロピー生成はただ一つの方法で書かれるわけではない．どのような方法でも，独立な親和力と速度が選ばれれば，相当する線形現象論係数が定義され，エントロピー生成 σ は独立な反応速度と親和力の異なる組で書くことができる．

$$\sigma = \sum_k v_k \frac{A_k}{T} = \sum_k v'_k \frac{A'_k}{T} > 0 \tag{16.5.22}$$

式 (16.5.15) や式 (16.5.16) はその例である．独立反応，したがって親和力の数は反応する化学種の数で制約される．均一系では，反応種の濃度変化はただ化学反応のみによるので，系の状態を定義するのに濃度 n_k の代わりに反応進度 ξ_k を選ぶことができる．化学ポテンシャル μ_k は ξ_k, p, T の関数になる．しかし，反応進度は少なくとも二つの反応種の変化に関係づけられるので，r 種の反応種よりなる系では多くとも $(r-1)$ 個の独立な反応進度 ξ_k がある．よって，すべての化学ポテンシャルは $\mu_k(\xi_1, \xi_2, \xi_3, \cdots, \xi_{r-1}, p, T)$ と表現することができる．これから与えられた p, T でただ $(r-1)$ 個の独立な化学ポテンシャルがあることになる．親和力 A_k は化学ポテンシャルの線形関数であるので，r 個の反応種をもつ系で多くとも $(r-1)$ 個の独立親和力がある．（しばしばこの事実は化学反応における質量の保存を用いて導かれる．このことは通常の化学反応では真であるが，核反応では質量は保存されないので，この議論は一般的でない．事実，質量は化学反応にとって付随的であり，その主要な結果は反応種の分子数の変化である）．

●結合反応における線形性

線形現象論法則が，条件 $A/RT \ll 1$ が満たされていれば，親和力 A の化学反応に対して成り立つことを示した．しかしながら，総括化学反応

$$X \longrightarrow Y \tag{16.5.23}$$

が m 個の中間体 $W_1, W_2, \cdots, W_m$ よりなるならば，$A/RT \ll 1$ の条件が成り立たないときでも，線形性を用いることが正当化される場合がある．総括反応 (16.5.23) が次の一連の反応

$$X \underset{}{\overset{(1)}{\rightleftarrows}} W_1 \underset{}{\overset{(2)}{\rightleftarrows}} W_2 \underset{}{\overset{(3)}{\rightleftarrows}} W_3 \rightleftarrows \cdots \rightleftarrows W_m \underset{}{\overset{(m+1)}{\rightleftarrows}} Y \tag{16.5.24}$$

を経て起こるとしよう．この $(m+1)$ 反応の組に対するエントロピー生成は，

$$T\sigma = A_1 v_1 + A_2 v_2 + \cdots + A_{m+1} v_{m+1} \tag{16.5.25}$$

となる．反応中間体 W_k が迅速に変換されるならば，これらの反応の速度は最も遅い反応速度によって実質的に決定される．この素反応段階を**律速段階** (rate-determining step) という. 最後の段階 $W_m \rightleftarrows Y$ が律速段階であるとしよう. このような系に対する速度式は,

$$\frac{d[\mathbf{X}]}{dt} = -v_1$$

$$\frac{d[\mathbf{W}_1]}{dt} = v_1 - v_2$$

$$\frac{d[\mathbf{W}_2]}{dt} = v_2 - v_3$$

$$\vdots$$

$$\frac{d[\mathbf{Y}]}{dt} = v_{m+1} \tag{16.5.26}$$

全体として迅速な変換が起こるので, $[W_k]$ に対して定常状態が成立し, $d[W_k]/dt \approx 0$ とおける. (この定常状態の仮定は例えば酵素反応に対する Michaelis-Menten の速度式を導くのに用いられる). このことは,

$$v_1 = v_2 = \cdots = v_{m+1} = v \tag{16.5.27}$$

を意味する. このとき全系のエントロピー生成は,

$$T\sigma = (A_1 + A_2 + \cdots + A_{m+1})v = Av \tag{16.5.28}$$

ここで全親和力は,

$$A = A_1 + A_2 + \cdots + A_{m+1} \tag{16.5.29}$$

さて, $(m+1)$ 個の反応のそれぞれに対して $A_k/RT \ll 1$ であれば, 線形法則が成り立つ範囲にあり, 式 (16.5.8) から

$$v_1 = R_{1f,eq}\frac{A_1}{RT}, \quad v_2 = R_{2f,eq}\frac{A_2}{RT}, \quad \cdots, \quad v_{m+1} = R_{(m+1)f,eq}\frac{A_{m+1}}{RT} \tag{16.5.30}$$

ここで, 例えば $R_{1f,eq}$ は式 (16.5.24) における反応 1 の正の平衡反応の速さである.

この場合に, $A = \sum_{k=1}^{m+1} A_k \gg RT$ であっても, 線形現象論法則が成り立つ. 式 (16.5.27), (16.4.28), (16.5.30) を用いて簡単な計算 (問題 16.9) によって,

$$v = \frac{R_{\text{eff}}}{RT}A \tag{16.5.31}$$

となる. ここで反応の有効速さ R_{eff} は次式で与えられる.

$$\frac{1}{R_{\text{eff}}} = \frac{1}{R_{1f,eq}} + \frac{1}{R_{2f,eq}} + \frac{1}{R_{3f,eq}} + \cdots + \frac{1}{R_{(m+1)f,eq}} \tag{16.5.32}$$

総括反応は素反応ではなく, 多くの素反応の結果であるので, $v = R_{\text{eff}}(1 - e^{-A/RT})$ は成り立たない.

ここで式 (16.5.31) を得るために単分子反応の一組 (16.5.24) を用いたが, この結果はより一般的に成り立つ. すなわち, すべての素反応段階に対して $A/RT \ll 1$ であり, また反応中間体の濃度が定常状態にあると仮定できるならば, そのような総括反応に対して線形現象論法則は一般に成り立つ.

16.6 異方性固体の熱伝導

異方性固体では，熱流 $\mathbf{J}_q$ は必ずしも温度勾配の方向にない．すなわちある方向の温度勾配が他の方向の熱流を引き起こすことがある．エントロピー生成は，

$$\sigma = \sum_{i=1}^{3} \mathbf{J}_{qi} \frac{\partial}{\partial x_i}\left(\frac{1}{T}\right) \tag{16.6.1}$$

ここで x_i は直交座標である．この系に対して現象論法則は，

$$\mathbf{J}_{qi} = \sum_k L_{ik} \frac{\partial}{\partial x_k}\left(\frac{1}{T}\right) = \sum_k \left(-\frac{L_{ik}}{T^2}\right)\frac{\partial T}{\partial x_k} \tag{16.6.2}$$

異方性固体では，熱伝導率は二階のテンソルである．経験的な Fourier の熱伝導法則は次のように書ける．

$$\mathbf{J}_{qi} = -\sum_k \kappa_{ik} \frac{\partial T}{\partial x_k} \tag{16.6.3}$$

式 (16.6.2) と式 (16.6.3) を比較して，

$$L_{ik} = T^2 \kappa_{ik} \tag{16.6.4}$$

相反関係 $L_{ik} = L_{ki}$ は

$$\kappa_{ik} = \kappa_{ki} \tag{16.6.5}$$

を意味する．すなわち，熱伝導率は対称テンソルである．しかし，多くの固体では結晶構造の対称性自体が $\kappa_{ik} = \kappa_{ki}$ を要請するので，この関係の検証は必ずしも相反定理を保証するものではない．一方，三方晶系（C_3, C_{3i}），正方晶系（C_4, S_4, C_{4h}）および六方晶系（C_6, C_{3h}, C_{6h}）の対称性をもつ結晶では，

$$\kappa_{12} = -\kappa_{21} \tag{16.6.6}$$

となるので，相反関係が成り立てば，

$$\kappa_{12} = \kappa_{21} = 0 \tag{16.6.7}$$

となる．式 (16.6.6) は，x 方向の温度勾配は正の y 方向へ熱流を引き起こすが，y 方向の温度勾配は負の x 方向へ熱流を引き起こすことを示している．Onsager の相反関係はこのことは不可能であることを示す．この関係を実験的に検証する一つの方法は Voigt, Curie によるもの（図16.3）で，もう一つの方法は Miller〔文献 1〕による．アパタイト（リン酸カルシウム）およびドロマイト（$CaMg(CO_3)_2$）の結晶

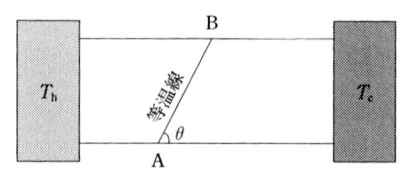

図 16.3 異方的熱伝導に対して相反関係を検証するための Curie と Voigt の方法

結晶の対称性の要求から $\kappa_{12} = -\kappa_{21}$ の関係にある異方性結晶を，温度 T_h および T_c の二つの熱浴に接触させておく．もし相反関係が成り立てば，$\kappa_{12} = \kappa_{21} = 0$ であり，これが成り立てば，等温線は x_1 方向に直交（$\theta = 90°$）しなければならない．

に対して，$(\kappa_{12}/\kappa_{11}) < 0.0005$ の結果が得られており〔文献1〕，相反関係が成立していることを示している．

16.7　界面動電現象と Saxen の関係

　界面動電現象は電流と物質流との結合による．多孔性の壁で仕切られた二つの室1，2を考える．2室の間に電圧 V を加えると（図16.4），電流が流れ，定常状態で圧力差 Δp が生じる．この圧力差は電気浸透圧（electroosmotic pressure）と呼ばれる．逆に，ピストンを用いて物質流 J を起こすと，電流 I が電極間を流れる．これを流動電流（streaming current）という．これまでと同じように，これらの効果を熱力学的に記述するには，与えられた条件の下でのエントロピー生成の表現から始めよう．この系は本質的に不連続で，2室の間に電位勾配でなく電位差がある．不連続系に対して，単位体積あたりのエントロピー生成 σ は全エントロピー生成 d_iS/dt で置き換えられる．さらに，2室間の流れにより生じるエントロピーは，形式的には電気化学ポテンシャル差が親和力として働く化学反応によるとみなすことができる．よって，

$$\frac{d_iS}{dt} = \sum_k \frac{\widetilde{A}_k}{T} \frac{d\xi_k}{dt} \tag{16.7.1}$$

ここで，

$$\widetilde{A}_k = (\mu_k^1 + z_k F \phi^1) - (\mu_k^2 + z_k F \phi^2) \tag{16.7.2}$$

$$d\xi_k = -dn_k^1 = dn_k^2 \tag{16.7.3}$$

これらの式で上つきの添字は室を示し，z_k は成分 k の電荷数，ϕ は電位，F は Faraday 定数である．2室間の圧力差が比較的小さいとき，$\partial \mu_k/\partial p = v_k$（部分モル体積）から，次のように書ける．

$$\mu_k^1 - \mu_k^2 = v_k \Delta p \tag{16.7.4}$$

式（16.7.1）は次のようになる．

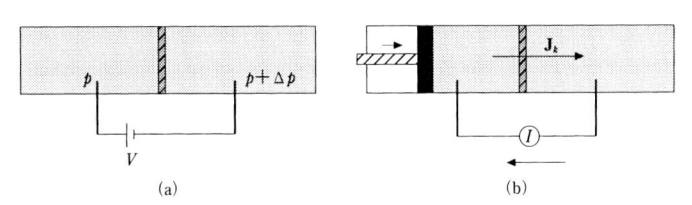

図16.4　界面動電現象
電解質溶液を入れた二つの室を多孔性の壁あるいは毛管で仕切る．(a)電位 V を加えると圧力差 Δp を生じる．これを電気浸透圧という．(b)ピストンを動かして溶液を仕切りを通して流すと，電流を生じる．これを流動電流という．

$$\frac{d_i S}{dt} = \frac{1}{T}\sum_k \left(-v_k \frac{dn_k^1}{dt}\right)\Delta p + \frac{1}{T}\sum_k (-I_k)\Delta\phi \tag{16.7.5}$$

ここで，$\Delta\phi = \phi^1 - \phi^2$，また $I_k = z_k F dn_k^1/dt$ は成分 k の流れによる電流である．すべての物質流の項とイオン流の項をそれぞれ集めて，式 (16.7.5) を次のようにコンパクトな形で書くことができる．

$$\frac{d_i S}{dt} = \frac{J\Delta p}{T} + \frac{I\Delta\phi}{T} \tag{16.7.6}$$

ここで，

$$J = -\sum_k v_k \frac{dn_k^1}{dt} \qquad :\text{体積流} \tag{16.7.7}$$

$$I = -\sum_k I_k \qquad :\text{電流} \tag{16.7.8}$$

式 (16.7.6) から導かれる現象論方程式は，

$$I = L_{11}\frac{\Delta\phi}{T} + L_{12}\frac{\Delta p}{T} \tag{16.7.9}$$

$$J = L_{21}\frac{\Delta\phi}{T} + L_{22}\frac{\Delta p}{T} \tag{16.7.10}$$

相反関係は

$$L_{12} = L_{21} \tag{16.7.11}$$

実験的には次の量が測定される．

・流動電位 (streaming potential)

$$\left(\frac{\Delta\phi}{\Delta p}\right)_{I=0} = -\frac{L_{12}}{L_{11}} \tag{16.7.12}$$

・電気浸透 (electroosmosis)

$$\left(\frac{J}{I}\right)_{\Delta p=0} = \frac{L_{21}}{L_{11}} \tag{16.7.13}$$

・電気浸透圧 (electroosmotic pressure)

$$\left(\frac{\Delta p}{\Delta\phi}\right)_{J=0} = -\frac{L_{21}}{L_{22}} \tag{16.7.14}$$

・流動電流 (streaming current)

$$\left(\frac{I}{J}\right)_{\Delta\phi=0} = \frac{L_{12}}{L_{22}} \tag{16.7.15}$$

相反関係 $L_{12} = L_{21}$ を用いて，式 (16.7.12)〜(16.7.15) から次の関係が導かれる．

$$\left(\frac{\Delta\phi}{\Delta p}\right)_{I=0} = -\left(\frac{J}{I}\right)_{\Delta p=0} \tag{16.7.16}$$

$$\left(\frac{\Delta p}{\Delta\phi}\right)_{J=0} = -\left(\frac{I}{J}\right)_{\Delta\phi=0} \tag{16.7.17}$$

これら二つの関係は Saxen の関係と呼ばれ，もともと特別の系に対して動力学的な考察から得られたものであるが，非平衡熱力学による定式化により一般的妥当性が確

かめられる．

16.8 熱 拡 散

熱流と物質流の間の相互作用によって，**Soret 効果**と **Dufour 効果**の二つの効果が生じる．Soret 効果では，熱流が物質流を引き起こし，Dufour 効果では，濃度勾配が熱流を駆動する．この場合の相反関係は，拡散と熱流によるエントロピー生成を次のように書くことによって求められる．

$$\sigma = \mathbf{J}_u \cdot \nabla\left(\frac{1}{T}\right) - \sum_{k=1}^{w} \mathbf{J}_k \cdot \nabla\left(\frac{\mu_k}{T}\right)$$

$$= \left(\mathbf{J}_u - \sum_{k=1}^{w} \mathbf{J}_k \mu_k\right) \cdot \nabla\left(\frac{1}{T}\right) - \sum_{k=1}^{w} \mathbf{J}_k \cdot \frac{1}{T} \nabla \mu_k \tag{16.8.1}$$

しかしこの表現は温度勾配と濃度勾配を完全に分離していない．μ_k は T, n_k, p の関数であり，$\nabla \mu_k$ の項は温度勾配を含んでいるからである．$\nabla \mu_k$ のあらわな形は，次の関係を用いて表現される．

$$d\mu_k = (d\mu_k)_{p,T} + \left(\frac{\partial \mu_k}{\partial T}\right)_{n_k,p} dT + \left(\frac{\partial \mu_k}{\partial p}\right)_{n_k,T} dp \tag{16.8.2}$$

ここで，

$$(d\mu_k)_{p,T} = \left(\frac{\partial \mu_k}{\partial n_k}\right)_{p,T} dn_k$$

さて，

$$\left(\frac{\partial \mu_k}{\partial T}\right)_{n_k,p} = \frac{\partial}{\partial T}\left(\frac{\partial G}{\partial n_k}\right)_{p,T} = \left[\frac{\partial}{\partial n_k}\left(\frac{\partial G}{\partial T}\right)\right]_{p,T} = -\left(\frac{\partial S}{\partial n_k}\right)_{p,T}$$

であるので，式 (16.8.2) は次のようになる．

$$d\mu_k = (d\mu_k)_{p,T} - S_{mk} dT + \left(\frac{\partial \mu_k}{\partial p}\right)_{n_k,T} dp \tag{16.8.3}$$

ここで，$S_{mk} = (\partial S/\partial n_k)_{p,T}$ は部分モルエントロピーである．ここでは $dp = 0$ が成り立つ力学的平衡にある系を考える．量 Y の位置による変化は，$dY = (\nabla Y) \cdot d\mathbf{r}$ と書けるので，式 (16.8.3) を用いて，$dp = 0$ で，

$$\nabla \mu_k = (\nabla \mu_k)_{p,T} - S_{mk} \nabla T$$

$$= (\nabla \mu_k)_{p,T} + S_{mk} T^2 \nabla\left(\frac{1}{T}\right) \tag{16.8.4}$$

式 (16.8.4) を式 (16.8.1) に入れて，

$$\sigma = \left(\mathbf{J}_u - \sum_{k=1}^{w} \mathbf{J}_k (\mu_k + TS_{mk})\right) \cdot \nabla\left(\frac{1}{T}\right) - \sum_{k=1}^{w} \mathbf{J}_k \cdot \frac{1}{T} (\nabla \mu_k)_{p,T} \tag{16.8.5}$$

さて，$G = H - TS$ から，$\mu_k + TS_{mk} = H_{mk}$（部分モルエンタルピー（$\partial H/\partial n_k)_{p,T}$）となるので，物質流を考慮に入れた熱流を次のように定義することができる．

$$\mathbf{J}_q \equiv \mathbf{J}_u - \sum_{k=1}^{w} H_{mk} \mathbf{J}_k \qquad (16.8.6)$$

圧力一定の閉鎖系では，組成変化によるエンタルピー変化は外部と交換される熱に等しい．また，体積一定の開放系では，交換される熱はエネルギー変化と物質流によるエンタルピー変化の差である．式 (16.8.6) で定義されるベクトル $\mathbf{J}_q$ は**還元熱流** (reduced heat flow) と呼ばれる．$\mathbf{J}_q$ を用いてエントロピー生成は次のように書ける．

$$\sigma = \mathbf{J}_q \cdot \nabla\left(\frac{1}{T}\right) - \sum_{k=1}^{w} \mathbf{J}_k \cdot \frac{(\nabla \mu_k)_{T,p}}{T} \qquad (16.8.7)$$

単純化のため，2成分系を考え，このとき $w=2$ である．16.4 節で拡散について述べたように，p, T 一定での Gibbs-Duhem の関係から，二つの化学ポテンシャルは独立でない．式 (16.4.5) から次の関係を得る．

$$n_1 (\nabla \mu_1)_{p,T} + n_2 (\nabla \mu_2)_{p,T} = 0 \qquad (16.8.8)$$

さらに，体積流のない条件は式 (16.4.6) から

$$\mathbf{J}_1 v_1 + \mathbf{J}_2 v_2 = 0 \qquad (16.8.9)$$

と書ける．式 (16.4.8) を導いたのと同じように，式 (16.8.8), (16.8.9) を式 (16.8.7) に用いて，

$$\sigma = \mathbf{J}_q \cdot \nabla\left(\frac{1}{T}\right) - \frac{1}{T}\left(1 + \frac{v_1 n_1}{v_2 n_2}\right) \mathbf{J}_1 \cdot (\nabla \mu_1)_{p,T} \qquad (16.8.10)$$

これから熱と物質の流れに対して次の現象論法則を書き下ろすことができる．

$$\mathbf{J}_q = L_{qq} \nabla\left(\frac{1}{T}\right) - L_{q1} \frac{1}{T}\left(1 + \frac{v_1 n_1}{v_2 n_2}\right) (\nabla \mu_1)_{p,T} \qquad (16.8.11)$$

$$\mathbf{J}_1 = L_{1q} \nabla\left(\frac{1}{T}\right) - L_{11} \frac{1}{T}\left(1 + \frac{v_1 n_1}{v_2 n_2}\right) (\nabla \mu_1)_{p,T} \qquad (16.8.12)$$

この表現の各項を Fourier の熱伝導法則および Fick の拡散法則に関係づけ，勾配を $\nabla \mu_1 = (\partial \mu_1 / \partial n_1) \nabla n_1$, $\nabla(1/T) = -(1/T^2) \nabla T$ と書くと，二つの流れはそれぞれ次のようになる．

$$\mathbf{J}_q = -\frac{L_{qq}}{T^2} \nabla T - L_{q1} \frac{1}{T}\left(1 + \frac{v_1 n_1}{v_2 n_2}\right) \frac{\partial \mu_1}{\partial n_1} \nabla n_1 \qquad (16.8.13)$$

$$\mathbf{J}_1 = -\frac{L_{1q}}{T^2} \nabla T - L_{11} \frac{1}{T}\left(1 + \frac{v_1 n_1}{v_2 n_2}\right) \frac{\partial \mu_1}{\partial n_1} \nabla n_1 \qquad (16.8.14)$$

これから拡散係数および熱伝導率は次のようになる．

$$D_1 = L_{11} \frac{1}{T}\left(1 + \frac{v_1 n_1}{v_2 n_2}\right) \frac{\partial \mu_1}{\partial n_1}, \qquad \kappa = \frac{L_{qq}}{T^2} \qquad (16.8.15)$$

相反関係は

$$L_{q1} = L_{1q} \qquad (16.8.16)$$

交差流 $-(L_{1q}/T^2) \nabla T$ は，通常のように物質流が n_1 に比例するように書くと，$-n_1 D_T \nabla T$ となる．ここで D_T は**熱拡散係数** (coefficient of thermal diffusion) で

16.8 熱拡散

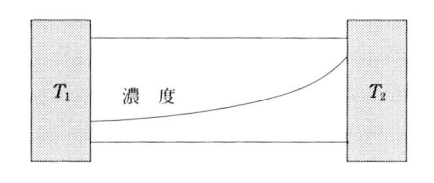

図16.5 熱拡散
温度差によって生じる熱流が濃度差を形成する.

ある. 熱拡散係数と通常の拡散係数の比として **Soret 係数** s_T が定義される.

$$s_T = \frac{D_T}{D_1} = \frac{L_{1q}}{D_1 T^2 n_1} \tag{16.8.17}$$

温度勾配をもつ閉鎖系（図16.5）では，濃度勾配が熱流によって形成される．濃度勾配の定常値は，$J_1 = 0$ とおいて求められる．すなわち，

$$\mathbf{J}_1 = -\frac{L_{1q}}{T^2}\nabla T - D_1 \nabla n_1 = 0 \tag{16.8.18}$$

$L_{1q}/T^2 = n_1 D_T$ であるので，二つの勾配の比は，

$$\frac{\nabla n_1}{\nabla T} = -\frac{n_1 D_T}{D_1} = -n_1 s_T \tag{16.8.19}$$

Soret 係数は次元 T^{-1} をもつ．その値は普通は小さく，電解質，非電解質溶液や気体で $10^{-2} \sim 10^{-3}$ であるが〔文献10〕，高分子溶液では大きくなる．熱拡散は同位体の分離に利用されてきた〔文献11〕.

物質流により運ばれる熱流は **Dufour 係数** D_d で特徴づけられる．物質流により運ばれる熱は濃度 n_1 に比例するので，Dufour 係数は

$$n_1 D_d = L_{q1}\frac{1}{T}\left(1 + \frac{v_1 n_1}{v_2 n_2}\right)\frac{\partial \mu_1}{\partial n_1} \tag{16.8.20}$$

で定義される．$L_{1q}/T^2 = n_1 D_T$ であるので，Onsager の相反関係 $L_{1q} = L_{q1}$ は，Dufour 係数と熱拡散係数に対して，次の関係

$$\frac{D_d}{D_T} = T\left(1 + \frac{v_1 n_1}{v_2 n_2}\right)\frac{\partial \mu_1}{\partial n_1} \tag{16.8.21}$$

を予測する．この関係は実験的に確かめられている．

以上のように，非平衡熱力学は不可逆過程の統一理論を与える．Onsager の相反関係は一般的で，線形現象論法則が適用されるすべての系に対して成り立つ．

文 献

1. Miller, D. G., Thermodynamics of irreversible processes. *Chem. Rev.*, **60** (1960) 15–37.
2. Thomson, W., *Proc. R. Soc. (Edinburgh)*, **3** (1854), 225.
3. Onsager, L., Reciprocal relations in irreversible processes I. *Phys. Rev.*, **37** (1931), 405–426.
4. Curie, P., *Oeuvres de Pierre Curie*. 1908, Paris: Gauthier-Villars.
5. Prigogine, I., *Etude Thermodynamique des Processus Irreversibles*. 1947, Liège:

Desoer.
6. Sugawara, H., Nagata, K., and Goto, K., *Metall. Trans. B.*, **8** (1977), 605.
7. Spera, F. J. and Trial, A., Verification of the Onsager reciprocal relations in molten silicate solution. *Science*, **259** (1993), 204–206.
8. Kett, T. K. and Anderson, D. K., Ternary isothermal diffusion and the validity of the Onsager reciprocal relations. *J. Phys. Chem.*, **73** (1969), 1268–1274.
9. Prigogine, I., *Introduction to Thermodynamics of Irreversible Processes*. 1967, New York: John Wiley.
10. Jost, J., *Diffusion in Solids, Liquids and Gases*. 1960, New York: Academic Press.
11. Jones, R. C. and Furry, W. H., The separation of isotopes by thermal diffusion. *Rev. Mod. Phys.*, **18** (1946), 151–224.

参考書

- Katchalsky, A., *Nonequilibrium Thermodynamics and Biophysics*. 1965, Cambridge MA.: Harvard University Press.
- Jost, J., *Diffusion in Solids, Liquids and Gases*. 1960, New York: Academic Press.
- de Groot, S. R. and Mazur, P., *Non-Equilibrium Thermodynamics*. 1969, Amsterdam: North Holland.
- Forland, K. S., *Irreversible Thermodynamics: Theory and Applications*. 1988, New York: John Wiley.
- Haase, R., *Thermodynamics of Irreversible Processes*. 1990, New York: Dover.
- Kuiken, G. D. C., *Thermodynamics of Irreversible Processes*. 1994, New York: John Wiley.
- Landsberg, P. T., *Nature*, **238** (1972) 229–231.
- Samohyl, I., *Thermodynamics of Irreversible Processes in Fluid Mixtures: Approached by Rational Thermodynamics*. 1987, Leipzig: B. G. Teubner.
- Stratonovich, R. L., *Nonlinear Nonequilibrium Thermodynamics*. 1992, New York: Springer-Verlag.
- Wisniewski, S., *Thermodynamics of Nonequilibrium Processes*. 1976, Dordrecht: D. Reidel.
- 熱拡散の場合，定常状態への濃度の時間的発展の解析；S. R. de Groot in *Physica*, **9** (1952), 699.
- 熱拡散と化学反応が関与する定常状態の解析；I. Prigogine and R. Buess, *Acad. R. Belg.*, **38** (1952), 711.

問 題

16.1 正定値の $[2\times 2]$ 行列に対して，式 (16.1.9) が成立することを示せ．

16.2 Onsager が仮定した等式 (16.2.11) の例を示せ．また，この等式が成り立たない場合の例を示せ．

16.3 表 16.2 のデータを用いて，適当な値のある成分の勾配による他の成分の交差拡散流の大きさを推定せよ．

16.4 式 (16.4.1) と式 (16.4.5) から式 (16.4.7) を導け．

16.5 3成分系の拡散に対して，エントロピー生成が次式で与えられることを示せ．

$$\sigma = \mathbf{F}_1 \cdot \mathbf{J}_1 + \mathbf{F}_2 \cdot \mathbf{J}_2$$

ここで熱力学力 $\mathbf{F}_1, \mathbf{F}_2$ は次式で与えられる.

$$\mathbf{F}_1 = -\frac{1}{T}\left[\nabla\mu_1 + \frac{n_1 v_1}{n_3 v_3}\nabla\mu_1 + \frac{n_2 v_1}{n_3 v_3}\nabla\mu_2\right]$$

$$\mathbf{F}_2 = -\frac{1}{T}\left[\nabla\mu_2 + \frac{n_2 v_2}{n_3 v_3}\nabla\mu_2 + \frac{n_1 v_2}{n_3 v_3}\nabla\mu_1\right]$$

16.6 3成分系の拡散に対して,現象論係数が式 (16.4.24)~(16.4.27) で与えられることを示せ (Mathematica あるいは Maple を用いてもよい).

16.7 3成分系の拡散に対して,式 (16.4.17)~(16.4.27) を行列の形で書け.

16.8 9章に示した化学反応の一つに対して,線形現象論法則が用いられる条件を明示せよ.

16.9 式 (16.5.27), (16.5.28), (16.5.30) を用いて,線形現象論式 (16.5.31), $v = (R_{\text{eff}}/RT)A$ が導かれることを示せ.ただし,反応の有効速さ R_{eff} は次式で定義される.

$$\frac{1}{R_{\text{eff}}} = \frac{1}{R_{1\text{f,eq}}} + \frac{1}{R_{2\text{f,eq}}} + \frac{1}{R_{3\text{f,eq}}} + \cdots + \frac{1}{R_{(m+1)\text{f,eq}}}$$

17. 非平衡定常状態とその安定性：線形領域

17.1 非平衡条件の下での定常状態

エネルギーや物質の流れによって系は非平衡状態に維持される．前章で，線形領域にある非平衡系のいくつかの例について調べた．本節では，非平衡状態の性質を理解するために，これらの系についてより詳細に検討しよう．一般に，熱力学平衡にない系が定常（時間に依存しない）状態にあるわけではない．実際，18，19 章でみるように，平衡から遠く離れた系では，線形現象論法則はもはや成り立たず，濃度振動や伝播波，あるいはカオスさえ示すことがある．しかし，線形領域では，すべての系は定常状態に発展し，そこでエントロピー生成は一定になる．線形領域にある非平衡定常状態におけるエントロピー生成やエントロピー流を理解するために，いくつかの簡単な系について考察しよう．

●熱勾配

一端を温度 T_h の高温の熱浴，他端を温度 T_c の低温の熱浴と接触している長さ L の系（図 17.1）を考えよう．3.5 節およびより詳細に 16 章で，熱流によるエントロ

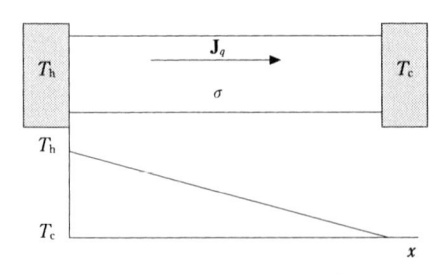

図 17.1 一定の熱流によって維持される温度勾配
定常状態でのエントロピー流は $J_{s,\mathrm{out}} = d_\mathrm{i}S/dt + J_{s,\mathrm{in}}$．定常状態は Fourier 熱伝導式を解くか，エントロピー生成極小の定理を用いて求めることができる．両方とも，温度 $T(x)$ が位置 x の線形関数であることを導く．

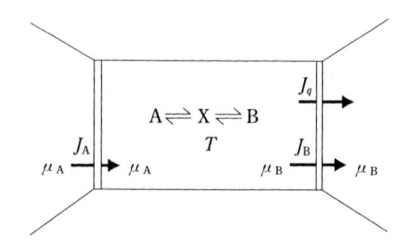

図 17.2 開放化学反応系
成分 A の流入，成分 B の流出によって，化学ポテンシャル $\mu_\mathrm{A}, \mu_\mathrm{B}$ をある非平衡値に維持すると，X の濃度は非平衡値に保たれる．系はまた反応熱を除去することによって一定温度に保たれる．

17.1 非平衡条件の下での定常状態

ピー生成を論じたが，エントロピー釣合いについては詳しく考えなかった．ここでは熱伝導がただ一つの不可逆過程であるとする．この系に対して，流れおよび力に表15.1の結果を用いて，単位体積あたりのエントロピー生成は次のようになる．

$$\sigma = \mathbf{J}_q \cdot \nabla \left(\frac{1}{T} \right) \tag{17.1.1}$$

温度勾配がただ x 方向にのみあるとすると，単位長さあたりのエントロピー生成は，

$$\sigma(x) = J_q \frac{\partial}{\partial x}\left(\frac{1}{T(x)}\right) = -J_q \frac{1}{T^2}\frac{\partial T(x)}{\partial x} \tag{17.1.2}$$

全エントロピー生成は，

$$\frac{d_\mathrm{i} S}{dt} = \int_0^L \sigma(x)dx = \int_0^L J_q \cdot \frac{\partial}{\partial x}\left(\frac{1}{T}\right) dx \tag{17.1.3}$$

このような系は定常的な温度分布と均一な熱流 $\mathbf{J}_q$ をもつ状態に達する．(定常的な温度分布 $T(x)$ は熱流が均一であることを意味する．そうでないと熱の蓄積あるいは除去が起こり，時間に依存する分布になる)．温度分布の発展は Fourier の熱伝導法則を用いて求められる．

$$C\frac{\partial T}{\partial t} = -\nabla \cdot \mathbf{J}_q, \qquad \mathbf{J}_q = -\kappa \nabla T \tag{17.1.4}$$

ここで C は単位体積あたりの熱容量，κ は熱伝導率である．式 (17.1.4) の第一式は，エネルギー変化がまったく熱流による場合のエネルギー保存を表す．(熱素説を支持した Fourier にとって，この式は熱素 (caloric) の保存を表していた)．一次元系に対して，二つの式を結合して次式を得る．

$$C\frac{\partial T}{\partial t} = \kappa \frac{\partial^2 T}{\partial x^2} \tag{17.1.5}$$

定常状態 $\partial T/\partial t = 0$ で，$T(x)$ は x の一次関数となり (図17.1)，$\mathbf{J}_q =$ 一定となることが容易にわかる．定常状態では，また系のエントロピーなどすべての熱力学量は一定にとどまる．例えば，

$$\frac{dS}{dt} = \frac{d_\mathrm{e}S}{dt} + \frac{d_\mathrm{i}S}{dt} = 0 \tag{17.1.6}$$

系から流れ出るエントロピーが系に入るエントロピーと系内でのエントロピー生成に等しいときにのみ，全エントロピーは一定になる．このことは積分 (17.1.3) を見積もることによって明らかになる．すなわち，

$$\frac{d_\mathrm{i}S}{dt} = \int_0^L J_q \cdot \frac{\partial}{\partial x}\left(\frac{1}{T}\right)dx = \left.\frac{J_q}{T}\right|_0^L = \frac{J_q}{T_\mathrm{c}} - \frac{J_q}{T_\mathrm{h}} > 0 \tag{17.1.7}$$

ここで J_q は一定とし，J_q/T_h は系に入るエントロピー $J_{s,\mathrm{in}}$，J_q/T_c は系から出るエントロピー $J_{s,\mathrm{out}}$ であり，外部と交換されるエントロピーは，$d_\mathrm{e}S/dt = (J_q/T_\mathrm{h}) - (J_q/T_\mathrm{c})$ である．エントロピー生成が正であることは J_q が正でなければならないことを要求

することに注意し，次のエントロピー釣合いの式を得る．

$$\frac{d_iS}{dt} + (J_{s,\text{in}} - J_{s,\text{out}}) = \frac{d_iS}{dt} + \frac{d_eS}{dt} = 0 \qquad (17.1.8)$$

$d_iS/dt > 0$ であるので，外部と交換されるエントロピーは負，すなわち $d_eS/dt = J_{s,\text{in}} - J_{s,\text{out}} < 0$ である．非平衡状態は外界との負エントロピーの交換によって維持されている．あるいは，系は不可逆過程によって生じるエントロピーを廃棄しているということもできる．

● 開放化学系

外部と物質やエネルギーを交換する開放化学系では，物質およびエネルギーの交換に関係するエネルギーおよびエントロピーの流れを確定することができる．また反応速度式を用いて，定常状態を定めることができる．例として，異性化のような単分子反応を起こす化学系を考えよう．すなわち，

$$A \underset{k_{1r}}{\overset{k_{1f}}{\rightleftarrows}} X \underset{k_{2r}}{\overset{k_{2f}}{\rightleftarrows}} B \qquad (17.1.9)$$

対応する単位体積あたりのエントロピー生成は，

$$\sigma = \frac{A_1}{T}v_1 + \frac{A_2}{T}v_2 > 0 \qquad (17.1.10)$$

ここで A_k ($k=1,2$) は親和力，v_k は反応速度である．9.5 節で論じたように，正反応の速さを R_{kf}，逆反応の速さを R_{kr} とすれば，

$$v_k = R_{kf} - R_{kr}, \qquad A_k = RT\ln\left(\frac{R_{kf}}{R_{kr}}\right) \qquad (17.1.11)$$

系は十分によく撹拌されていて，濃度および温度の均一性は保たれているとする．図 17.2 に図示したように，この系は化学ポテンシャル μ_A および μ_B の物質浴と接触し，反応熱は熱流により除かれ，系の温度は一定に保たれる．

定常状態で，系の全エントロピーは一定にとどまる．すなわち，

$$\frac{dS}{dt} = \frac{d_eS}{dt} + \frac{d_iS}{dt} = 0, \quad \text{ここで} \quad \frac{d_iS}{dt} = \int_V \sigma dV > 0 \qquad (17.1.12)$$

これは外部と交換されるエントロピーは負でなければならないことを意味する．

$$\frac{d_eS}{dt} = -\frac{d_iS}{dt} < 0 \qquad (17.1.13)$$

熱伝導の場合と同じように，交換されるエントロピーを物質浴からの A の流入と物質浴への B の流出に関係づけることができる．15.5 節（式 (15.5.7)）で，エントロピー流 $\mathbf{J}_s$ が

$$\mathbf{J}_s = \frac{\mathbf{J}_u}{T} - \sum_k \frac{\mu_k \mathbf{J}_k}{T} \qquad (17.1.14)$$

で与えられることを示した．$\mathbf{J}_u$ はエネルギー流である．系へ入る全エントロピー

d_eS/dt は，$\mathbf{J}_s$ を境界面について積分することによって次のように求められる．

$$\frac{d_eS}{dt} = \frac{1}{T}\frac{d\Phi}{dt} - \frac{\mu_A}{T}\frac{d_eN_A}{dt} - \frac{\mu_B}{T}\frac{d_eN_B}{dt} < 0 \quad (17.1.15)$$

ここで，$d\Phi/dt$ は全エネルギー流（これは全内部エネルギーの交換速度 dU/dt とは異なる），d_eN_A/dt, d_eN_B/dt はそれぞれ A, B の流れである．式 (15.5.9) からエントロピー流はまた $\mathbf{J}_s = \mathbf{J}_q/T + \sum_k s_k \mathbf{J}_k$ と書くことができる（$s_k = (\partial s/\partial n_k)_T$ は部分モルエントロピー，$\mathbf{J}_q$ は熱流）．熱流がなければ，エントロピー流は

$$\frac{d_eS}{dt} = s_A\frac{d_eN_A}{dt} + s_B\frac{d_eN_B}{dt} \quad (17.1.16)$$

と書くことができる（s_A および s_B の単位は（エントロピー/mol）であることに注意）．上に述べたように，これは非平衡系に対して負でなければならない．このことは系から出る化学種は系へ入る化学種よりもより多くのエントロピーを運ばなければならないことを意味する．

[X] の定常値は反応速度式から容易に求められる．

$$\frac{d[X]}{dt} = v_1 - v_2 = (R_{1f} - R_{1r}) - (R_{2f} - R_{2r})$$
$$= k_{1f}[A] - k_{1r}[X] - k_{2f}[X] + k_{2r}[B] \quad (17.1.17)$$

反応速度式 (17.1.17) は濃度を用いて書くのが普通であるが，化学反応の熱力学を定式化するためには，反応速度則を前提としないで，反応速度を用いて書くほうがより一般的である．式 (17.1.17) に対して定常状態の解は，$d[X]/dt = 0$ から

$$v_1 = v_2 \quad (17.1.18)$$

あるいは

$$[X] = \frac{k_{1f}[A] + k_{2r}[B]}{k_{1r} + k_{2f}} \quad (17.1.19)$$

X の流入と Y の流出を伴う一連の連結反応

$$X \underset{}{\overset{1}{\rightleftarrows}} W_1 \underset{}{\overset{2}{\rightleftarrows}} W_2 \rightleftarrows \cdots \rightleftarrows W_{n-1} \underset{}{\overset{n}{\rightleftarrows}} Y \quad (17.1.20)$$

に対して，定常状態に対する上の結果は次のように一般化される（問題 17.4）．

$$v_1 = v_2 = \cdots = v_n \quad (17.1.21)$$

ここで v_k は反応 k の速度である．

●電気回路素子におけるエントロピー生成

抵抗，キャパシター，インダクタンスなど電気回路素子において電気的エネルギーが熱へ不可逆的に変換されるが，これもエントロピー生成を導く．回路素子に対する熱力学による定式化はそこでのエネルギー変化を考慮して展開される．10.1 節で，電場が存在するとき次の関係が成り立つことを示した．

$$dU = TdS - pdV + \sum_k \mu_k dN_k + \sum_k Fz_k\phi_k dN_k \quad (17.1.22)$$

ここで F は Faraday 定数, z_k はイオンの価数で, $Fz_k dN_k$ は運ばれる電荷量 dQ を表す. この電荷量が系内で不可逆的に電位 ϕ_1 から ϕ_2 まで運ばれるとき, エントロピー生成は,

$$\frac{d_i S}{dt} = \frac{1}{T}\sum_k \mu_k \frac{dN_k}{dt} - \frac{(\phi_2 - \phi_1)}{T}\sum_k Fz_k \frac{dN_k}{dt}$$

$$= \frac{1}{T}\sum_k A_k v_k - \frac{(\phi_2 - \phi_1)}{T}\frac{dQ}{dt} \qquad (17.1.23)$$

第一項は化学反応によるエントロピー生成で, この項は電気回路素子のみを考えるときにははずされる. 抵抗およびキャパシターに対して, 第二項の $(\phi_1 - \phi_2)$ は素子をよぎる電位差 V で, また dQ/dt は電流 I で置き換えられる. 抵抗を R とすれば Ohm の法則にしたがい, 抵抗をよぎる電圧は $V_R = \phi_1 - \phi_2 = IR$ で, エントロピー生成は,

$$\frac{d_i S}{dt} = \frac{V_R I}{T} = \frac{RI^2}{T} > 0 \qquad (17.1.24)$$

RI^2 は抵抗を通る電流によって単位時間あたりに生成する Ohm 熱である. エントロピー生成は Ohm 熱を温度で割ったものになる.

電気容量 C のキャパシターに対して, 電荷 dQ の移動による電圧の減少 dV_C は, $dV_C = -dQ/C$ で与えられる. よって, エントロピー生成は,

$$\frac{d_i S}{dt} = \frac{V_C I}{T} = \frac{V_C}{T}\frac{dQ}{dt} = -\frac{C}{T}V_C\frac{dV_C}{dt}$$

$$= -\frac{1}{T}\frac{d}{dt}\left(\frac{CV_C^2}{2}\right) = -\frac{1}{T}\frac{d}{dt}\left(\frac{Q^2}{2C}\right) > 0 \qquad (17.1.25)$$

ここで $CV_C^2/2 = Q^2/2C$ はキャパシター中に蓄えられる静電エネルギーである. エントロピー生成はこのエネルギー損失速度を温度で割った値である. 理想的なコンデンサーでは, 一度充電されると, その電荷は無限に保たれる. このような理想的キャパシターでは, エネルギーの散逸はなく, エントロピー生成もない. しかし現実のキャパシターでは電荷の損失が起こり, 平衡に達する. 式 (17.1.25) はこの不可逆過程によるエントロピー生成に相当する. (キャパシターの内部放電は $e^- + M^+ \longrightarrow M$ で表される. ここで M は電荷を運ぶ原子である. また外部電圧を加えてキャパシターを充電することは $d_e S$ に相当することに注意せよ).

インダクタンスによるエントロピー生成は, 同様に電流 I を運ぶインダクタンス L に蓄えられるエネルギーは $LI^2/2$ に等しく, インダクタンスをよぎる電圧は $V_L = -LdI/dt$ であること (問題 17.5) に注目して求められる. このエネルギーは磁場内に蓄えられる. このエネルギー散逸に伴われるエントロピー生成は

$$\frac{d_i S}{dt} = -\frac{1}{T}\frac{d}{dt}\left(\frac{LI^2}{2}\right) = -\frac{LI}{T}\frac{dI}{dt} = \frac{V_L I}{T} > 0 \qquad (17.1.26)$$

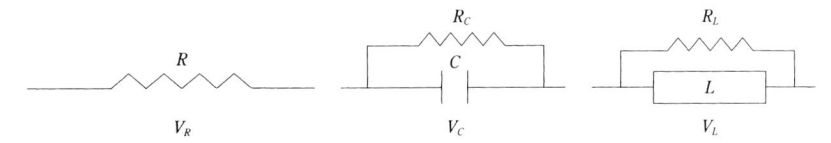

図 17.3 抵抗 R，キャパシター C，インダクタンス L
これら基本的な電気回路素子はエネルギーを散逸しエントロピーを生成する．熱力学の定式化では，エネルギー散逸のないような理想的回路素子は考えない．線形現象論法則はエントロピー生成およびエネルギー散逸の速度に対する表現を与える．

理想的キャパシターの場合と同じように，理想的インダクタンスではエネルギーの損失はない．一度流れ出した電流は，あたかも完全な超伝導体のように無限に続く．しかし実際のインダクタンスでは電流は時間とともに減衰する．この不可逆過程に対するエントロピー生成は，式 (17.1.26) で与えられる．

電気回路素子におけるエントロピー生成〔式 (17.1.24)～(17.1.26)〕は熱力学力と流れの積の形になっている．それぞれの場合に対して，流れと力を関係づける次の線形現象論法則を書き下すことができる．

$$I = L_R \frac{V_R}{T} \tag{17.1.27}$$

$$I = L_C \frac{V_C}{T} = -\frac{L_C}{T}\frac{Q}{C} \tag{17.1.28}$$

$$L\frac{dI}{dt} = -L_L \frac{I}{T} \tag{17.1.29}$$

ここで，L_R, L_C, L_L は線形現象論係数である．抵抗の場合，L_R/T は Ohm の法則にしたがって抵抗 R の逆数 $1/R$ に相当する．キャパシターの場合，荷電のゆっくりとした散逸を表すために内部抵抗 $R_C = (T/L_C)$ を考えることができる．式 (17.1.28) は図 17.3 の等価回路によって表される．式 (17.1.28) で I を dQ/dt で置き換えることにより，キャパシター中での荷電の減衰を表す微分方程式が得られる．同様に，インダクタンスに対しても内部抵抗 $R_L = L_L/T$ を考えることができる．式 (17.1.29) はインダクタンス中での電流の不可逆的減衰を表す．これら三つのすべての場合で，エントロピー生成は電圧と温度で割った電流との積で与えられることになる．

17.2 エントロピー生成極小の定理

前節で，一つあるいはそれ以上の熱力学力が有限の一定値に保たれる非平衡定常状態の例をみてきた．熱伝導の場合，Fourier の熱伝導法則を用いて，定常状態は熱流一定の状態であることをみた．開放化学反応系 (17.1.9) では，A および B の濃度

が一定に保たれるとき，反応速度式（17.1.17）を用いて定常状態では二つの反応の速度が等しくなることを知った．この結果は多くの反応中間体が存在する場合（17.1.20）に拡張され，この場合すべての反応の速度は定常状態で等しくなる．

さらに前章で，異なる流れ $J_k(k=1,2,\cdots,n)$ がどのように熱力学力 F_k に結合するかを調べた．このような状況で，いくつかの力 $F_k(k=1,2,\cdots,s)$ を有限の一定値に拘束し，残りの力 $F_k(k=s+1,\cdots,n)$ を自由に放置するとき，系は平衡状態から離れた状態に保たれる．これらの場合，しばしば拘束された力に相当する流れは一定値に達し，すなわち $J_k=$ 一定 $(k=1,2,\cdots,s)$ になり，拘束されなかった力に相当する流れは0，すなわち $J_k=0(k=s+1,\cdots,n)$ になる．一つの例は熱拡散の場合で，定常状態では物質流は0，熱流は有限の一定値をとる（図16.5）．Onsagerの相反関係が成立する線形領域では，定常状態はすべて次の一般的極値原理により特徴づけられる〔文献1，2〕．すなわち，

「線形領域では，エネルギーや物質の流れのある系の全エントロピー生成 $d_iS/dt=\int\sigma dV$ は，非平衡定常状態において極小値に達する」．

このような一般的規準は Rayleigh 卿によって研究され，彼は"エネルギー散逸最小の原理"を示唆した．Lars Onsager（1903〜1976）はよく知られた相反定理に関する論文のなかでこの原理を検討し，"エントロピー増大速度はポテンシャルの役割をもつ"ことを示している〔文献4〕．この原理を一般的に定式化し，その正しさを証明したのは Prigogine である〔文献1〕．この原理を例証するいくつかの例を調べよう．

連結した力と流れの場合には，エントロピー生成極小の定理は次のように示される．連結する二つの力と流れをもつ系を考える．記号を簡単化するために単位時間あたりの全エントロピー生成を P で表す．すなわち，

$$P\equiv\frac{d_iS}{dt}=\int(F_1J_1+F_2J_2)dV \quad (17.2.1)$$

力 F_1 が適当な浴と接触するなど，非平衡的拘束によって有限の一定値に維持されているとする．動力学的考察から，一般に $J_1=$ 一定，$J_2=0$ の定常状態，すなわち F_1 の一定値に対して，F_2 が J_2 が0となるように調節されることが見出される．この定常状態がエントロピー生成 P が極小になる状態に相当することを示そう．

線形現象論法則は，

$$J_1=L_{11}F_1+L_{12}F_2, \quad J_2=L_{21}F_1+L_{22}F_2 \quad (17.2.2)$$

式（17.2.1）へ式（17.2.2）を代入し，Onsagerの相反関係 $L_{12}=L_{21}$ を用いると，

$$P=\int(L_{11}F_1^2+2L_{12}F_1F_2+L_{22}F_2^2)dV \quad (17.2.3)$$

式（17.2.3）から，F_1 が一定のとき，F_2 の関数の P は

17.2 エントロピー生成極小の定理

$$\frac{\partial P}{\partial F_2} = \int 2(L_{22}F_2 + L_{21}F_1)dV = 0 \quad (17.2.4)$$

のとき最小になることが示される．この式は任意の体積に対して成り立つので，被積分式が 0 でなければならない．式 (17.2.2) の第二式を参考にして，直ちにエントロピー生成は，

$$J_2 = L_{21}F_1 + L_{22}F_2 = 0 \quad (17.2.5)$$

のとき極小になることがわかる．すなわち，一定値に拘束されなかった力 F_2 に対応する流れ J_2 が 0 になるとき，$P \equiv d_i S/dt$ は極小になる．この結果は容易に任意の数の力および流れのある系に拡張される．すなわち，定常状態はエントロピー生成極小の状態であり，そこで拘束されていない力に対応する流れ J_k が 0 になる．非平衡定常状態は一般に動力学的考察から求められるが，エントロピー生成極小の条件はそれに代わる一般的な方法を提供する．

エントロピー生成極小の定理が一般的に成立することを示すために，いくつかの例を示そう．

● 例 1：化学反応系における定常状態

前節（図 17.2）で議論した化学反応系 (17.1.9)

$$A \underset{}{\overset{(1)}{\rightleftarrows}} X \underset{}{\overset{(2)}{\rightleftarrows}} B \quad (17.2.6)$$

を考えよう．前と同じように，A と B の流れは化学ポテンシャル μ_A および μ_B を一定に保ち，親和力の和は一定値 $\bar{A}$ になる．すなわち，

$$A_1 + A_2 = (\mu_A - \mu_X) + (\mu_X - \mu_B) = \mu_A - \mu_B \equiv \bar{A} \quad (17.2.7)$$

前節で，非平衡定常状態は反応速度を用いて式 (17.1.18)，

$$v_1 = v_2 \quad (17.2.8)$$

で完全に規定されることを示した．ここでこの条件がエントロピー生成極小の定理からも導かれることを示そう．系を均一とし，単位体積あたりのエントロピー生成は，

$$\frac{1}{V}\frac{d_i S}{dt} = \frac{P}{V} = \sigma = \frac{A_1}{T}v_1 + \frac{A_2}{T}v_2$$

$$= \frac{A_1}{T}v_1 + \frac{(\bar{A} - A_1)}{T}v_2 \quad (17.2.9)$$

ここで V は系の体積で，また式 (17.2.7) の関係を用いた．定常状態で X の化学ポテンシャル（あるいは濃度）は A_1 の値，したがってエントロピー生成の値 (17.2.9) を定める．すでに前節で定常状態は $v_1 = v_2$ で完全に規定されることを知っているので，同じ結果が A_1 の関数として σ（したがって P）を極小にすることによっても得られることを示せばよい．二つの反応が独立であるので，線形領域で，式 (17.2.7) を用いて，

$$v_1 = L_{11}\frac{A_1}{T}, \qquad v_2 = L_{22}\frac{A_2}{T} = L_{22}\frac{\bar{A}-A_1}{T} \tag{17.2.10}$$

式 (17.2.9) へ式 (17.2.10) を代入して, σ を A_1 の関数として得る.

$$\sigma(A_1) = L_{11}\frac{A_1^2}{T^2} + L_{22}\frac{(\bar{A}-A_1)^2}{T^2} \tag{17.2.11}$$

この関数が極小となる条件は,

$$\frac{\partial \sigma(A_1)}{\partial A_1} = \frac{L_{11}}{T^2}\cdot 2A_1 - \frac{L_{22}}{T^2}\cdot 2(\bar{A}-A_1) = 0 \tag{17.2.12}$$

よって,

$$\frac{L_{11}A_1}{T} - \frac{L_{22}A_2}{T} = v_1 - v_2 = 0 \tag{17.2.13}$$

すなわち, 線形領域でエントロピー生成は非平衡定常状態で極小となる.

ここで σ を A_1 の関数として表したが, σ を親和力で表すことは必ずしも必要ない. σ を濃度 [X] で表すこともできる. このとき σ を極小値にする [X] の値が定常値を与える. この方法の概略について述べておこう.

9.5節で, 2 反応系 (17.2.6) に対して単位体積あたりのエントロピー生成はまた次の形

$$\frac{1}{V}\frac{d_iS}{dt} = \sigma = R\left\{(R_{1f}-R_{1r})\ln\left(\frac{R_{1f}}{R_{1r}}\right) + (R_{2f}-R_{2r})\ln\left(\frac{R_{2f}}{R_{2r}}\right)\right\} \tag{17.2.14}$$

で書けることを示した. ここで R_{kf}, R_{kr} は反応 k の正反応および逆反応の速さ, R は気体定数である. さてこれらの反応の速さを濃度を用いて表せば, 濃度で表した σ の表現が得られる. 式 (17.2.6) の反応が素反応段階であるとして, 次のように書ける.

$$R_{1f} = k_{1f}[A], \quad R_{1r} = k_{1r}[X], \quad R_{2f} = k_{2f}[X], \quad R_{2r} = k_{2r}[B] \tag{17.2.15}$$

平衡では各反応はその逆反応と釣り合っている. 平衡濃度 $[A]_{eq}$, $[X]_{eq}$ および $[B]_{eq}$ は詳細釣合いの原理から容易に次のように求められる.

$$[X]_{eq} = \frac{k_{1f}}{k_{1r}}[A]_{eq} = \frac{k_{2r}}{k_{2f}}[B]_{eq} \tag{17.2.16}$$

平衡値からの濃度の小さなずれを定義する.

$$\delta_A = [A]-[A]_{eq}, \qquad \delta_X = [X]-[X]_{eq}, \qquad \delta_B = [B]-[B]_{eq} \tag{17.2.17}$$

[A] および [B] のずれ δ_A, δ_B は A の流入および B の流出によるので, これらを一定に保つことができる. [X] のずれ δ_X のみが反応によって定められる. 式 (17.2.1) へ式 (17.2.17) を用いて, ずれ (17.2.17) によるエントロピー生成 σ に対して次の関係が導かれる (問題 17.8).

$$\sigma(\delta_X) = R\left\{\frac{(k_{1f}\delta_A - k_{1r}\delta_X)^2}{k_{1f}[A]_{eq}} + \frac{(k_{2f}\delta_X - k_{2r}\delta_B)^2}{k_{2f}[X]_{eq}}\right\} \tag{17.2.18}$$

$\partial\sigma/\partial\delta_X = 0$ とおくことによって, σ を極小にする δ_X の値は次のようになることが示

される（問題17.8）．

$$\delta_X = \frac{k_{1f}\delta_A + k_{2r}\delta_B}{k_{1r} + k_{2f}} \tag{17.2.19}$$

これは式（17.2.8）の別の表現である．式（17.2.19）で与えられる δ_X が定常値であることを容易に示すことができる．2反応系（17.2.6）から導かれる[X]に対する反応速度式は

$$\frac{d[X]}{dt} = k_{1f}[A] - k_{1r}[X] - k_{2f}[X] + k_{2r}[B] \tag{17.2.20}$$

式（17.2.20）へ式（17.2.7）を代入して，定常状態で，

$$\frac{d[X]}{dt} = k_{1f}\delta_A - k_{1r}\delta_X - k_{2f}\delta_X + k_{2r}\delta_B = 0 \tag{17.2.21}$$

この式から求められる δ_X の解は式（17.2.19）と一致する．よって，δ_X の定常値はエントロピー生成を極小にする値である．

●例2：一連の化学反応

エントロピー生成極小の定理は容易により複雑な化学反応系に対しても論証される．上の例は任意の数の反応中間体をもつ系に一般化される．

$$X \underset{}{\overset{1}{\rightleftarrows}} W_1 \underset{}{\overset{2}{\rightleftarrows}} W_2 \rightleftarrows \cdots \rightleftarrows W_{n-1} \underset{}{\overset{n}{\rightleftarrows}} Y \tag{17.2.22}$$

この場合，エントロピー生成は，

$$\frac{1}{V}\frac{d_iS}{dt} = \sigma = \frac{1}{T}(v_1 A_1 + v_2 A_2 + \cdots + v_n A_n) \tag{17.2.23}$$

系は均一であるとすると，一般性を失うことなく体積を $V=1$ とおくことができる．正味の反応 $X \rightleftarrows Y$ の親和力 $\bar{A}$ はそれを構成する反応の親和力の和である．すなわち，

$$\bar{A} = \sum_{k=1}^{n} A_k \tag{17.2.24}$$

Xの流入とYの流出を調節して $\bar{A}$ を有限の一定値に保ち，系を熱力学平衡からずらすことができる．この非平衡への拘束を $A_n = (\bar{A} - \sum_{k=1}^{n-1} A_k)$ と書くことによって明確に表し，これを式（17.2.23）に代入すると，σ は $(n-1)$ 個の独立な親和力 A_k の関数として表すことができる．すなわち，

$$\sigma = \frac{1}{T}\left(v_1 A_1 + v_2 A_2 + \cdots + v_{n-1} A_{n-1} + v_n\left(\bar{A} - \sum_{k=1}^{n-1} A_k\right)\right) \tag{17.2.25}$$

さて，この式に線形現象論法則 $v_k = L_{kk}(A_k/T)$ を適用して，

$$\sigma = \frac{1}{T^2}\left(L_{11}A_1^2 + L_{22}A_2^2 + \cdots + L_{(n-1)(n-1)}A_{n-1}^2 + L_{nn}\left(\bar{A} - \sum_{k=1}^{n-1} A_k\right)^2\right) \tag{17.2.26}$$

簡単な計算によって，エントロピー生成極小の条件 $\partial\sigma/\partial A_k = 0$ は $v_k = v_n$ の関係を導くことを示すことができる．これはすべての k に対して成り立つので，式（17.2.8）

の一般化された関係

$$v_1 = v_2 = \cdots = v_{n-1} = v_n \tag{17.2.27}$$

を得ることができる．式 (17.2.22) に対する反応速度式は，

$$\frac{d[W_k]}{dt} = v_k - v_{k+1} \tag{17.2.28}$$

であるので，定常状態 $d[W_k]/dt = 0$ はエントロピー生成を極小にする状態と同一であることが明らかである．

● 例 3：連結化学反応

　親和力の一つが非平衡条件によって拘束されていない化学反応の例として，H_2 と Br_2 からの HBr の合成反応を考えよう．この場合，拘束されていない反応の速度が定常状態で 0 になることが期待される．正味の反応

$$H_2 + Br_2 \rightleftarrows 2HBr \tag{17.2.29}$$

の親和力は，H_2 および Br_2 を供給し，HBr を除くことによって有限の一定値に維持されているとする．反応中間体 H, Br は次の反応によって生成する．

$$Br_2 \underset{}{\overset{1}{\rightleftarrows}} 2Br \tag{17.2.30}$$

$$Br + H_2 \underset{}{\overset{2}{\rightleftarrows}} HBr + H \tag{17.2.31}$$

$$Br_2 + H \underset{}{\overset{3}{\rightleftarrows}} HBr + Br \tag{17.2.32}$$

正味反応 (17.2.29) の親和力は

$$A_2 + A_3 = \bar{A} \tag{17.2.33}$$

で表され，これは一定値をもつと仮定されている．反応 (17.2.30) の親和力 A_1 は拘束されていない．この系に対する単位体積あたりのエントロピー生成は，

$$\sigma = \frac{1}{T}(v_1 A_1 + v_2 A_2 + v_3 A_3)$$

$$= \frac{1}{T}(v_1 A_1 + v_2 A_2 + v_3(\bar{A} - A_2)) \tag{17.2.34}$$

再び，$V = 1$ の均一系とすると，σ 極小は全エントロピー生成極小と等価となる．前と同じように，現象論法則 $v_k = L_{kk}(A_k/T)$ を用い，二つの独立な親和力 A_1 と A_2 に対して $\partial \sigma / \partial A_k = 0$ とおくことにより，エントロピー生成は

$$v_1 = 0, \qquad v_2 = v_3 \tag{17.2.35}$$

のとき極値をとることがわかる．これは定常状態でもある．一方，H および Br に対する反応速度式は

$$\frac{d[H]}{dt} = v_2 - v_3 \tag{17.2.36}$$

$$\frac{d[\text{Br}]}{dt} = 2v_1 - v_2 + v_3 \quad (17.2.37)$$

であり，これから求められる定常状態は式（17.2.35）と同一である．

●例4：熱伝導における定常状態

連続系の例として，図17.1で考えた系を用いて熱伝導における定常状態を考えよう．一次元系に対して，エントロピー生成は，

$$P \equiv \frac{d_i S}{dt} = \int_0^L J_q \frac{\partial}{\partial x}\left(\frac{1}{T}\right) dx \quad (17.2.38)$$

線形現象論法則 $J_q = L_{qq} \partial(1/T)/\partial x$ を用いて，上式は次のように書ける．

$$P = \int_0^L L_{qq} \left[\frac{\partial}{\partial x}\left(\frac{1}{T}\right)\right]^2 dx \quad (17.2.39)$$

可能なすべての関数 $T(x)$ のうち，エントロピー生成 P を極小にする関数を探さなければならない．これは変分計算による次の基礎的な結果を用いて求められる．積分

$$I = \int_0^L \Lambda(f(x), \dot{f}(x)) dx \quad (17.2.40)$$

で，f とその微分 $\dot{f} \equiv \partial f / \partial x$ の関数である被積分式 $\Lambda(f(x), \dot{f}(x))$ は，関数 $f(x)$ が次式の解であるとき極値をとる．

$$\frac{d}{dx}\left(\frac{\partial \Lambda}{\partial \dot{f}}\right) - \frac{\partial \Lambda}{\partial f} = 0 \quad (17.2.41)$$

この結果をエントロピー生成（17.2.39）に適用し，f を（$1/T$）とすると，$\Lambda = L_{qq}\dot{f}^2$ である．また，16.3節，式（16.3.6）で論じたように，この計算で $L_{qq} = \kappa T^2 \approx \kappa T_{arg}^2$（$\kappa$ 熱伝導率，T_{avg} 平均温度）は線形近似と合致して近似的に一定とされる．そのときエントロピー生成に対して式（17.2.41）を書くと，次式を得る．

$$\frac{d}{dx} L_{qq} \dot{f} = 0 \quad (17.2.42)$$

$f = 1/T$ であるので，この条件は

$$L_{qq}\dot{f} = L_{qq}\frac{\partial}{\partial x}\left(\frac{1}{T}\right) = J_q = 一定 \quad (17.2.43)$$

を意味する．上の条件はまた次のようにも書ける．

$$\kappa \frac{\partial T}{\partial x} = 一定 \quad (17.2.44)$$

よって，エントロピー生成 P を極小にする関数 $T(x)$ は x について一次である．すなわち，熱流が系の長さに沿って均一な値に達したとき，エントロピー生成は極小になる．この結果は，一連の連結反応の速度がすべて化学反応鎖に沿って一定になるとき，エントロピー生成が極小になるという結果（例2）と形式的に同じである．熱伝導式（17.1.5）を用いて前節で得られた定常状態は式（17.2.44）と同一である．

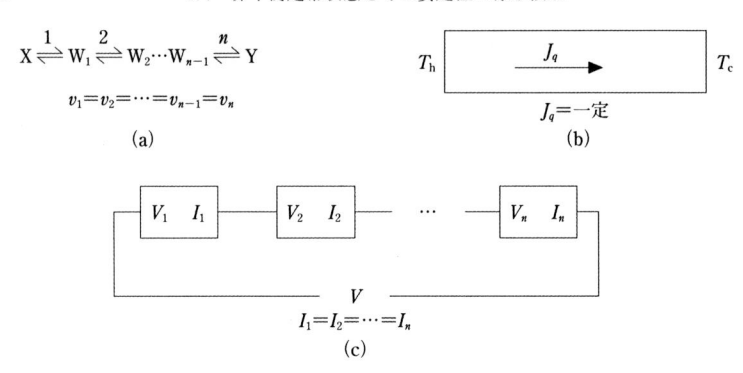

$$X \underset{}{\overset{1}{\rightleftharpoons}} W_1 \underset{}{\overset{2}{\rightleftharpoons}} W_2 \cdots W_{n-1} \underset{}{\overset{n}{\rightleftharpoons}} Y$$

$$v_1 = v_2 = \cdots = v_{n-1} = v_n$$

(a)

T_h | $J_q \rightarrow$ | T_c

$J_q = $ 一定

(b)

$V_1 \ I_1$ — $V_2 \ I_2$ — $\cdots$ — $V_n \ I_n$

V

$I_1 = I_2 = \cdots = I_n$

(c)

図17.4
一連の結合する部分系よりなる非平衡系に対して，線形領域でのエントロピー生成は，すべての流れが等しいとき極小となる．この状態が定常状態である．

●例5：電気回路素子における定常状態

前節で，電気回路素子におけるエントロピー生成は $Td_iS/dt = VI$ の形で書けることを知った．ここで V は素子をよぎる電圧，I は素子を流れる電流である．各素子 k に対して現象論法則は $I_k = L_{kk}(V_k/T)$ となる．図17.4(c)に示すように，直列につながれた n 個の回路素子を考える．回路全体での電圧降下 V

$$V = \sum_{k=1}^{n} V_k \tag{17.2.45}$$

を，熱伝導に対して温度差を一定に保ったように，一定値に維持する．この系に対する全エントロピー生成は，

$$P = \frac{d_iS}{dt} = \frac{1}{T}(V_1 I_1 + V_2 I_2 + \cdots + V_n I_n)$$
$$= \frac{1}{T^2}\left(L_{11} V_1^2 + L_{22} V_2^2 + \cdots + L_{(n-1)(n-1)} V_{n-1}^2 + L_{nn}\left(V - \sum_{k=1}^{n-1} V_k\right)^2\right) \tag{17.2.46}$$

ここで V_n を消去するために式 (17.2.45) を用いた．この式は，一連の化学反応に対して得られた式 (17.2.26) で親和力 A_k の代わりに V_k を用いたものと同じである．$(n-1)$ 個の独立な V_k に関してエントロピー生成を，$\partial P/\partial V_k = 0$ とおいて極小にする．その条件は，化学反応の場合と同じように，流れ I_k がすべて等しいときに満たされる．

$$I_1 = I_2 = \cdots = I_n \tag{17.2.47}$$

すなわち，回路素子では電流が回路に沿って均一のときエントロピー生成は極小になる．(Feynman〔文献5〕は，エントロピー生成と電気回路の均一性との間のこの関係を自分が見出したと書いている)．電気回路の解析において，回路のどの部分にも電荷の集積はみられないので，電流が均一であるという条件は通常系に課せられてい

る．電気系では，電流の定常状態への緩和は極端に速く，不均一性や不連続性が観察されることはほとんどない．

例2, 4, 5はエントロピー生成極小の定理が意味する共通の特徴を示している（図17.4）．すなわち，一連の結合系で，エントロピー生成は流れが等しいときに極小となる．流れは，化学反応では速度 v_k，熱伝導では熱流 J_q，電気回路では電流 I_k である．

17.3 エントロピー生成の時間変化と定常状態の安定性

前節で，線形領域における定常状態はまたエントロピーの内部生成を極値にする状態であることを知った．次に，定常状態の安定性を考え，エントロピー生成は極小値をとることを示そう．14章で，平衡状態の近くでゆらぎはエントロピーを減少させ，不可逆過程によって系はエントロピー最大の平衡状態に戻されることを示した．系が平衡状態へ接近するとき，エントロピー生成は0に接近する．平衡への接近は，エントロピーの極大値への定常的増大としてばかりでなく，エントロピー生成の0への定常的減少としても記述される．平衡に近い線形領域へ自然に拡張できるのは，後のほうの接近の仕方である．

開放系における線形領域での化学反応によるエントロピー生成の時間的変化を考えよう．前と同じように，系は均一とし，単位体積あたりの量をとる．エントロピー生成は，

$$P \equiv \frac{d_iS}{dt} = \sum_k \frac{A_k}{T} \frac{d\xi_k}{dt} = \sum_k \frac{A_k}{T} v_k \tag{17.3.1}$$

この式で，すべての親和力 A_k は反応進度 ξ_k の関数である．線形領域で，$v_k = \sum_i L_{ki}(A_i/T)$ であるので，式 (17.3.1) は，

$$P = \sum_{i,k} \frac{L_{ki}}{T^2} A_i A_k \tag{17.3.2}$$

となる．p, T 一定で次の関係

$$\frac{dA_k}{dt} = \sum_j \left(\frac{\partial A_k}{\partial \xi_j}\right) \frac{d\xi_j}{dt} \tag{17.3.3}$$

があるので，P の時間微分は次のようになる．

$$\frac{dP}{dt} = \frac{1}{T^2} \sum_{i,j,k} L_{ki} \left[A_k \left(\frac{\partial A_i}{\partial \xi_j}\right) \frac{d\xi_j}{dt} + A_i \left(\frac{\partial A_k}{\partial \xi_j}\right) \frac{d\xi_j}{dt} \right] \tag{17.3.4}$$

Onsagerの相反関係 $L_{ik} = L_{ki}$ を用い，$d\xi_k/dt \equiv v_k = \sum_i L_{ki}(A_i/T)$ から，式 (17.3.4) は次のようになる．

$$\frac{dP}{dt} = \frac{2}{T^2} \sum_{i,j} \left(\frac{\partial A_i}{\partial \xi_j}\right) v_i v_j \tag{17.3.5}$$

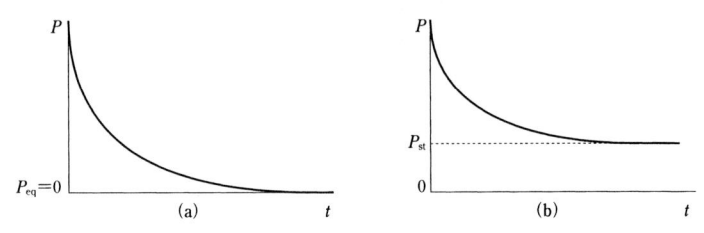

図17.5 平衡および平衡に近い状態に対するエントロピー生成 $P = d_i S/dt = \sum_k F_k J_k$ の時間変化
(a) 平衡状態でのゆらぎに対して，P の 0 でない初期値から平衡値 0 に向かって減少する．(b) 線形領域では，非平衡定常状態でのゆらぎによって P の値は定常値 P_{st} より大きくなる．不可逆過程によって P は極小値 P_{st} に引き戻される．

式 (17.3.5) が負の符号をもつことをみるために，14 章で論じた安定性条件，とくに反応進度のゆらぎ $\delta \xi_i$ に関する安定性の条件 (14.1.9 b)，すなわち，

$$\Delta_l S = \frac{1}{2T} \sum_{i,j} \left(\frac{\partial A_i}{\partial \xi_j} \right)_{eq} \delta \xi_i \delta \xi_j < 0 \tag{17.3.6}$$

に注目する．$\delta \xi_k$ は正にも負にもなるので，平衡状態の安定性に対する条件 (17.3.6) は，行列 $(\partial A_i/\partial \xi_j)_{eq}$ が負の定値をもつことを要請する．平衡状態の近傍で，$(\partial A_i/\partial \xi_j)$ は負の定値を保つので，式 (17.3.5) もまた負の定値をもたなければならない．よって，平衡の近傍で，次の不等式の関係が導かれる．

$$P > 0 \tag{17.3.7}$$

$$\frac{dP}{dt} = \frac{2}{T^2} \sum_{i,j} \left(\frac{\partial A_i}{\partial \xi_j} \right) v_i v_j < 0 \tag{17.3.8}$$

これらの条件は，平衡状態に近い線形領域での非平衡定常状態の安定性を保証する (図 17.5)．定常状態で P は極小値をとる．ゆらぎによって P がより大きい値をとるようになると，不可逆過程によって P は定常状態の極小値へ引き戻される．非平衡状態に対するこの結果 $dP/dt < 0$ は，より一般的に証明することができる〔文献 6〕．二つの条件 (17.3.7) および (17.3.8) は，一般に状態の安定性に対する Lyapunov の条件に相当する．このことについては次章で詳細に議論しよう．

文献

1. Prigogine, I., *Etude Thermodynamique des Processus Irreversibles*, 1947, Liège: Desoer.
2. Prigogine, I., *Introduction to Thermodynamics of Irreversible Processes*, 1967, New York: John Wiley.
3. Rayleigh, L., *Proc. Math. Soc. London*, **4** (1873), 357–363.
4. Onsager, L., *Phys. Rev.*, **37** (1931), 405–426.
5. Feynman, R. P., Leighton, R. B., and Sands, M., *The Feynman Lectures on Physics*,

Vol. II. 1964, Reading MA: Addison-Wesley, Ch. 19, p. 14.
6. Glansdorff, P. and Prigogine, I., *Thermodynamics of Structure Stability and Fluctuations*, 1971, New York: Wiley.

問 題

17.1 (a) Fourier の法則 $\mathbf{J}_q = -\kappa \nabla T$ を用いて，次の熱伝導に対する時間を含む式

$$C\frac{\partial T}{\partial t} = \kappa \nabla^2 T$$

を導け．ここで C は単位体積あたりの熱容量である．
(b) 一次元の系に対して，系の定常状態で線形の温度分布が成り立つことを示せ．
(c) 惑星の中心部（核）は表面より温度が高く，惑星を半径 R_2 の球とすると，半径 R_1 の核の温度 T_1 は表面の温度 T_2 より高い．Fourier の熱伝導法則を用いて，動径 r の関数として定常温度分布 $T(r)$ および熱流束 $\mathbf{J}_q$ を求めよ．（地球の熱伝導率によって地球表面で測られる熱流束を説明することはできない．したがって，熱の輸送は地球内部の対流過程によると考えられる）．

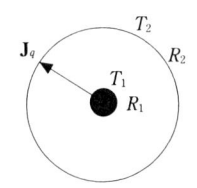

17.2 (a) ある系のモルエントロピーに対する関係式 $s_m = s_{mo} + C_{Vm} \ln T$ （C_{Vm} はモル熱容量）を用いて，図 17.1 に示される系の全エントロピーを与える式を求めよ．ρ を密度，M をモル質量とせよ．高温端と低温端間の距離を L，断面積を l とする．また密度 ρ は T によりほとんど変化せず，ほぼ均一とせよ．
(b) 系を突然熱浴との接触から絶ち，熱が逃げないように絶縁する．
(ⅰ) 系が平衡に達したとき，系の温度はいくつになるか．
(ⅱ) 系の最終のエントロピーを求めよ．
(ⅲ) 初めの非平衡状態に比べてエントロピーはどれだけ増大するか．

17.3 次の反応速度式

$$\frac{d[\mathrm{X}]}{dt} = k_{1f}[\mathrm{A}] - k_{1r}[\mathrm{X}] - k_{2f}[\mathrm{X}] + k_{1r}[\mathrm{B}]$$

をシミュレートする Mathematica コードを書け．次に，それを用いて，[X] の緩和およびエントロピー生成 σ を調べよ．

17.4 次の一連の反応

$$\mathrm{M} \underset{}{\overset{1}{\rightleftarrows}} \mathrm{X}_1 \underset{}{\overset{2}{\rightleftarrows}} \mathrm{X}_2 \rightleftarrows \cdots \rightleftarrows \mathrm{X}_{n-1} \underset{}{\overset{n}{\rightleftarrows}} \mathrm{N}$$

が，系内へ M が入り，系外へ N が出る過程を伴って進行するとき，定常状態は

$$v_1 = v_2 = \cdots = v_n$$

で与えられることを示せ（v_i は各段階の反応速度）．

17.5 理想的なキャパシター C がインダクタンス L と直列に結合している回路を考える．

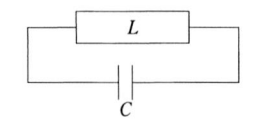

キャパシターをよぎる電圧は $V_C = -Q/C$, インダクタンスをよぎる電圧は $V_L = -LdI/dt$ である．上の回路で，この二つの電圧の和は0でなければならない．すなわち，$V_C + V_L = 0$．このことを用いて，Q に対する微分方程式を導き，量 $(LI^2/2 + Q^2/2C)$ が時間によらず一定になることを示せ．（これはエネルギーの保存に相当し，単純調和振動子の場合と似ている．）この回路に抵抗 R が加わると，$dU/dt = -V_R I$ の関係があり，LCR回路に対するよく知られた式 $Ld^2Q/dt + RdQ/dt + Q/C = 0$ が導かれる．

17.6 式 (17.1.28), (17.1.29) を用いて，実際のキャパシターおよびインダクタンスに対する $I(t)$ および $Q(t)$ を導け．式 (17.1.25), (17.1.26) にこれらの関係を用いて，これらの回路素子における任意の時間 t のエントロピー生成を求めよ．ただし，電流および電荷の初期値を I_0 および Q_0 とする．

17.7 任意の数の拘束および非拘束の熱力学力をもつ系に対して，エントロピー生成極小の定理を明示せよ．

17.8 反応系 $A \underset{}{\overset{(1)}{\rightleftarrows}} X \underset{}{\overset{(2)}{\rightleftarrows}} B$ を考える．

(a) 単位体積あたりのエントロピー生成が次式で与えられることを示せ．

$$\sigma(\delta_X) = R\left\{\frac{(k_{1f}\delta_A - k_{1r}\delta_X)^2}{k_{1f}[A]_{eq}} + \frac{(k_{2f}\delta_X - k_{2r}\delta_B)^2}{k_{2f}[X]_{eq}}\right\}$$

ここで，$\delta_A = [A] - [A]_{eq}$, $\delta_X = [X] - [X]_{eq}$.

(b) 次の条件

$$\delta_X = \frac{k_{1f}\delta_A + k_{2r}\delta_B}{k_{1r} + k_{2f}}$$

が成り立つとき，σ は最小値をとることを示せ．

V
ゆらぎによる秩序形成

LOIN DE L'ÉQUILIBRE : L'ORDRE PAR FLUCTUATIONS

18. 非線形熱力学

18.1 平衡から遠く離れた系

　エネルギーおよび物質の流れをもつ系は，熱力学平衡から遠くはずれると，"非線形"領域へ入る．非線形領域では，熱力学流れ J_α はもはや熱力学力 F_α の線形関数ではない．化学反応の場合には，親和力 A_k が RT に比べて十分に小さいとき，すなわち $A_k/RT \ll 1$ のとき線形領域にある．$T = 300\,\mathrm{K}$ で，RT の値は約 $2.5\,\mathrm{kJ/mol}$ であり，化学反応の親和力は容易に $10 \sim 100\,\mathrm{kJ/mol}$ に達するので，化学反応系では容易に非線形領域に達する（問題 18.1）．熱伝導や拡散など輸送過程では，非線形領域に達するのはずっと難しい．

　自然には平衡から遠く離れた系（far-from-equilibrium system）は到るところにある．地球は全体として太陽からのエネルギーの一定の流れを受けている開放系である．このエネルギー入力は地球上の生命の維持に対する駆動力となり，究極的に大気圏を熱力学平衡からはずれた状態に維持する原因となる（問題 18.2）．すべての生物は物質とエネルギーの流れによって生命を維持している．

　以下の節でみるように，平衡から遠く離れた状態（far-from-equilibrium state）は，その安定性を失い，可能な多くの状態の一つへ発展することができる．不可逆過程の性質や境界条件が，系が発展していく非平衡状態をただ一つに決定してしまうことはない．内部ゆらぎやその他小さい影響を受けて，系は不安定状態を離れ，多くの可能な新しい状態の一つへ発展していく．これら新しい状態は高度に組織化された状態であることがありうる．この不安定性および新しい組織化構造への発展の領域では，非常に小さい要因，しばしば実験的にコントロールすることのできないほど小さな要因が，系の運命を決定する端緒となる．Newton や Laplace 流儀の天体運動の決定性や平衡状態のユニーク性に関しては，両者ともその普遍性は色あせていき，それに代わって新しい組織化構造を生成する偶然性をもつ自然，生命それ自身を創出する自然に出合うのである．

18.2 エントロピー生成の一般的性質

　前章で論じたように，線形領域で定常状態は全エントロピー生成 $P=\int_V \sigma dV$ が極小をとる状態である．この判別法はまた定常状態の安定性を保証する．平衡から遠く離れた非線形領域では，系の状態を決定するこのような一般原理はない．平衡から遠く離れた状態が不安定となり，新しい組織化状態へ発展する可能性があり，このことが起こる熱力学条件を明らかにすることができる．この問題を扱うために全エントロピー生成 P の一般的な性質を調べることから始めよう．これによって力および流れの小さな変化 δF_k および δJ_k によるエントロピー生成の時間的発展 δP に関してある性質を見出すことができる．

　P を非平衡定常状態におけるエントロピー生成とする．$P=\int_V \sigma dV=\int_V \sum_k F_k J_k dV$ で与えられるので，小さい変化 dF_k, dJ_k による P の変化は次のように書ける．

$$\frac{dP}{dt}=\int_V \left(\frac{d\sigma}{dt}\right)dV=\int_V \left(\sum_k \frac{dF_k}{dt}J_k\right)dV+\int_V \left(\sum_k F_k \frac{dJ_k}{dt}\right)dV$$

$$\equiv \frac{d_\mathrm{F} P}{dt}+\frac{d_\mathrm{J} P}{dt} \tag{18.2.1}$$

ここで $d_\mathrm{F}P/dt$ は力 F_k の変化による変化，$d_\mathrm{J}P/dt$ は流れ J_k の変化による変化である．ここで次の二つの一般的性質が知られている〔文献1～3〕．

（i）線形領域では

$$\frac{d_\mathrm{F} P}{dt}=\frac{d_\mathrm{J} P}{dt} \tag{18.2.2}$$

（ii）時間に依存しない境界条件のもとでは，線形領域の外においても，

$$\frac{d_\mathrm{F} P}{dt} \leq 0 \tag{18.2.3}$$

　（定常状態では，$d_\mathrm{F}P/dt=0$）
ギブズ自由エネルギー G のような熱力学ポテンシャルの変化 dG とは異なり，$d_\mathrm{F}P$ は状態関数の微分ではない．よって，$d_\mathrm{F}P$ がただ減少しうるのみであるという結果 (18.2.3) は，系がどのように発展するかということについて何も教えない．

　上の第一の関係 (18.2.2) は，線形関係 $J_k=\sum_i L_{ki}F_i$ および Onsager の相反関係 $L_{ki}=L_{ik}$ に由来する．まず，

$$\sum_k dF_k J_k=\sum_{k,i} dF_k L_{ki} F_i=\sum_{k,i}(dF_k L_{ik})F_i=\sum_i dJ_i F_i \tag{18.2.4}$$

に注目し，$d_\mathrm{F}P, d_\mathrm{J}P$ の定義 (18.2.1) にこの結果を用いて，

$$\frac{d_\mathrm{F} P}{dt}=\int_V \left(\sum_k \frac{dF_k}{dt}J_k\right)dV=\int_V \left(\sum_k F_k \frac{dJ_k}{dt}\right)dV=\frac{d_\mathrm{J} P}{dt}=\frac{1}{2}\frac{dP}{dt} \tag{18.2.5}$$

が導かれる．一般的性質 (18.2.3) を式 (18.2.5) に適用すると，前章で得た結果

$$\frac{dP}{dt} = 2\frac{d_\mathrm{F}P}{dt} < 0 \qquad (線形領域) \tag{18.2.6}$$

が得られる．この結果は再び，全エントロピー生成 P のゆらぎによる定常状態値からの変化は単調にその定常状態値にまで減少することを示し，エントロピー生成極小の定理と一致する．式（18.2.3）の証明を付18.1に示す．

さて，二つの不等式，$P \geqq 0$ および $d_\mathrm{F}P \leqq 0$ が成り立つことを知った．第二の不等式は重要な発展則である．簡単にこれが結果するところをみておこう．もしただ一つの変数 X が含まれているならば，$d_\mathrm{F}P = v(X)(\partial A/\partial X)dX \equiv dW$．ここで定義される変数 W は"動力学的ポテンシャル（kinetic potential）"と呼ばれるべきものである．しかしこれはむしろ例外的な場合である．興味深い結果は，時間に依存しない拘束条件の下で定常的でない状態や時間的に振動する状態を導くような場合である．このような系の例を19章で示すが，ここでは反応速度の親和力依存性が反対称，すなわち $v_1 = lA_2$, $v_2 = -lA_1$ の性質をもつ平衡から遠く離れた系という簡単な場合を調べてみよう．Onsager の相反関係は平衡から遠い系では成り立たない．この場合，

$$\frac{d_\mathrm{F}P}{dt} = v_1\frac{dA_1}{dt} + v_2\frac{dA_2}{dt} = lA_2\frac{dA_1}{dt} - lA_1\frac{dA_2}{dt} \tag{18.2.7}$$

極座標 $A_1 = r\cos\theta$, $A_2 = r\sin\theta$ を導入すると，この式は次のように書ける．

$$\frac{d_\mathrm{F}P}{dt} = -lr^2\frac{d\theta}{dt} \tag{18.2.8}$$

系は l の符号によって決まる方向で回転する．このような系の例として，よく知られた Lotka-Volterra の餌食-捕食者相互作用の系がある（問題18.9）．この不等式は定常状態の安定性に対する十分条件を導くのにも適用できる．例えば $\delta_\mathrm{F}P > 0$ のすべてのゆらぎに対して，定常状態は安定である．ただし，このためには次に述べる Lyapunov の安定性理論を用いるのが便利である．

18.3　非平衡定常状態の安定性

状態の安定性に対する非常に一般的な判別理論が Lyapunov〔文献4〕により定式化された．Lyapunov の理論を用いて非平衡状態の安定性に対する条件を導くことができる．

● **Lyapunov の安定性理論**

Lyapunov の定式化は，（明瞭な直覚的意味をもつ）精確な数学的方法で安定性に対する条件を与える．X_s を物理系の定常状態とし，一般に X を成分 $X_k (k=1, 2, \cdots, r)$ をもつ r 次元ベクトルとする．X_s の成分は X_{sk} によって示される．X の時間的

発展は，次式で記述される．

$$\frac{dX_k}{dt} = Z_k(X_1, X_2, \cdots, X_r; \lambda_j) \tag{18.3.1}$$

ここで λ_j は時間に依存するかあるいはしないパラメータである．この式の簡単な例が BOX 18.1 に与えられている．一般に，X_k が時間 t のみでなく位置 **x** の関数でもあるとき，式（18.3.1）は偏微分方程式となり，Z_k は偏微分演算子となる．

定常状態 X_{sk} は一組の連結化学反応の解である．

$$\frac{dX_k}{dt} = Z_k(X_{s1}, X_{s2}, \cdots, X_{sr}; \lambda_j) = 0 \qquad (k=1, 2, \cdots, r) \tag{18.3.2}$$

定常状態の安定性は，系に小さい摂動 δX_k を加えたときの挙動を解析することによって調べられる．状態の安定性を確認するために，まず"距離 (distance)"と呼ばれる δX の正の関数 $L(\delta X)$ を X_k が張る空間のなかで定義する．X_{sk} と摂動状態 $X_{sk} + \delta X_k$ の間の距離が時間とともに確実に減少するならば，その定常状態は安定である．すなわち，もし，

$$L(\delta X_k) > 0, \qquad \frac{dL(\delta X_k)}{dt} < 0 \tag{18.3.3}$$

であれば，状態 X_{sk} は安定である．式（18.3.3）を満たす関数 L は Lyapunov 関数と呼ばれる．もし変数 X_k が位置の関数であれば（非平衡系での濃度 n_k はそのような性質をもつことがある），L は Lyapunov 汎関数と呼ばれる．**汎関数**（functional）は一組の関数の数，実数あるいは複素数への写像である．安定性の概念は定常状態に限られるものではない〔文献 4〕．それはまた周期的状態にも拡張される．しかし，ここでは非平衡定常状態に興味があるので，周期的状態の安定性は扱わない．

■ **BOX 18.1　動力学式と Lyapunov の安定性定理；一つの例**

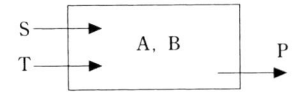

次の化学反応が進む，上に示した開放化学反応系を考える．

$$S + T \xrightarrow{k_1} A$$
$$S + A \xrightarrow{k_2} B$$
$$A + B \xrightarrow{k_3} P$$

簡単化のため，逆反応は無視できるとする．S と T の流入，P の流出により，これらの濃度は一定に保たれている．このとき A および B の濃度に対して次の反応速度式（動力学式）が成り立つ．$X_1 \equiv [A]$，$X_2 \equiv [B]$ とおいて，

$$\frac{dX_1}{dt} = k_1[S][T] - k_2[S]X_1 - k_3 X_1 X_2 \equiv Z_1(X_j, [S], [T])$$

$$\frac{dX_2}{dt} = k_2[S]X_1 - k_3 X_1 X_2 \equiv Z_2(X_j, [S], [T])$$

この系で $[S]$, $[T]$ は式 (18.3.1) のパラメータ λ_j に相当する．これらパラメータの与えられた値に対して，この系の定常状態 X_{s1}, X_{s2} は $dX_1/dt = dX_2/dt = 0$ とおいて次のように求められる．

$$X_{s1} = \frac{k_1[T]}{2\,k_2}, \qquad X_{s2} = \frac{k_2[S]}{k_3}$$

この定常状態の安定性は摂動 δX_1, δX_2 の発展を調べることによって決められる．考えられる Lyapunov 関数 L は，例えば，

$$L(\delta X_1, \delta X_2) = [(\delta X_1)^2 + (\delta X_2)^2] > 0$$

もし $dL(\delta X_1, \delta X_2)/dt < 0$ の関係が示されれば，定常状態 (X_{s1}, X_{s2}) は安定である．

● エントロピーの二次変分——Lyapunov 汎関数としての $\delta^2 S$

すでにエントロピーの二次変分はすべての熱力学系に対して一定の符号をもつ関数であることを示した．エネルギー密度 $u(\mathbf{x})$ および濃度 $n_k(\mathbf{x})$ の関数としてエントロピー密度 $s(\mathbf{x})$ を考えて，定常値からのエントロピーの変化 $\Delta s(u, n_k)$ を次の形に書くことができる．

$$\Delta S = \int \left[\left(\frac{\partial s}{\partial u} \right)_{n_k} \delta u + \sum_k \left(\frac{\partial s}{\partial n_k} \right)_u \delta n_k \right] dV$$

$$+ \frac{1}{2} \int \left[\left(\frac{\partial^2 s}{\partial u^2} \right) (\delta u)^2 + 2 \sum_k \left(\frac{\partial^2 s}{\partial u \partial n_k} \right) \delta u \delta n_k + \sum_{ij} \left(\frac{\partial^2 s}{\partial n_i \partial n_j} \right) \delta n_i \delta n_j \right] dV$$

$$= \delta S + \frac{1}{2} \delta^2 S \tag{18.3.4}$$

非平衡定常状態を考えているので，熱力学力および相当するエネルギーの流れ $\mathbf{J}_u$ および物質の流れ $\mathbf{J}_k$ は 0 にならない．よって一次変分は 0 でない，$\delta S \neq 0$. 二次変分 $\delta^2 S$ は定まった符号をもつ．局所的には平衡にある単位体積のエントロピーの二次変分である被積分関数は負である（式 (12.4.10)）からである．すなわち，

$$\frac{1}{2} \delta^2 S < 0 \tag{18.3.5}$$

付 18.2 で誘導するように，次の一般的関係がある．

$$\frac{d}{dt} \frac{\delta^2 S}{2} = \sum_k \delta F_k \delta J_k \tag{18.3.6}$$

14 章の式 (14.1.16) で平衡値からの摂動に対して同じ式を導いた．式 (18.3.6) は，$\delta^2 S$ の時間微分は非平衡の条件でも同じ形をもつことを示している．違いは平衡の近くで $\sum_k \delta F_k \delta J_k = \sum_k F_k J_k > 0$ である．これは必ずしも平衡から遠く離れている必要はない．この量を**過剰エントロピー生成** (excess entropy production) と名づけよう．厳密にいえば，これは平衡値に近いときのエントロピー生成の増加量である．

18.3 非平衡定常状態の安定性

非平衡状態からの摂動に対しては，エントロピー生成の増加は $\delta P = \delta_F P + \delta_J P$ に等しい．

式 (18.3.5)，(18.3.6) は，定常状態が $\sum_k \delta F_k \delta J_k > 0$ の条件を満たす状態であれば，Lyapunov 汎関数 $L = -\delta^2 S$ を定義する．よって，非平衡定常状態は，

$$\frac{d}{dt}\frac{\delta^2 S}{2} = \sum_k \delta F_k \delta J_k > 0 \tag{18.3.7}$$

であれば，安定である．この条件が破れるとき，ただ系は不安定の場合がありうることを意味する．すなわち，$\sum_k \delta F_k \delta J_k < 0$ は不安定性の必要条件ではあるが，十分条件ではない．

● **安定性判別条件を用いて**

平衡および非平衡の条件下で，$\delta^2 S < 0$ であるので，定常状態の安定性は，

$$\frac{d}{dt}\frac{\delta^2 S}{2} = \sum_k \delta F_k \delta J_k > 0 \tag{18.3.8}$$

であれば保証される．非平衡系が不安定になる場合を理解するために，この判別条件を簡単な化学反応系に適用してみよう．

はじめに，次の反応

$$A + B \underset{k_r}{\overset{k_f}{\rightleftarrows}} C + D \tag{18.3.9}$$

を考えよう．この反応が素反応段階であるとして，正および逆反応の速さはそれぞれ

$$R_f = k_f [A][B], \qquad R_r = k_r [C][D] \tag{18.3.10}$$

この系は適当な流れによって平衡からはずれているとする．9.5 節で示したように，親和力（熱力学力 F）および反応速度 v（熱力学流れ J）はそれぞれ $A = RT\ln(R_f/R_r)$ および $v = (R_f - R_r)$ で与えられる．過剰エントロピー生成 $\delta^2 S$ の時間微分（式 (18.3.8)）は，$\delta F = \delta A/T$，$\delta J = \delta v$ を用いて書くことができる．定常状態からの摂動 $\delta[B]$ に対して，次のように表される（問題 18.4）．

$$\frac{1}{2}\frac{d\delta^2 S}{dt} = \sum_a \delta J_a \delta F_a = \frac{\delta A}{T}\delta v = Rk_f\frac{[A]_s}{[B]_s}(\delta[B])^2 > 0 \tag{18.3.11}$$

ここで添字 s は濃度の非平衡定常状態値を示す．$d\delta^2 S/dt$ が正であるので，定常状態は安定である．

自触媒反応，例えば

$$2X + Y \underset{k_r}{\overset{k_f}{\rightleftarrows}} 3X \tag{18.3.12}$$

では状況は変わってくる．この反応は次章で検討するブラッセレータ（Brusselator）と呼ばれる反応系で現れる．この反応について，濃度に $[X]_s, [Y]_s$ の非平衡定常状態から摂動 δX が加えられる場合を考える．正反応の速さ $R_f = k_f [X]^2$

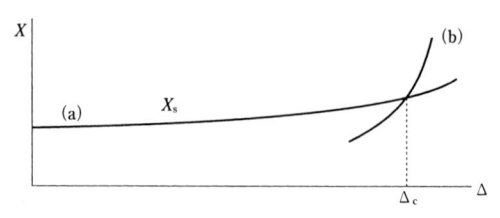

図 18.1

X のそれぞれの値は系の状態を表す．平衡からの距離はパラメータ Δ で表される．$\Delta=0$ のとき，系は熱力学平衡状態にある．Δ が小さいとき，系は平衡に近い状態にあり，これは平衡状態の延長 (a) である．これらの状態は熱力学分枝と呼ばれる．ある系，例えば自触媒過程をもつような系では，Δ が臨界値 Δ_c に達したとき，熱力学分枝 (a) に属していた状態は不安定になる．ここで系は新しい分枝 (b) へ転移する．新しい分枝は組織化された状態に相当することが多い．

[Y]，逆反応の速さ $R_r = k_r [X]^3$，また $A = RT \ln(R_f/R_r)$，$v = (R_f - R_r)$ を用いて，過剰エントロピー生成を計算し，次式を得る．

$$\frac{1}{2}\frac{d\delta^2 S}{dt} = \frac{\delta A}{T}\delta v = -R(2k_f[X]_s[Y]_s - 3k_r[X]_s^2)\frac{(\delta X)^2}{[X]_s} \qquad (18.3.13)$$

過剰エントロピー生成は，とくに $k_f \gg k_r$ であれば，負になりうる．よって，安定性はもはや保証されず，定常状態は不安定になりうる．

以上の議論は，図 18.1 に示すような安定性図によってまとめることができる．パラメータ Δ は平衡からの距離の測度である．Δ のそれぞれの値に対して，系は X_s で示される定常状態に向かって緩和する．平衡状態は $\Delta=0$ に相当する．X_s は平衡状態からの連続的な延長上にあり，これを**熱力学分枝** (thermodynamic branch) と呼ぶ．条件 (18.3.8) が満たされるかぎり，熱力学分枝は安定である．この条件が破れると，熱力学分枝は不安定になりうる．それが不安定になるとき，系は新しい分枝へ転移する．新しい分枝は一般に組織化された構造をもつ．

系の動力学式が知られていれば，どの点で定常状態が不安定になるかを決定するための十分確立された数学的方法がある．これは次節で論じる線形安定性解析法である．非平衡不安定性はさまざまな構造をつくり出す．これについては次章で議論しよう．

18.4 線形安定性解析

一般に，化学反応系は次の形の動力学式 (18.3.1) で特性づけられる．

18.4 線形安定性解析

$$\frac{dX_k}{dt} = Z_k(X_1 \cdots X_n; \lambda_j) \tag{18.4.1}$$

ここで X_k は式 (18.3.12) の [X], [Y] のような濃度, λ_j は与えられた非平衡値に維持された濃度である. ここで式 (18.4.1) の定常解 X_k^0 が知られていると仮定する. これは

$$Z_k(X_i^0, \cdots, X_n^0, \lambda) = 0 \tag{18.4.2}$$

を意味する. この定常解が小さい摂動 x_i に対して安定かどうかを知りたい. 線形安定性解析は次のようにこの解答を与える方法である. 小さな摂動 x_i を考える.

$$X_i = X_i^0 + x_i(t) \tag{18.4.3}$$

$Z_k(X_i)$ の Taylor 展開によって

$$Z_k(X_i^0 + x_i) = Z_k(X_i^0) + \sum_j \left(\frac{\partial Z_k}{\partial X_j}\right)_0 x_j + \cdots \tag{18.4.4}$$

ここで添字 0 は微分が定常状態 X_i^0 で行われることを示す. 線形安定性解析では x_j の一次項のみをとり, 高次の項は x_j が小さいとして無視する. 式 (18.4.1) へ式 (18.4.4) を代入して, $x_k(t)$ に対する一次式

$$\frac{dx_k}{dt} = \sum_j \Lambda_{kj}(\lambda) x_j \tag{18.4.5}$$

が得られる. ここで $\Lambda_{kj}(\lambda) = (\partial Z_k / \partial X_j)_0$ はパラメータ λ の関数である. 行列の表現を用いれば, 式 (18.4.5) は次のように書ける.

$$\frac{d\mathbf{x}}{dt} = \Lambda \mathbf{x} \tag{18.4.6}$$

ここで, ベクトル $\mathbf{x} = (x_1, x_2, \cdots, x_n)$, 行列 Λ の要素は Λ_{kj} で, これはしばしば **Jacobi 行列**と呼ばれる.

式 (18.4.6) の一般解は, 行列 Λ の固有値および固有ベクトルが知られていれば求められる. 固有値を ω_k, 固有ベクトルを $\boldsymbol{\psi}_k$ とすれば,

$$\Lambda \boldsymbol{\psi}_k = \omega_k \boldsymbol{\psi}_k \tag{18.4.7}$$

一般に n 次元の行列に対して n 個の固有値, n 個の固有ベクトルがある. 固有値 ω_k と固有ベクトル $\boldsymbol{\psi}_k$ が知られていれば, それぞれの固有ベクトルとその固有値に相当して, 式 (18.4.6) は次の解をもつことがわかる.

$$\mathbf{x} = e^{\omega_k t} \boldsymbol{\psi}_k \tag{18.4.8}$$

このことは式 (18.4.6) に式 (18.4.8) を入れることによって容易に確かめられる. 線形方程式の解の一次結合もまた解であるから, 式 (18.4.6) の一般解は次のようになる.

$$\mathbf{x} = \sum_k c_k e^{\omega_k t} \boldsymbol{\psi}_k \tag{18.4.9}$$

ここで係数 c_k は $t = 0$ における $\mathbf{x}$ から定められる. さて, 安定性の問題は摂動 $\mathbf{x}$ が時間とともに成長するか減衰するかによる. 明らかにこれは固有値 ω_k による. もし固

有値の一つあるいはそれ以上が正の実部をもてば，相当する解（18.4.8）は指数関数的に成長し，相当する固有ベクトルは**不安定モード**（unstable mode）である．ランダムな摂動は不安定モードを含む式（18.4.9）の形をとると考えられるので，正の実部分をもつ固有値の存在は，摂動が時間とともに増大するのに十分な条件である．もしすべての固有値が負の実部をもてば，定常解の近傍のどのような小さい摂動 **x** も指数関数的に減衰し 0 に接近する．（なおこのことは，近似（18.4.5）が成り立たないような大きい摂動 **x** に対しては必ずしも真でない）．

よって，定常状態の安定性に対する必要十分条件は，相当する Jacobi 行列の固有値のすべてが負の実部をもつことである．正の実部をもつ固有値が一つでもあれば，それは不安定性を意味する．

次に示す例では，化学反応系に対して線形安定性解析を適用する．前節でみたように，熱力学的考察では，系が熱力学平衡から遠く離れ，とくに自触媒過程が存在するとき，不安定性が生じうることが導かれている．

摂動の指数関数的成長は無限には続かない．成長は非線形項によって結局は停止する．この過程を経て，系は不安定状態から安定状態へ転移する．すなわち，不安定性に駆動されて，系は新しい状態へ転移することになる．この新しい状態はしばしば組織化された状態，より低いエントロピーをもつ状態である．この組織化状態は流れが維持されるかぎり無限に続くはずである．

◉例

次の一組の反応速度式をもつ系に対して線形安定性理論を適用してみよう．なおこの系については次章でより詳細に論じる．X_1, X_2 の代わりに系の変数として濃度 $[X], [Y]$ を用いる．

$$\frac{d[X]}{dt} = k_1[A] - k_2[B][X] + k_3[X]^2[Y] - k_4[X] = Z_1 \tag{18.4.10}$$

$$\frac{d[Y]}{dt} = k_2[B][X] - k_3[X]^2[Y] = Z_2 \tag{18.4.11}$$

ここで $[A], [B]$ は式（18.4.1）の λ に相当するパラメータで，一定値に維持される濃度変数である．この式の定常解は次のように容易に求められる（問題 18.6）．

$$[X]_s = \frac{k_1}{k_4}[A], \qquad [Y]_s = \frac{k_4 k_2 [B]}{k_3 k_1 [A]} \tag{18.4.12}$$

定常状態で求められる Jacobi 行列は

$$\begin{pmatrix} \frac{\partial Z_1}{\partial [X]} & \frac{\partial Z_1}{\partial [Y]} \\ \frac{\partial Z_2}{\partial [X]} & \frac{\partial Z_2}{\partial [Y]} \end{pmatrix} = \begin{pmatrix} k_2[B] - k_4 & k_3[X]_s^2 \\ -k_2[B] & -k_3[X]_s^2 \end{pmatrix} = \Lambda \tag{18.4.13}$$

式 (18.4.13) の固有値の実部が正になるとき，定常状態 (18.4.12) は不安定になる．行列 Λ の**固有値方程式（特性方程式）**は，

$$\mathrm{Det}[\Lambda - \lambda I] = 0 \tag{18.4.14}$$

で，その解が固有値となる．なお Det は行列式を表す．式 (18.4.13) のような 2×2 行列に対して特性方程式は容易に，

$$\lambda^2 - (\Lambda_{11} + \Lambda_{22})\lambda + (\Lambda_{11}\Lambda_{22} - \Lambda_{21}\Lambda_{12}) = 0 \tag{18.4.15}$$

ここで Λ_{ij} は行列 Λ の要素（元）である．もしすべての行列要素 Λ_{ij} が化学反応系の場合のように実であれば，特性方程式の解は複素共役の対でなければならない．行列 (18.4.13) に対して複素共役対の場合を考える．これらの解は濃度 [B] の関数であり，はじめ負であったこれらの実部が [B] の適当な変化により正になりうるかどうかを調べる．実部が 0 になる点が安定性から不安定性への転移点である．

式 (18.4.15) に対して，一次項の係数は根の和の符号を変えたものであるから，もし $\lambda_\pm$ が二つの根をもてば，

$$\lambda_+ + \lambda_- = (\Lambda_{11} + \Lambda_{22}) = k_2[\mathrm{B}] - k_4 - k_3[\mathrm{X}]_\mathrm{s}^2 \tag{18.4.16}$$

となる．もしこの複素共役対 $\lambda_\pm$ の実部が負であれば，$k_2[\mathrm{B}] - k_4 - k_3[\mathrm{X}]_\mathrm{s}^2 < 0$ である．逆に正であれば，$k_2[\mathrm{B}] - k_4 - k_3[\mathrm{X}]_\mathrm{s}^2 > 0$ となる．（もし $\lambda_\pm$ が実根であれば，$\lambda_+ + \lambda_- > 0$ は少なくとも一つの根が正であることを意味する）．よって，不安定性の生起を導く，正の実部をとる条件は，

$$[\mathrm{B}] > \frac{k_4}{k_2} + \frac{k_3}{k_2}[\mathrm{X}]_\mathrm{s}^2$$

あるいは

$$[\mathrm{B}] > \frac{k_4}{k_2} + \frac{k_3}{k_2}\frac{k_1^2}{k_4^2}[\mathrm{A}]^2 \tag{18.4.17}$$

となる．ここで $[\mathrm{X}]_\mathrm{s}$ に対して式 (18.4.12) を用いた．よって，[A] の与えられた値に対して，[B] が増大し，条件 (18.4.17) が満たされたとき，定常状態 (18.4.12) は不安定になる．次章でこの不安定性が化学振動を導くことを示す．

線形不安定性解析は，系が不安定になったときどのような状態に発展するかを決める手段を提供するものではない．系の挙動を完全に理解するためには，完全な非線形方程式を用いて考察しなければならない．しばしば解析的な解が得られない非線形方程式に出合うことがある．しかし，このようなときでも強力なコンピュータを用いて数値解をそれほどの困難なく求めることができる．次章で考える非線形方程式の数値解を得るための Mathematica コードを 19 章の末尾にあげておく．

付 18.1

ここで平衡からの距離に関係なく，次の条件が成り立つことを示そう．

$$\frac{d_\mathrm{F} P}{dt} \leq 0 \tag{A 18.1.1}$$

この関係の正当性は局所平衡の妥当性による．12章でエントロピーの二次変分 $\delta^2 S$ は負であることを示した．モル熱容量 C_V，等温圧縮率 κ_T，および $-\sum_{i,j}(\partial A_i/\partial \xi_j)\cdot\delta\xi_i\delta\xi_j$ などの量が正の値をもつからである．この条件は局所平衡にある体積要素 δV についても成り立つ．$d_\mathrm{F} P/dt$ と $-\sum_{i,j}(\partial A_i/\partial \xi_j)\delta\xi_i\delta\xi_j$ などの量との間の関係は次のように求められる．

化学反応

均一な一定温度で化学反応が進んでいる閉じた均一非平衡系を考えよう．親和力 A_k は反応進度 ξ_j の関数であり，

$$\frac{\partial A_k}{\partial t} = \sum_j \left(\frac{\partial A_k}{\partial \xi_j}\right)\frac{d\xi_j}{dt} = \sum_j \left(\frac{\partial A_k}{\partial \xi_j}\right) v_j \tag{A 18.1.2}$$

したがって

$$\frac{d_\mathrm{F} P}{dt} = \frac{1}{T}\sum_{k,j}\left(\frac{\partial A_k}{\partial \xi_j}\right) v_j v_k \leq 0 \tag{A 18.1.3}$$

これは局所平衡にある系に対して成り立つ一般的関係（12.4.5）から導かれる．この証明は開放系に対しても拡張でき，これは次に述べる等温拡散の場合と同じように進められる．

等温拡散

この場合，次の関係から出発する．

$$\frac{d_\mathrm{F} P}{dt} = -\int \sum_k \mathbf{J}_k \cdot \frac{\partial}{\partial t}\nabla\left(\frac{\mu_k}{T}\right) dV = -\int \frac{1}{T}\sum_k \mathbf{J}_k \cdot \nabla\left(\frac{\partial \mu_k}{\partial t}\right) dV \tag{A 18.1.4}$$

恒等式 $\nabla\cdot(f\mathbf{J}) = f\nabla\cdot\mathbf{J} + \mathbf{J}\cdot\nabla f$ を用いて，上式の右辺は次のように書き換えられる．

$$-\int \frac{1}{T}\mathbf{J}_k\cdot\nabla\left(\frac{\partial \mu_k}{\partial t}\right) dV = -\int \frac{1}{T}\nabla\cdot\left[\mathbf{J}_k\left(\frac{\partial \mu_k}{\partial t}\right)\right] dV + \int \frac{1}{T}\left(\frac{\partial \mu_k}{\partial t}\right)\nabla\cdot\mathbf{J}_k dV \tag{A 18.1.5}$$

Gauss の定理を用いて右辺第一項は面積分に書き換えられる．境界条件は時間に依存しないので，μ_k の値は境界で時間によらず，この面積分は 0 になる．次の関係

$$\frac{\partial \mu_k}{\partial t} = \sum_j \frac{\partial \mu_k}{\partial n_j}\frac{\partial n_j}{\partial t}, \qquad \frac{\partial n_k}{\partial t} = -\nabla\cdot\mathbf{J}_k \tag{A 18.1.6}$$

を用いて，第二項は次のように書ける．

$$\int \frac{1}{T}\left(\frac{\partial \mu_k}{\partial t}\right)\nabla\cdot\mathbf{J}_k dV = -\frac{1}{T}\int \sum_j \frac{\partial \mu_k}{\partial n_j}\left(\frac{\partial n_j}{\partial t}\right)\left(\frac{\partial n_k}{\partial t}\right) dV \quad (A\,18.1.7)$$

式 (A 18.1.7)，(A 18.1.5) および (A 18.1.4) を用いて，

$$\frac{d_{\mathrm{F}}P}{dt} = -\frac{1}{T}\int \sum_{j,k}\frac{\partial \mu_k}{\partial n_j}\left(\frac{\partial n_j}{\partial t}\right)\left(\frac{\partial n_k}{\partial t}\right) dV \leq 0 \quad (A\,18.1.8)$$

平衡にある系に対して，上式右辺の被積分関数について

$$-\sum_{j,k}\frac{\partial \mu_k}{\partial n_j}\left(\frac{\partial n_j}{\partial t}\right)\left(\frac{\partial n_k}{\partial t}\right) \leq 0$$

の関係がある（式 (12.4.9)）．式 (18.2.3) の一般的証明は文献〔1〕に与えられている．

付 18.2

関係

$$\frac{d}{dt}\frac{\delta^2 S}{2} = \sum_k \delta F_k \delta J_k \quad (A\,18.2.1)$$

は次のように求められる．式 (18.3.4) で定義される $\delta^2 S/2$ の時間微分をとることから始める．記号の簡略化のため時間微分を・で表す．$\delta^2 S$ の時間微分は

$$\delta^2 \dot{S} = \int \left[\left(\frac{\partial^2 s}{\partial u^2}\right) 2\,\delta u \delta \dot{u} + 2\sum_k \left(\frac{\partial^2 s}{\partial u \partial n_k}\right)(\delta \dot{u}\delta n_k + \delta u \delta \dot{n}_k) \right.$$
$$\left. + 2\sum_{i,k}\left(\frac{\partial^2 s}{\partial n_i \partial n_k}\right)\delta \dot{n}_i \delta n_k \right] dV \quad (A\,18.2.2)$$

最後の項の 2 は次の関係からくる．

$$\frac{\partial^2 s}{\partial n_i \partial n_k} = \frac{\partial^2 s}{\partial n_k \partial n_i}$$

次に，$(\partial s/\partial u)_{n_k}=1/T$，$(\partial s/\partial n_k)_u=-\mu_k/T$ を用いて，式 (A 18.2.2) は次のように書き換えられる．

$$\delta^2 \dot{S} = \int 2\left[\frac{\partial}{\partial u}\left(\frac{1}{T}\right)\delta u \delta \dot{u} + \sum_k \frac{\partial}{\partial n_k}\left(\frac{1}{T}\right)\delta \dot{u}\delta n_k\right] dV$$
$$+ \int 2\left[\sum_k \frac{\partial}{\partial u}\left(\frac{-\mu_k}{T}\right)\delta u \delta \dot{n}_k + \sum_{i,k}\frac{\partial}{\partial n_i}\left(\frac{-\mu_k}{T}\right)\delta n_i \delta \dot{n}_k\right] dV$$
$$(A\,18.2.3)$$

さて，u と n_k は独立変数であるので，次のように書ける．

$$\delta\left(\frac{1}{T}\right) = \sum_k \frac{\partial}{\partial n_k}\left(\frac{1}{T}\right)\delta n_k + \frac{\partial}{\partial u}\left(\frac{1}{T}\right)\delta u \quad (A\,18.2.4)$$

$$\delta\left(\frac{\mu_i}{T}\right) = \sum_k \frac{\partial}{\partial n_k}\left(\frac{\mu_i}{T}\right)\delta n_k + \frac{\partial}{\partial u}\left(\frac{\mu_i}{T}\right)\delta u \quad (A\,18.2.5)$$

式 (A 18.2.4), (A 18.2.5) を用いて, 式 (A 18.2.3) は次の簡単な形になる.

$$\delta^2 \dot{S} = 2 \int \left[\delta\left(\frac{1}{T}\right)\delta \dot{u} + \sum_k \delta\left(\frac{-\mu_k}{T}\right) \delta \dot{n}_k \right] dV \quad (A\,18.2.6)$$

この関係は熱力学力の変化 $\delta\nabla(1/T)$ および $\delta\nabla(-\mu_k/T)$ と相当する流れの変化 $\delta \mathbf{J}_u$ および $\delta \mathbf{J}_k$ を用いて書くことができる. このためにエネルギー密度 u および濃度 n_k の釣合いの式を用いる.

$$\frac{\partial u}{\partial t} = \dot{u} = -\nabla \cdot \mathbf{J}_u \quad (A\,18.2.7)$$

$$\frac{\partial n_k}{\partial t} = \dot{n}_k = -\nabla \cdot \mathbf{J}_k + \sum_i \nu_{ki} v_i \quad (A\,18.2.8)$$

ここで ν_{ki} は反応 i における成分 k の化学量論係数, v_i は反応 i の速度である. 定常状態密度を u_s, n_{ks}, 相当する流れを $\mathbf{J}_{us}, \mathbf{J}_{ks}, v_{is}$ で表せば, $\dot{u}_s = -\nabla \cdot \mathbf{J}_{us} = 0$ および $\dot{n}_{ks} = -\nabla \cdot \mathbf{J}_{ks} + \sum_i \nu_{ki} v_{is} = 0$ となる. したがって, 定常状態からの摂動 $u = u_s + \delta u$, $\mathbf{J}_u = \mathbf{J}_{us} + \delta \mathbf{J}_u$ に対して,

$$\delta \dot{u} = -\nabla \cdot \delta \mathbf{J}_u \quad (A\,18.2.9)$$

$$\delta \dot{n}_k = -\nabla \cdot \delta \mathbf{J}_k + \sum_i \nu_{ki} \delta v_i \quad (A\,18.2.10)$$

これらの式を式 (A 18.2.6) に代入する. また次の恒等式

$$\nabla \cdot (f \mathbf{J}) = f \nabla \cdot \mathbf{J} + \mathbf{J} \cdot \nabla f \quad (A\,18.2.11)$$

(f はスカラー関数, $\mathbf{J}$ はベクトル場), および Gauss の定理

$$\int_V (\nabla \cdot \mathbf{J}) \, dV = \int_\Sigma \mathbf{J} \cdot d\mathbf{a} \quad (A\,18.2.12)$$

(Σ は体積 V を囲む面積, $d\mathbf{a}$ は素表面積) を用いると, 式 (A 18.2.6) は次のように書ける.

$$\begin{aligned}\frac{1}{2} \delta^2 \dot{S} = &-\int_\Sigma \delta\left(\frac{1}{T}\right) \delta \mathbf{J}_u \cdot d\mathbf{a} + \int_V \delta\nabla\left(\frac{1}{T}\right) \delta \mathbf{J}_u dV \\ &+ \int_\Sigma \sum_k \delta\left(\frac{\mu_k}{T}\right) \delta \mathbf{J}_k \cdot d\mathbf{a} - \int_V \sum_k \delta\nabla\left(\frac{\mu_k}{T}\right) \delta \mathbf{J}_k dV \quad (A\,18.2.13) \\ &+ \int_V \left[\sum_i \delta\left(\frac{A_i}{T}\right) \delta v_i \right] dV\end{aligned}$$

この式を得るのに, $\sum_k \nu_{ki} \delta(\mu_k/T) = \delta(A_i/T)$ の関係を用いた. 表面での流れは境界条件で一定に保たれ, ゆらぎを受けないとすると, 表面項は消える. これによって次の必要な結果が得られる.

$$\begin{aligned}\frac{1}{2} \delta^2 \dot{S} &= \int_V \delta\nabla\left(\frac{1}{T}\right) \delta \mathbf{J}_u dV - \int_V \sum_k \delta\nabla\left(\frac{\mu_k}{T}\right) \delta \mathbf{J}_k dV + \int_V \left[\sum_i \delta\left(\frac{A_i}{T}\right) \delta v_i \right] dV \\ &= \sum_\alpha \delta F_\alpha \delta J_\alpha \quad (A\,18.2.14)\end{aligned}$$

文　献

1. Glansdorff, P. and Prigogine, I., *Physica*, **20** (1954), 773.

2. Prigogine, I., *Introduction to Thermodynamics of Irreversible Processes*. 1967, New York: John Wiley.
3. Glansdorff, P. and Prigogine, I., *Thermodynamics of Structure, Stability and Fluctuations*. 1971, New York: Wiley
4. Minorski, N., *Nonlinear Oscillations*, 1962, Princeton NJ: Van Nostrand.

問　題

18.1 次の化学反応系（ⅰ）および（ⅱ）の化学親和力を反応物，生成物のある濃度（あるいは分圧）の範囲で計算し，その結果を RT（$T=298$ K）と比較せよ．また，表のデータを用いて系が熱力学的に線形領域にある範囲を決定せよ．
（ⅰ）ラセミ化反応　$L \rightleftarrows D$　（L, D はエナンチオマー）
（ⅱ）反応　$N_2O_4(g) \rightleftarrows 2NO_2(g)$　（それぞれの分圧 $p_{N_2O_4}$ および p_{NO_2}）

18.2（a）地球の大気圏が熱力学平衡にないと結論される要因として，どのようなことが考えられるか．
（b）文献調査によって，木星および金星の大気圏が化学平衡にあるかどうか判定せよ．

18.3 化学反応 $A \rightleftarrows B$ に対して，一般則 $d_F P \leqq 0$ を証明せよ．

18.4（a）化学反応（18.3.9）の定常状態からの摂動 $\delta[B]$ に対して，不等式（18.3.11）を導け．
（b）化学反応（18.3.12）の定常状態からの摂動 $\delta[X]$ に対して，過剰エントロピー生成（18.3.13）を求めよ．

18.5 次の化学反応系に対して過剰エントロピー生成を求め，定常状態の安定性を解析せよ．
（a）$W \rightleftarrows X \rightleftarrows Z$　（W と Z の濃度は非平衡の一定値に維持されている）
（b）$W+X \rightleftarrows 2X$, $X \rightleftarrows Z$　（W と Z の濃度は非平衡の一定値に維持されている）

18.6 式（18.4.10）および（18.4.11）の定常状態は式（18.4.12）で与えられることを示せ．

18.7 次の型の多項式
$$\omega^n + A_1\omega^{n-1} + A_2\omega^{n-2} + \cdots + A_n = 0$$
に対して，λ_k を根として，
$$A_1 = -(\lambda_1 + \lambda_2 + \lambda_3 + \cdots + \lambda_n)$$
$$A_n = (-1)^n(\lambda_1 \lambda_2 \lambda_3 \cdots \lambda_n)$$
となることを示せ．

18.8 次の反応速度式に対して定常状態を求め，パラメータ λ の関数として安定性を解析せよ．

（ⅰ）　$\dfrac{dx}{dt} = -Ax^3 + C\lambda x$

（ⅱ）　$\dfrac{dx}{dt} = -Ax^3 + Bx^2 + C\lambda x$

（ⅲ）　$\dfrac{dx}{dt} = \lambda x - 2xy$,　$\dfrac{dy}{dt} = -y + xy$

(iv) $\quad \dfrac{dx}{dt}=-5x+6y+x^2-3xy+2y^2, \quad \dfrac{dy}{dt}=\lambda x-14y+2x^2-5xy+4y^2$

18.9 次の反応系を考える．

$$A+X \rightleftarrows 2X$$
$$X \rightleftarrows 2Y$$
$$Y \rightleftarrows E$$

平衡から遠く離れている条件で，正反応のみを考えればよい．線形安定性解析理論を用いて，非平衡定常状態のまわりの摂動が，18.2節で論じたように，[X] と [Y] の振動を導くことを示せ．このモデルは，生存競争を記述するために Lotka と Volterra によって提案された．ここで X は餌食（小羊），Y は捕食者（狼）を表し，この餌食-捕食者の相互作用モデルでは，X と Y の数が振動を示す．(V. Volterra, *Theory mathêmafigue de la Lufte pour la Vie*, Paris, Gonthier Villars, 1931)

19. 散逸構造

19.1 不可逆過程の建設的役割

　非平衡熱力学の最も深遠な課題の一つは，不可逆過程の二重の役割，すなわち平衡の近くで秩序の破壊者としての役割と，平衡から遠く離れたところでの秩序の形成者としての役割である．平衡から離れた系では，系が発展していく先の状態を予測する一般的極値原理は存在しない．非平衡系が発展していく状態を独自に予測する極値原理が存在しないことが，非平衡系の基本的特性である．自由エネルギーを極小とする状態へと発展する平衡系とは完全に対比的で，非平衡系の発展は予測不可能であり，その状態をマクロな速度式でただ一通りに記述することは常に不可能である．これは，与えられた一組の非平衡条件に対して，一つ以上の状態をもつことがしばしば可能であるためである．ランダムなゆらぎ，あるいは小さな不均質性や不完全性などのランダムな因子のために，系は多くの可能な状態のうちの一つの状態へと発展する．これらの状態のうちどの状態へ発展するのかを予測することは，一般的に不可能である．このようにして到達する新しい状態はしばしば"秩序状態"であり，空間・時間的な組織化構造をもつ．流体の流れにおけるパターン，対称性の高い幾何学的パターンを示す濃度の不均質性や濃度の周期的変化は，このような秩序状態の例である．その基本的な特性のために，ゆらぎの結果として秩序状態へと発展する非平衡系の一般的挙動を，ゆらぎを通しての秩序（order through fluctuations）と呼ぶことができる〔文献1, 2〕．

　非平衡系において，濃度の振動や幾何学的パターンが化学反応と拡散の結果として生じるが，これらの過程は，閉鎖系において不均質性をとり払い，系を定常的な時間に依存しない均質状態へと導く散逸過程と同じである．すなわち，組織化非平衡状態をつくり出し維持するのは散逸過程であり，そこでこれらを**散逸構造**（dissipative structure）と呼ぼう〔文献3〕．

　散逸構造とゆらぎを通しての秩序の二つの概念は，本章で記述する非平衡秩序の主要な局面を集約する．

19.2 安定性の喪失，分岐と対称性の破れ

前章で，系が平衡から遠くはずれると，熱力学分枝の安定性はもはや保証されないことをみた．18.3節で，系が不安定になるための必要条件 (18.3.7) が，エントロピーの二次変分 $\delta^2 S$ を用いてどのように導かれるかを示した．この点を越えると，われわれは状態の多様性と予測不能性に当面することになる．不安定性の精確な条件およびその後の系の挙動を理解するためには，化学反応速度式や水力学方程式のような系を特徴づける関係式を用いる必要がある．しかし，平衡から遠く離れた系に共通するある一般的な特徴がある．その概略を以下で述べ，散逸構造についての詳細な議論は次節以降で行うことにしよう．

非平衡状態の安定性の喪失の条件は，非線形微分方程式の解に対する安定性の一般理論を用いて解析することができる．このとき，安定性の喪失，解の多様性，および対称性の間の基本関係に出会うことになる．また，微分方程式のある特定の解から新しい解が**分岐** (bifurcation あるいは branching) する現象を見出すことになる．はじめに単純な非線形微分方程式を用いてこれらの一般的特性を例示し，次にそれらが平衡から遠く離れた系を記述するために，どのように用いられるかについて説明しよう．

● **分岐および対称性の破れの最も簡単な例**

次式を考える．

$$\frac{d\alpha}{dt} = -\alpha^3 + \lambda\alpha \tag{19.2.1}$$

ここで λ はパラメータである．ここでの目的はこの式の定常解を λ の関数として検討することである．式 (19.2.1) は二重対称性をもち，α を $-\alpha$ で置き変えても不変である．このことは，もし $\alpha(t)$ が解であれば，$-\alpha(t)$ もまた解であることを意味する．もし $\alpha(t) \neq -\alpha(t)$ であれば，これらはこの式の二つの解となる．このように対称性と解の多重性は相互に関係づけられる．

微分方程式 (19.2.1) の定常解は，

$$\alpha = 0, \qquad \alpha = \pm\sqrt{\lambda} \tag{19.2.2}$$

である．解の多重性が対称性に関係することに注目しよう．解が微分方程式の対称性をもたない，すなわち $\alpha \neq -\alpha$ のとき，その解は**破れた対称性** (broken symmetry) をもつ，あるいは対称性を破る解といわれる．今の場合，解 $\alpha = 0$ は，α を $-\alpha$ で置き変えても不変であるが，解 $\alpha = \pm\sqrt{\lambda}$ はそうではない．よって，解 $\alpha = \pm\sqrt{\lambda}$ は微分方程式の対称性を破るという．（この考え方は今のような単純な場合には

むしろとるに足らないと思われるかもしれないが，非平衡系に対してはかなり重要な意義をもっている）．

物理的な理由で，式 (19.2.1) の実の解のみを考えることにしよう．$\lambda<0$ のとき，ただ一つの実の解のみをもつが，$\lambda>0$ のとき，図 19.1 に示すように，三つの解をもつ．$\lambda>0$ に対する新しい解は解 $\alpha=0$ から分岐（分枝）する．新しい解が分岐するところの λ の値を **分岐点** (bifurcation point) という．図 19.1 では，$\lambda=0$ が分岐点である．分岐は，上のような簡単な代数方程式の場合だけでなく，一組の連立常微分方程式やより複雑な偏微分方程式の場合でも，非線形方程式において一般に起こる．

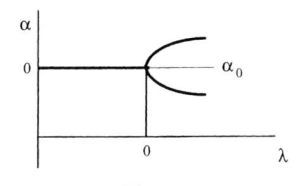

図 19.1
パラメータ λ の関数として表した式 (19.2.1) の解 $\alpha=0$, $\alpha=\pm\sqrt{\lambda}$ の分岐（細い線は不安定な解を示す）．

安定性の問題を論じるために，新しい解 $\alpha=\pm\sqrt{\lambda}$ が出現するちょうどその点において，解 $\alpha=0$ が不安定になることを示そう．すでにみたように，定常解 α_S は，その解からの小さなゆらぎ $\delta(t)$ が定常状態へ減衰するならば，局所安定である．よって，α_S が安定であるかどうかを決定するためには，$\alpha=\alpha_S+\delta(t)$ の時間発展を調べればよい．式 (19.2.1) に $\alpha=\alpha_S+\delta(t)$ を代入し，δ の一次の項のみをとれば，

$$\frac{d\delta}{dt}=-3\alpha_S^2\delta+\lambda\delta \tag{19.2.3}$$

これから，定常状態 $\alpha_S=0$ に対して，$\lambda<0$ であれば，$\delta(t)$ は指数関数的に減衰するので，その解は安定であり，他方，$\lambda>0$ であれば，$\delta(t)$ は指数関数的に成長するので，この解は局所不安定であることがわかる．同様に，式 (19.2.3) を用いて定常状態 $\alpha_S=\pm\sqrt{\lambda}$ の安定性を調べると，この解は安定であることがわかる．この定常状態の安定性は，δ が 0 より小さい値から大きい値へ動くとき，解 $\alpha=0$ は不安定となり，系は，$\lambda=0$ で分岐した二つの新しい解のうちの一つに転移することを意味している．二つの可能な状態のうちどちらへ転移するかは，決定論的ではなく，系内のランダムなゆらぎに依存する．安定性を失うことは，ランダムなゆらぎが成長し，二つの状態 $\alpha_S=+\sqrt{\lambda}$，$\alpha_S=-\sqrt{\lambda}$ のうちどちらか一方の状態へ系を導くことになる．

一つの解が安定性を失う，ちょうどその点で，新しい解の分岐が起こることは，けっして偶然ではなく，非線形方程式の解の一般的性質である．（非線形方程式の解の分岐と安定性の間の一般的関係は，トポロジー理論を用いて説明することができるが，本書の範囲を超えている）．

● **分岐の一般論**

平衡から遠く離れた系で，熱力学分枝上の状態が安定性を失い，散逸構造へ転移す

る状況は，上の簡単な例で示した一般的特徴に同様にしたがう．λ のようなパラメータは，系を平衡から引き離す拘束量，例えば非平衡値で維持される流速や濃度などに対応する．λ がある値に達すると，熱力学分枝は不安定となるが，同時に新しい解が可能になる．そして系はゆらぎにより駆動されて新しい状態の一つへ転移する．18.4 節と同じように，系の状態を X_k ($k=1,2,\cdots,n$) で表そう．これは一般に位置 **r** および時間 t の関数である．系の自発的発展は次式で記述されるとする．

$$\frac{\partial X_k}{\partial t} = Z_k(X_i, \lambda) \tag{19.2.4}$$

ここで λ は非平衡での束縛を表す変数である．考えている系が均質な化学系であれば，Z_k は化学反応の速さによって特徴づけられる．非均質な系に対しては，Z_k は拡散などの輸送過程を考慮するために偏微分量を含むこともある．Z_k がどのように複雑であっても，ある λ の値で式 (19.2.4) の解の安定性が失われ，この点で新しい解への分岐が起こることは，式 (19.2.1) の場合と同様である．式 (19.2.1) の場合と同じように，式 (19.2.4) の対称性の性質が解の多重度に関係する．例えば，等方性の系では式 (19.2.4) は **r** を $-\mathbf{r}$ に反転しても不変である．この場合には，$X_k(\mathbf{r}, t)$ が解であれば，$X_k(-\mathbf{r}, t)$ も解である．$X_k(\mathbf{r}, t) \neq X_k(-\mathbf{r}, t)$ であれば，二つの明確な解があり，それらは互いに鏡像の関係にある．

X_{Sk} を式 (19.2.4) の定常解としよう．この状態の安定性は，前と同じように，δ_k を小さな摂動として，$X_k = X_{Sk} + \delta_k$ の発展を考慮して解析することができる．もし δ_k が指数関数的に減衰するならば，この定常状態は安定である．このことは一般に λ が臨界値 λ_C より小さいときに起こる．λ が λ_C を超えると，δ_k は指数関数的に減衰せず，逆に指数関数的に増大することが起こりうる．このとき状態 X_{Sk} は不安定である．まさしく λ_C で式 (19.2.4) の新しい解が現れる．以下の節で詳細に論じるように，λ_C の近傍で新しい解はしばしば次の形をとる．

$$X_k(\mathbf{r}, t; \lambda) = X_{Sk}(\lambda_C) + \alpha_k \psi_k(\mathbf{r}, t) \tag{19.2.5}$$

ここで $X_{Sk}(\lambda_C)$ は λ が λ_C のときの定常状態，α_k は決定されるべき一組の振幅の値，そして $\psi_k(\mathbf{r}, t)$ は式 (19.2.4) の Z_k から定められる関数である．分岐の一般理論によって，振幅 α_k の時間発展は次の型の一組の方程式によって求められる．

$$\frac{d\alpha_k}{dt} = G(\alpha_k, \lambda) \tag{19.2.6}$$

これを**分岐方程式** (bifurcation equation) という．実際，式 (19.2.1) はそれ自体一つの方程式であるが，それはまた二重の対称性を破る系に対する分岐方程式である．式 (19.2.6) の解の多重性は，元の式 (19.2.4) の解の多重性に対応する．

このように，不安定性，分岐，解の多重性および対称性はすべて相互に関連する．次に，散逸構造を導く熱力学的分枝の不安定性の二，三の例を示そう．

19.3 キラル対称性の破れと生命

よく知られているように，生命の化学は顕著な対称性に基づいている．幾何学的な構造がその鏡像と同一でない（重ならない）分子は，**キラリティ**（chirality）あるいは掌性（handedness）をもつという．キラル分子の鏡像構造体は**エナンチオマー**（enantiomer）と呼ばれる．左手と右手を区別するのと同じように，二つの鏡像構造体はLとDのエナンチオマーと名づけられる（Lはlevo（左）を，Dはdextro（右）を示す）．二つのエナンチオマーをRとSで表すこともある．タンパク質の構成単位であるアミノ酸やDNAに含まれるデオキシリボースはキラル分子である．バクテリアから人間まで，生命の化学に関与するほとんどすべてのアミノ酸はL-アミノ酸（図19.2）であり，DNAに含まれるデオキシリボースはD-デオキシリボース（図19.3）である．Francis Crickのいうように，"生化学の第一に重要な統一原理は，鍵となる分子がすべての生物で同じ掌性をもつことである"．化学反応が，（偶奇性を保存しない弱い相互作用〔文献4～6〕による非常に小さい差を除いて）二つの鏡像体（エナンチオマー）に対して等しい選択性をもつことを考えるとき，このことはまさしく顕著な事柄である．

生化学において隠された非対称の問題は，1857年，Louis Pasteurによって発見された．その後150年たったが，その真の原因はなお未解決である．しかし，このような状態が，散逸構造の枠組みのなかでどのように実現しうるかを示すことはできる．第一に，このような非対称は平衡から遠く離れた条件でのみ出現することに注意する．平衡では，二つのエナンチオマーの濃度は等しくなる．この非対称性を維持するには，エナンチオマー間の変換の代わりに一方のエナンチオマーをたえず触媒的に生産することが必要である．エナンチオマー間の変換は**ラセミ化**（recemization）と呼ばれ，二つのエナンチオマーの濃度が等しい平衡状態に系を導く．第二に，ゆらぎか

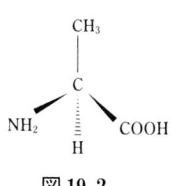

図19.2 タンパク質はL-アミノ酸からつくられる．これはL-アラニンを示し，他のL-アミノ酸はCH₃が他の基で置き換わっている．

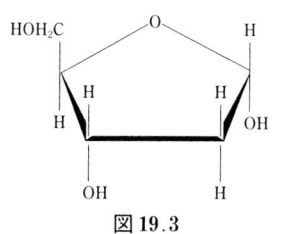

図19.3 DNAのキラルな基本的構成ブロックである2-デオキシ-D-リボース．これと鏡像関係にある2-デオキシ-L-リボースは生命の化学から排除される．

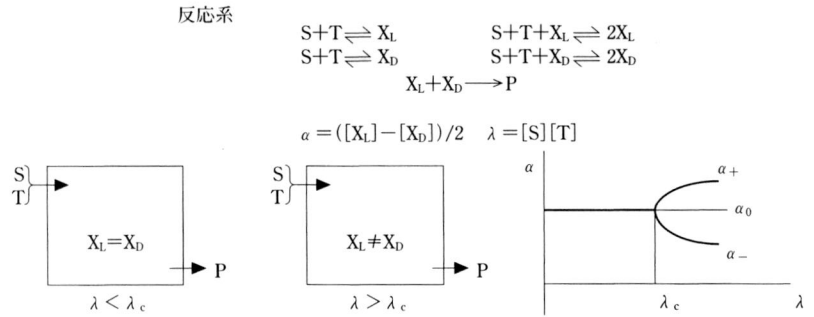

図 19.4 エナンチオマー X_L と X_D が等しい頻度で生成される簡単な自触媒反応系
開放系では，これは対称性の破れた状態 ($X_L \neq X_D$) である散逸構造を導く．分岐図は散逸構造への転移の一般的な特徴を示す．

らの秩序のパラダイムにしたがって，適当なキラルな自触媒をもつ系で，等しい量のL-エナンチオマーとD-エナンチオマーを含む熱力学分枝が，どのようにして不安定になるかを示そう．不安定性は非対称状態への分岐あるいは対称性の破れによって起こり，そこでは一方のエナンチオマーが多数になる．ランダムなゆらぎに駆動されて，系は二つの可能な状態のうちの一方へ転移する．

1953年，F. C. Frank〔文献7〕は，初期の小さな非対称を増幅するキラルな自触媒をもつ簡単なモデル反応系を考案した．このモデル反応系を，不安定性や対称性破れの分岐などの非平衡の面がより明瞭にみえるように修正して図19.4に示そう．キラル自触媒反応を含む次の反応系である．

$$S+T \underset{k_{1r}}{\overset{k_{1f}}{\rightleftarrows}} X_L \tag{19.3.1}$$

$$S+T+X_L \underset{k_{2r}}{\overset{k_{2f}}{\rightleftarrows}} 2X_L \tag{19.3.2}$$

$$S+T \underset{k_{1r}}{\overset{k_{1f}}{\rightleftarrows}} X_D \tag{19.3.3}$$

$$S+T+X_D \underset{k_{2r}}{\overset{k_{2f}}{\rightleftarrows}} 2X_D \tag{19.3.4}$$

$$X_L+X_D \overset{k_3}{\longrightarrow} P \tag{19.3.5}$$

Xのそれぞれのエナンチオマーは，式 (19.3.1), (19.3.3) に示すように直接的に，また式 (19.3.2), (19.3.4) に示すように自触媒的に，アキラルな（キラリティをもたない）反応体 S, T から生成する．さらに，二つのエナンチオマーは互いに反応して不活性化合物Pに変化する．対称性のため，直接反応 (19.3.1), (19.3.3) でも自触媒反応 (19.3.2), (19.3.4) でも，各エナンチオマーに対する速度定数は互いに等しくなければならない．平衡において系は対称的な状態，$[X_L]=[X_D]$ にあることは，容易に示される (問題 19.3)．

19.3 キラル対称性の破れと生命

さて，SおよびTが汲み入れられ，Pが汲み出される開放系を考えよう．数学的に簡単にするために，濃度[S]および[T]が一定のレベルに維持されるように汲み入れがなされ，またPの汲み出しのため式 (19.3.5) の逆反応は無視されると仮定しよう．このとき，速度式は，

$$\frac{d[X_L]}{dt} = k_{1f}[S][T] - k_{1r}[X_L] + k_{2f}[X_L][S][T] - k_{2r}[X_L]^2 - k_3[X_L][X_D] \quad (19.3.6)$$

$$\frac{d[X_D]}{dt} = k_{1f}[S][T] - k_{1r}[X_D] + k_{2f}[X_D][S][T] - k_{2r}[X_D]^2 - k_3[X_L][X_D] \quad (19.3.7)$$

対称的および非対称的状態を明らかにするために，次の変数を定義しておくと便利である．

$$\lambda = [S][T], \quad \alpha = \frac{[X_L] - [X_D]}{2}, \quad \beta = \frac{[X_L] + [X_D]}{2} \quad (19.3.8)$$

式 (19.3.6), (19.3.7) を α, β を用いて書き換えると（問題 19.4），

$$\frac{d\alpha}{dt} = -k_{1r}\alpha + k_{2f}\lambda\alpha - 2k_{2r}\alpha\beta \quad (19.3.9)$$

$$\frac{d\beta}{dt} = k_{1f}\lambda - k_{1r}\beta + k_{2f}\lambda\beta - k_{2r}(\beta^2 + \alpha^2) - k_3(\beta^2 - \alpha^2) \quad (19.3.10)$$

この系の定常状態は，$d\alpha/dt = 0$, $d\beta/dt = 0$ とおいて求められる．式 (19.3.9), (19.3.10) の解の完全に解析的な表現はやや冗長であるが，文献〔8〕に示されている．ここでは主要な結果のみを示す．付 19.1 に示した Mathematica コードを用いて，読者はこの式の性質を容易に理解し，この系でキラル対称性の破れが起こることを示すことができるであろう（図 19.5）．

λ の値が小さいとき，定常状態は安定で，

$$\alpha_s = 0 \quad (19.3.11)$$

$$\beta_s = \frac{2k_{2r}\beta_a + \sqrt{(2k_{2r}\beta_a)^2 + 4(k_{2r} + k_3)k_{1f}\lambda}}{2(k_{2r} + k_3)} \quad (19.3.12)$$

ここで，

$$\beta_a = \frac{k_{2f}\lambda - k_{1r}}{2k_{2r}}$$

これは対称性をもつ解（添字 s で表す）で，$[X_L] = [X_D]$ である．前章で示した安定性解析の方法を用いて，λ が臨界値 λ_c を超えると対称解は不安定になることが示さ

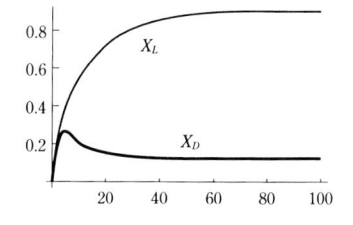

図 19.5

付 19.1 に示した Mathematica コード A を用いて得られた X_L, X_D の時間発展．$\lambda > \lambda_c$ では，小さな初期ゆらぎが，X_L と X_D の濃度が異なる，対称性の破れた状態へ発展する．

れる．λ_c は次で与えられる．

$$\lambda_c = \frac{s + \sqrt{s^2 - 4k_{2f}^2 k_{1r}^2}}{2k_{2f}^2} \tag{19.3.13}$$

ここで，

$$s = 2k_{2f}k_{1r} + \frac{4k_{2r}^2 k_{1r}}{k_3 - k_{2r}} \tag{19.3.14}$$

式 (19.3.9), (19.3.10) の系に対して，非対称な定常解（添字 a で表す）を解析的に得ることができる．

$$\alpha_a = \pm \sqrt{\beta_a^2 - \frac{k_{1f}\lambda}{k_3 - k_{2r}}} \tag{19.3.15}$$

$$\beta_a = \frac{k_{2f}\lambda - k_{1r}}{2k_{2r}} \tag{19.3.16}$$

付 19.1 に示した Mathematica コード A を用いて，系のこれらの性質を直接確かめてほしい．

　今日まで，このような簡単な方法でキラルな非対称性を生み出す化学反応は知られていない．しかし，$NaClO_3$ の結晶化において平衡から遠く離れた条件で，対称性の破れが起こることが知られている〔文献 9, 10〕．次に示すように，簡単なモデルでも分岐の鋭敏性に関して興味深い結論を導くことができる．

●非平衡的な対称性の破れと生体分子の非対称性の起源

　上の例は，平衡から遠く離れた化学系が，どのようにキラルな非対称性を生じ維持するかを示すが，さらに生体分子のキラリティの起源を求めるための一般的枠組みを与えると期待される．生体分子のキラリティあるいは生命の**ホモキラリティ**（homo-chirality）の起源は，まだ解明されていない〔文献 11, 12〕．ここでは，非平衡の対称性の破れの理論が，どのようにこの重要な問題に寄与するかの議論に限ることにする．キラル非対称性が前生命過程で生成し，生命の発生を容易にしたのか，あるいは L- および D-アミノ酸を取り込んだ生命の原始的な形がはじめに生じ，続く生命の進化が L-アミノ酸と D-糖のホモキラリティを導いたのか，自信をもって答えることはできない．両方の考え方ともそれを支持する人がいる．

　これに関連して，生化学において L-アミノ酸が優勢なのは偶然のできごとなのか，あるいは原子・分子レベルで存在する弱い相互作用〔文献 4～6, 13, 14〕による非常に小さいが系統的に働くキラル非対称性の結果なのかという問題がある．両方ともその見解を支持する理論が提出されているが，主として説得性のある実験的証拠がないため，どちらに対しても一般的な合意はない．しかし，非平衡における対称性の破れの理論は，異なるモデルの妥当性を評価するための有用な手段を提供する．例えば，海洋中で起こったかもしれない前生命的な対称性の破れの過程を考えるならば，対称

19.3 キラル対称性の破れと生命

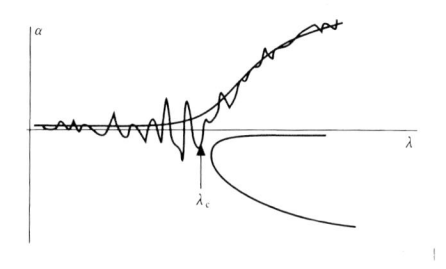

図 19.6 分岐する枝の一方を優利にする小さなバイアスが存在するときの対称性を破る転移（分岐）．一般式 (19.3.17) によって解析され，系が優利な枝へ転移する確率は式 (19.3.18) で与えられる．

性破れの一般的な理論を展開することができる．上述のモデルと同じように，すべての対称性を破る系に対して，パラメータ λ を定義することができる．$\lambda<\lambda_c$ のとき，系は対称の状態にあるが，$\lambda>\lambda_c$ では，対称状態は不安定となり，非対称の状態へ発展する．さらに，反応スキームの複雑さに関係なく，ただ対称性を考慮するのみで，キラル対称性の破れの状態の分岐を次の型の式で記述することができる〔文献 15, 16〕．

$$\frac{d\alpha}{dt} = -A\alpha^3 + B(\lambda - \lambda_c)\alpha + Cg + \sqrt{\varepsilon} f(t) \qquad (19.3.17)$$

ここで係数 A, B, C は反応体の濃度や反応速度に依存する（図 19.6）．パラメータ g は，例えば，弱い相互作用〔文献 5, 14〕，あるいは放射性崩壊により放出されるスピン分極電子などによる系統的なキラル効果〔文献 17〕，あるいは長い時間にわたって宇宙の大きな領域を満たしていたかもしれない，ある天体から放射される円偏光電磁放射波の影響〔文献 11〕などによる小さな系統的バイアスを表す．これらの系統的な効果は，一方のエナンチオマーが他方より大きい生成あるいは消滅の速度をもつ形で現れる．最後の項 $\sqrt{\varepsilon} f(t)$ は根平均二乗値 $\sqrt{\varepsilon}$ をもつランダムなゆらぎを表す．化学反応のスキームの詳細を論じるということよりむしろ，生体分子の生成速度，触媒活性や濃度に関する仮定によって係数 A, B, C が決定されるので，このモデルは前生命化学の一般的な理解の目的のためにのみ限られる性質のものであろう．式 (19.3.17) は，与えられた前生命モデルがある妥当な時間範囲にわたって，必要な対称性をどのように生じ維持するかを説明する．

さらに，式 (19.3.17) によって系統的なキラル効果 g の大きさを評価することができる．詳細な解析〔文献 16, 18〕によって，系統的な影響に対する分岐の感度は系が臨界点 λ_c をよぎる速度に依存することが示される．ここで，λ_0 の初期値は λ_c より小さく，λ は平均速度 γ で λ_c より大きい値にまで徐々に増加するように，$\lambda = \lambda_0 + \gamma t$ とする．このような過程は，例えば海洋中の生体分子の濃度が徐々に増加する場合に相当する．このとき，系統的なキラルの効果 g によって系が対称性を破る転移によって非対称状態へ転移する確率 P は次式で与えられる．

$$P=\frac{1}{2\pi}\int_{-\infty}^{N}e^{-x^2/2}dx \qquad (19.3.18)$$

ここで

$$N=\frac{Cg}{\sqrt{\varepsilon/2}}\left(\frac{\pi}{B\gamma}\right)^{1/4}$$

この結果は，生体分子のキラリティの関連で導かれたものであるが，光学異性化のように二重の対称性を破るすべての系に対して一般的に成り立つ．この関係を用いて，一方のエナンチオマーを優利にする小さな系統的バイアスに対する分岐の感度が，生成速度を増大することによって異常に大きくなることを理解することができる．例えば，弱い相互作用のキラル非対称性によって 10^{-17} オーダーのエナンチオマー間の差を生じると推定される．この理論を適用することによって，もしキラル分子の自触媒的な生成速度がラセミ化速度より速いならば，$10^4\sim10^5$ 年の範囲の期間で，弱い相互作用によって優利なエナンチオマーが優勢になることが示される〔文献16〕．このようなシナリオに対して，今のところ必要な性質をもつキラルな自触媒がどのようにして前生命的なキラル分子を創出したかを示す実験的証拠はない．

生体分子のキラリティの起源を説明する別のシナリオも可能であろう．これに関する広範な論議は文献〔19〕にみられる．キラル非対称性の生成過程が生命発生の後であったと考える場合にも，式 (19.3.17) の型の式はなお対称性を破る転移を記述するのに用いることができる．ただし，このときにはモデルは反応体として生命の自己複製単位を含むであろう．

19.4 化学振動

散逸構造の次の例として，どのようにして時間に関する対称性の破れが振動挙動を導くかの問題を取り上げよう．濃度振動に関する古い報告は，このような挙動は熱力学と合致しないと広く信じられていたので，顧みられることはなかった．1921年の Bray，1959年の Belousov による振動反応についての報告が疑いの目をもってみられた〔文献20〕のは，そのためである．確かに，平衡値のまわりでの反応進度 ξ の振動は第二法則に反するけれども，ξ の非平衡値のまわりの濃度振動は第二法則に反しない．熱力学平衡から遠く離れた系が振動することがあることが認められたとき，振動反応に対する興味は急速に盛り上がり，化学系における散逸構造の研究は豊富な成果を生むようになった．

1960年代において非平衡状態に対する不安定性の理論的理解が発展したことで〔文献3〕，分岐現象を通じて濃度振動を引き起こす自触媒化学反応速度論の実験的研究が促進された．1968年，Prigogine と Lefever〔文献21〕は，どのようにして非

平衡系が不安定化し，振動状態へ転移するかを明瞭に説明するばかりでなく，伝播する波やそのほか実際の化学系で観測される現象（その多くはかなり複雑である）の理論的解釈の基礎としても役立つ，簡単なモデルを発展させた．散逸構造の研究に与えたインパクトのゆえに，それはしばしば（発祥の地，Brussels School of Thermodynamics に因んで）**ブラッセレータ**（Brusselator），あるいは反応スキームに含まれる3分子自触媒段階のゆえに，3分子モデル（trimolecular model）と呼ばれる．理論的にも単純なので，はじめにこの反応系を論じよう．反応スキームを次に示す．

$$A \xrightarrow{k_1} X \tag{19.4.1}$$

$$B+X \xrightarrow{k_2} Y+D \tag{19.4.2}$$

$$2X+Y \xrightarrow{k_3} 3X \tag{19.4.3}$$

$$X \xrightarrow{k_4} E \tag{19.4.4}$$

この反応系の正味の反応は，A+B⟶D+E である．反応物 A, B の濃度は適当な流通系によって必要な非平衡値に維持されているとする．生成物 D, E は生成と同時に系から除かれる．また，反応は溶液中で起こり，よく撹拌されて均質であるとする．さらに，逆反応はすべて十分に遅く無視しうるとするならば，中間体 X, Y に対して次の速度式を得る．

$$\frac{d[X]}{dt} = k_1[A] - k_2[B][X] + k_3[X]^2[Y] - k_4[X] \equiv Z_1 \tag{19.4.5}$$

$$\frac{d[Y]}{dt} = k_2[B][X] - k_3[X]^2[Y] \equiv Z_2 \tag{19.4.6}$$

これらの式の定常解は（問題 19.5）

$$[X]_s = \frac{k_1}{k_4}[A], \qquad [Y]_s = \frac{k_4 k_2[B]}{k_3 k_1[A]} \tag{19.4.7}$$

18.4 節で述べたように，定常状態の安定性は次の Jacobi 行列の定常状態（19.4.7）における固有値に依存する．

$$\begin{pmatrix} \dfrac{\partial Z_1}{\partial [X]} & \dfrac{\partial Z_1}{\partial [Y]} \\ \dfrac{\partial Z_2}{\partial [X]} & \dfrac{\partial Z_2}{\partial [Y]} \end{pmatrix} \tag{19.4.8}$$

この行列は次の内容をもつ．

$$\begin{pmatrix} k_2[B] - k_4 & k_3[X]_s^2 \\ -k_2[B] & -k_3[X]_s^2 \end{pmatrix} \tag{19.4.9}$$

18.4 節に示した例から，固有値の複素共役対が虚軸をよぎるときに，定常状態（19.4.7）は不安定化する．ブラッセレータに対して，不安定化の条件は，

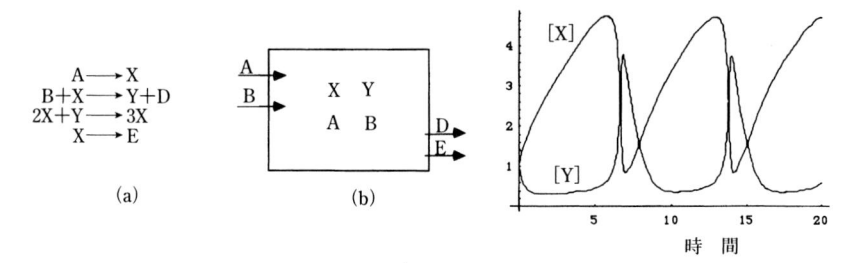

```
  A ──→ X              A ──→┌─────────┐
B+X ──→ Y+D            B ──→│  X   Y  │
2X+Y ──→ 3X                 │         │──→ D
  X ──→ E                   │  A   B  │──→
                            └─────────┘
      (a)                      (b)
```

図 19.7　ブラッセレータの [X], [Y] の振動
（付 19.1 の Mathematica コード B による．）

$$[B] > \frac{k_4}{k_2} + \frac{k_3 k_1^2}{k_2 k_4^2}[A]^2 \tag{19.4.10}$$

このとき系は振動状態へ転移し，その挙動を図 19.7 に示した．定常状態および振動状態への転移は付 19.1 に示した Mathematica コードを用いて容易に検討することができる．

● **Belousov-Zhabotinsky 反応**

振動反応の理論的モデルが示すように，濃度振動が熱力学の法則に矛盾するものではないことが明らかとなったことで，1959 年の Belousov による報告，その後 1964 年に報告された Zhabotinsky の実験〔文献 22〕に対する関心が急速に大きくなった．Belousov や Zhabotinsky の実験的研究は旧ソ連で行われたが，Brussels School of Thermodynamics を通じて西欧に知られるようになった．アメリカでは，Belousov-Zhabotinsky 振動系は Field, Körös, Noyes〔文献 23〕によって研究され，1970 年代はじめにはその反応機構は完全に解明された．この研究は振動反応の研究において重要な里程標となった．彼らは，かなり複雑な **Belousov-Zhabotinsky 反応**の鍵となる反応段階を明らかにし，ただ三つの変数のみよりなるモデルを提出し，どのようにして振動が起こるのかを説明した．これは **FKN モデル**と呼ばれている．

Belousov-Zhabotinsky 反応は，本質的にマロン酸 $CH_2(COOH)_2$ のような有機化合物の接触的酸化反応である．反応は水溶液中で起こり，次に示す反応物を加えることによってビーカー中で容易に行うことができる．

$[H^+] = 2.0\ M$, 　　$[CH_2(COOH)_2] = 0.28\ M$
$[BrO_3^-] = 6.3 \times 10^{-2} M$, 　　$[Ce^{4+}] = 2.0 \times 10^{-3} M$

はじめの誘導期の後，Ce^{4+} の濃度の変化に振動挙動をみることができるようになり，色が無色から黄色に周期的に変わる．（Belousov-Zhabotinsky 反応の詳細は文献〔24〕にみられる）．

BOX 9.1 に，FKN モデルに基づくより簡単化された反応機構を示す．（後に提出

されたモデルでは 22 もの反応段階を含む). FKN モデルでは次の略号を用いる. $A \equiv BrO_3^-$, $X \equiv HBrO_2$, $Y \equiv Br^-$, $Z \equiv Ce^{4+}$, $P \equiv [HBrO]$, $B \equiv [有機物]$. 反応過程をモデル化するにあたって, $[H^+]$ は速度定数の定義に含められる. 反応スキームは次の段階からなる.

・$HBrO_2$ の生成

$$A + Y \longrightarrow X + P \qquad k_1[A][Y] \qquad (19.4.11)$$

・$HBrO_2$ の自触媒的生成

$$A + X \longrightarrow 2X + 2Z \qquad k_2[A][X] \qquad (19.4.12)$$

・$HBrO_2$ の消費

$$X + Y \longrightarrow 2P \qquad k_3[X][Y] \qquad (19.4.13)$$

$$2X \longrightarrow A + P \qquad k_4[X]^2 \qquad (19.4.14)$$

・有機物の酸化

$$B + Z \longrightarrow (f/2)Y \qquad k_5[B][Z] \qquad (19.4.15)$$

相当する反応速度式は,

$$\frac{d[X]}{dt} = k_1[A][Y] + k_2[A][X] - k_3[X][Y] - 2k_4[X]^2 \qquad (19.4.16)$$

$$\frac{d[Y]}{dt} = -k_1[A][Y] - k_3[X][Y] + \frac{f}{2}k_5[B][Z] \qquad (19.4.17)$$

$$\frac{d[Z]}{dt} = 2k_2[A][X] - k_5[B][Z] \qquad (19.4.18)$$

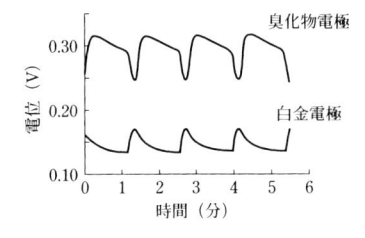

図 19.8 Belousov-Zhabotinsky 反応において実験的に観測される $[Br^-]$ の振動. 濃度はイオン電極を用いて測定 (John Pojman による).

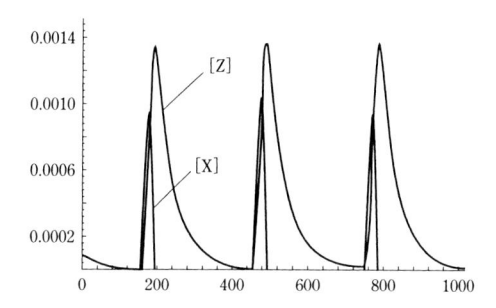

図 19.9 Belousov-Zhabotinsky 反応の FKN モデルを用いて計算された振動解 $[X] = [HBrO_2]$, $[Z] = [Ce^{4+}]$. 付 19.1 の Mathematica コード C による.

この反応の定常状態は，簡単な計算（問題 19.7）から求めることができる．それらの安定性の検討には，三次式の解の解析を含む．振動挙動の解析には多くの方法がある〔文献 25〕．その詳細を述べることはここでの目的ではないが，振動挙動は付 19.1 の Mathematica コード C を用いて容易に数値的に解くことができる（図 19.8，図 19.9）．数値計算のため，次の数値を用いた〔文献 25〕．

$k_1 = 1.28 \text{ mol}^{-1}\text{L s}^{-1},$ $k_2 = 8.0 \text{ mol}^{-1}\text{L s}^{-1},$ $k_3 = 8.0 \times 10^5 \text{mol}^{-1}\text{L s}^{-1}$
$k_4 = 2.0 \times 10^3 \text{mol}^{-1}\text{L s}^{-1},$ $k_5 = 1.0 \text{ mol}^{-1}\text{L s}^{-1}$
$[B] = [Org] = 0.02 \text{ M},$ $[A] = [BrO_3^-] = 0.06 \text{ M},$ $0.5 < f < 2.4$ (19.4.19)

Belousov-Zhabotinsky 反応は，非常に多様で複雑な振動挙動を示す．カオスを示すことさえある．カオス系では，任意に接近している初期状態が時間とともに指数関数的に発展し，系は非周期的挙動を示す．Epstein と Showalter の総説〔文献 33〕はこれらの問題を論じている．この反応系はまた伝播する波や多重定常状態を示し，非常に多くの興味深い現象をこの反応系を用いて研究することができる〔文献 24, 25〕．

■ **BOX 19.1 Belousov-Zhabotinsky 反応と FKN モデル**

Belousov-Zhabotinsky 反応の FKN モデルは次の反応段階よりなる．ただし，
$A = BrO_3^-$, $X = HBrO_2$, $Y = Br^-$, $Z = Ce^{4+}$, $P = HBrO$, $B = $ 有機物（Org）

・$HBrO_2$ の生成：$A + Y \longrightarrow X + P$
$$BrO_3^- + Br^- + 2H^+ \longrightarrow HBrO_2 + HBrO \quad (1)$$

・$HBrO_2$ の自触媒的生成：$A + X \longrightarrow 2X + 2Z$
$$BrO_3^- + HBrO_2 + H^+ \longrightarrow 2BrO_2^{\cdot} + H_2O \quad (2)$$
$$BrO_2^{\cdot} + Ce^{3+} + H^+ \longrightarrow HBrO_2 + Ce^{4+} \quad (3)$$

(2) + 2×(3) の反応は $HBrO_2$ について自触媒的である．律速段階は (2) なので，この反応は次のように書ける．
$$BrO_3^- + HBrO_2 \xrightarrow{H^+, Ce^{3+}} 2Ce^{4+} + 2HBrO_2$$

・$HBrO_2$ の消費：$X + Y \longrightarrow 2P$, $2X \longrightarrow A + P$
$$HBrO_2 + Br^- + H^+ \longrightarrow 2HBrO \quad (4)$$
$$2HBrO_2 \longrightarrow BrO_3^- + HBrO + H^+ \quad (5)$$

・有機物の酸化：$B + Z \longrightarrow (f/2)Y$
$$CH_2(COOH)_2 + Br_2 \longrightarrow BrCH(COOH)_2 + H^+ + Br^- \quad (7)$$
$$Ce^{4+} + \frac{1}{2}\{CH_2(COOH)_2 + BrCH(COOH)_2\} \longrightarrow \frac{f}{2}Br^- + Ce^{3+} + \text{生成物} \quad (8)$$

有機物の酸化は複雑な反応であるが，律速段階 (8) で近似的に表される．FKN モデルでは，有機物の濃度 [B] は一定とされている．有効化学量論係数 f の値は変化するが，振動は f が 0.5〜2.4 の範囲で起こる．

●他の振動反応

最近20年間にわたって，非常に多くの化学振動系が見出された．事実，アメリカのEpsteinら〔文献26〜28〕およびフランスのDeKepperとBoissonade〔文献32〕は，振動化学反応を系統的に設計する手法を発展させた．生化学系で，最も興味深い振動挙動は解糖反応にみられる．A. Goldbeterの最近の本〔文献29〕は，振動する生化学系について豊富な研究結果をまとめている．

19.5　Turing構造と伝播する波

蝶の微妙な美から虎の敬虔な対称性に至るまで，自然は，生物と非生物を問わず，驚くべきパターンに満ちている．これらのパターンはどのようにして生じたのであろうか？　平衡から遠く離れた系における散逸構造が，少なくとも部分的には返答を与えるかもしれない．

手や足そして目などすべてが正しい位置にくるという，胎児の発達の間の生物的形態の発現は，魅力に満ちた問題である．（この問題についてのやさしい解説は，Lewis Wolperts, "*Triumph of the Embryo*（胎児の勝利）", 1991, Oxford University Press）．どのような機構によって，生体の形態が生み出されるのか？　1952年，イギリスの科学者Alan Turingは，化学反応と拡散過程に基づく機構を提案した〔文献30〕．彼は簡単なモデルを考案して，化学反応と拡散が濃度の安定な定常パターンを形成するように，どのように協同して働くかを示した．Turingはこれが生物の形態を説明するものと考えた．現在，生物の形態形成は非常に複雑なプロセスで，拡散と化学反応過程で完全に説明するのは難しいことが知られている．しかし，Turingの観察は，1970年代以来，平衡から遠く離れた化学系の理論的，実験的研究が大きな関心をもたれたことと相まって，多くの注目を集めている．本節では，19.4節で述べたブラッセレータを用いて，**Turing構造**あるいは定常的な**空間散逸構造**（spatial dissipative structure）について簡単にふれることにしよう．

単純化のため，座標rで与えられる一次元の空間を考え，ここで拡散が起こるとする（図19.10）．系は$-L$からLの範囲にあるとする．また，系の空間的境界条件を特定しなければならない．通常用いられる境界条件は，反応体の濃度かそれらの流れ（あるいはその両方）が境界において一定に保たれているという条件である．ここでは，反応体の流れ（流束）が境界でゼロであるとする．拡散流は微分量$\partial C/\partial r$（Cは濃度）に比例するので，流束ゼロの条件は，濃度の微分量が境界でゼロであることを意味する．

輸送過程として拡散を含めると，速度式(19.4.5), (19.4.6)は次のようになる．

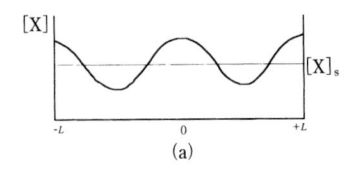

図 19.10
(a) 一次元ブラッセレータモデルにおける Turing 構造. (b) 酸性水溶液中亜塩素酸塩-ヨウ化物-マロン酸系で観測される Turing 構造 (Harry L. Swinney の好意による). 図中のスケールは約1 mm.

$$\frac{\partial [X]}{\partial t} = D_X \frac{\partial^2 [X]}{\partial r^2} + k_1[A] - k_2[B][X] + k_3[X]^2[Y] - k_4[X] \tag{19.5.1}$$

$$\frac{\partial [Y]}{\partial t} = D_Y \frac{\partial^2 [Y]}{\partial r^2} + k_2[B][X] - k_3[X]^2[Y] \tag{19.5.2}$$

境界条件は,

$$\left.\frac{\partial [X]}{\partial r}\right|_{r=-L} = \left.\frac{\partial [X]}{\partial r}\right|_{r=+L} = 0$$

ここで, D_X, D_Y は拡散係数である. 前と同じように, [A], [B] は全系にわたって一定の均一な値に保たれているとする (この仮定は数学を簡単にするものであるが, 実際には難しい). 拡散は通常系内の濃度を均質化するものであるが, 平衡から遠く離れた条件で自触媒化学反応と連結するとき, 空間的な不均質, すなわちパターンを形成する. パターン形成のためには, 二つの拡散係数は違っていなければならない. もし拡散係数がほぼ等しければ, 拡散は不安定性を生ぜず, 逆にすでに存在している不安定性を均質化するように働く. このことは以下の取り扱いによっても示される. まず, 定常状態 (19.4.7) の安定性を考えることから始めよう. ここでは濃度は全系にわたって均質である. すなわち,

$$[X]_s = \frac{k_1}{k_4}[A], \qquad [Y]_s = \frac{k_4 k_2}{k_3 k_1}\frac{[B]}{[A]} \tag{19.5.3}$$

この解の安定性は系の小さなゆらぎの挙動を調べることによってわかる. $[X]_s, [Y]_s$ からの小さなゆらぎを $\delta X, \delta Y$ とすれば, 定常状態 (19.5.3) のまわりで線形化した式は,

19.5 Turing 構造と伝播する波

$$\frac{\partial}{\partial t}\begin{pmatrix}\delta X\\ \delta Y\end{pmatrix}=\begin{vmatrix}D_X\dfrac{\partial^2}{\partial r^2} & 0\\ 0 & D_Y\dfrac{\partial^2}{\partial r^2}\end{vmatrix}\begin{pmatrix}\delta X\\ \delta Y\end{pmatrix}+\begin{vmatrix}k_2[B]-k_4 & k_3[X]_s^2\\ -k_2[B] & -k_3[X]_s^2\end{vmatrix}\begin{pmatrix}\delta X\\ \delta Y\end{pmatrix} \tag{19.5.4}$$

$D_X = D_Y = D$ とすれば、式 (19.5.4) は、

$$\frac{\partial}{\partial t}\begin{pmatrix}\delta X\\ \delta Y\end{pmatrix}=D\frac{\partial^2}{\partial r^2}I\begin{pmatrix}\delta X\\ \delta Y\end{pmatrix}+M\begin{pmatrix}\delta X\\ \delta Y\end{pmatrix} \tag{19.5.5}$$

と書ける。ここで、M は式 (19.5.4) の第二項の行列を示し、I は恒等行列である。この型の線形方程式に対して、解の空間部分は常に $\sin Kr$ と $\cos Kr$ を用いて表される。ここで K は波数で、境界条件を満たすように定められる。このことは、空間部分が分離された、次の型のゆらぎ

$$\begin{pmatrix}\delta X(t)\\ \delta Y(t)\end{pmatrix}\sin Kr, \qquad \begin{pmatrix}\delta X(t)\\ \delta Y(t)\end{pmatrix}\cos Kr \tag{19.5.6}$$

の挙動を知れば、これら基本解のすべての線形結合の挙動を推定することができることを意味する。式 (19.5.6) を式 (19.5.5) に代入して、

$$\frac{\partial}{\partial t}\begin{pmatrix}\delta X(t)\\ \delta Y(t)\end{pmatrix}=(-DK^2I+M)\begin{pmatrix}\delta X(t)\\ \delta Y(t)\end{pmatrix} \tag{19.5.7}$$

この式から、M の固有値を λ_+, λ_- とすれば、拡散の寄与はただ固有値を $(\lambda_+ - DK^2), (\lambda_- - DK^2)$ へ変えるだけであることが明らかである。不安定性を示すのは固有値の実部が正値の場合であるから、この結果は、$D_X = D_Y$ の場合には、拡散が新しい不安定性を導くことはないことが明らかである。すなわち、$K \neq 0$ であれば、拡散は定常状態をより安定化する。$K = 0$ のとき、式 (19.5.7) の解は、固有値が最大の実部をもつので、最も安定性の低い状態である。

空間パターンの出現のためには、拡散係数が異なることが必要である。小さい範囲で、一方の化学種が他方の化学種より遅く拡散するならば、その化学種の成長が促進されるようになる。この場合、均質な状態はもはや安定ではなくなり、不均質性が成長するようになる。拡散係数が等しくないとき、式 (15.5.7) の行列 $(-K^2DI + M)$ の代わりに、次の行列

$$\begin{vmatrix}k_2[B]-k_4-K^2D_X & k_3[X]_s^2\\ -k_2[B] & -k_3[X]_s^2-K^2D_Y\end{vmatrix} \tag{19.5.8}$$

に置き換えなければならない。不安定性が定常的な**空間構造** (spatial structure) を生じるためには、この行列の二つの固有値が実数で、少なくとも一つが正でなければならない。固有値が実であり、変数 [B] および [A] の変化によりその一つが正になるならば、不安定な摂動は次の形をもつ。

$$\begin{pmatrix} c_1 \\ c_2 \end{pmatrix} \sin(Kr) e^{\lambda_+ t}, \quad \text{あるいは} \quad \begin{pmatrix} c_1 \\ c_2 \end{pmatrix} \cos(Kr) e^{\lambda_+ t} \tag{19.5.9}$$

ここで λ_+ は正の実値をもつ固有値である．この結果は，時間的な振動なしに空間的なパターン $\sin Kr$ あるいは $\cos Kr$ が成長することを示す．すなわち，Turing 構造と呼ばれる定常パターンの出現である．

他方，もし固有値が複素共役値であれば，摂動式 (19.5.4) の解は次の形をとる．

$$\begin{pmatrix} c_1 \\ c_2 \end{pmatrix} \sin(Kr) e^{(\lambda_{\rm re} \pm i\lambda_{\rm Im})t}, \quad \text{あるいは} \quad \begin{pmatrix} c_1 \\ c_2 \end{pmatrix} \cos(Kr) e^{(\lambda_{\rm re} \pm i\lambda_{\rm Im})t} \tag{19.5.10}$$

ここで $\begin{pmatrix} c_1 \\ c_2 \end{pmatrix}$ は固有値 $\lambda = \lambda_{\rm re} \pm i\lambda_{\rm Im}$ をもつ固有ベクトルである．もし実部 $\lambda_{\rm re}$ が正であれば，摂動(19.5.10) は成長する．このとき，因子 $\sin Kr, \cos Kr$ による空間パターンとともに，因子 $e^{i\lambda_{\rm Im} t}$ によって時間的振動を伴う．このような摂動は**進行波**(propagating wave) に相当する．

行列 (19.5.8) で，二つの実の固有値の一つが 0 をよぎる条件は，次のように求められる．まず，行列の行列式 Det が固有値の積であることに注目する．固有値を λ_+, λ_- とすれば，

$$(\lambda_+ \lambda_-) = \text{Det}$$
$$= (k_2[\text{B}] - k_4 - K^2 D_{\rm X})(-k_3[\text{X}]_{\rm s}^2 - K^2 D_{\rm Y}) + (k_2[\text{B}])(k_3[\text{X}]_{\rm s}^2) \tag{19.5.11}$$

不安定性が生起する前，固有値は二つとも負であり，Det>0 である．変数 [B] の変化により，λ_+ が 0 をよぎり，正になるとする．このとき，$\lambda_+=0$ となる点で Det=0 となり，$\lambda_+>0$ では Det<0 となる．よって，不安定性の条件は次のように表される．

$$\text{Det} = (k_2[\text{B}] - k_4 - K^2 D_{\rm X})(-k_3[\text{X}]_{\rm s}^2 - K^2 D_{\rm Y}) + (k_2[\text{B}])(k_3[\text{X}]_{\rm s}^2) < 0 \tag{19.5.12}$$

$[\text{X}]_{\rm s} = (k_1/k_4)[\text{A}]$ を用いて，この条件は次のように書き直される．

$$[\text{B}] > \frac{1}{k_2}[k_4 + K^2 D_{\rm X}] \left[1 + \frac{k_3 k_1^2 [\text{A}]^2}{k_4^2} \frac{1}{K^2 D_{\rm Y}} \right] \tag{19.5.13}$$

これがブラッセレータモデルで Turing 構造が出現する条件である．[B] が増加するとき，式 (19.5.13) を満たす最小の値 $[\text{B}]_{\rm c}$ が不安定性のきっかけとなる．$[\text{B}]_{\rm c}$ の値は

$$[\text{B}]_{\rm c} = \frac{1}{k_2}[k_4 + K^2 D_{\rm X}] \left[1 + \frac{k_3 k_1^2 [\text{A}]^2}{k_4^2} \frac{1}{K^2 D_{\rm Y}} \right] \tag{19.5.14}$$

を K^2 の関数としてプロットすることにより求められる．図 19.11(b) に示したように，このプロットは極小値をもつ．[B] がこの極小値をとったときの $K_{\rm min}$ が定常パターンの波数となる．極小は次の値で起こる（問題 19.9）．

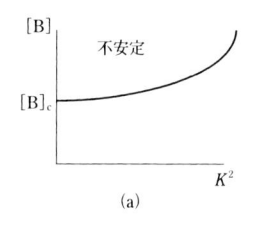

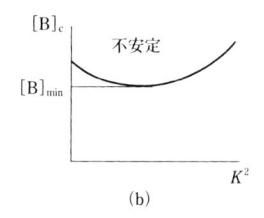

19.6 構造不安定性と生化学的進化

図 19.11
(a) D_X と D_Y がほぼ等しいとき，波数 K のモードが不安定化する系で，[B] の値を示す安定性図．不安定性は $K=0$ となる $[B]=[B]_c$ で起こり，均質な振動を導く．(b) D_X と D_Y の差が大きいとき，波数 K のモードが不安定化する系で，[B] の値を示す安定性図．[B] が減少し $[B]_{min}$ に達すると，境界条件に一致する K^2 の値をもつパターンが不安定となり，成長する．

$$K_{min}^2 = A\sqrt{\frac{k_3 k_1^2}{k_4 D_X D_Y}}, \quad [B]_c = [B]_{min}$$

$$= \left[\sqrt{k_4} + A\sqrt{\frac{D_X k_3 k_1^2}{D_Y k_4^2}}\right]^2 \quad (19.5.15)$$

実験的には，Belousov-Zhabotinsky 反応で進行波が観察されていた（図 19.12）が，最近になって Turing パターンも実験室で実現されるようになった〔文献 31〕．

図 19.12 Belousov-Zhabotinsky 反応における進行波

本章で示した例は，平衡から遠く離れた化学系で起こるさまざまな挙動のうちのほんの少数の例を示したにすぎない．ここでの目的はただ二，三の実例を示すことであり，広範な挙動をすべてあげればそれだけで 1 冊の本になる．本章の末尾に，化学振動，進行波，Turing 構造，触媒表面上のパターン形成，多重安定性，および（時間的，空間時間的）カオスなどの詳細な記述を含む単行書や学会論文集のリストを示した．散逸構造はまた水力学や光学など他の分野においてもみられる．

19.6 構造不安定性と生化学的進化

本章の最後に，構造不安定性（structural instability）と呼ばれる，もう一つの種類の不安定性と，それの生化学的進化との関連について，簡単にふれておこう．これまでの節で，組織化された状態を導く不安定性について述べてきた．これらの不安定性はある化学反応系で起こる．非平衡化学系では，系へ新しい反応を引き起こす新しい化学種を導入することによっても，不安定性が起こりうる．新しい反応が系を不安定化し，新しい組織化状態へ導くことがあるからである．この場合には，化学反応の

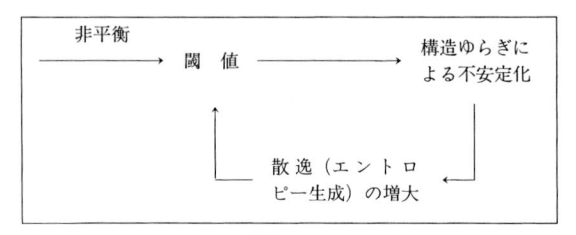

```
非平衡 ──→ 閾値 ──→ 構造ゆらぎに
                        よる不安定化
    ↑         散逸（エントロ      │
    └─────── ピー生成）の増大 ←──┘
```

図 19.13
分子進化の間の構造不安定性によってエントロピー生成の増大を
招く新しいプロセスが生起する．

ネットワーク構造自体が変化する．新しい化学種がそれぞれ反応の動力学を変え，これが系の状態を大きく変え，系は新しい状態へ発展する．

　この型の構造不安定性は，モノマーを定常的に供給するときの自己複製型の分子の進化に最もよくみられる．例として，鋳型機構によって自己複製が可能な一組の自触媒性ポリマーを考えよう．この場合，各段階での新しいポリマーはそれぞれ新しい自己触媒種となる．また，この自己複製はランダムなエラー（突然変異）にさらされているとしよう．自己複製型分子の突然変異によって新しい化学種，したがって新しい化学反応が生じる．このような系に対する一組の反応動力学式は，突然変異が起こる度に変化することになる．与えられた非平衡の条件あるいは環境の下で，突然変異の結果，自己複製速度がより速いポリマーを生じることはほとんどないであろう．そうでない新しい化学種が生じても，種々のポリマーの存在割合が少しは変化するが，その変化は顕著でない．しかし，ある突然変異では，自己複製速度の速いポリマーを生成することがある．これは系を不安定化に導くゆらぎになる．このポリマーはやがて増殖し，系の組成を大きく変化させる．この事情は，もちろん分子レベルでのDarwinの進化論，適者生存のパラダイムに相当する．このような構造不安定性，そして分子進化の詳細な研究が多く行われている〔文献34～37〕．これらのモデルは本書の範囲を越えるが，興味深い熱力学的な特徴を図19.13にまとめて示す．新しい構造不安定性のそれぞれは一般に化学反応の数を増加させるので，系のエネルギー散逸あるいはエントロピー生成を増加させる．このことは17章で論じた平衡に近い状況とはまったく反対である．平衡に近い系ではエントロピー生成は極小値に向かうのに対して，構造不安定性は，平衡から遠く離れている系を，よりエントロピー生成速度の大きい状態，より高次の状態へと駆動する．いうまでもないことであるが，生化学的進化および生命の起源は非常に複雑なプロセスであり，われわれは近年それをようやく理解し始めたにすぎない．しかし，今やわれわれは，一般的な非平衡過程として，不安定性，ゆらぎの秩序状態への発展が起こりうることを知った．このことの最も目覚ましい顕示が生命の進化なのであろう．

付 19.1　Mathematica コード

●コード A：反応速度式 (19.3.6), (19.3.7) を解くためのコード

```
(* Chemical kinetics showing chiral symmetry breaking *)
k1f = 0.5; k1r = 0.1; k2f = 0.1; k2r = 0.2; k3f = 0.5; S = 0.5;
T = 0.5; Soln1 = NDSolve[{
XL'[t] == k1f*S*T - k1r*XL[t] + k2f*S*T*XL[t]
- k3f*XL[t]*XD[t],
XD'[t] == k1f*S*T - k1r*XD[t] + k2f*S*T*XD[t]
- k3*XL[t]*XD[t],
XL[0] == 0.002, XD[0] == 0.0},{XL,XD},{t,0,100},
MaxSteps -> 500]
```

解は次のコマンドを用いてプロットできる.

```
Plot[Evaluate[{XL[t],XD[t]}/.Soln1],{t,0,100}]
```

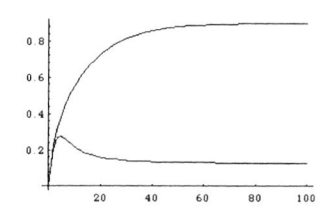

●コード B：ブラッセレータを解くコード

```
(* Chemical kinetics: the Brusselator *)
k1 = 1.0; k2 = 1.0; k3 = 1.0; k4 = 1.0; A = 1.0; B = 3.0;
Soln2 = NDSolve[{ X'[t] == k1*A - k2*B*X[t]
+ k3*(X[t]^2)*Y[t] - k4*X[t],
Y'[t] == k2*B*X[t] - k3*(X[t]^2)*Y[t],
X[0] == 1.0,Y[0] == 1.0},{X,Y},{t,0,20},
MaxSteps -> 500]
```

解は次のコマンドを用いてプロットできる.

```
Plot[Evaluate[{X[t]}/.Soln2],{t,0,20}]
```

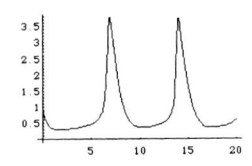

```
Plot[Evaluate[{X[t],Y[t]}/.Soln2],{t,0,20}]
```

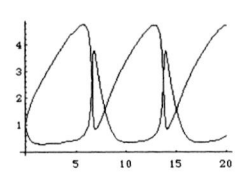

● コード C : Belousov-Zhabotinsky 反応の FKN モデルを解析するコード

```
(* Chemical kinetics: the Belousov-Zhabotinsky reaction/
FKN *)
(* X = HBrO2  Y = Br-  Z = Ce4+  B = Org  A = BrO3- *)
k1 = 1.28; k2 = 8.0; k3 = 8.0*10^5; k4 = 2*10^3; k5 = 1.0;
A = 0.06; B = 0.02; f = 1.5;
Soln3 = NDSolve[{
X'[t] == k1*A*Y[t] + k2*A*X[t] - k3*X[t]*Y[t]
        - 2*k4*X[t]^2,
Y'[t] == -k1*A*Y[t] - k3*X[t]*Y[t] + (f/2)*k5*B*Z[t],
Z'[t] == 2*k2*A*X[t] - k5*B*Z[t],
X[0] == 2*10^-7, Y[0] == 0.00002, Z[0] == 0.0001}, {X,Y,Z},
{t,0,500}, MaxSteps -> 1000]
```

解は次のコマンドを用いてプロットできる.

```
Plot[Evaluate[{X[t]}/.Soln3], {t,0,500}, PlotRange ->
{0.0,10^-4}]
```

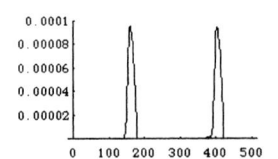

```
Plot[Evaluate[{Y[t]}/.Soln3], {t,0,500}, PlotRange ->
{0.0,10^-4}]
```

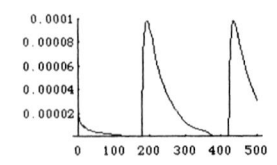

同様に, Z[t] も次のコマンドでプロットできる.

```
PlotRange->{0.0,2*10^-3}.
```

文 献

1. Prigogine, *From Being to Becoming*, 1980, San Francisco: W. H. Freeman.
2. Prigogine, I. and Stengers I., *Order Out of Chaos*, 1984, New York: Bantam.
3. Prigogine, I., *Introduction to Thermodynamics of Irreversible Processes*, 1967, New

York: John Wiley.
4. Hegstrom, R. and Kondepudi, D. K., *Sci. Am.*, Jan 1990, pp. 108–115.
5. Mason, S. F. and Tranter G. E., *Chem. Phys. Lett.*, **94** (1983), 34–37.
6. Hegstrom, R. A., Rein, D. W., and Sandars, P. G. H., *J. Chem. Phys.*, **73** (1980), 2329–2341.
7. Frank, F. C., *Biochem. Biophys. Acta*, **11** (1953), 459.
8. Kondepudi, D. K. and Nelson, G. W., *Physica A*, **125** (1984), 465–496.
9. Kondepudi, D. K., Kaufman R., and Singh N., *Science*, **250** (1990), 975–976.
10. Kondepudi, D. K. et al., *J. Am. Chem. Soc.*, **115** (1993), 10211–10216.
11. Bonner, W. A., *Origins of Life*, **21** (1992), 407–420.
12. Bonner, W. A., *Origins of Life and Evol. Biosphere*, **21** (1991), 59–111.
13. Bouchiat, M.-A. and Pottier, L., *Science*, **234** (1986), 1203–1210.
14. Mason, S. F. and Tranter, G. E., *Proc. R. Soc. London*, **A397** (1985), 45–65.
15. Kondepudi, D. K. and Nelson, G. W., *Physica A*, **125** (1984), 465–496.
16. Kondepudi, D. K. and Nelson, G. W., *Nature*, **314** (1985), 438–441.
17. Hegstrom, R., *Nature*, **315** (1985) 749.
18. Kondepudi, D. K., *BioSystems*, **20** (1987), 75–83.
19. Cline, D. B. (ed.), *Physical Origin of Homochirality in Life*, 1996, New York: American Institute of Physics.
20. Winfree, A. T., *J. Chem. Ed.*, **61** (1984), 661–663.
21. Prigogine, I. and Lefever, R., *J. Chem. Phys.*, **48** (1968), 1695–1700.
22. Zhabotinsky, A. M., *Biophysika*, **9** (1964), 306.
23. Field, R. J., Körös, E. and Noyes, R. M., *J. Am. Chem. Soc.*, **94** (1972), 8649–8664.
24. Field, R. J. and Burger, M. (eds), *Oscillations and Traveling Waves in Chemical Systems*, 1985, New York: Wiley.
25. Gray, P. and Scott, K. S., *Chemical Oscillations and Instabilities*, 1990, Oxford: Clarendon Press.
26. Epstein, I. R. and Orban, M., in *Oscillations and Traveling Waves in Chemical Systems*, R. J. F. Fiel and M. Burger (eds). 1985, New York: Wiley.
27. Epstein, I., Kustin, K., De Kepper, P. and Orbán M., *Sci. Am.*, Mar 1983, pp. 96–108.
28. Epstein, I. R., *J. Chem. Ed.*, **69** (1989), 191.
29. Goldbeter, A., *Biochemical Oscillations and Cellular Rhythms: the molecular bases of periodic and chaotic behaviour*, 1996, Cambridge: Cambridge University Press.
30. Turing, A., *Phil. Trans. R. Soc. London*, **B237** (1952), 37.
31. Kapral, R. and Showalter, K. (eds), *Chemical Waves and Patterns*, 1994, New York: Kluwer.
32. Boissonade, J. and DeKepper, P., *J. Phys. Chem.*, **84** (1980), 501–506.
33. Epstein, I. R. and Showalter, K., *J. Phys. Chem.*, **100** (1996), 13132–13143.
34. Prigogine, I., Nicolis, G. and Babloyantz, A., *Physics Today*, **25** (1972), No. 11, p. 23; No. 12, p. 38.
35. Eigen, M. and Schuster, P., *The Hypercycle – A Principle of Natural Self-organization*, 1979, Heidelberg: Springer.
36. Nicolis, G. and Prigogine, I., *Self-organization in Nonequilibrium Systems*, 1977, New York: Wiley.
37. Küppers, B-O., *Molecular Theory of Evolution*, 1983, Berlin: Springer.

邦訳
1. 小出昭一郎, 安孫子誠也訳, 存在から発展へ, みすず書房, 1984
2. 伏見康治, 伏見 讓, 松枝秀明訳, 混沌からの秩序, みすず書房, 1992
36. 小畠陽之助, 相沢洋二訳, 散逸構造, 岩波書店, 1980

参考書

- Nicolis, G. and Prigogine, I., *Self-Organization in Nonequilibrium Systems*. 1977, New York: Wiley.
- Vidal, C. and Pacault, A., (eds), *Non-Linear Phenomenon in Chemical Dynamics*. 1981, Berlin: Springer Verlag.
- Epstein, I., Kustin, K., De Kepper, P. and Orbán, M., *Sci. Am.*, Mar 1983, pp. 112.
- Field, R. J. and Burger, M. (eds), *Oscillations and Traveling Waves in Chemical Systems*. 1985, New York: Wiley.
- State-of-the-art symposium: Self-organization in chemistry. *J. Chem. Ed.*, **66** (1989) No. 3; articles by several authors.
- Gray, P. and Scott, K. S., *Chemical Oscillations and Instabilities*. 1990, Oxford: Clarendon Press.
- Manneville, P., *Dissipative Structures and Weak Turbulence*. 1990, San Diego CA: Academic Press.
- Baras, F. and Walgraef, D. (eds), Nonequilibrium chemical dynamics: from experiment to microscopic simulation. *Physica A*, **188** (1992), No. 1–3; special issue.
- Ciba Foundation Symposium 162, *Biological Asymmetry and Handedness*, 1991, London: John Wiley.
- Kapral, R. and Showalter, K. (eds), *Chemical Waves and Patterns*. 1994, New York: Kluwer.

問題

19.1 式 (19.2.1) に対する解 $\alpha=0$ および $\alpha=\pm\sqrt{\lambda}$ の安定性を解析し，$\lambda>0$ のとき，解 $\alpha=\pm\sqrt{\lambda}$ は安定であるが，解 $\alpha=0$ は不安定になることを明示せよ．

19.2 問題 19.1 の式の解を得るための Mathematica あるいは Maple のコードを作成せよ．種々の初期条件で時間の関数としてこれらの解をプロットし，解が安定な定常状態へ展開することを明示せよ．

19.3 化学反応スキーム (19.3.1)～(19.3.5) に対して，詳細釣合いの原理を用いて，X_L と X_D の濃度が平衡において等しくなることを証明せよ．

19.4 式 (19.3.8) で定義される変数 α, β, λ を用いて，反応速度式 (19.3.6)，(19.3.7) が式 (19.3.9)，(19.3.10) の形に書けることを示せ．

19.5 ブラッセレータの反応速度式 (19.4.5)，(19.4.6) の定常状態は式 (19.4.7) で与えられることを示せ．

19.6 (a) 次の反応スキーム（Lotka-Volterra モデル）

$$A+X \longrightarrow 2X, \quad X+Y \longrightarrow 2Y, \quad Y \longrightarrow B$$

に対して，[A] と [B] をそれぞれ一定値に保ったとき，[X] および [Y] に対する速度式を導け．

(b) 変数 [A], [B] の関数として定常状態を求め，その安定性を判別せよ．

19.7 (a) 次元をもたない次の変数

$$x=\frac{[X]}{X_0}, \quad y=\frac{[Y]}{Y_0}, \quad z=\frac{[Z]}{Z_0}, \quad \tau=\frac{t}{T_0}$$

ただし，

$$X_0=\frac{k_2[\mathrm{A}]}{2k_4}, \qquad Y_0=\frac{k_2[\mathrm{A}]}{k_3}, \qquad Z_0=\frac{(k_2[\mathrm{A}])^2}{k_4 k_5[\mathrm{B}]}, \qquad T_0=\frac{1}{k_5[\mathrm{B}]}$$

を用いて，速度式 (19.4.16)～(19.4.18) が次の形に書けることを示せ．

$$\varepsilon\frac{dx}{d\tau}=qy-xy+x(1-x)$$

$$\varepsilon'\frac{dx}{d\tau}=-qy-xy+fz$$

$$\frac{dz}{d\tau}=x-y$$

ただし，

$$\varepsilon=\frac{k_5[\mathrm{B}]}{k_2[\mathrm{A}]}, \qquad \varepsilon'=\frac{2k_5 k_4[\mathrm{B}]}{k_3 k_2[\mathrm{A}]}, \qquad q=\frac{2k_1 k_4}{k_3 k_2}$$

(J. J. Tyson, Scaling and reducing the Field-Körös-Noyes mechanism of the Belousov-Zhabotinsky reaction, *J. Phys. Chem.*, **86**, 3006-3012（1982）を参照)

(b) この反応系の定常状態を求めよ．

19.8 付 19.1 の Mathematica コード C を用いて，振動が起こるパラメータ f 値の範囲を求めよ．また，振動の周期と f 値との間の関係をプロットせよ．

19.9 式 (19.5.15) が成り立つとき，式 (19.5.14) の極小値をもつことを示せ．

20. 展　　望

　緒言で，科学には究極の公式はないことを強調したが，このことは熱力学にもあてはまる．ここまで述べてきた局所平衡を基礎とする理論は，広範な実験や観察を説明するのに十分のようにみえる．しかしなおいっそうの発展や修正を必要とする状況も残されている．二，三の例をあげてみよう．

　第一に希薄媒体の場合がある．ここでは局所平衡の概念は成立しない．各点における平均エネルギーは境界の温度によって決まる．天体物理学が扱う重要な局面はこのカテゴリーに属する．

　次に強い勾配の場合がある．ここでは熱伝導に対するFourierの法則のような線形法則が成り立たなくなる．このような状況については実験的にも理論的にも多くは知られていない．熱力学にこのような非線形項を導入する試みは，"拡張熱力学(extended thermodynamics)"と呼ばれる分野で行われている〔文献1〕．

　最後に，（固有の緩和時間に比べて）長い時間継続する記憶効果と呼ばれる興味深い問題がある．この分野は，数値シミュレーションによってAlderとWainright〔文献2〕が，非平衡過程が"長時間遅延"を示すことがあることを見出したことに端を発している．この場合，平衡への緩和は一般に考えられるように指数関数的でなく，ずっと遅い多項関数的（例えば$t^{-3/2}$）である．この効果を説明するために，媒質に関して運動している分子を考え，その運動量が媒質に移され，次に分子に戻される状況を設定すればよい．これが記憶効果を導くことは，多くの論文〔文献3，4〕で論じられている．この結果，自然は従来考えられてきたよりずっと長い間継続する不可逆過程の記憶をもつことになる．このことは再び，局所平衡は非常によい近似ではあるが，やはり近似にすぎないことを示している．

　しかし，本書で論じてきた非平衡熱力学の定式化は，すでに非常に広範な分野で数えきれないほど多くの応用をもっている．食指を感じるような，いくつかの例をあげておこう．

　最初の例は材料科学の分野である．ゆらぎ，散逸構造，自己組織化などの概念は，この分野で進んでいる真の革命において本質的な役割を果たしている．Walgraefの著書〔文献5〕は優れた解説である．新しい技術的論理（レーザー，粒子照射，イオン注入，超高速焼入れなど）によって，今や平衡相図の桎梏から逃れて，高度の非平

20. 展望

衡条件で材料をつくり出すことが可能になっている．ここではいくつかの例を Walgraef の著書からとってみよう．

● 準結晶，高温超伝導体，半導体ヘテロ構造，超格子のような材料は，非平衡条件でつくられる材料の典型的な例である．

● 広範な要求を同時に満たす複合構造や複合体をつくり出すことが可能になっている．このためには材料を原子（ナノ）レベルからミクロンレベルまでの長さにわたって制御することが必要である．このような材料の設計にあたって自己組織化が貴重な戦略となる．

● 多くの材料が広範にわたる要求条件の下で使われている．変形，腐食，照射などを受けたとき，材料の欠陥群は複雑ではあるが，反応拡散方程式で十分記述されるような挙動をとり，やがて非常に規則的な構造に組織化され，物理的性質に影響を与える．また材料科学の分野では不安定性やパターン形成がつねに起こり得ることが明らかである．これらは材料特性に大きく影響するので，解明し制御することが必要である．

● よく知られているように，欠陥は材料物性を決めるのに重要な役割を果たす．点欠陥は，原子拡散機構や半導体の電子的性質に関係する巨視的材料特性に主要な役割を演じる．線欠陥あるいは転位は，可塑性や破壊を導く基本的要因として認識されている（図 20.1）．独立した固相欠陥の研究は高いレベルに達しているが，非平衡条件下での欠陥群の協同的挙動についてはまだほとんど研究されていない．それでも，転位のダイナミクスや塑性不安定性について顕著な進展がこの数年の間にあり，この分野でも非線形現象の重要性が評価されてきた．転位構造は実験的に詳細に観察されてきた．

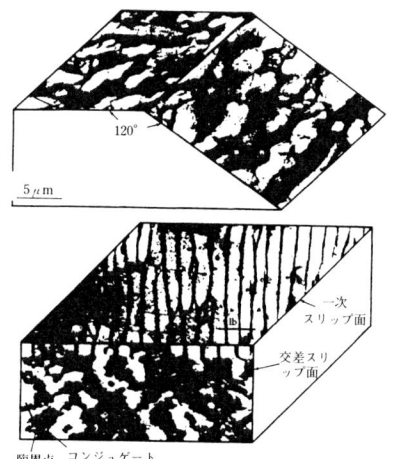

図 20.1 周期的に応力を加えた銅の単結晶の三次元転位構造（D. Walgraef による）

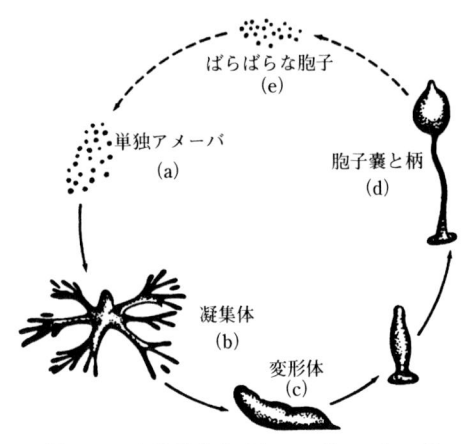

図 20.2 細胞性粘菌 *Dictyostelium discoideum* の
ライフサイクル（A. Goldbeter による）

　不思議なことに，平衡から遠く離れた系で化学反応や拡散のような基本的な物理的過程の結果として起こる不安定性や自己組織化は，ずっと複雑なレベルで生体系においても起こる．このような複雑系の数学的モデルは不可逆な非線形方程式よりなる．これらの系の基本的特徴はある条件の下で小さいゆらぎが増幅する可能性である．不安定性を生じる原因はしばしば自触媒過程により，明らかに異なる秩序性をもつ状態への転移を引き起こす．すなわち，"ゆらぎによる秩序化"のパラダイムがこの場合にも成り立つ．

　複雑系におけるパターン形成の一例は，細胞性粘菌 *Dictyostelium discoideum* のライフサイクルにみられる．図20.2にこのライフサイクルを示した．単細胞段階の単独アメーバ (a) から始まり，これは周囲の媒質中を動き，バクテリアなどの栄養を摂り，細胞分裂により増殖する．大局的には，密度（単位面積あたりの細胞数）が本質的に一定であるかぎり，これらは均一系をつくっているといえる．さて，これらのアメーバを飢餓状態におくとする．これは実験室では作為的に，自然界では環境の悪化によって引き起こされる．これは物理・化学的実験で条件を変えるのと類似である．興味深いことに，このとき個々の細胞は死なず，中心に向かって集まり束縛された凝集体 (b) をつくるように応答する．よって，始めの均一状態は破れ，空間的構造をとるようになる．形成された多細胞体，すなわち変形体 (plasmodium) (c) は，温度や湿度のよりよい条件を求めて動きまわることができる．移動した後，変形体は分化し，胞子を含む袋（胞子嚢）とそれを支える柄(d)になる．胞子は周囲の媒質中にまき散らされ (e)，条件が適していれば，胞子は発芽しアメーバになって，再びライフサイクルが始まる．

凝集体の段階（図20.3）をもっと詳しく調べてみよう．飢餓に陥ると，ある細胞はサイクリックAMP (cAMP, cyclic adenosine monophosphate) を合成し，化学記号として細胞外へ放出し始める．合成と放出は，BZ反応の化学時計のように，与えられた実験条件によって決まる周期性をもつ．"先駆的"細胞から放出されたcAMPは細胞外媒質を拡散し，近くの他の細胞の表面に達する．このとき二つの型の行動がスイッチ・オンされる．第一に，これらの細胞はcAMPの高濃度の領域に向かって，

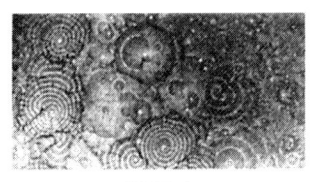

図20.3
寒天培地上の *Dictyostelium discoideum* の凝集細胞群がつくる同心円およびスパイラル濃淡波．中心に向かって動く細胞の帯が光ってみえる（A. Goldbeterによる）．

すなわち先駆細胞の方向に向かって，化学走性（chemotaxis）と呼ばれる運動を起こす．この運動はBZ反応における進行波パターン（図19.12）によく似た，細胞間の密度パターンをつくる．第二に，刺激を受けた細胞は信号を増幅し媒質中に放出することで，凝集の過程は加速される．これによって広範囲の空間が制御され，10^5 個の細胞よりなる多細胞体が形成されることになる．

このように，飢餓への拘束に対する応答として，多数の細胞の協同的挙動の結果，敵対的な環境に対しても柔軟に対応できる新しいレベルの組織化をつくり出している．このような転移をつくり出す機構はどのようなものなのであろうか？　まず，先駆細胞がcAMPのパルスを放出し始めたとき，はじめに形成される不均一性を増幅する化学走性の過程に注目しよう．化学走性は放出中心近くの細胞密度を増大させるので，中心に向かう細胞の運動を加速することになる．これはフィードバック・ループと呼ばれるものであり，化学的自触媒現象とよく似ている．

第二のフィードバック機構が *Dictyostelium discoideum* に働いており，これは細胞の次のレベルで働き，cAMPの周期的放出と化学走性の信号伝達の両方に関与している．この機構は細胞によるcAMPの合成に関係する．cAMPはもう一つの重要な細胞内成分であり，生体内のエネルギーキャリアの主要な一員であるアデノシン三リン酸（ATP）の化学変化によって生成する．ただし，ATP → cAMPの反応は自発的でなく，生体に必要なレベルにまで加速するためには触媒を必要とする．生体系では，触媒の仕事は酵素（enzyme）と呼ばれる特別な分子に委ねられている．酵素は反応物が生成物へ変化するために，反応物が結合しなければならない活性点をもっている．多くの酵素で協同効果があり，それらの酵素はいくつかの活性点をもち，あるものは触媒部位として，他のものは制御部位として働く．制御部位にエフェクター（effector）と呼ばれる特別の分子が結合すると，触媒作用が大きく変化する．ある場合には，触媒部位と反応する分子あるいは反応によって生成した分子がエフェクターとしても働くことがある．このような場合，フィードバック・ループにスイッチが

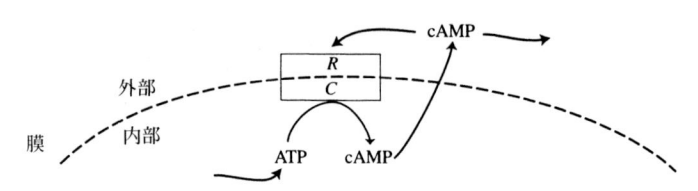

図 20.4 粘菌 *Dictyostelium discoideum* 中での cAMP の振動的合成

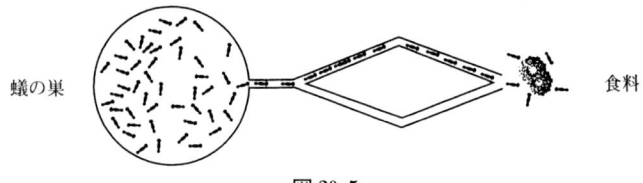

図 20.5
蟻などの昆虫社会の挙動における分岐現象．食料への道筋の選択の際にみられる (Deneubourg ら〔文献 7〕)．

入り，触媒活性が強められるとき，正（活性化）のフィードバックが，活性が弱められるとき，負（阻害）のフィードバックが働く．ATP → cAMP の反応を触媒する酵素アデニル酸シクラーゼ（adenylate cyclase）は，細胞膜の内壁に固定されている．これは膜の外部に結合した受容体と協同的相互作用をするが，その詳細は完全には明らかにされていない．生成された cAMP は細胞膜を通って細胞外媒質中へ拡散し，受容体と結合し，それを活性化する（図 20.4）．このようにして，cAMP 自身の生産を加速し，信号を増幅し，振動的挙動をつくり出すフィードバック・ループが形成される．

この外にも多くの例を文献にみることができる．分岐の現象は社会をつくる昆虫の挙動にもみられる〔文献 7〕．方向だけが異なるがそれ以外はまったく同じ二つの道で食料源と連がれている蟻の巣を考えよう（図 20.5）．はじめは同数の蟻が二つの道を歩いている．しかしある時間経過すると，蟻によりつくられるフェロモン（pheromone）と呼ばれる化学物質の触媒作用により，実質的にすべての蟻が一方の道だけを通るようになる．どちらの道が選ばれるかはまったく予測できない．これは典型的な対称性を破る分岐の現象である．

非平衡物理学の地質学への応用は実り多い将来をもっている．多くの地質学的堆積は，種々の層間隔をもってスペクトル状に規則的に鉱物化した構造をもっている．厚さ数 mm から数 m の変成岩層，数 cm スケールの構造をもつ花こう岩，数 mm から数 cm 幅の縞模様をもつめのうなどがその例である．図 20.6 に二つの例を示した．伝統的には，これらの構造は環境や気候の変化を跡づける継起的な現象と解釈されてきた．しかし，これらが非平衡条件での拘束により引き起こされる対称性を破る転移によると考えたほうが，はるかに満足できる結果が得られると思われる．

20. 展望

図 20.6

(a) Sardinia の SaLeone 産のスカルン．厚さ 1〜2mm の明るい帯は灰鉄ざくろ石（カルシウムと 3 価鉄イオンを含む）よりなり，厚さ 5〜8mm の暗い帯は磁鉄鉱と石英よりできている（白い矩形は長さ 1cm を表す）．(b) Finland の Epoo 産の円形閃緑石．同心状の殻は黒雲母が多い暗い部分と斜長石が多い明るい部分の繰り返しでできている．円の半径は約 10cm である（写真は (a) B. Guy, (b) E. Merino による）．

過去 2〜3 億年の気候条件は現在とは非常に異なっていた．この時期，約 200 万年前に始まるわれわれの第四紀に至るまで，大陸にはほとんど氷河はなく，海面のレベルは現在よりも約 80cm も高かった．気候は穏やかで，赤道（25〜30℃）と極地（8〜10℃）の温度差は比較的小さかった．

4000 万年くらい前の第三紀に入って，赤道と極地の間の温度差が顕著になり始めた．10 万年という比較的短い間に，ニュージーランドの南の海の水温が数度低下した．これは多分南極海流の始まりのためであり，これにより高緯度地域と低緯度地域の間の熱交換が低下し，極圏近くに滞流した水の塊りの冷却をさらに加速した．ここでもフィードバック機構の作用をみることができる．

第四紀の初期には，この温度差は十分に顕著となり，大陸の氷河の形成や維持に寄与するようになった．一連の間欠的な氷河形成が起こり，北半球ではしばしば氷河が中緯度域まで押し出された．これらの気候の変動はかなりランダムにみえるが，平均して約 10 万年の周期をもっている（図 20.7）．

北半球における最後の氷河期の最盛期は約 18000 年前であり，その影響は今でも残っている．現在，大陸の氷河の量は約 3000 万 km³ で，その大部分は南極とグリーンランドにあるが，氷河期にはさらに 7000〜8000 万 km³ の氷が北アメリカや北部ヨーロッパを覆っていた．氷河に莫大な量の水が閉じ込められていたので，海面は現在より 120m も低かった．その後，氷の大部分が溶け，現在の海岸線や景観が形づくられるようになった．われわれの生態系が不安定であるという事実は，系の自然な展開から"人間活動の影響"を分析することを困難にしている．

結論として，われわれは転換期の時代に生き，われわれを取り巻く環境をよりよく理解しなければならないという思いから逃れることはできない．われわれは新しいエネルギーや資源を探索・開発し，自然とより調和した形で共存する道を選ばなければ

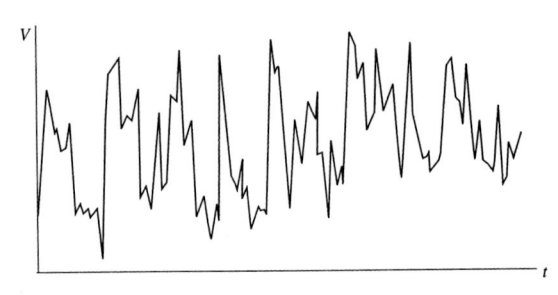

図 20.7 過去 100 万年の間の地球上の氷の体積の変化
深海のコアの同位体組成から推定(文献〔6〕による).

ならない．われわれはこの転換期をいつ抜け出すことができるか予測することはできないが，科学，とりわけ非平衡物理学がわれわれの地球環境を理解し再構築しようとする努力において，ますます重要な役割を演じることは明らかである．

文　献

1. Jou, D., *Extended Irreversible Thermodynamics*, 1996, New York: Springer-Verlago.
2. Alder, B. and Wainwright, T. *Phys. Rev. A*, **1** (1970) 18.
3. Resibois, P. and de Leener, M. *Classical Kinetic Theory of Fluids*, 1977, New York: Wiley.
4. Petrosky, T. and Prigogine, I. forthcoming
5. Walgraef, D., *Spatio-Temporal Pattern Formation*, 1997, New York: Springer-Verlago.
6. Nicolis, G. and Prigogine, I. *Exploring Complexity*, 1989, New York: W. H. Freeman.
7. Deneubourg, J. L., Pasteels, J. and Verhaege, J. C., *J. Theor. Biol.*, **105** (1983), 259.

　邦訳
　6．安孫子誠也，北原和夫訳，複雑性の探究，みすず書房，1993

おわりに

　自然は歴史をもつ．Einstein の一般相対性理論が意味するように，長い間物理学の理想は空間を扱う幾何学であった．確かに相対性理論は人類が獲得した英知の一つであるが，幾何学的見方だけでは不完全である．現在，時間的経過をもつ叙述的要素も基本的な役割を果たしていることが明らかである．この見方は，時間の矢が本質的な意味をもち，幾何学的な見方とは異なる概念を導く．結局のところ，時間の矢はわれわれの膨張する宇宙のなかのすべてのものに対し共通な特性である．われわれは皆同じ方向に年をとる．たとえ年をとるメカニズムがそれぞれ異なるとしても，すべての星，すべての岩石も年をとるのである．

　時間，とりわけ時間の方向は，人生の基本的な存在次元である．われわれは今や，時間の流れが全宇宙的であることを見出した．時間が人間を自然から引き離すようなことは決して起こらない．

標準熱力学関数表

$\Delta_f H°$：298.15K における標準生成エンタルピー [kJ/mol]
$\Delta_f G°$：298.15K における標準生成ギブズ自由エネルギー [kJ/mol]
$S°$　：298.15K における標準エントロピー [J/mol·K]
C_p　：298.15K におけるモル定圧熱容量 [J/mol·K]
標準状態圧力は 100kPa (1bar)．$\Delta_f H°$ に対する 0.0 はその元素の基準状態を示す．

化学式	化合物名	状態	$\Delta_f H°$ kJ/mol	$\Delta_f G°$ kJ/mol	$S°$ J/mol·K	C_p J/mol·K
炭素を含まない化合物						
Ac	Actinium	gas	406.0	366.0	188.1	20.8
Ag	Silver	cry	0.0	0.0	42.6	25.4
AgBr	Silver bromide	cry	−100.4	−96.9	107.1	52.4
AgBrO$_3$	Silver bromate	cry	−10.5	71.3	151.9	
AgCl	Silver chloride	cry	−127.0	−109.8	96.3	50.8
AgClO$_3$	Silver chlorate	cry	−30.3	64.5	142.0	
Al	Aluminum	cry	0.0	0.0	28.3	24.4
		gas	330.0	289.4	164.6	21.4
AlB$_3$H$_{12}$	Aluminium borohydride	liq	−16.3	145.0	289.1	194.6
AlBr	Aluminum bromide (AlBr)	gas	−4.0	−42.0	239.5	35.6
AlCl	Aluminum chloride (AlCl)	gas	−47.7	−74.1	228.1	35.0
AlCl$_3$	Aluminum trichloride	cry	−704.2	−628.8	110.7	91.8
AlF	Aluminum fluoride (AlF)	gas	−258.2	−283.7	215.0	31.9
AlF$_3$	Aluminum trifluoride	cry	−1510.4	−1431.1	66.5	75.1
AlI$_3$	Aluminum triiodide	cry	−313.8	−300.8	159.0	98.7
AlO$_4$P	Aluminum phosphate (AlPO$_4$)	cry	−1733.8	−1617.9	90.8	93.2
AlS	Aluminum sulfide (AlS)	gas	200.9	150.1	230.6	33.4
Al$_2$O	Aluminum oxide (Al$_2$O)	gas	−130.0	−159.0	259.4	45.7
Al$_2$O$_3$	Aluminum oxide (Al$_2$O$_3$)	cry	−1675.7	−1582.3	50.9	79.0
Ar	Argon	gas	0.0		154.8	20.8
As	Arsenic (gray)	cry	0.0		35.1	24.6
AsBr$_3$	Arsenic tribromide	gas	−130.0	−159.0	363.9	79.2
AsCl$_3$	Arsenic trichloride	gas	−261.5	−248.9	327.2	75.7
AsF$_3$	Arsenic trifluoride	liq	−821.3	−774.2	181.2	126.6
As$_2$	Arsenic (As$_2$)	gas	222.2	171.9	239.4	35.0
Au	Gold	cry	0.0	0.0	47.4	25.4
AuH	Gold hydride (AuH)	gas	295.0	265.7	211.2	29.2
B	Boron	cry (rhombic)	0.0	0.0	5.9	11.1
BCl	Chloroborane (BCl)	gas	149.5	120.9	213.2	31.7
BCl$_3$	Boron trichloride	liq	−427.2	−387.4	206.3	106.7
BF	Fluoroborane (BF)	gas	−122.2	−149.8	200.5	29.6
BH$_3$O$_3$	Boric acid (H$_3$BO$_3$)	cry	−1094.3	−968.9	88.8	81.4
BH$_4$K	Potassium borohydride	cry	−227.4	−160.3	106.3	96.1
BH$_4$Li	Lithium borohydride	cry	−190.8	−125.0	75.9	82.6
BH$_4$Na	Sodium borohydride	cry	−188.6	−123.9	101.3	86.8

化学式	化合物名	状態	$\Delta_f H°$ kJ/mol	$\Delta_f G°$ kJ/mol	$S°$ J/mol·K	C_p J/mol·K
BN	Boron nitride (BN)	cry	−254.4	−228.4	14.8	19.7
B_2	Boron (B_2)	gas	830.5	774.0	201.9	30.5
Ba	Barium	cry	0.0	0.0	62.8	28.1
		gas	180.0	146.0	170.2	20.8
$BaBr_2$	Barium bromide	cry	−757.3	−736.8	146.0	
$BaCl_2$	Barium chloride	cry	−858.6	−810.4	123.7	75.1
BaF_2	Barium fluoride	cry	−1207.1	−1156.8	96.4	71.2
BaO	Barium oxide	cry	−553.5	−525.1	70.4	47.8
BaO_4S	Barium sulfate	cry	−1473.2	−1362.2	132.2	101.8
Be	Beryllium	cry	0.0	0.0	9.5	16.4
$BeCl_2$	Beryllium chloride	cry	−490.4	−445.6	82.7	64.8
BeF_2	Beryllium fluoride	cry	−1026.8	−979.4	53.4	51.8
BeH_2O_2	Beryllium hydroxide	cry	−902.5	−815.0	51.9	
BeO_4S	Beryllium sulfate	cry	−1205.2	−1093.8	77.9	85.7
Bi	Bismuth	cry	0.0	0.0	56.7	25.5
$BiCl_3$	Bismuth trichloride	cry	−379.1	−315.0	177.0	105.0
Bi_2O_3	Bismuth oxide (Bi_2O_3)	cry	−573.9	−493.7	151.5	113.5
Bi_2S_3	Bismuth sulfide (Bi_2S_3)	cry	−143.1	−140.6	200.4	122.2
Br	Bromine	gas	111.9	82.4	175.0	20.8
BrF	Bromine fluoride	gas	−93.8	−109.2	229.0	33.0
BrH	Hydrogen bromide	gas	−36.3	−53.4	198.7	29.1
BrH_4N	Ammonium bromide	cry	−270.8	−175.2	113.0	96.0
BrK	Potassium bromide	cry	−393.8	−380.7	95.9	52.3
$BrKO_3$	Potassium bromate	cry	−360.2	−217.2	149.2	105.2
BrLi	Lithium bromide	cry	−351.2	−342.0	74.3	
BrNa	Sodium bromide	cry	−361.1	−349.0	86.8	51.4
Br_2Ca	Calcium bromide	cry	−682.8	−663.6	130.0	
Br_2Hg	Mercury bromide ($HgBr_2$)	cry	−170.7	−153.1	172.0	
Br_2Mg	Magnesium bromide	cry	−524.3	−503.8	117.2	
Br_2Zn	Zinc bromide	cry	−328.7	−312.1	138.5	
Br_4Ti	Titanium bromide ($TiBr_4$)	cry	−616.7	−589.5	243.5	131.5
Ca	Calcium	cry	0.0	0.0	41.6	25.9
$CaCl_2$	Calcium chloride	cry	−795.4	−748.8	108.4	72.9
CaF_2	Calcium fluoride	cry	−1228.0	−1175.6	68.5	67.0
CaH_2	Calcium hydride (CaH_2)	cry	−181.5	−142.5	41.4	41.0
CaH_2O_2	Calcium hydroxide	cry	−985.2	−897.5	83.4	87.5
CaN_2O_6	Calcium nitrate	cry	−938.2	−742.8	193.2	149.4
CaO	Calcium oxide	cry	−634.9	−603.3	38.1	42.0
CaO_4S	Calcium sulfate	cry	−1434.5	−1322.0	106.5	99.7
CaS	Calcium sulfide	cry	−482.4	−477.4	56.5	47.4
$Ca_3O_8P_2$	Calcium phosphate	cry	−4120.8	−3884.7	236.0	227.8
Cd	Cadmium	cry	0.0	0.0	51.8	26.0
CdO	Cadmium oxide	cry	−258.4	−228.7	54.8	43.4
CdO_4S	Cadmium sulfate	cry	−933.3	−822.7	123.0	99.6
Cl	Chlorine	gas	121.3	105.3	165.2	21.8
ClCu	Copper chloride (CuCl)	cry	−137.2	−119.9	86.2	48.5
ClF	Chlorine fluoride	gas	−50.3	−51.8	217.9	32.1
ClH	Hydrogen chloride	gas	−92.3	−95.3	186.9	29.1
ClHO	Hypochlorous acid (HOCl)	gas	−78.7	−66.1	236.7	37.2
ClH_4N	Ammonium chloride	cry	−314.4	−202.9	94.6	84.1
ClK	Potassium chloride (KCl)	cry	−436.5	−408.5	82.6	51.3
$ClKO_3$	Potassium chlorate ($KClO_3$)	cry	−397.7	−296.3	143.1	100.3
$ClKO_4$	Potassium perchlorate ($KClO_4$)	cry	−432.8	−303.1	151.0	112.4
ClLi	Lithium chloride (LiCl)	cry	−408.6	−384.4	59.3	48.0
ClNa	Sodium chloride (NaCl)	cry	−411.2	−384.1	72.1	50.5
$ClNaO_2$	Sodium chlorite ($NaClO_2$)	cry	−307.0			
$ClNaO_3$	Sodium chlorate ($NaClO_3$)	cry	−365.8	−262.3	123.4	
Cl_2	Chlorine (Cl_2)	gas	0.0	0.0	223.1	33.9
Cl_2Cu	Copper chloride ($CuCl_2$)	cry	−220.1	−175.7	108.1	71.9
Cl_2Mn	Manganese chloride ($MnCl_2$)	cry	−481.3	−440.5	118.2	72.9

化学式	化合物名	状態	$\Delta_f H°$ kJ/mol	$\Delta_f G°$ kJ/mol	$S°$ J/mol·K	C_p J/mol·K
Cl_3U	Uranium chloride (UCl_3)	cry	−866.5	−799.1	159.0	102.5
Cl_4Si	Silicon tetrachloride	liq	−687.0	−619.8	239.7	145.3
Co	Cobalt	cry	0.0	0.0	30.0	24.8
CoH_2O_2	Cobalt hydroxide ($Co(OH)_2$)	cry	−539.7	−454.3	79.0	
CoO	Cobalt oxide (CoO)	cry	−237.9	−214.2	53.0	55.2
Co_3O_4	Cobalt oxide (Co_3O_4)	cry	−891.0	−774.0	102.5	123.4
Cr	Chromium	cry	0.0	0.0	23.8	23.4
CrF_3	Chromium fluoride (CrF_3)	cry	−1159.0	−1088.0	93.9	78.7
Cr_2FeO_4	Chromium iron oxide ($FeCr_2O_4$)	cry	−1444.7	−1343.8	146.0	133.6
Cr_2O_3	Chromium oxide (Cr_2O_3)	cry	−1139.7	−1058.1	81.2	118.7
Cs	Cesium	cry	0.0	0.0	85.2	32.2
CsF	Cesium fluoride	cry	−553.5	−525.5	92.8	51.1
Cs_2O	Cesium oxide (Cs_2O)	cry	−345.8	−308.1	146.9	76.0
Cu	Copper	cry	0.0	0.0	33.2	24.4
CuO	Copper oxide (CuO)	cry	−157.3	−129.7	42.6	42.3
CuO_4S	Copper sulfate ($CuSO_4$)	cry	−771.4	−662.2	109.2	
CuS	Copper sulfide (CuS)	cry	−53.1	−53.6	66.5	47.8
Cu_2	Copper (Cu_2)	gas	484.2	431.9	241.6	36.6
Cu_2O	Copper oxide (Cu_2O)	cry	−168.6	−146.0	93.1	63.6
Cu_2S	Copper sulfide (Cu_2S)	cry	−79.5	−86.2	120.9	76.3
F_2	Fluorine (F_2)	gas	0.0	0.0	202.8	31.3
F	Fluorine	gas	79.4	62.3	158.8	22.7
FH	Hydrogen fluoride	gas	−273.3	−275.4	173.8	
FK	Potassium fluoride (KF)	cry	−567.3	−537.8	66.6	49.0
FLi	Lithium fluoride (LiF)	cry	−616.0	−587.7	35.7	41.6
FNa	Sodium fluoride (NaF)	cry	−576.6	−546.3	51.1	46.9
F_2HK	Potassium hydrogen fluoride (KHF_2)	cry	−927.7	−859.7	104.3	76.9
F_2HNa	Sodium hydrogen fluoride ($NaHF_2$)	cry	−920.3	−852.2	90.9	75.0
F_2Mg	Magnesium fluoride	cry	−1124.2	−1071.1	57.2	61.6
F_2O_2U	Uranyl fluoride	cry	−1648.1	−1551.8	135.6	103.2
F_2Si	Difluorosilylene (SiF_2)	gas	−619.0	−628.0	252.7	43.9
F_2Zn	Zinc fluoride	cry	−764.4	−713.3	73.7	65.7
F_3OP	Phosphoryl fluoride	gas	−1254.3	−1205.8	285.4	68.8
F_3P	Phosphorus trifluoride	gas	−958.4	−936.9	273.1	58.7
F_4S	Sulfur fluoride (SF_4)	gas	−763.2	−722.0	299.6	77.6
F_6S	Sulfur fluoride (SF_6)	gas	−1220.5	−1116.5	291.5	97.0
F_6U	Uranium fluoride (UF_6)	cry	−2197.0	−2068.5	227.6	166.8
Fe	Iron	cry	0.0	0.0	27.3	25.1
FeO_4S	Iron sulfate ($FeSO_4$)	cry	−928.4	−820.8	107.5	100.6
FeS	Iron sulfide (FeS)	cry	−100.0	−100.4	60.3	50.5
FeS_2	Iron sulfide (FeS_2)	cry	−178.2	−166.9	52.9	62.2
Fe_2O_3	Iron oxide (Fe_2O_3)	cry	−824.2	−742.2	87.4	103.9
Fe_3O_4	Iron oxide (Fe_3O_4)	cry	−1118.4	−1015.4	146.4	143.4
H_2	Hydrogen (H_2)	gas	0.0	0.0	130.7	28.8
H	Hydrogen	gas	218.0	203.3	114.7	20.8
HI	Hydrogen iodide	gas	26.5	1.7	206.6	29.2
HKO	Potassium hydroxide (KOH)	cry	−424.8	−379.1	78.9	64.9
HLi	Lithium hydride (LiH)	cry	−90.5	−68.3	20.0	27.9
HNO_2	Nitrous acid (HONO)	gas	−79.5	−46.0	254.1	45.6
HNO_3	Nitric acid	liq	−174.1	−80.7	155.6	109.9
HNa	Sodium hydride	cry	−56.3	−33.5	40.0	36.4
HNaO	Sodium hydroxide (NaOH)	cry	−425.6	−379.5	64.5	59.5
HO	Hydroxyl (OH)	gas	39.0	34.2	183.7	29.9
HO_2	Hydroperoxy (HOO)	gas	10.5	22.6	229.0	34.9
H_2Mg	Magnesium hydride	cry	−75.3	−35.9	31.1	35.4
H_2MgO_2	Magnesium hydroxide	cry	−924.5	−833.5	63.2	77.0
H_2O	Water	liq	−285.8	−237.1	70.0	75.3
H_2O_2	Hydrogen peroxide	liq	−187.8	−120.4	109.6	89.1
H_2O_2Sn	Tin hydroxide ($Sn(OH)_2$)	cry	−561.1	−491.6	155.0	
H_2O_2Zn	Zinc hydroxide	cry	−641.9	−553.5	81.2	

標準熱力学関数表

化学式	化合物名	状態	$\Delta_f H°$ kJ/mol	$\Delta_f G°$ kJ/mol	$S°$ J/mol·K	C_p J/mol·K
H_2O_4S	Sulfuric acid	liq	−814.0	−690.0	156.9	138.9
H_2S	Hydrogen sulfide	gas	−20.6	−33.4	205.8	34.2
H_3O_4P	Phosphoric acid	cry	−1284.4	−1124.3	110.5	106.1
		liq	−1271.7	−1123.6	150.8	145.0
H_3P	Phosphine	gas	5.4	13.4	210.2	37.1
H_4IN	Ammonium iodide	cry	−201.4	−112.5	117.0	
H_4N_2	Hydrazine	liq	50.6	149.3	121.2	98.9
$H_4N_2O_3$	Ammonium nitrate	cry	−365.6	−183.9	151.1	139.3
H_4Si	Silane	gas	34.3	56.9	204.6	42.8
$H_8N_2O_4S$	Ammonium sulfate	cry	−1180.9	−901.7	220.1	187.5
He	Helium	gas	0.0		126.2	20.8
HgI_2	Mercury iodide (HgI_2) (red)	cry	−105.4	−101.7	180.0	
HgO	Mercury oxide (HgO) (red)	cry	−90.8	−58.5	70.3	44.1
HgS	Mercury sulfide (HgS)	cry	−58.2	−50.6	82.4	48.4
Hg_2	Mercury (Hg_2)	gas	108.8	68.2	288.1	37.4
Hg_2O_4S	Mercury sulfate (Hg_2SO_4)	cry	−743.1	−625.8	200.7	132.0
I	Iodine	gas	106.8	70.2	180.8	20.8
IK	Potassium iodide	cry	−327.9	−324.9	106.3	52.9
IKO_3	Potassium iodate	cry	−501.4	−418.4	151.5	106.5
ILi	Lithium iodide	cry	−270.4	−270.3	86.8	51.0
INa	Sodium iodide	cry	−287.8	−286.1	98.5	52.1
$INaO_3$	Sodium iodate	cry	−481.8			92.0
K	Potassium	cry	0.0	0.0	64.7	29.6
$KMnO_4$	Potassium permanganate	cry	−837.2	−737.6	171.7	117.6
KNO_2	Potassium nitrite	cry	−369.8	−306.6	152.1	107.4
KNO_3	Potassium nitrate	cry	−494.6	−394.9	133.1	96.4
K_2O_4S	Potassium sulfate	cry	−1437.8	−1321.4	175.6	131.5
K_2S	Potassium sulfide (K_2S)	cry	−380.7	−364.0	105.0	
Li	Lithium	cry	0.0	0.0	29.1	24.8
Li_2	Lithium (Li_2)	gas	215.9	174.4	197.0	36.1
Li_2O	Lithium oxide (Li_2O)	cry	−597.9	−561.2	37.6	54.1
Li_2O_3Si	Lithium metasilicate	cry	−1648.1	−1557.2	79.8	99.1
Li_2O_4S	Lithium sulfate	cry	−1436.5	−1321.7	115.1	117.6
Mg	Magnesium	cry	0.0	0.0	32.7	24.9
MgN_2O_6	Magnesium nitrate	cry	−790.7	−589.4	164.0	141.9
MgO	Magnesium oxide	cry	−601.6	−569.3	27.0	37.2
MgO_4S	Magnesium sulfate	cry	−1284.9	−1170.6	91.6	96.5
MgS	Magnesium sulfide	cry	−346.0	−341.8	50.3	45.6
Mn	Manganese	cry	0.0	0.0	32.0	26.3
$MgNa_2O_4$	Sodium permanganate	cry	−1156.0			
MnO	Manganese oxide (MnO)	cry	−385.2	−362.9	59.7	45.4
MnS	Manganese sulfide (MnS)	cry	−214.2	−218.4	78.2	50.0
Mn_2O_3	Manganese oxide (Mn_2O_3)	cry	−959.0	−881.1	110.5	107.7
Mn_2O_4Si	Manganese silicate (Mn_2SiO_4)	cry	−1730.5	−1632.1	163.2	129.9
N_2	Nitrogen (N_2)	gas	0.0	0.0	191.6	29.1
N	Nitrogen	gas	472.7	455.5	153.3	20.8
$NNaO_2$	Sodium nitrite	cry	−358.7	−284.6	103.8	
$NNaO_3$	Sodium nitrate	cry	−467.9	−367.0	116.5	92.9
NO_2	Nitrogen dioxide	gas	33.2	51.3	240.1	37.2
N_2O	Nitrous oxide	gas	82.1	104.2	219.9	38.5
N_2O_3	Nitrogen trioxide	liq	50.3			
N_2O_5	Nitrogen pentoxide	cry	−43.1	113.9	178.2	143.1
Na	Sodium	cry	0.0	0.0	51.3	28.2
NaO_2	Sodium superoxide (NaO_2)	cry	−260.2	−218.4	115.9	72.1
Na_2	Sodium (Na_2)	gas	142.1	103.9	230.2	37.6
Na_2O	Sodium oxide (Na_2O)	cry	−414.2	−375.5	75.1	69.1
Na_2O_2	Sodium peroxide (Na_2O_2)	cry	−510.9	−447.7	95.0	89.2
Na_2O_4S	Sodium sulfate	cry	−1387.1	−1270.2	149.6	128.2
Ne	Neon	gas	0.0		146.3	20.8

標準熱力学関数表

化学式	化合物名	状態	$\Delta_f H°$ kJ/mol	$\Delta_f G°$ kJ/mol	$S°$ J/mol·K	C_p J/mol·K
Ni	Nickel	cry	0.0	0.0	29.9	26.1
NiO_4S	Nickel sulfate ($NiSO_4$)	cry	−872.9	−759.7	92.0	138.0
NiS	Nickel sulfide (NiS)	cry	−82.0	−79.5	53.0	47.1
O	Oxygen	gas	249.2	231.7	161.1	21.9
OP	Phosphorus oxide (PO)	gas	−28.5	−51.9	222.8	31.8
O_2Pb	Lead oxide (PO_2)	cry	−277.4	−217.3	68.6	64.6
O_2S	Sulfur dioxide	gas	−296.8	−300.1	248.2	39.9
O_2Si	Silicon dioxide (α-quartz)	cry	−910.7	−856.3	41.5	44.4
O_2U	Uranium oxide (UO_2)	cry	−1085.0	−1031.8	77.0	63.6
O_3	Ozone	gas	142.7	163.2	238.9	39.2
O_3PbSi	Lead metasilicate ($PbSiO_3$)	cry	−1145.7	−1062.1	109.6	90.0
O_3S	Sulfur trioxide	gas	−395.7	−371.1	256.8	50.7
O_4SZn	Zinc sulfate	cry	−982.8	−871.5	110.5	99.2
P	Phosphorus (white)	cry	0.0	0.0	41.1	23.8
	Phosphorus (red)	cry	−17.6		22.8	21.2
Pb	Lead	cry	0.0	0.0	64.8	26.4
PbS	Lead sulfide (PbS)	cry	−100.4	−98.7	91.2	49.5
Pt	Platinum	cry	0.0	0.0	41.6	25.9
PtS	Platinum sulfide (PtS)	cry	−81.6	−76.1	55.1	43.4
PtS_2	Platinum sulfide (PtS_2)	cry	−108.8	−99.6	74.7	65.9
S	Sulfur	cry (rhombic)	0.0	0.0	32.1	22.6
	Sulfur	cry (monoclinic)	0.3			
S_2	Sulfur (S_2)	gas	128.6	79.7	228.2	32.5
Si	Silicon	cry	0.0	0.0	18.8	20.0
Sn	Tin (white)	cry	0.0		51.2	27.0
	Tin (gray)	cry	−2.1	0.1	44.1	25.8
Zn	Zinc	cry	0.0	0.0	41.6	25.4
		gas	130.4	94.8	161.0	20.8

炭素を含む化合物

化学式	化合物名	状態	$\Delta_f H°$ kJ/mol	$\Delta_f G°$ kJ/mol	$S°$ J/mol·K	C_p J/mol·K
C	Carbon (graphite)	cry	0.0	0.0	5.7	8.5
	Carbon (diamond)	cry	1.9	2.9	2.4	6.1
CAgN	Silver cyanide (AgCN)	cry	146.0	156.9	107.2	66.7
$CBaO_3$	Barium carbonate ($BaCO_3$)	cry	−1216.3	−1137.6	112.1	85.3
CBrN	Cyanogen bromide	cry	140.5			
$CCaO_3$	Calcium carbonate (clacite)	cry	−1207.6	−1129.1	91.7	83.5
	Calcium carbonate (aragonite)	cry	−1207.8	−1128.2	88.0	82.3
CCl_2F_2	Dichlorodifluoromethane	gas	−477.4	−439.4	300.8	72.3
CCl_3F	Trichlorofluoromethane	liq	−301.3	−236.8	225.4	121.6
CCuN	Copper cyanide (CuCN)	cry	96.2	111.3	84.5	
CFe_3	Iron carbide (Fe_3C)	cry	25.1	20.1	104.6	105.9
$CFeO_3$	Iron carbonate ($FeCO_3$)	cry	−740.6	−666.7	92.9	82.1
CKN	Potassium cyanide (KCN)	cry	−113.0	−101.9	128.5	66.3
CKNS	Potassium thiocyanate (KSCN)	cry	−200.2	−178.3	124.3	88.5
CK_2O_3	Potassium carbonate (KCO_3)	cry	−1151.0	−1063.5	155.5	114.4
$CMgO_3$	Magnesium carbonate ($MgCO_3$)	cry	−1095.8	−1012.1	65.7	75.5
CNNa	Sodium cyanide (NaCN)	cry	−87.5	−76.4	115.6	70.4
CNNaO	Sodium cyanate	cry	−405.4	−358.1	96.7	86.6
CNa_2O_3	Sodium carbonate ($NaCO_3$)	cry	−1130.7	−1044.4	135.0	112.3
CO	Carbon monoxide	gas	−110.5	−137.2	197.7	29.1
CO_2	Carbon dioxide	gas	−393.5	−394.4	213.8	37.1
CO_3Zn	Zinc carbonate ($ZnCO_3$)	cry	−812.8	−731.5	82.4	79.7
CS_2	Carbon disulfide	liq	89.0	64.6	151.3	76.4
CSi	Silicon carbide (cubic)	cry	−65.3	−62.8	16.6	26.9
$CHBr_3$	Tribromomethane	liq	−28.5	−5.0	220.9	130.7
$CHClF_2$	Chlorodifluoromethane	gas	−482.6		280.9	55.9
$CHCl_3$	Trichloromethane	liq	−134.5	−73.7	201.7	114.2
CHN	Hydrogen cyanide	liq	108.9	125.0	112.8	70.6

化学式	化合物名	状態	$\Delta_f H°$ kJ/mol	$\Delta_f G°$ kJ/mol	$S°$ J/mol·K	C_p J/mol·K
CH_2	Methylene	gas	390.4	372.9	194.9	33.8
CH_2I_2	Diiodomethane	liq	66.9	90.4	174.1	134.0
CH_2O	Formaldehyde	gas	−108.6	−102.5	218.8	35.4
CH_2O_2	Formic acid	liq	−424.7	−361.4	129.0	99.0
CH_3	Methyl	gas	145.7	147.9	194.2	38.7
CH_3Cl	Chloromethane	gas	−81.9		234.6	40.8
CH_3NO_2	Nitromethane	liq	−113.1	−14.4	171.8	106.6
CH_4	Methane	gas	−74.4	−50.3	186.3	35.3
CH_4N_2O	Urea	cry	−333.6			
CH_4O	Methanol	liq	−239.1	−166.6	126.8	81.1
C_2	Carbon (C_2)	gas	831.9	775.9	199.4	43.2
C_2Ca	Calcium carbide	cry	−59.8	−64.9	70.0	62.7
C_2ClF_3	Chlorotrifluoroethylene	gas	−555.2	−523.8	322.1	83.9
C_2Cl_4	Tetrachloroethylene	liq	−50.6	3.0	266.9	143.4
$C_2Cl_4F_2$	1,1,1,2-Tetrachloro-2,2-difluoroethane	gas	−489.9	−407.0	382.9	123.4
C_2H_2	Acetylene	gas	228.2	210.7	200.9	43.9
$C_2H_2Cl_2$	1,1-Dichloroethylene	liq	−23.9	24.1	201.5	111.3
C_2H_2O	Ketene	gas	−47.5	−48.3	247.6	51.8
$C_2H_2O_4$	Oxalic acid	cry	−821.7		109.8	91.0
$C_2H_3Cl_3$	1,1,1-Trichloroethane	liq	−177.4		227.4	144.3
		gas	−144.6		323.1	93.3
C_2H_3N	Acetonitrile	liq	31.4	77.2	149.6	91.4
$C_2H_3NaO_2$	Sodium acetate	cry	−708.8	−607.2	123.0	79.9
C_2H_4	Ethylene	gas	52.5	68.4	219.6	43.6
$C_2H_4Cl_2$	1,1-Dichloroethane	liq	−158.4	−73.8	211.8	126.3
		gas	−127.7	−70.8	305.1	76.2
$C_2H_4O_2$	Acetic acid	liq	−484.5	−389.9	159.8	123.3
		gas	−432.8	−374.5	282.5	66.5
C_2H_5I	Iodoethane	liq	−40.2	14.7	211.7	115.1
C_2H_6	Ethane	gas	−83.8	−31.9	229.6	52.6
C_2H_6O	Dimethyl ether	gas	−184.1	−112.6	266.4	64.4
C_2H_6O	Ethanol	liq	−277.7	−174.8	160.7	112.3
C_2H_6S	Ethanethiol	liq	−73.6	−5.5	207.0	117.9
C_2H_7N	Dimethylamine	gas	−18.5	68.5	273.1	70.7
C_3H_7N	Cyclopropylamine	liq	45.8		187.7	147.1
C_3H_8	Propane	gas	−104.7			
C_3H_8O	1-Propanol	liq	−302.6		193.6	143.9
$C_3H_8O_3$	Glycerol	liq	−668.5		206.3	218.9
C_4H_4O	Furan	liq	−62.3		177.0	115.3
$C_4H_4O_4$	Fumaric acid	cry	−811.7		168.0	142.0
C_4H_6	1,3-Butadiene	liq	87.9		199.0	123.6
$C_4H_6O_2$	Methyl acrylate	liq	−362.2		239.5	158.8
C_4H_8	Isobutene	liq	−37.5			
C_4H_8	Cyclobutane	liq	3.7			
C_4H_8O	Butanal	liq	−239.2		246.6	163.7
C_4H_8O	Isobutanal	liq	−247.4			
$C_4H_8O_2$	1,4-Dioxane	liq	−353.9		270.2	152.1
$C_4H_8O_2$	Ethyl acetate	liq	−479.3		257.7	170.7
$C_4H_{10}O$	1-Butanol	liq	−327.3		225.8	177.2
$C_4H_{10}O$	2-Butanol	liq	−342.6		214.9	196.9
$C_4H_{12}Si$	Tetramethylsilane	liq	−264.0	−100.0	277.3	204.1
C_5H_8	Cyclopentene	liq	4.4		201.2	122.4
C_5H_{10}	1-Pentene	liq	−46.9		262.6	154.0
C_5H_{10}	Cyclopentane	liq	−105.1		204.5	128.8
C_5H_{12}	Isopentane	liq	−178.5		260.4	164.8
C_5H_{12}	Neopentane	gas	−168.1			
$C_5H_{12}O$	Butyl methyl ether	liq	−290.6		295.3	192.7
C_6H_6	Benzene	liq	49.0			136.3
C_6H_6O	Phenol	cry	−165.1		144.0	127.4

化学式	化合物名	状態	$\Delta_f H°$ kJ/mol	$\Delta_f G°$ kJ/mol	$S°$ J/mol·K	C_p J/mol·K
C_7H_8	Toluene	liq	12.4			157.3
C_7H_8O	Benzyl alcohol	liq	−160.7		216.7	217.9
C_7H_{14}	Cycloheptane	liq	−156.6			
C_7H_{14}	Ethylcyclopentane	liq	−163.4		279.9	
C_7H_{14}	1-Heptene	liq	−97.9		327.6	211.8
C_8H_{16}	Cyclooctane	liq	−167.7			
C_8H_{18}	Octane	liq	−250.1			254.6
		gas	−208.6			
C_9H_{20}	Nonane	liq	−274.7			284.4
$C_9H_{20}O$	1-Nonanol	liq	−456.5			
$C_{10}H_8$	Naphthalene	cry	77.9		167.4	165.7
$C_{10}H_{22}$	Decane	liq	−300.9			314.4
$C_{12}H_{10}$	Biphenyl	cry	99.4		209.4	198.4
$C_{12}H_{26}$	Dodecane	liq	−350.9			375.8

物理定数・データ

光速	$c = 2.997925 \times 10^8$ m/s
重力定数	$G = 6.67 \times 10^{-11}$ N·m²/kg²
アボガドロ定数	$N_A = 6.022 \times 10^{23}$ particles/mol
ボルツマン定数	$k = 1.38066 \times 10^{-23}$ J/K
気体定数	$R = 8.314$ kJ/mol·K
	$= 1.9872$ cal/mol·K
プランク定数	$h = 6.6262 \times 10^{-34}$ J·s
電気素量	$e = 1.60219 \times 10^{-19}$ C
電子の静止質量	$m_e = 9.1095 \times 10^{-31}$ kg
	$= 5.486 \times 10^{-4}$ u
陽子の静止質量	$m_p = 1.6726 \times 10^{-27}$ kg
	$= 1.007276$ u
中性子の静止質量	$m_n = 1.6749 \times 10^{-27}$ kg
	$= 1.008665$ u
真空の誘電率	$\varepsilon_0 = 8.85419 \times 10^{-12}$ C²/N·m²
真空の透磁率	$\mu_0 = 4\pi \times 10^{-7}$ N/A²
自由落下の標準加速度	$g = 9.80665$ m/s² $= 32.17$ ft/s²
地球の質量	5.98×10^{24} kg
地球の標準半径	6.37×10^6 m
地球の標準密度	5.57 g/cm³
地球-月平均距離	3.84×10^8 m
地球-太陽平均距離	1496×10^{11} m
太陽の質量	1.99×10^{30} kg
太陽の半径	7×10^8 m
地球上への太陽放射エネルギー強度	0.032 cal/cm²·s $= 0.134$ J/cm²·s

訳者あとがき

　本書は，Ilya Prigogine と Dilip Kondepudi の共著になる "Thermodynamique (Des moteurs thermiques aux structures dissipatives)" の全訳である．原著には英語版があり，本書はフランス語版を底本とし，英語版を参照して訳出した．英語版では演習問題の補充のほか，とくに熱力学の開拓者の写真が豊富に載せられ，内容が一段と充実し読みやすくなっている．本訳書では原著の出版社の好意により，英語版での補充部分をできるだけ取り入れるようにした．

　Prigogine 教授はいまや世界的にも著名な科学者であり，とくに紹介の必要はないであろう．1917年の生まれであるから80歳をゆうに超されているが，活発な活動はいまも続いている．教授は従来の熱力学を非平衡状態にまで広げることにより，熱力学そのものを大きく変革した人ということができるであろう．Th. De Donder を始めとするブリュッセル学派にあって，彼はまず不可逆過程におけるエントロピー生成の概念を明確に捉え，平衡に近い線形領域の定常状態に対してエントロピー生成極小の定理を確立する．次に，平衡から遠い非平衡非線形状態の定式化に進む．ここではもはや極値原理は成立せず，平衡から遠く離れた状態に系を維持すると，定常状態の不安定化により，対称性の破れに伴われる秩序構造の出現が見出された．これが1977年のノーベル化学賞受賞の主要な対象となった散逸構造の形成理論である．この業績は誠に創造性に富むものであり，その展開は科学の今後を大きく変えるほどの革新性をもっている．

　著者らの努力により，これら最新の成果を含む熱力学が，本書のような系統的，段階的な形式をもつ教科書の形で世に出されたことは，誠に喜ばしいことであるとともに，また驚くべきことでもある．本書（英語版）の書名は"現代熱力学（Modern Thermodynamics)"となっているが，これは以前からあった熱力学を現代風に書き変えたという意味ではない．熱力学が現在ここまで発展し，その装いを全く新たにしたという意味をもち，いわゆる古典熱力学とは全く区別されるべき内容を含んでいる．熱力学に新たな発展があったというだけであれば，その部分をたとえば非平衡熱力学としてまとめればすむことである．そうではなくて，新しい熱力学はこれまでの熱力学をその根底から書き変えたという意義をもっている．たとえば従来の熱力学で

は，不可逆過程によるエントロピーの増大という事実の意味を十分に解明しないままに，不可逆過程を観念的に準静的な可逆過程でおき変えることにより，エントロピーの変化値を求めるという方法をとった．そのため，熱力学の対象は本質的に平衡状態に限られることになった．

一方，Prigogine が展開した熱力学では，非平衡状態そのものが対象となる．平衡状態は非平衡状態で起こる不可逆過程の一つの帰結として論じられる．すなわち平衡状態の把握の仕方そのものが従来の熱力学とは異なったものになる．さらに，非平衡状態が時間に依存しない境界条件で維持されるとき，不可逆過程のもう一つの帰結として定常状態に達するが，線形領域では定常状態の安定性が保証されるのに対し，平衡から遠く離れた非線形領域では，定常状態の安定性が失われ，対称性の破れにより全く異なる状態に発展することがある．これが散逸構造の発現する条件である．このことは従来の熱力学では全く予測しえなかったことであり，この点でも熱力学は全く書き変えられたということができる．

本書はこれらのことをすべて包括し，筋を追って段階的に解説したものであり，まさしく現代の熱力学をあますところなく伝えるものである．熱力学を初めて学ぶために本書を読み進む人は，熱力学の壮大な体系に，またすでに従来の熱力学を知っている人は，熱力学の全くの変貌に目をみはることであろう．熱力学を初めて学ぶ人はもちろん，すでに熱力学をある程度知っている人，とくに従来の熱力学に十分納得していない人に，ぜひ本書の熟読を薦めたい．

本訳書は訳者2名の共同作業であるが，I，II部は主として岩元が，III，IV，V部は主として妹尾が分担した．訳するにあたってとくに問題となった点を，二，三記しておきたい．一つは，原著にある術語に対し適当な訳語を見出せなかった場合がある．英語版では，たとえば "far-from-equilibrium state" のような語で，簡略な訳が見つからず，"平衡から遠く離れた状態" とした．また "symmetry-breaking" も単に "対称性の破れ" とした．第二に，必ずしも正確な用語ではないが，原著に忠実に訳した言葉として，たとえば "エントロピー生成" がある．これは "entropy production" の訳であり，正確には "エントロピー生成速度" を示す場合が多いが，原著に従った．また "thermodynamic flow" は "熱力学流れ" と訳したが，むしろ正確には "熱力学流束" を意味する．第三に，SI 単位で物質量（amount of substance）に当たる言葉に対して本書ではモル数（mole number）が使われている．また粒子数（分子数）が使われているところもある．記号として粒子数に対して N，その密度に対して n が用いられる．これらの用法は SI 単位系と合致していないが，これらも原

著に忠実に訳した．その他の物理量はほぼSI単位系に従っている．なお，原著の明らかな誤りと思われる箇所は，訳出にあたって適宜訂正した．そのほかにも問題点があると思われるが，機会をみてより精確な内容とすることができればと考えている．

　本書は，新しい熱力学の創始者自身が著した，最も新しいそして最も権威ある熱力学の教科書である．本書で熱力学を学ぶことによって，今後の科学技術の発展に寄与する多くの人々が育っていくことを，心から願っている．

　2001年4月

妹尾　学

索　引

ア 行

Einstein（アインシュタイン）の関係…201
Einstein（アインシュタイン）の式…44, 237, 261
圧縮因子…121
圧力…7, 209
圧力係数…103
Arrhenius（アレニウス）の式…169
安定性の喪失…318
安定性理論…233

イオン…155
イオン移動度…201
イオン活量係数…157
イオン強度…157
イオン性溶液…154
一次相転移…140
一次反応…171
インダクタンス…288

Wien（ウィーン）の定理…212
Wien（ウィーン）の変位則…213
運動エネルギー…250

液間電位…194
液絡…194
餌食-捕食者の相互作用モデル…316
エナンチオマー…180, 321
エネルギー…2, 5, 24
　——の絶対的定義…44
エネルギー交換…29
エネルギー散逸最小の原理…290
エネルギー保存…250
エネルギー保存則…26, 27, 44

エネルギー密度…5, 31
エネルギー流…286
エフェクター…345
FKN モデル…328, 330, 338
塩橋…195
エンタルピー…37, 95
エントロピー…xi, 2, 3, 4, 58, 59, 61, 71, 85, 113, 253
　——の二次変分…306
　——の流れ…79
エントロピー生成…xiv, 64, 65, 79, 190, 220, 233, 253, 255, 259, 285, 297, 303
エントロピー生成極小の定理…290
エントロピー生成速度…69, 79, 178
エントロピー密度…87
エントロピーゆらぎ…240
エントロピー流…253, 286

Euler（オイラー）の定理…86
音の速度…35
音の強さ…34
Ohm（オーム）熱…190
Ohm（オーム）の法則…191, 259, 264
Onsager（オンサーガー）の相反定理…xv, 260, 262, 281, 290
温度…6, 7

カ 行

回転拡散係数…204
開放系…3, 65, 249
界面動電現象…277
Gauss（ガウス）の定理…314
カオス…335
化学振動…326

化学親和力…122, 271
化学的安定性…223, 234
化学転移…187
化学反応…78, 178, 234, 270, 291, 294
化学平衡…81, 172
化学変換…166
化学ポテンシャル…76, 78, 100, 105, 113, 120, 145, 187, 213, 216
化学量論係数…42, 169, 173, 180
可逆過程…61
可逆サイクル…51
可逆熱機関…53
核化学反応…43
拡散…84, 197, 224, 266, 312
拡散係数…198, 201, 267, 332
拡散方程式…200
拡散流…249, 331
拡張熱力学…246, 342
核融合…44
確率…236
活性化エネルギー…169
活量…101, 145, 172, 173
活量係数…145
ガラス状態…231
Carnot（カルノー）サイクル…51, 57
Carnot（カルノー）の定理…53, 58
Carnot（カルノー）の理論…50
ガルバニ電池…195
カロリー…7, 24
還元熱流…280
換算変数…15
完全溶液…145, 158
緩和定理…176

基準電極…196
気体定数…9

気体の法則…7
起電力…192
ギブズ自由エネルギー…82, 93, 102, 113, 120, 141
Gibbs(ギブズ)の安定性理論…220
Gibbs(ギブズ)の式…253
Gibbs(ギブズ)の相律…132, 134
Gibbs(ギブズ)のパラドックス…114
Gibbs-Konovalow(ギブズ-コノバロフ)の定理…135
Gibbs-Duhem(ギブズ-デュエム)の式…98, 124
Gibbs-Helmholtz(ギブズ-ヘルムホルツ)の式…99, 176
キャパシター…288
Curie(キュリー)の原理…263
凝固点降下定数…149
凝縮相…123
共存曲線…129
共沸混合物…135, 161
共沸組成…161
共沸転移…161
共融混合物…136
共融組成…136
共融点…136
局所エントロピー生成…247
局所温度…5
局所平衡…64, 244, 312
　　──の仮定…xvii
極値原理…90, 96
キラリティ…321
キラル対称性…321, 326
Kirchhoff(キルヒホフ)の法則…40, 209
空間構造…333
空間散逸構造…331
Clausius(クラウジウス)の不等式…62
Clausius-Clapeyron(クラウジウス-クラペイロン)の式…131
Clapeyron(クラペイロン)の式…131
系…3

結合エンタルピー…41
Gay-Lussac(ゲーリュサック)の実験…10
ケルビン…56
現象論係数…191, 258
現象論法則…191
厳密正則溶液…229

交差係数…260
交差効果…258
交差偏微分係数…16, 85
光子気体…209
酵素…345
構造不安定性…335
効率…54
黒体…209
固有値方程式…311
孤立系…3, 65
混合エントロピー…114

サ 行

サイクリック AMP…345
最小エネルギー…91
最小作用の原理…90
最大エントロピー…91
細胞性粘菌…344
Saxen(サクセン)の関係…278
散逸構造…xii, xvi, 317, 342
三重点…133
3 成分系…137
3 分子モデル…327
時間の矢…xi, 49
示強変数…3
自己組織化…xvi, 342
仕事…24
自己複製型…336
自触媒反応…307, 322, 327
シータ温度…153
実在気体…115
質量作用の法則…174
自由エネルギー…77
自由度…133
重量モル濃度…156
重力場…188
Stefan-Boltzmann(シュテファン-ボルツマン)の法則…210

ジュール…24
準安定状態…227
詳細釣合いの原理…177, 260
掌性…321
状態関数…3, 29
状態式…112
状態変数…3
剰余関数…160
剰余ギブズ自由エネルギー…160
示量性関数…104
示量変数…3, 86
進行波…334
浸透…150
浸透圧…151
浸透係数…148, 152
親和力…76, 80, 82, 94, 122, 168, 173, 179

Stokes-Einstein(ストークス-アインシュタイン)の関係…202

生成エンタルピー…155
生成ギブズ自由エネルギー…102, 155
正則溶液…160
接触角…107
絶対温度…7, 56
摂動…220
Seebeck(ゼーベック)効果…265
遷移状態…169, 170
遷移状態理論…170
線形安定性解析…309
線形現象論法則…258, 264, 290
線形領域…264
前指数因子…169
潜熱…12, 70

相…12
総括反応…274
相関…239, 261
相互作用エネルギー…252
相図…128
相対性理論…44
相転移…12, 140
総熱量不変の法則…27
相反関係…278

相分離…97, 228
相平衡…128
相変化…70
束一的性質…148
速度定数…169, 175
素反応…169, 171, 177, 179
Soret(ソーレ)係数…281
Soret(ソーレ)効果…279

タ 行

第一種の永久運動機関…28
第一法則…26
対応状態の法則…15, 17
大気圧の式…189
対称性原理…263
対称性の破れ…318, 322
体積弾性率…35
第二種の永久運動機関…60
第二法則…63, 72, 90, 94
体膨張率…103, 118, 123
多重安定性…335
多重定常状態…330
多変数関数…16, 85
Dalton(ダルトン)の分圧法則…9
断熱過程…33, 35, 113, 118, 211

秩序性…140
中性微子…166
Turing(チューリング)構造…331, 334
長時間遅延…342

釣合いの式…247, 248, 253

定圧熱容量…32
抵抗…288
定常状態…286, 287, 305, 323
——の安定性…297
定積熱容量…32
Dieterici(ディテリチ)の状態式…116
てこの規則…139
Debye(デバイ)の式…205
Debye(デバイ)の理論…125
Debye-Hückel(デバイ-ヒュッケル)理論…157
Duhem(デュエム)の定理…134

Duhem-Jougeut(デュエム-ジューゴ)の定理…225
Dufour(デュフォー)係数…281
Dufour(デュフォー)効果…279
Dulong-Petit(デュロン-プティ)の法則…125
電解質…154
電解セル…195
電気回路素子…287, 296
電気化学親和力…193
電気化学電池…192
電気化学ポテンシャル…188
電気浸透…278
電気浸透圧…277, 278
電極反応…193
電池図…194
電場…187

等温圧縮率…103, 118, 123, 223
等温膨張…30
動力学的ポテンシャル…304
特性方程式…311
突然変異…336
ドリフト速度…200

ナ 行

内部エネルギー…4, 30, 31, 112, 117, 250
内部自由度…202

二次相転移…140
二次反応…172
2準位原子…214
2成分系…134
ニュートリノ…44

熱…2, 6, 8, 23, 24, 210
熱化学…35
熱拡散係数…280
熱機関…xiii, 50, 51
——の効率…52, 56
熱起電力…265
熱係数…43
熱光子…213
熱素…7, 8, 23
熱素説…23
熱的安定性…221, 235
熱電現象…259, 263

熱伝導…68, 276, 295
熱平衡系…4
熱平衡状態…4
熱放射…25, 207
熱容量…24, 104, 113, 117, 222
熱力学第零法則…4
熱力学第一法則…26, 27
熱力学第二法則…xii, 60, 65, 246
熱力学第三法則…67
熱力学的エントロピー…237
熱力学的確率…67, 236
熱力学流れ…64, 80, 234, 254
熱力学分枝…308, 319
熱力学ポテンシャル…90, 233
熱力学力…80, 64, 234, 254
熱流…251, 256
熱量計…31
Nernst(ネルンスト)の式…194
Nernst(ネルンスト)の熱定理…67, 124

濃淡電池…196

ハ 行

排除体積…13
配置熱容量…231
半減期…171
反応…122
——のギブズ自由エネルギー…174
——の速さ…168, 179, 271
反応エンタルピー…37
反応機構…170
反応次数…169
反応進度…42, 80, 84, 168, 170, 248
反応性衝突…245
反応速度…42, 81, 168, 178, 248, 271
反応速度則…170
反応熱…43
半反応…192

非線形熱力学…302
非線形領域…302
非対称性…324
ビッグバン…166

索引

比熱…6, 8
非平衡系…4
非平衡定常状態…284
非平衡熱力学…247, 255
非平衡不安定性…308
非補償的変換…64
非補償熱…63, 64, 70, 79
標準ギブズ自由エネルギー変化
　…100
標準状態…39, 102
標準電極電位…196
標準反応エンタルピー…37
標準モル生成エンタルピー…38
表面張力…92, 106
ビリアル係数…116
ビリアル展開式…116, 153
非理想溶液…145

Faraday（ファラデー）定数
　…154, 188
不安定性…311
不安定モード…310
van der Waals（ファン・デル・
　ワールス）定数…11, 14, 116
van der Waals（ファン・デル・
　ワールス）の状態式…10,
　12, 13, 16, 116, 227
van't Hoff（ファント・ホッフ）
　の式…151, 176
Fick（フィック）の拡散法則
　…198, 259, 269
フィードバック機構…345
不可逆過程…xi, xiii, 61, 62,
　317
不可逆サイクル…58
不可逆性…62
フガシティー…121
不完全微分…28
不均一系…86, 129
複合反応…272
物質変換…166
物質流…251
沸点上昇定数…149
部分モルエンタルピー…101,
　105
部分モルギブズ自由エネルギー
　…105
部分モル体積…105
部分モルヘルムホルツ自由エネ

ルギー…105
部分モル量…104
プラズマ…167
ブラッセレータ…307, 327, 337
Planck（プランク）定数…170,
　209
Planck（プランク）の式…209
Fourier（フーリエ）の熱伝導法
　則…69, 259, 264
不連続系…84
分圧…9
分岐…318, 319, 322
　——の感度…325
分岐点…319
分岐方程式…320
分子間相互作用エネルギー
　…117
分子間力…13
分子進化…336
平均イオン活量係数…156
平均化学ポテンシャル…155
平衡から遠く離れた系…302
平衡状態…4, 90
　——の安定性…97
平衡定数…174, 175, 194
閉鎖系…3, 65
Hess（ヘス）の法則…36
Peltier（ペルティエ）効果…265
Peltier（ペルティエ）熱…265
Berthelot（ベルテロー）の状態
　式…116
ヘルムホルツ自由エネルギー
　…92, 106, 113, 119
Helmholtz（ヘルムホルツ）の式
　…99, 112
Belousov-Zhabotinsky（ベロ
　ーゾフ-ジャボチンスキー）
　反応…328, 330, 335, 338
偏微分…15
Henry（ヘンリー）の法則…147
Poisson（ポアソン）の関係
　…34, 113
Boyle（ボイル）の法則…8, 10
放射圧…210
放射エネルギー密度…207
放射強度…207
飽和蒸気圧…129

ホモキラリティ…324
Boltzmann（ボルツマン）定数
　…24, 170, 236
Boltzmann（ボルツマン）の式
　…67, 236
ボンベ熱量計…31

マ 行

Maxwell（マクスウェル）の関
　係…103
Maxwell（マクスウェル）の作
　図…138
Maxwell（マクスウェル）の速
　度分布…245
膜電位…191
摩擦係数…201

無熱溶液…161

毛管上昇…107
モル生成ギブズ自由エネルギー
　…173
モル濃度…156
モル密度…5

ヤ 行

Jacobi（ヤコービ）行列…309

ゆらぎ…176, 220, 233, 342
　——を通しての秩序…317

溶解度…153
溶解度積…157
弱い相互作用…321, 324

ラ 行

Raoult（ラウール）の法則…147
ラセミ化反応…180, 321
Landau（ランダウ）の理論
　…141

Lyapunov（リアプノフ）関数
　…305
Lyapunov（リアプノフ）の安定
　性理論…304
Lyapunov（リアプノフ）汎関数

···305, 307
力学的安定性···222
力学的エネルギー···26
力学的仕事···30
理想気体···9, 12, 33, 71, 112, 113
　——の法則···9
理想溶液···145, 159
律速段階···274
流動電位···278
流動電流···277, 278
臨界温度···139, 228
臨界現象···226
臨界指数···142
臨界体積···13
臨界定数···13, 14
臨界点···130, 141, 227
臨界溶解温度···228

Le Chatelier-Braun(ル・シャトリエ-ブラウン)の原理···176
Legendre(ルジャンドル)変換···97

連続系···189, 198

Lotka-Volterra(ロトゥカ-ヴォルテラ)の餌食-捕食者相互作用モデル···304

人 名

Avogadro, Amedeo···9

Belousov, B. P.···326, 328
Berthelot, Marcellin···36, 76
Black, Joseph···6
Boltzmann, Ludwig···xii, 67, 207, 236
Boyle, Robert···8
Bridgeman, P. W.···62

Carnot, Even Sadi···23, 49
Charles, Jacques···9

Clapeyron, Emile···50
Clausius, Rudolf···xiv, 56, 60
Cowan, Clyde···44

De Donder, Théophile···42, 64, 76
Debye, Peter···125, 157
Duhem, Pierre···63

Eddington, Arther···xi
Einstein, Albert···2, 237

Faraday, Michael···22
Fermat, Pierre de···90
Fourier, Jean Baptiste Joseph···xiii, 23

Galilei, Galileo···6
Galvani, Luigi···22
Gay-Lussac, Joseph Louis···9
Gibbs, Josiah Willard···xiv, 76, 77

Helmholtz, Hermann von···26
Henry, William···147
Hess, Germain Henri···26, 35
Hückel, Erich···157

Joule, James Prescott···9, 23, 26

Kelvin 卿　→ Thomson, William
Kirchhoff, Gustav···207

Laplace, Pierre Simon de···23
Lavoisier, Antoine Laurent···23
Le Chatelier, Henry Louis···78, 176
Lefever···326
Lewis, G. N.···101, 121

Mariotte, Edme···8

Maxwell, James Clerk···103
Mayer, Julius Robert von···26

Nernst, Walther···67
Newcomen, Thomas···49
Newton, Isaac···xiii, 8

Onsager, Lars···xv, 260, 290
Ostwald, Wilhelm···36, 78

Pasteur, Louis···321
Pauli, Wolfgang···44
Planck, Max···2, 26, 27, 62
Poisson, Simeon Denis···23
Prigogine, Ilya···xii, 290, 326

Raoult, Francois Marie···146
Reines, Frederick···45
Rumford 伯　→ Tompson, Benjamin

Seebeck, Thomas···22
Smith, Adam···2
Stefan, Josef···207

Thomsen, Julius···36, 77
Thomson, William(Kelvin 卿)···55, 259
Tompson, Benjamin(Rumford 伯)···23
Turing, Alan···331

van der Waals, Johannes Diederik···10
van Laar, J. J.···152
van't Hoff, Jacobus Henricus···150
Volta, Alessandro···22

Watt, James···2, 49
Wien, Wilhelm···207, 212

Zhabotinsky, A. M.···328

訳者略歴

妹尾　学（せのお・まなぶ）
1930年　東京に生まれる
1958年　東京大学化学系大学院博士課程修了
現　在　東京大学名誉教授
　　　　理学博士

岩元和敏（いわもと・かずとし）
1948年　福岡県に生まれる
1976年　東京大学工学系大学院博士課程修了
現　在　東海大学開発工学部教授
　　　　工学博士

現　代　熱　力　学
―熱機関から散逸構造へ―

定価はカバーに表示

2001年 5月25日　初版第 1 刷
2023年 4月25日　第 15 刷

訳　者　妹　尾　　　学
　　　　岩　元　和　敏
発行者　朝　倉　誠　造
発行所　株式会社　朝　倉　書　店
　　　　東京都新宿区新小川町 6-29
　　　　郵便番号 162-8707
　　　　電　話　03(3260)0141
　　　　ＦＡＸ　03(3260)0180
　　　　https://www.asakura.co.jp

〈検印省略〉

© 2001　〈無断複写・転載を禁ず〉　印刷・製本　デジタルパブリッシングサービス

ISBN 978-4-254-13085-0　C 3042　　Printed in Japan

|JCOPY| ＜出版者著作権管理機構 委託出版物＞

本書の無断複写は著作権法上での例外を除き禁じられています．複写される場合は，
そのつど事前に，出版者著作権管理機構（電話 03-5244-5088, FAX 03-5244-5089,
e-mail: info@jcopy.or.jp）の許諾を得てください．

好評の事典・辞典・ハンドブック

物理データ事典	日本物理学会 編	B5判 600頁
現代物理学ハンドブック	鈴木増雄ほか 訳	A5判 448頁
物理学大事典	鈴木増雄ほか 編	B5判 896頁
統計物理学ハンドブック	鈴木増雄ほか 訳	A5判 608頁
素粒子物理学ハンドブック	山田作衛ほか 編	A5判 688頁
超伝導ハンドブック	福山秀敏ほか 編	A5判 328頁
化学測定の事典	梅澤喜夫 編	A5判 352頁
炭素の事典	伊与田正彦ほか 編	A5判 660頁
元素大百科事典	渡辺 正 監訳	B5判 712頁
ガラスの百科事典	作花済夫ほか 編	A5判 696頁
セラミックスの事典	山村 博ほか 監修	A5判 496頁
高分子分析ハンドブック	高分子分析研究懇談会 編	B5判 1268頁
エネルギーの事典	日本エネルギー学会 編	B5判 768頁
モータの事典	曽根 悟ほか 編	B5判 520頁
電子物性・材料の事典	森泉豊栄ほか 編	A5判 696頁
電子材料ハンドブック	木村忠正ほか 編	B5判 1012頁
計算力学ハンドブック	矢川元基ほか 編	B5判 680頁
コンクリート工学ハンドブック	小柳 洽ほか 編	B5判 1536頁
測量工学ハンドブック	村井俊治 編	B5判 544頁
建築設備ハンドブック	紀谷文樹ほか 編	B5判 948頁
建築大百科事典	長澤 泰ほか 編	B5判 720頁

価格・概要等は小社ホームページをご覧ください。